多元分布拟合优度检验基础

苏 岩 著

科 学 出 版 社

北 京

内 容 简 介

本书系统阐述多元分布拟合优度检验基础知识与理论进展. 全书共 11 章: 第 1 章为拟合优度检验概述; 第 2 章介绍矩阵代数, 用于构造球面均匀分布的特征检验; 第 3 章介绍概率极限理论; 第 4 章讨论垂直密度表示; 第 5 章介绍球面调和函数, 用于构造球面均匀分布的光滑检验; 第 6 章介绍球面与球体概率分布, 用于多元分布检验功效模拟; 第 7 章讨论概率密度核估计, 用于中心相似分布的拟合优度检验; 第 8 章介绍一元分布的拟合优度检验; 第 9 章介绍球面均匀分布的拟合优度检验; 第 10 章介绍实心区域均匀分布的拟合优度检验; 第 11 章介绍椭球对称分布的拟合优度检验.

本书可作为高等院校数学、统计学和计量经济学专业的高年级大学生、研究生教材, 亦可作为数学、经济、金融、生物医学、工业工程和模式识别等领域的教师、统计应用工作者的参考书.

图书在版编目(CIP)数据

多元分布拟合优度检验基础/苏岩著. —北京：科学出版社, 2016.3
ISBN 978-7-03-047562-6

I.①多… II.①苏… III.① 多元分布–拟合优度检验 IV. ①O212.1

中国版本图书馆 CIP 数据核字(2016) 第 046722 号

责任编辑: 陈玉琢 / 责任校对: 钟 洋
责任印制: 徐晓晨/ 封面设计: 陈 静

科 学 出 版 社 出版
北京东黄城根北街 16 号
邮政编码: 100717
http://www.sciencep.com
北京厚诚则铭印刷科技有限公司 印刷
科学出版社发行 各地新华书店经销
*
2016 年 3 月第 一 版 开本: 720 × 1000 1/16
2016 年11月第二次印刷 印张: 18 1/4
字数: 380 000
定价: 108.00 元
(如有印装质量问题, 我社负责调换)

前　　言

多元正态分布是经典多元分析的基本假设, 椭球对称分布是广义多元分析的基本假设. 对于多元正态分布, 椭球对称分布的拟合优度检验可转化为对球面均匀分布的拟合优度检验. 因此, 球面均匀分布的拟合优度检验显得尤为重要. 椭球对称分布的拟合优度检验, 为广义多元分析与多元时间序列模型在实际中的应用打下基础. 全书共 11 章.

第 1 章概述拟合优度检验的理论与方法, 介绍基于球的多元分布拟合优度检验研究主线. 第 2 章包括广义逆矩阵、矩阵分解及矩阵微商等内容, 用于球面均匀分布的特征检验. 第 3 章讨论随机向量的收敛模式与概率极限理论. 第 4 章介绍垂直密度表示及随机数生成. 第 5 章介绍球面微积分、球调和函数概念与性质, 用以构造球面均匀分布光滑检验统计量. 第 6 章介绍球面旋转对称分布, 基于正交球调和函数的球面 Beran 分布族、中心相似分布等的概念与性质. 本章内容用于多元分布拟合优度检验功效的随机模拟. 第 7 章讨论一元概率密度核估计、多元概率密度核估计、基于球极投影变换密度核估计和球面密度核估计. 本章内容可用于边界未知中心相似分布的拟合优度检验. 第 8 章介绍一元分布光滑检验, 基于经验分布函数的 EDF 型检验, 基于间隔的 (0,1) 均匀分布 Gini 检验及功效模拟. 本章内容将用于多元分布的拟合优度检验. 第 9 章介绍基于广义逆的球面均匀分布特征检验与基于球调和函数的球面均匀分布光滑检验. 功效模拟显示这两种球面均匀性检验具有一定的互补性. 球心在原点的单位球面具有完美的几何对称性. 球面均匀分布的一阶矩、二阶矩分别对应着它的基本特征: 质心与惯量矩这两个球面均匀性物理特性. 基于 1 阶和 2 阶球调和函数的球面均匀性光滑检验对应着其质心和惯量矩联合检验. 第 10 章介绍边界已知实心区域均匀分布的拟合优度检验及其特殊情形: 单位球均匀分布与单纯形均匀分布的拟合优度检验. 第 11 章介绍椭球对称分布与多元正态分布的特征检验、光滑检验、多元线性模型误差分布的拟合优度检验.

杨振海教授对作者关于多元分布拟合优度检验研究给予了热情鼓励和指导, 作者的研究合作者对本书给出了非常有益的建议, 在此作者向他们表示深深的谢意.

由于作者水平所限, 书中不妥之处在所难免, 恳请广大读者批评指正.

苏　岩

2015 年 12 月

目　录

第1章 绪 论

总体分布是构成统计模型的基本要素, 统计推断离不开对总体分布的假设. 因此, 概率分布的构造和拟合优度检验在统计理论和应用中有着特殊地位, 它们的理论和方法始终受到人们的重视. 在统计理论及应用研究中, 正态分布居主导地位, 中心极限定理保证在一定条件下, 随机变量和具有渐近正态性. 多元数据的处理, 主要是基于多元正态分布进行统计分析的, 时间序列分析中误差分布一般假设为正态分布, 信息论中高斯分布是其基本假设.

随着研究的深入及精确推断的要求, 人们发现在一些应用问题中, 概率分布为正态分布的假设是不成立的. 例如, 收益序列通常呈现的 "尖峰厚尾态" 不宜假设为正态分布, 备选的概率分布有 t 分布及 GED 密度函数等. 制定中国男子服装 12 项指标构成的随机向量不满足多元正态分布, 只是 12 项指标的若干子集构成的随机向量服从多元正态分布. 这些随机变量或向量按正态分布假设进行统计分析会出现明显的误差. 总体分布的正态性拟合优度检验, 总体分布的非正态性条件下, 备选分布的构造与拟合优度检验在应用中具有重要意义.

1.1 一元概率分布

概率分布是用来描述随机现象的基本工具, 任何统计方法都离不开概率分布的概念和各种具体分布的性质, Johnson 等在 20 世纪 70 年代编著了*Distribution in Statistics* 一书, 共 4 册. 方开泰等 (1987) 编著了《统计分布》一书, 详细介绍了一维随机变量的对数正态分布、χ^2 分布、Gamma 分布、Beta 分布、柯西分布、Logistic 分布、极值分布、Laplace 分布. 对数正态分布出现在许多领域之中, 如针刺麻醉的镇痛效果, 流行病蔓延时间的长短, 某些电器寿命等. Logistic 分布最初用于描述生长曲线, 现也广泛应用于经济社会统计中. χ^2 分布是由正态分布派生出来的分布, 在统计检验中有广泛的应用, 例如, 时间序列模型白噪声的检验可由渐近 χ^2 分布来进行. Gamma 分布和 Beta 分布应用于可靠性统计及先验分布. 极值分布用于描述洪水等灾害性自然现象, Laplace 分布可用于稳健统计分析.

1.2 多元概率分布

为了解决多元数据的总体概率分布问题, 统计学者提出了各种概率分布的构造方法. Fang 等 (1990a) 著述的 *Symmetric Multivariate and Related Distributions*, 研究了球对称分布、椭球对称分布、多元 L_1 模对称分布、多元 Liouville 分布、α 对称分布等的构造, 详细讨论了各种分布的性质, 例如, Kotz 型分布、Pearson II 型分布、多元柯西分布和多元 t 分布等的特征函数, 矩、边际分布和条件分布等. 椭球对称分布是多元正态分布的自然推广, 这些分布族成为多元正态分布的备选分布, 相对一般意义下的多元分析即为广义多元分析, 可以通过密度定义、特征函数、随机表示、正交变换、垂直密度表示等方法构造多元分布.

1. 密度定义

设 X 服从 $N(\mu,\sigma^2)$, 其概率密度为

$$\frac{1}{\sqrt{2\pi}\sigma}\exp\left\{-\frac{1}{2}(x-\mu)(\sigma^2)^{-1}(x-\mu)\right\},$$

由此猜想多元正态分布概率密度为

$$c|\Sigma|^{-1/2}\exp\left\{-\frac{1}{2}(\boldsymbol{x}-\boldsymbol{\mu})^{\mathrm{T}}\Sigma^{-1}(\boldsymbol{x}-\boldsymbol{\mu})\right\},$$

$\boldsymbol{x},\boldsymbol{\mu}\in\mathbf{R}^d$, Σ 为 $d\times d$ 矩阵, $\Sigma>0$, c 为归一常数.

多元正态分布概率密度表达式中, $(\boldsymbol{x}-\boldsymbol{\mu})^{\mathrm{T}}\Sigma^{-1}(\boldsymbol{x}-\boldsymbol{\mu})$ 等于常数时, 其密度值相等. 一个自然的推广是, 构造多元概率密度为 $|\Sigma|^{-1/2}g((\boldsymbol{x}-\boldsymbol{\mu})^{\mathrm{T}}\Sigma^{-1}(\boldsymbol{x}-\boldsymbol{\mu}))$, 由此得到椭球分布概率密度.

2. 特征函数

设 X 服从 $N(\mu,\sigma^2)$, 则 X 的特征函数为

$$\exp\left\{\mathrm{i}t\mu-\frac{1}{2}\sigma^2t^2\right\}=\exp\left\{\mathrm{i}t\mu-\frac{1}{2}t(\sigma^2)t\right\}.$$

因此多元正态分布的特征函数应为

$$\exp\left\{\mathrm{i}\boldsymbol{t}^{\mathrm{T}}\boldsymbol{\mu}-\frac{1}{2}\boldsymbol{t}^{\mathrm{T}}\Sigma\boldsymbol{t}\right\},$$

其中 $\boldsymbol{t},\boldsymbol{\mu}\in\mathbf{R}^d$ 且 $\Sigma>0$.

3. 随机表示

设 $X\sim N(\mu,\sigma^2)$, 则有随机表示

$$X\overset{d}{=}\mu+\sigma Y,$$

其中 $Y\sim N(0,1)$. 设 $Y_1,\cdots,Y_m$ i.i.d. $N(0,1)$, $\boldsymbol{Y}=(Y_1,\cdots,Y_m)^{\mathrm{T}}$ 且

$$\boldsymbol{X} \stackrel{d}{=} \boldsymbol{\mu} + A\boldsymbol{Y},$$

其中 $\boldsymbol{X}, \boldsymbol{\mu} \in \mathbf{R}^d$, A 为 $d \times m$ 矩阵, 则 $\boldsymbol{X} \sim N(\boldsymbol{\mu}, \Sigma)$, $\Sigma = AA^{\mathrm{T}}$.

由随机向量的随机表示, 可以得到一些主要的多元概率分布.

(1) d 维随机向量 $\boldsymbol{Y}$ 称为服从球对称分布, 当且仅当

$$\boldsymbol{Y} \stackrel{d}{=} R\boldsymbol{U}_d,$$

其中 R 是非负随机变量, $\boldsymbol{U}_d$ 是 d 维单位球面上的均匀分布随机向量, R 与 $\boldsymbol{U}_d$ 独立. 称 $\boldsymbol{U}_d$ 为球对称分布的 L_2 模球面均匀分布基.

(2) 设 $\boldsymbol{Y}$ 服从 m 维球对称分布. d 维随机向量 $\boldsymbol{X}$ 称为服从参数为 $\boldsymbol{\mu}, \Sigma$ 的椭球对称分布, 当且仅当

$$\boldsymbol{X} \stackrel{d}{=} \boldsymbol{\mu} + A\boldsymbol{Y},$$

其中 A 为 $d \times m$ 阶矩阵, $AA^{\mathrm{T}} = \Sigma$ 且 $\mathrm{rank}(\Sigma) = m$.

(3) $\mathbf{R}_+^d$ 上的 d 维随机向量 $\boldsymbol{X}$ 称为服从多元 L_1 模对称分布, 当且仅当

$$\boldsymbol{X} \stackrel{d}{=} R\boldsymbol{U}_d,$$

其中 $\mathbf{R}_+^d = \{(x_1, \cdots, x_d)^{\mathrm{T}} : x_i \geqslant 0,\ i = 1, \cdots, d\}$,

$$\boldsymbol{B}_d = \left\{ \boldsymbol{y} = (y_1, \cdots, y_d)^{\mathrm{T}} : \sum_{i=1}^{d} y_i = 1, \boldsymbol{y} \in \mathbf{R}_+^d \right\}.$$

$\boldsymbol{U}_d$ 服从 $\boldsymbol{B}_d$ 上的均匀分布, $R \geqslant 0$ 与 $\boldsymbol{U}_d$ 独立. 称 $\boldsymbol{U}_d$ 为多元 L_1 模对称分布的 L_1 模球面均匀分布基.

(4) $\mathbf{R}_+^d$ 上的 d 维随机向量 $\boldsymbol{X}$ 称为服从多元 Liouville 分布, 当且仅当

$$\boldsymbol{X} \stackrel{d}{=} R\boldsymbol{Y},$$

R 与 $\boldsymbol{Y}$ 独立, $\boldsymbol{Y}$ 服从 $\boldsymbol{B}_d$ 上的 Dirichlet 分布, 即 $\boldsymbol{Y} \sim D_d(\boldsymbol{\alpha})$, $\boldsymbol{\alpha} = (\alpha_1, \cdots, \alpha_d)^{\mathrm{T}}$. 称 $\boldsymbol{Y}$ 为多元 Liouville 分布的 Dirichlet 分布基.

当 $R = 1$ 时, 多元 Liouville 分布成为 Dirichlet 分布. 当 $\boldsymbol{Y}$ 服从 $\boldsymbol{B}_d$ 上的均匀分布即参数分量均为 1 的 Dirichlet 分布 $D_d(1, \cdots, 1)$ 时, 多元 L_1 模对称分布成为多元 Liouville 分布的特例.

4. 正交变换

设 $O(d)$ 表示 $d \times d$ 正交矩阵群. d 维随机向量 $\boldsymbol{X}$ 称为服从球对称分布, 当且仅当对任意 $\Gamma \in O(d)$ 有 $\boldsymbol{X} \stackrel{d}{=} \Gamma\boldsymbol{X}$.

5. 垂直密度表示

Troutt(1991) 首先提出了垂直密度表示 (vertical density repyesentation, VDR), 给出了 I-型垂直密度表示 (Type I VDR). 设随机向量 $\boldsymbol{X}_d$ 具有概率密度 $f(\boldsymbol{x}_d)$, 记 $V = f(\boldsymbol{X}_d)$. $D_{(d,[f])}(x) = \{\boldsymbol{x}_d \in \mathbf{R}^d,\ f(\boldsymbol{x}_d) \geqslant x\}, L_d(A)$ 为 A 的 Lebesgue 测度, $A \in \mathbf{R}^d$. 若 $L_d(D_{(d,[f])}(v))$ 可微, 则 V 的概率密度为

$$g(v) = -v\frac{\mathrm{d}}{\mathrm{d}v}L_d(D_{(d,[f])}(v)), \tag{1.2.1}$$

且概率密度 $f(\boldsymbol{x}_d)$ 可表示为

$$f(\boldsymbol{x}_d) = \int_0^{f_0} h_v(\boldsymbol{x}_d|v)g(v)\mathrm{d}v, \tag{1.2.2}$$

$h_v(\boldsymbol{x}_d|v)$ 是给定 $V = v$ 条件下 $\boldsymbol{X}_d$ 的条件概率密度, $f_0 = \sup\{f(\boldsymbol{x}_d):\ \boldsymbol{x}_d \in \mathbf{R}^d\}$. 称 $g(v)$ 为垂直密度, 称式 (1.2.1) 为 Type I VDR. 对有限值 f_0, 定义 $W = V/f_0$, W 的概率密度记为 $p_W(w)$. 称 $p_W(w)$ 为规范化垂直密度.

Troutt 没有给出 $h_v(\cdot|v)$ 的表示, Fang 等 (2001) 提出了 II-型垂直密度表示 (Type II VDR), 给出了 $h_v(\cdot|v)$ 的表达式.

Yang 等 (2003) 基于垂直密度表示, 提出了中心相似分布: $\boldsymbol{X}_d = R\boldsymbol{U}_d$. 此时假定 $\boldsymbol{U}_d$ 在基本集 D_0 服从均匀分布, R 是非负随机变量且与 $\boldsymbol{U}_d$ 独立. 做为例子, 得到零均值的多元正态分布是中心相似分布的特例. Yang 等给出了中心相似分布另一种表达等价形式:

$$\boldsymbol{X} = R\boldsymbol{U}_d = R^*\boldsymbol{W}_d, \quad R^* = R\|\boldsymbol{U}_d\|, \tag{1.2.3}$$

得到 $\boldsymbol{W}_d = \boldsymbol{U}_d/\|\boldsymbol{U}_d\|$ 的概率密度公式, 此时单位球面上的随机向量 $\boldsymbol{W}_d$ 不再服从球面上的均匀分布. 中心相似分布也可由球对称分布直接推广得出. 替换球对称分布定义中的 L_2 模球面均匀分布基 $\boldsymbol{U}_d$ 为 L_2 模球面非均匀分布基 $\boldsymbol{W}_d$, 则得到中心相似分布. 中心相似分布的构造与表示体现了 d 维欧氏空间与球面之间的几何关系. 一般形式下的中心相似分布为椭球对称分布的推广形式.

1.3　拟合优度检验概述

拟合优度检验在统计理论研究和实际应用中有着重要作用, 做具体数据统计分析面临的重要任务是确定数据服从何种概率分布. 设 $X_1, \cdots, X_n$ 是来自总体分布为 F 的样本, 拟合优度检验就是如何检验假设

$$H_0:\ F \in \boldsymbol{P}_0; \quad H_1:\ F \overline{\in} \boldsymbol{P}_0, \tag{1.3.1}$$

对立假设也可取为 $H_1: F \in \boldsymbol{P}_1$, $\boldsymbol{P}_0 \cap \boldsymbol{P}_1 = \varnothing$. $\boldsymbol{P}_0$, $\boldsymbol{P}_1$ 是具有特定性质的概率分布组成的分布族. 典型的做法是构造检验统计量, 求出检验统计量的精确分布或渐近分布. 对给定显著水平 α, 作出接受或拒绝原假设 H_0 的结论.

1.3.1 一元概率分布的拟合优度检验

杨振海等 (2011) 著述的《拟合优度检验》, 结合实际统计分析经验, 系统研究了一元概率分布拟合优度检验的各种方法: Q-Q 图形方法、χ^2 型检验、光滑检验、基于经验分布的 EDF 型检验、拟合优度检验中的变换方法和常见分布的拟合优度检验等, 讨论了局部对立假设序列下检验统计量的渐近分布, 针对具体分布, 分析拟合优度检验的模拟功效.

1. Pearson χ^2 检验

Pearson(1900) 提出了著名的 Pearson χ^2 检验统计量. 设 $X_1, \cdots, X_n$ 为来自 X 的样本, 总体分布为 F, 要检验假设

$$H_0: F = F_0.$$

设 X 的样本空间可分为 m 个两两互斥的集 $B_1, \cdots, B_m$ 的并, 且 $P(X \in B_i) = p_i$, $n_i = \#\{X_j \in B_i,\ j = 1, \cdots, n\}$, $i = 1, \cdots, m, n = \sum_{i=1}^m n_i$.

当 F_0 完全已知时, Pearson χ^2 检验统计量

$$\chi_P^2 = \sum_{i=1}^m (n_i - np_i)^2 \Big/ np_i$$

的渐近分布为 χ_{m-1}^2.

当 F_0 不完全已知, 含有 $\boldsymbol{\theta} = (\theta_1, \cdots, \theta_q)^{\mathrm{T}}$, q 个未知参数时, 由似然方程组

$$\sum_{i=1}^m \frac{n_i}{p_i(\boldsymbol{\theta})} \frac{\partial p_i(\boldsymbol{\theta})}{\partial \theta_j} = 0, \quad j = 1, \cdots, q \tag{1.3.2}$$

得到 p_i 基于分组样本的 MLE 估计 $\widehat{p}_i$, $i = 1, \cdots, m$, 且有

$$\chi_{\mathrm{PF}}^2 = \sum_{i=1}^m (n_i - n\widehat{p}_i)^2 \Big/ n\widehat{p}_i$$

的渐近分布为 χ_{m-q-1}^2.

设 $f(\cdot, \boldsymbol{\theta})$ 是 $F(\cdot, \boldsymbol{\theta})$ 的密度函数, $\widehat{\boldsymbol{\theta}}$ 是 $\boldsymbol{\theta}$ 的 MLE 估计, 即 $\boldsymbol{\theta}$ 满足方程

$$\sum_{i=1}^n \frac{\partial \log f(X_i, \boldsymbol{\theta})}{\partial \theta_j} = 0, \quad j = 1, \cdots, q. \tag{1.3.3}$$

记 $p_i(\boldsymbol{\theta})$ 的估计为 $p_i(\widehat{\boldsymbol{\theta}})$, 称

$$\chi^2_{\mathrm{PX}} = \sum_{i=1}^{m} \left(n_i - np_i(\widehat{\boldsymbol{\theta}})\right)^2 \Big/ np_i(\widehat{\boldsymbol{\theta}})$$

为 Chernoff-Lehmann 检验统计量. χ^2_{PX} 的渐近分布为 $\chi^2_{m-q-1} + \sum_{i=1}^{q} \lambda_i(\boldsymbol{\theta})\chi^2_{1i}$, 其中 χ^2_{m-q-1}, $\chi^2_{11}, \cdots, \chi^2_{1q}$ 相互独立, $\chi^2_{1i} \sim \chi^2_1$, $\lambda_i(\boldsymbol{\theta})$ 是依赖于 $\boldsymbol{\theta}$ 的参数, $i = 1, \cdots, q$.

2. EDF 型检验

一类著名拟合优度检验是 EDF 型检验, 考虑假设 H_0 : $F = F_0$; H_1 : $F \neq F_0$. 设 $X_1, \cdots, X_n$ 是来自连续分布函数 F 的样本, F_n 记为样本 $X_1, \cdots, X_n$ 的经验分布, 即

$$F_n(x) = \frac{\sharp\{X_i : X_i \leqslant x\}}{n} = \frac{1}{n}\sum_{i=1}^{n} I_{(-\infty, x]}(X_i), \quad x \in \mathbf{R},$$

其中 $\sharp\{\cdot\}$ 表示集合 $\{\cdot\}$ 中元素的个数, I_A 表示示性函数, 则 F_n 是 F 的强相合估计. 当原假设成立时, F_n 与 F 应充分接近. 以 $\rho(F_n, F_0)$ 描述两者的距离, 当 $\rho(F_n, F_0)$ 过大时, 拒绝原假设. 若将 $\rho(F_n, F_0)$ 取作一致距离时, 就是 Kolmogorov-Smirnov 统计量, 定义为

$$D_n(F) = \sup_{x \in \mathbf{R}} |F_n(x) - F_0(x)|, \tag{1.3.4}$$

且有

$$\lim_{n\to\infty} P(\sqrt{n}D_n(F) \leqslant t) = 1 - 2\sum_{j=1}^{\infty}(-1)^{j-1}\mathrm{e}^{-2j^2t^2}, \quad t > 0. \tag{1.3.5}$$

当以 L_2 距离建立检验统计量时, 就形成均方型统计量, 通常称为 Cramér-von Mises 型统计量, 定义为

$$R_n^2 = n\int_{-\infty}^{\infty} (F_n(x) - F_0(x))^2 g(x)\mathrm{d}F_0(x).$$

令 $t = F_0(x)$, $G_n(\cdot)$ 为 $U(0,1)$ 的经验分布函数, 则

$$R_n^2 = n\int_0^1 (G_n(t) - t)^2\phi(t)\mathrm{d}t,$$

$\phi(t)$ 是权函数, 其取不同函数时可得不同的统计量. 取 $\phi(t) = 1$ 时, 得到 Cramér-von Mises 统计量 W_n^2, 即

$$W_n^2 = n\int_0^1 (G_n(t) - t)^2\mathrm{d}t.$$

取 $\phi(t) = (t(1-t))^{-1}$ 时, 得到 Anderson-Darling 统计量 A_n, 即

$$A_n^2 = n\int_0^1 \frac{(G_n(t) - t)^2}{t(1-t)}\mathrm{d}t.$$

Watson 统计量 U_n^2 是中心化的 W_n^2 统计量, 定义为

$$U_n^2 = n\int_0^1 [G_n(t) - t - E(G_n(t) - t)]^2 \mathrm{d}t.$$

当 H_0 成立时

$$W_n^2 \xrightarrow{d} \sum_{j=1}^{\infty} \frac{Z_j^2}{j^2\pi^2},$$

其中 $Z_1, Z_2, \cdots$ 为 i.i.d. N(0, 1) 随机变量序列.

基于 Cramér-von Mises 型统计量的检验是无向检验 (omnibus test), 只提供否定 H_0 的信息, 不能提供在何种特性上偏离原假设的信息. 仅给出 W_n^2 的值, 很难说出数据所服从分布的特征. 在应用中, 当数据的分布与原假设有显著差异时, 不仅要指出存在差异, 而且应指出是什么性质的偏离引起的显著差异. Durbin 等 (1972) 对 W_n^2 的分解及分量特性进行研究, 将 W_n^2 分解成若干分量, 可做特定的某分量对某种偏离敏感性功效分析. 设 $X_1, \cdots, X_n$ 是来自 $F(\cdot, \boldsymbol{\theta})$ 的样本, $\boldsymbol{\theta}$ 是 d 维参数. 考虑局部对立假设序列

$$H_0:\ \boldsymbol{\theta} = \boldsymbol{\theta}_0; \quad H_1:\ \boldsymbol{\theta}_1 = \boldsymbol{\theta}_0 + \boldsymbol{\nu} n^{-1/2},$$

$\boldsymbol{\nu}$ 是 d 维常量参数. 功效模拟显示, 对正态性检验, A_n^2 优于 W_n^2, U_n^2.

3. 光滑检验

对于简单假设 $H_0: F = F_0; H_1: F \neq F_0$ 的拟合优度检验，可通过变换 $U_i = F_0(X_i), i = 1, \cdots, n$, 将检验样本 $X_1, \cdots, X_n$ 的总体是否服从 F_0 ，变换为检验 U_i, $i = 1, \cdots, n$ 的总体是否服从 (0, 1) 上的均匀分布. 只要 F 是连续的, 通过积分变换, 都转化为同一问题：(0, 1) 上均匀分布的检验.

Neyman(1937) 提出了光滑检验, 作变换 $U_i = F_0(X_i)$, $i = 1, \cdots, n$, 由 U_i, $i = 1, \cdots, n$ 检验假设

$$H_0: f(u) = 1; \quad u \in (0, 1), \tag{1.3.6}$$

$f(u)$ 是均匀分布的概率密度. Neyman 将对立假设取为包含参数的正交多项式的指数函数, 即将原假设分布嵌于一个参数分布族中, 将分布的拟合优度检验转化为参数的假设检验. k 阶对立概率密度定义为

$$g_k(u) = C(\boldsymbol{\theta})\exp\left\{\sum_{i=1}^{k} \theta_i h_i(u)\right\}, \quad 0 < u < 1, \tag{1.3.7}$$

其中 $\{h_i(u)\}$ 是关于均匀分布的正交多项式集, $C(\boldsymbol{\theta})$ 为规范化常数, $\boldsymbol{\theta}=(\theta_1, \cdots, \theta_k)^{\mathrm{T}}$. 这样，假设检验 (1.3.6) 转换为

$$H_0:\ \boldsymbol{\theta} = \mathbf{0}; \quad H_1:\ \boldsymbol{\theta} \neq \mathbf{0}. \tag{1.3.8}$$

光滑检验统计量定义为

$$\Psi_k^2 = \sum_{i=1}^{k} Z_i^2, \quad Z_i = \sum_{j=1}^{n} h_i(U_j) \Big/ \sqrt{n}. \tag{1.3.9}$$

检验统计量 Ψ_k^2 的渐近分布是自由度为 k 的 χ^2 分布 χ_k^2. 当 Ψ_k^2 取值偏大时, 拒绝原假设 H_0(1.3.6). $\{h_i(u)\}$ 是 (0,1) 上的正交多项式, 即

$$\int_0^1 h_s(u)h_t(u)\mathrm{d}u = \delta_{st}, \tag{1.3.10}$$

$$\delta_{st} = 0, \ s \neq t; \ \delta_{st} = 1, \ s = t; \ s, t = 0, 1, 2, \cdots.$$

任意分布完全已知的一元概率分布的拟合优度检验，可以转化为 $(0,1)$ 上均匀分布的拟合优度检验. 故 $(0,1)$ 上的光滑检验具有重要意义. 相应地, 可构造含未知参数一元概率分布的光滑检验. 功效模拟表明一元分布光滑检验优于其他常见的 Omnibus 检验. Kallenberg 等 (1995) 转述了 Ranyer 等 (1990) 的总结“don't use those other methods-use a smooth test”.

4. 基于间隔的均匀分布 $U(0,1)$ 的拟合优度检验

上述拟合优度检验问题的三类常用检验是 Pearson χ^2 检验, 基于经验分布函数的 EDF 检验和光滑检验. Rayner 等 (1989) 的分析表明, Kolmogorov-Smirnov 及 Cramer-von Mises 检验能够较好地探测分布函数间的差异, 而基于间隔的拟合优度检验尤其在探测密度差异方面有较高的检验功效. 针对均匀分布的分布特性, Greenwood 提出了基于间隔的 $(0,1)$ 上均匀分布的拟合优度检验.

5. 条件积分变换

设 $X \sim F(x)$, 分布函数 $F(x)$ 连续, 则 $U = F(X) \sim U(0,1)$. 这样, 通过积分变换, 可将对 $F(x)$ 的拟合优度检验转换为对 $U(0,1)$ 的拟合优度检验. 上述结论可推广至多元分布的情形.

1.3.2 多元概率分布的拟合优度检验

Muirhead(1982) 介绍了球对称分布和椭球对称分布的概念与性质, 探讨了椭球对称分布条件下的多元分析. Fang 等 (1990b) 详细介绍了椭球对称分布条件下的广义多元分析. Anderson(2003) 在*An Introduction to Multivariate Statistical Analysis* (3rd ed.) 一书中的多章内容中增加讨论了椭球对称分布假设下的统计推断. 椭球对称分布包含多元正态分布、多元 t 分布、多元柯西分布和多元 Laplace 分布. 多元分布的拟合优度检验是多元分析的应用基础.

原则上, 一元概率分布的拟合优度检验方法可推广到多元概率分布的检验. Justel 等 (1997) 基于条件积分变换, 推广一元 Kolmogorov-Smirnov 检验到多元 Kolmogorov-Smirnov 检验, Huffer 等 (2007) 基于 Pearson χ^2 检验, 做椭球对称分布的拟合优度检验. 实际上, 多元概率分布的拟合优度检验更为复杂, 检验方法的成熟性尚处于发展和检验阶段. 新型多元概率分布的构造被更多地讨论, 以适应多元数据的多样性. Jones(2002) 讨论了偏球对称分布 (skewing spherically symmetric distribution) 的构造, Fang 等 (2002) 讨论了偏椭球对称分布 (meta-elliptical distribution) 的构造. 已有文献对实际多元数据的分布检验, 仅限于多元正态性检验. 利用生成不同分布的随机向量, 做椭球对称分布拟合优度检验的功效模拟.

多元概率分布一般含有未知参数, 当不易通过数据变换消去未知参数时, 需由样本估计未知参数. 一方面, 检验统计量极限分布的利用, 要求有较大的样本容量. 另一方面, 拟合优度检验的相合性是对偏大的样本容量, 倾向拒绝原假设. 这是一个矛盾, 解决的方法是模拟检验统计量趋向极限分布的收敛速度, 以确定适当的样本容量. 当检验统计量收敛速度较慢时, 利用检验统计量的模拟分位点进行检验.

1. 球面均匀性的特征

记 $\boldsymbol{X} = (X_1, \cdots, X_d)^{\mathrm{T}}$, $\|\boldsymbol{X}\|_\alpha = \left(\sum_{i=1}^{d} |X_i|^\alpha\right)^{1/\alpha}$. Szablowski(1998) 研究了 d 维单位球球面上 L_α 模均匀分布的特性, 即 $d-1$ 维类似柯西分布及球面上混合均匀分布性质, 给出了球上 L_α 模均匀分布的定义, 证明了若 $\boldsymbol{X}$ 是单位球上对称分布, 同时 $\boldsymbol{X}$ 分量的商服从 $d-1$ 维 α-柯西分布, 则 $\boldsymbol{X}$ 服从单位球上的 L_α 模均匀分布, 且认为 α-柯西分布较球面上 L_α 模均匀分布更为简单实用. 方开泰等 (1990) 分析了三维球面上均匀分布、单峰分布、双峰分布、环形带分布及对称环型带的特征.

(1) 均匀分布：样本点在球面上分布均匀, 没有趋势向.

(2) 单峰分布：样本点聚集在某一方向附近, 该方向为峰向. 若样本点还关于峰向旋转对称, 则为单极分布.

(3) 双峰分布：样本点聚集在两个方向附近. 若还关于两个相反的峰向转动旋转对称, 则称为双极分布.

(4) 环形带分布：若样本点聚集在球面的某一大圆附近, 利用转动惯量及特征根研究球面上分布特性.

2. 多元正态分布的拟合优度检验

在多元分析理论中, 多元正态分布是其基本假设. 多元正态分布的拟合优度检验始终是理论和应用研究关注的热点. 椭球对称分布 (包括多元正态分布) 的总体偏度为 0, d 多维多元正态分布的峰度为 $d(d+2)$. Mardia(1970) 提出了多元偏度

$b_{1,d}$ 及峰度 $b_{2,d}$ 的联合检验

$$b_{1,d} = \frac{1}{n^2} \sum_{j,k=1}^{n} ((\boldsymbol{X}_j - \overline{\boldsymbol{X}})^{\mathrm{T}} \widehat{\Sigma}^{-1} (\boldsymbol{X}_k - \overline{\boldsymbol{X}}))^3,$$

$$b_{2,d} = \frac{1}{n} \sum_{j=1}^{n} ((\boldsymbol{X}_j - \overline{\boldsymbol{X}})^{\mathrm{T}} \widehat{\Sigma}^{-1} (\boldsymbol{X}_j - \overline{\boldsymbol{X}}))^2.$$

当 $|b_{1,d}|$ 或 $|d(d+2) - b_{2,d}|$ 的值较大时, 拒绝数据的多元正态性.

作图方法是凭使用者的直观感觉和经验作出判断, 图形具有形象、直观的特点, 是探索数据分析的常用方法. 当拟合优度检验原假设成立时, Q-Q 散点图呈直线状态. Ghosh (1996) 对一维正态分布, 提出了检验非正态的一种新的图示方法. 由于 Q-Q 散点图的直线性，不宜用眼睛作出精确判断, Ghosh 构造了经验矩生成函数 (EMGF), 即

$$M(t) = \frac{1}{n} \sum_{j=1}^{n} \exp(tX_j), \quad T_3^n(t) = \sqrt{n} \frac{\mathrm{d}^3}{\mathrm{d}t^3} \{\log M(t)\},$$

统计量 $T_3^n(t)$ 是位置和尺度不变的. 由多元中心极限定理及胎紧性证明了 $T_3^n(t)$ 为渐近高斯过程, 得到 $T_3^n(t)$ 曲线及其临界区域, 这样使得图示法更容易判断.

Fang 等 (1998) 基于球对称分布的理论, 研究了 Ghosh 的 T_3-plot 的多元转换形式, 做多元数据的非正态性检验. 在多元的情形, 用基于 Kolmogorov-Smilnov 统计量的新的 $MT_3(\boldsymbol{x}, t)$ 的临界区域, 替代 Ghosh 定义的临界区域. 利用球对称分布的理论, 得到 $MT_3(\boldsymbol{x}, t)$ 的统计不变性. 该检验通过 $MT_3(\boldsymbol{x}, t)$ 的渐近正态性, 给出了检验正态性变化的临界图, 检验出了制定中国男子服装的 12 维随机变量的非正态性, 以及部分变量子集的正态性, 并认为由第一主成分决定的降维方向在应用中应给予重视.

Liang 等 (2004) 给出了基于多元正态分布特征的多元正态分布 Q-Q 图检验. Yang 等 (1996) 证明了多元正态分布的样本转换变量服从 Pearson II 型分布, 该分布是球对称分布, 因此其 t 统计量服从 t 分布, 这样多元正态分布拟合优度检验转换为一元 t 分布的检验, 得到其 Q-Q 图, 形成对原假设概率分布的总体印象.

Székely 等 (2005) 提出了检验多元正态性的一种新方法, 设 $\boldsymbol{X}_1, \cdots, \boldsymbol{X}_n$ 是来自 $N(\boldsymbol{\mu}, \ \Sigma)$ 的样本, $\boldsymbol{x}_1, \cdots, \boldsymbol{x}_n$ 是其观察值, 考虑转换样本 $\boldsymbol{y}_j = \widehat{\Sigma}^{-\frac{1}{2}}(\boldsymbol{x}_j - \overline{\boldsymbol{x}})$, $j = 1, \cdots, n$. d 维正态分布的检验统计量定义为

$$\varepsilon_{n,d} = n \left(\frac{2}{n} \sum_{j=1}^{n} E\|\boldsymbol{y}_j - \boldsymbol{Z}\| - E\|\boldsymbol{Z} - \boldsymbol{Z}^{\mathrm{T}}\| - \frac{1}{n^2} \sum_{j,k=1}^{n} \|\boldsymbol{y}_j - \boldsymbol{y}_k\| \right).$$

$\boldsymbol{Z}$, $\boldsymbol{Z}^{\mathrm{T}}$ 为 i.i.d. $N_d(\mathbf{0},\ I)$ 随机变量, I 是 d 阶单位阵.

应用时, 需由样本估计未知的均值 $\boldsymbol{\mu}$, 协差阵 Σ. 可取

$$\boldsymbol{S}=(n-1)^{-1}\sum_{j=1}^{n}(\boldsymbol{X}_j-\overline{\boldsymbol{X}})(\boldsymbol{X}_j-\overline{\boldsymbol{X}})^{\mathrm{T}},\quad \boldsymbol{Y}_j=\boldsymbol{S}^{-1/2}(\boldsymbol{X}_j-\overline{\boldsymbol{X}}),\quad j=1,\cdots,n.$$

$\boldsymbol{Y}_1,\cdots,\boldsymbol{Y}_n$ 不再依赖未知参数, 但是 $\boldsymbol{Y}_1,\cdots,\boldsymbol{Y}_n$ 是相依的. 以 $\widehat{\varepsilon}_{n,d}$ 做为 $\varepsilon_{n,d}$ 的估计, 在原假设下, 通过随机模拟得到 $\widehat{\varepsilon}_{n,d}$ 的有限样本经验分位数. 当 $\widehat{\varepsilon}_{n,d}$ 取值偏大时, 拒绝数据的多元正态性. 此篇文献证明了拟合优度检验的相合性, 但是没有给出检验统计量的渐近分布. 它主要利用模拟分位点做有限样本多元正态性拟合优度检验, 用模拟结果说明其检验功效优于其他多元正态性检验方法.

基于单位球均匀分布的拟合优度检验及垂直密度表示, 苏岩等 (2010) 提出了多元正态性的条件检验, 功效模拟显示, 构造的检验统计量优于已有主要多元正态性检验统计量 (包括 $\widehat{\varepsilon}_{n,d}$).

我们收集某校普通话水平测试成绩, 普通话水平测试全部采用口试, 分单音节、双音节、朗读、说话 (讲故事) 等方面进行测试, 得到该校中文系 320 位学生 4 个指标的测试数据, 经过正态性的 Shapiro-Wilks 的拟合优度检验, 其 4 个指标构成的随机变量及其每个分变量均不服从正态分布. 因此, 普通话水平测试成绩的统计分析只能在非正态总体下进行. 其非参数统计分析显示, 单音节测试成绩与说话测试成绩是统计不相关的, 主观题型朗读和说话较客观题型单音节、双音节更影响学生的普通话水平等级, 统计推断是受总体分布假设影响的.

3. 椭球对称分布的拟合优度检验

Manzotti 等 (2002) 提出基于球调和函数, 来做椭球对称分布的拟合优度检验. Huffer 等 (2002) 基于 Pearson χ^2 检验, 构造 χ^2 检验统计量, 用以探测多元数据结构. Huffer 等 (2007) 基于 Pearson χ^2 检验, 通过随机分组, 构造椭球对称分布的检验统计量. 椭球对称分布拟合优度检验已有文献的共同点是, 在一定条件下能得到检验统计量的渐近分布, 又均需借助模拟分位点, 做有限样本椭球对称分布的拟合优度检验.

4. 中心相似分布的拟合优度检验

对中心相似分布, $W_d=\boldsymbol{U}_d/\|\boldsymbol{U}_d\|$, W_d 是球面上非均匀分布的随机变量, 参见式 (1.2.3). W_d 的概率密度为

$$Q(w_d)=\frac{b^d(\boldsymbol{x}_d)}{dL_d(D_0)}.$$

可考虑变换球面上的 W_d 到单位球体上, 得到单位球上非均匀分布的随机变量. 当 D_0 已知时, 边界函数 $b(\boldsymbol{x}_d)$ 及 $Q(w_d)$ 已知, 可做中心相似分布的拟合优度检验. 例

如, 当 $D_0 = \left\{ \boldsymbol{x}_d : \sum_{i=1}^d x_i \leqslant 1,\ x_i \geqslant 0 \right\}$ 时, 其边界函数为

$$b(\boldsymbol{x}_d) = \frac{1}{\sum_{i=1}^d x_i} I_{\{x_i \geqslant 0,\ i=1,\cdots,d\}}(\boldsymbol{x}_d), \quad \sum_{i=1}^d x_i^2 = 1.$$

也可以直接进行球面上概率分布的拟合优度检验.

1.3.3 线性模型中误差分布的拟合优度检验

在实际应用中, 线性模型的诊断及其误差分布的拟合优度检验显得尤为重要. 以下介绍误差分布的几种假设形式.

1. **经典多元线性模型的基本假定**

单个响应变量的多元线性模型的形式为

$$Y = \beta_1 X_1 + \cdots + \beta_p X_p + \varepsilon.$$

设对 $Y, X_1, \cdots, X_p$ 进行了 n 次观测, 得到 n 组观测值

$$x_{i1}, \cdots, x_{ip}, y_i, \quad i = 1, \cdots, n,$$

则有

$$y_i = x_{i1}\beta_1 + \cdots + x_{ip}\beta_p + \varepsilon_i, \quad i = 1, \cdots, n, \tag{1.3.11}$$

记

$$\boldsymbol{Y} = \begin{pmatrix} y_1 \\ y_2 \\ \vdots \\ y_n \end{pmatrix}, \quad X = \begin{pmatrix} x_{11} & x_{12} & \dots & x_{1p} \\ x_{21} & x_{22} & \dots & x_{2p} \\ \vdots & \vdots & & \vdots \\ x_{n1} & x_{n2} & \dots & x_{np} \end{pmatrix},$$

$$\boldsymbol{\beta} = \begin{pmatrix} \beta_1 \\ \beta_2 \\ \vdots \\ \beta_p \end{pmatrix}, \quad \boldsymbol{\varepsilon} = \begin{pmatrix} \varepsilon_1 \\ \varepsilon_2 \\ \vdots \\ \varepsilon_n \end{pmatrix},$$

式 (1.3.11) 的矩阵形式为

$$\boldsymbol{Y} = X\boldsymbol{\beta} + \boldsymbol{\varepsilon}. \tag{1.3.12}$$

经典多元线性模型的基本假定如下:

(1) $\boldsymbol{Y} = X\boldsymbol{\beta} + \boldsymbol{\varepsilon}$;

(2) $\text{rank}(X) = p$;

(3) $E(\boldsymbol{\varepsilon} \mid X) = \mathbf{0}$;

(4) $E(\boldsymbol{\varepsilon}\boldsymbol{\varepsilon}^{\mathrm{T}} \mid X) = \sigma^2 I$;

(5) X 为非随机矩阵;

(6) $\boldsymbol{\varepsilon} \mid X \sim N(\mathbf{0}, \sigma^2 I)$.

由基本假定 (3),(4), 可以推知

$$\text{var}(\varepsilon_i \mid X) = \sigma^2, \quad i = 1, \cdots, n,$$

$$\text{cov}(\varepsilon_i, \varepsilon_j \mid X) = 0, \quad i \neq j.$$

此时误差项 $\boldsymbol{\varepsilon}$ 具有等方差性及无自相关性. 称具有等方差性及无自相关性的误差分布为球误差分布. 球对称分布是球误差分布的特例.

2. 广义线性模型

广义线性模型定义为

$$\begin{aligned} \boldsymbol{Y} &= X\boldsymbol{\beta} + \boldsymbol{\varepsilon}, \\ E(\boldsymbol{\varepsilon} \mid X) &= 0, \\ E(\boldsymbol{\varepsilon}\boldsymbol{\varepsilon}^{\mathrm{T}} \mid X) &= \sigma^2 \Sigma, \end{aligned}$$

其中 Σ 是正定矩阵. 误差项 $\boldsymbol{\varepsilon}$ 具有异方差性或自相关性, 此时误差分布也称为非球误差分布. 误差一阶自回归线性模型定义为广义线性模型的特殊情形, 可由改进的 EDF 型检验进行正态性拟合优度检验.

1.3.4 时间序列模型的拟合优度检验

拟合优度检验方法应用于统计模型中, 可检验模型的有效性. 这里对时间序列模型做一介绍, 较详细的内容可参考 Hamilton(1994) 等的著作.

1. ARMA 模型

设 X_t 为零均值的实平稳时间序列, 阶数为 p 的自回归模型定义为

$$X_t = \phi_1 X_{t-1} + \phi_2 X_{t-2} + \cdots + \phi_p X_{t-p} + a_t, \tag{1.3.13}$$

$$E(a_t) = 0, \quad E(a_t a_s) = \begin{cases} \sigma_a^2, & t = s, \\ 0, & t \neq s. \end{cases} \tag{1.3.14}$$

$$E(a_s X_t) = 0, \quad s > t.$$

其中 ϕ_k, $k=1,\cdots,p$ 称为自回归系数, 模型 (1.3.13) 简记为 AR(p), 且称满足条件 (1.3.14) 的 $\{a_t\}$ 为白噪声 (white noise) 序列, 记为 $a_t \sim \mathrm{WN}(0,\sigma_a^2)$. 若式 (1.3.14) 成立, 且 $a_t \sim N(0,\sigma_a^2)$, 则称 $\{a_t\}$ 为高斯白噪声序列, 记为 $a_t \sim \mathrm{NID}(0,\sigma_a^2)$.

记 $B^k(X_t)=X_{t-k}$, $k=1,2,3,\cdots$, B^k 为 k 步延迟算子. 模型 (1.3.13) 可写为

$$\phi(B)X_t=a_t, \quad \phi(B)=1-\phi_1 B-\cdots-\phi_p B^p.$$

若 $\phi(B)=0$ 的根全在单位圆外, 则称此条件为 AR(p) 的平稳性条件.

设 X_t 为零均值的实平稳时间序列, 阶数为 q 的滑动平均模型定义为

$$X_t=a_t-\theta_1 a_{t-1}-\theta_2 a_{t-2}-\cdots-\theta_q a_{t-q}, \tag{1.3.15}$$

其中 θ_k, $k=1,\cdots,q$ 称为滑动平均系数, 模型 (1.3.15) 简记为 MA(q).

模型 (1.3.15) 可写为

$$X_t=\theta(B)a_t, \quad \theta(B)=1-\theta_1 B-\cdots-\theta_q B.$$

若 $\theta(B)=0$ 的根全在单位圆外, 则称此条件为 MA(q) 的可逆性条件.

设 X_t 为零均值的实平稳时间序列, p 阶自回归 q 阶滑动平均模型定义为

$$\phi(B)X_t=\theta(B)a_t, \tag{1.3.16}$$

其中, $\phi(B)$ 和 $\theta(B)$ 无公因子, $\phi(B)$ 满足平稳性条件, 以及 $\theta(B)$ 满足可逆性条件. 模型 (1.3.16) 简记为 ARMA(p,q).

零均值的实平稳时间序列 X_t 的自相关函数 (autocorrelation function, ACF) 定义为

$$\rho_k=\frac{E(X_t X_{t-k})}{\sqrt{\mathrm{var}}(X_t)\sqrt{\mathrm{var}(X_{t-k})}}. \tag{1.3.17}$$

当 $k=0$ 时, $\rho_0=1$, 当时间间隔大于 0 时, ρ_k 可以揭示序列的动态结构.

零均值的实平稳时间序列 X_t 的偏自相关函数 (partial autocorrelation function, PACF) 定义为

$$p_k=\frac{1}{\gamma_0}E(X_t X_{t-k} \mid X_{t-1},\cdots,X_{t-k+1}), \tag{1.3.18}$$

其中 $\gamma_k=E(X_t X_{t-k})$ 为协方差函数, $\gamma_0=E(X_t^2)$. p_k 刻画了给定 $X_{t-1},\cdots,X_{t-k+1}$ 条件下, X_t 和 X_{t-k} 之间的偏相关程度.

AR(p) 模型的 ACF 拖尾, PACF 在 p 步截尾. MA(q) 模型的 ACF 在 q 步截尾, PACF 拖尾. ARMA(p,q) 模型的 ACF, PACF 均拖尾. 自相关函数和偏相关函数可用来实现对 ARMA(p,q) 的初步定阶.

ARMA(p,q) 模型的两个常用的拟合优度标准是 AIC 及 BIC 信息准则.

$$\text{AIC}(p,q)=N\ln\widehat{\sigma}_a^2+2(p+q),$$

其中, $\widehat{\sigma}_a^2$ 为 σ_a^2 的估计, N 为样本容量. 选取 p,q, 使得 AIC(p,q) 达到最小.

$$\text{BIC}(p,q)=N\ln\widehat{\sigma}_a^2+(p+q)\ln N.$$

选取 p,q, 使得 BIC(p,q) 达到最小.

多数情况下, 利用 AIC 及 BIC 能得到相同的模型, 当出现不一致选择结果时, 建议根据 BIC 选择更简约的模型.

设 $\{X_t\}$ 的一段样本观测值为 $x_1,\cdots,x_N$, 拟合模型为 ARMA(p,q) 模型, $\widehat{\rho}_t$ 是残差自相关函数 ρ_t 的估计. 记 Ljung-Box 的 χ^2 统计量是

$$\chi^2=N(N+2)\sum_{k=1}^{m}\frac{\widehat{\rho}_k^2}{N-k}. \tag{1.3.19}$$

在 $\{a_t\}$ 为白噪声假设下, χ^2 的极限分布为 χ^2_{m-p-q}. Ljung-Box 的 χ^2 统计量可做 ARMA(p,q) 模型白噪声的检验.

引理 1.3.1 设 X_t 是零均值的不包含任意确定性成分的实平稳过程, 则有

$$X_t=\psi(B)a_t=\sum_{i=0}^{\infty}b_ia_{t-i},\quad a_t\sim\text{WN}(0,\sigma_a^2),$$

其中, $b_0=1,\ \sum_{i=0}^{\infty}b_i^2<\infty,\ a_t\sim\text{WN}(0,\sigma_a^2)$. 简言之, 任意平稳序列均可表示为白噪声的无限阶分布滞后, 此即沃尔表示 (Wold representation).

无限阶多项式 $\psi(B)$ 可以是有限阶多项式的比

$$\psi(B)=\frac{\theta(B)}{\phi(B)},$$

或近似为 $\theta(B)$ 与 $\phi(B)$ 之比. 这样 $\psi(B)$ 中不再是无限多个自由参数, 而是 $p+q$ 个参数. ARMA(p,q) 模型就是沃尔表示的简单有理近似.

2. ARCH 模型

一个平稳过程的方差是常数, 但某些条件方差却可以随时间变化. 金融时间序列常呈现出, 在某些时间段观测误差相对小些, 在另一时间段观测误差相对大些, 这种现象说明观测误差呈现某种自相关性, 即条件方差为时间的函数. Engle(1982) 提出了自回归条件异方差模型, 它可用来预测未来的条件方差.

设有平稳时间序列 X_t, 其 p 阶自回归过程为

$$X_t=c+\phi_1X_{t-1}+\phi_2X_{t-2}+\cdots+\phi_pX_{t-p}+a_t,$$

其中, $a_t \sim \mathrm{WN}(0, \sigma_a^2)$.

a_t 的无条件方差为常数 σ_a^2, 但 a_t 的条件方差可随时间而变化. 视 a_t^2 服从 AR(k) 模型

$$a_t^2 = \alpha_0 + \alpha_1 a_{t-1}^2 + \cdots + \alpha_k a_{t-k}^2 + w_t, \tag{1.3.20}$$

其中 w_t 是新的白噪声过程, 即

$$w_t \sim \mathrm{WN}(0, \sigma_w^2), \quad \alpha_0 > 0, \quad \alpha_j \geqslant 0, \quad j = 1, \cdots, k, \quad \sum_{j=1}^{k} a_j < 1.$$

式 (1.3.20) 称为白噪声 a_t 的 k 阶自回归条件异方差模型, 记为 ARCH(k).

ARCH(k) 的另一种表示方法为

$$a_t = \sqrt{h_t}\,\varepsilon_t, \quad h_t = \alpha_0 + \alpha_1 a_{t-1}^2 + \cdots + \alpha_k a_{t-k}^2, \tag{1.3.21}$$

其中, $\varepsilon_t \sim \mathrm{WN}(0, 1)$.

考虑 a_t 的 ARCH(1) 模型

$$a_t = \sqrt{h_t}\,\varepsilon_t, \quad h_t = \alpha_0 + \alpha_1 a_{t-1}^2,$$

其中, $\varepsilon_t \sim \mathrm{NID}(0, 1)$, ε_t 与 h_t 独立, α_0, α_1 为正数. 因此

$$a_t \mid a_{t-1}, a_{t-2}, \cdots \sim \mathrm{NID}(0, h_t), \quad \mathrm{Var}(a_t \mid a_{t-1}) = h_t.$$

若 $\alpha_1 < 1$, 则无条件方差 $\mathrm{var}(a_t) = \alpha_0/(1-\alpha_1)$. 若 $3\alpha_1^2 < 1$, 则 a_t 的 4 阶矩是有限的, 且峰度为

$$\frac{3(1-\alpha_1^2)}{1-3\alpha_1^2} > 3,$$

故 a_t 的非条件分布比正态分布更具胖尾性.

许多金融时间序列的无条件分布不同于正态分布, 它们有更厚的尾部. 即使式 (1.3.21) 中的 ε_t 为正态分布, a_t 的无条件分布是一非正态分布. 大量事实表明 a_t 的条件分布亦常具有非正态性.

可以选取 ε_t 为一具有 ν 个自由度, 规模参数为 M_t 的 t 分布, 其概率密度为

$$f(y_t) = \frac{\Gamma((\nu+1)/2)}{(\pi\nu)^{1/2}\Gamma(\nu/2)} M_t^{-1/2} \left(1 + \frac{y_t^2}{M_t \nu}\right)^{-(\nu+1)/2}. \tag{1.3.22}$$

若 $\nu > 2$, 则

$$E(\varepsilon_t) = 0, \quad E(\varepsilon_t^2) = M_t \nu/(\nu - 2).$$

当 $M_t = (\nu-2)/\nu$ 时, 称 ε_t 服从标准化 t 分布.

Bollerslev(1986) 提出了广义自回归条件异方差模型

$$a_t = \sqrt{h_t}\,\varepsilon_t, \quad h_t = \alpha_0 + \alpha_1 a_{t-1}^2 + \cdots + \alpha_k a_{t-k}^2 + \beta_1 h_{t-1}^2 + \cdots + \beta_r h_{t-r}^2, \tag{1.3.23}$$

其中, $\alpha_0 > 0,\ \alpha_i \geqslant 0,\ i = 1, \cdots, k,\ \beta_j \geqslant 0,\ i = 1, \cdots, r$. 记为 GARCH$(r, k)$.

3. 单位根过程

许多经济时间序列 (如 GDP, 价格指数) 不具有平稳性, 常用的方法是通过差分或数据变换, 得到平稳时间序列. 若 $\Delta^d X_t = (1 - B)^d X_t$ 为平稳时间序列, 则称 X_t 为 d 阶积分过程, 记为 $I(d)$. 实际应用中, d 一般不超过 2.

用 ARMA(p, q) 模型拟合 $\Delta^d X_t$, 即有

$$\phi(B)\Delta^d X_t = \theta(B)a_t. \tag{1.3.24}$$

称式 (1.3.24) 为自回归积分滑动平均模型, 记为 ARIMA(p, d, q).

一阶单位根过程有三种基本形式:

(1) 随机游动 (random walk): $X_t = X_{t-1} + a_t$.

(2) 含有漂移的随机游动 (random walk with drift): $X_t = \mu + X_{t-1} + a_t$.

(3) 含有常数项及时间趋势的单位根过程 (unit root): $X_t = \mu + \beta t + X_{t-1} + a_t$.

Hamilton(1994) 介绍了菲利普斯–佩龙单位根检验.

Mills(1999) 分析了美元/英磅汇率 (1974.1—1994.12, 共有 5192 个值) X_t 的一阶差分 ΔX_t, ΔX_t 呈现了一个无漂移的随机游动, 其样本自相关函数呈现为一个 $I(1)$ 过程缓慢衰减. 差分在 0 值周围呈平稳性, 看上去没有可识别的规律, 与白噪声过程相近. 检验表明美元/英磅汇率时间序列为一个单位根过程. 从平衡来看, AR(1)-GARCH(1,2) 模型提供了 ΔX_t 更佳的拟合. 检验表明美元/英磅汇率变化率的概率分布呈尖峰厚尾态. 从以上分析可以看到, 时间序列模型误差分布的假设及其检验具有实际意义.

1.3.5 多元分布拟合优度检验主线

对多元概率分布的拟合优度检验, 苏岩等 (2009) 给出一条拟合优度检验主线 : 球面球均匀分布 (或单位球均匀分布) ⇒ 球对称分布 ⇒ 椭球对称分布 (包含多元正态分布), 球面非均匀分布 (或单位球上非均匀分布) ⇒ 中心相似分布 (包括 L_α 模球均匀分布).

1. 球对称分布的拟合优度检验

转换球对称分布 ($\boldsymbol{Y} \overset{d}{=} R\boldsymbol{U}_d$) 的拟合优度检验为球面均匀分布 (或单位球均匀分布) 的拟合优度检验.

2. 椭球对称分布的拟合优度检验

$$\boldsymbol{Y} \stackrel{d}{=} R\boldsymbol{U}_d, \quad \boldsymbol{X} \stackrel{d}{=} \boldsymbol{\mu} + A\boldsymbol{Y},$$

则 $\boldsymbol{X}$ 服从椭球对称分布. 设 $\boldsymbol{X}_d^{[i]}$, $i=1,\cdots,n$ 为来自椭球对称分布的 i.i.d. 样本

$$\overline{\boldsymbol{X}}_d = n^{-1}\sum_{i=1}^{n}\boldsymbol{X}_d^{[i]}, \quad S = n^{-1}\sum_{i=1}^{n}(\boldsymbol{X}_d^{[i]} - \overline{\boldsymbol{X}}_d)(\boldsymbol{X}_d^{[i]} - \overline{\boldsymbol{X}}_d)^{\mathrm{T}}, \tag{1.3.25}$$

$$\boldsymbol{Z}_d^{[i]} = G(\boldsymbol{X}_d^{[i]} - \overline{\boldsymbol{X}}_d), \quad i=1,\cdots,n, \tag{1.3.26}$$

其中矩阵 $G=G(S)$, 满足 $GSG^{\mathrm{T}}=I$. 称 $\boldsymbol{Z}_d^{[i]}, i=1,\cdots,n$ 为球化转换样本. Huffer 等 (2007) 给出了下述引理.

引理 1.3.2　设 $n \times d$ 矩阵 Z 的行向量由 $\boldsymbol{Z}_d^{[i]}$ 的转置构成, $i=1,\cdots,n$. 若 $G(S)=L^{-1}$, $S=LL^{\mathrm{T}}$ (Choleski 分解), 则 Z 的分布不依赖于 $\boldsymbol{\mu}$, $\Sigma = AA^{\mathrm{T}}$.

推论 1.3.1　在引理 1.3.2 的条件下, $\boldsymbol{Z}_d^{[i]}$, $i=1,\cdots,n$ 的极限分布为球对称分布, 转换样本 $\left\{\boldsymbol{Z}_d^{[i]}\right\}_{i=1}^{n}$ 渐近独立.

因此可基于球化转换样本进行椭球对称分布的拟合优度检验.

3. 中心相似分布拟合优度检验

中心相似分布属于半参数概率分布族, 可用来描述非对称性多元数据, 是一类更广泛意义上的多元概率分布. Su 等 (2010a) 提出了边界已知实心区域均匀分布的拟合优度检验统计量，该检验统计量可应用于边界已知中心相似分布的拟合优度检验. Bai 等 (1988) 提出了球面概率密度核估计. 多元概率密度核估计可应用于边界未知中心相似分布的拟合优度检验. 转化对中心相似分布的检验为球面上非均匀分布的检验, 这方面的拟合优度检验问题有待进一步分析.

依此拟合优度检验主线, Su 等 (2011) 提出了球面均匀分布特征检验和球面均匀分布光滑检验. 并以此为基础研究了多元正态分布、椭球对称分布的拟合优度检验问题 (2012), 相应结果将在后续章节介绍. 我们的研究特点是将对多元分布的拟合优度检验转化为球面均匀 (或非均匀) 分布的拟合优度检验. 多元正态分布是多元分析的基本假设，椭球对称分布是广义多元分析的基本假设. 因此在实际应用中, 球面均匀分布的拟合优度检验显得尤为重要.

模拟表明, 我们提出的基于广义逆的球面均匀分布特征检验和基于球调和函数的球面均匀分布光滑检验, 具有一定的互补性. 球面均匀分布光滑检验具有普适性, 光滑检验可用以探测数据以何种方式偏离球面均匀分布. 基于广义逆的球面均匀分布特征检验, 关于总体随机向量的各个分量具有对称性且其检验统计量易于计

算. 当对立分布与球面均匀分布的特征有较大偏离时, 球面均匀分布特征检验有着更高的检验功效. 模拟显示, 球面均匀分布质心检验和惯量矩检验的联合检验是必要的.

球面均匀分布光滑检验的功效模拟显示, 对于不同的对立分布, 基于 1 阶与 2 阶球调和函数的球面均匀分布光滑检验具有最大的检验功效, 该模拟结论与我们的理论分析相吻合. 球面均匀分布具有几何对称性和统计优良性, 其前 2 阶矩概括了球面均匀分布的统计特性. 理论分析和功效模拟表明, 基于 1 阶, 2 阶球调和函数的球面均匀分布光滑检验的分量检验分别对应着球面均匀分布的质心检验, 惯量矩检验. 基于 1 阶与 2 阶球调和函数的球面均匀分布光滑检验, 将球面均匀分布质心 (1 阶矩) 检验和惯量矩 (2 阶矩) 检验这两种特征检验合二为一. 从这个意义讲, 球面均匀分布光滑检验优于球面均匀分布特征检验. $(0,1)$ 区间均匀分布光滑检验和球面均匀分布光滑检验, 分别对应着一元概率分布拟合优度检验和多元分布拟合优度检验.

第 2 章 矩阵代数

矩阵理论是进行多元统计分析、多元时间序列分析及多元分布拟合优度检验的重要工具. 向量、矩阵、线性空间等概念能加深我们对统计结论的直观理解. 本章主要介绍矩阵代数的基础知识, 包括线性空间、投影、广义逆及矩阵微商等内容. 对于一些熟知的基本结果, 只作叙述而不证明. 本章内容可应用于球面均匀分布的特征检验、椭球对称分布的拟合优度检验、线性模型及向量自回归模型误差分布的拟合优度检验.

2.1 线性空间

在本书中, 只讨论实数域 $\mathbf{R}$ 上的矩阵和线性空间.

定义 2.1.1 设 V 是一个非空集合, 在 V 上定义了两种运算: 加法和数乘, 即当 $\boldsymbol{X} \in V$, $\boldsymbol{Y} \in V$ 时, $\boldsymbol{X}+\boldsymbol{Y}$, $k\boldsymbol{X}$ (k 是实数) 也都是 V 中的元素, 并且它们满足下述性质.

当 $\boldsymbol{X}, \boldsymbol{Y}, \boldsymbol{Z}$ 是 V 中的元素, k, l 均为实数时, 有

(1) $\boldsymbol{X}+\boldsymbol{Y}=\boldsymbol{Y}+\boldsymbol{X}$;

(2) $\boldsymbol{X}+(\boldsymbol{Y}+\boldsymbol{Z})=(\boldsymbol{X}+\boldsymbol{Y})+\boldsymbol{Z}$;

(3) 存在唯一的元素 $\mathbf{0}$, 使 $\boldsymbol{X}+\mathbf{0}=\boldsymbol{X}$ 对一切 $\boldsymbol{X} \in V$ 成立;

(4) 对 $\boldsymbol{X} \in V$, 存在唯一的元素 $-\boldsymbol{X}$, 使 $\boldsymbol{X}+(-\boldsymbol{X})=\mathbf{0}$;

(5) 对实数 1, $1\boldsymbol{X}=\boldsymbol{X}$ 对一切 $\boldsymbol{X} \in V$ 成立;

(6) $(kl)\boldsymbol{X}=k(l\boldsymbol{X})$ 对一切 $\boldsymbol{X} \in V$, 实数 k, l 成立;

(7) $(k+l)\boldsymbol{X}=k\boldsymbol{X}+l\boldsymbol{X}$;

(8) $k(\boldsymbol{X}+\boldsymbol{Y})=k\boldsymbol{X}+l\boldsymbol{Y}$.

对加法和数乘两种运算封闭且满足性质 (1)—(8) 的集合 V 称为线性空间. 元素 $\mathbf{0}$ 称为 V 的零元素, 元素 $-\boldsymbol{X}$ 称为 $\boldsymbol{X}$ 的负元素. 线性空间的元素也称为向量, 线性空间也称为向量空间.

设 $A=(\boldsymbol{a}_1, \cdots, \boldsymbol{a}_n)$ 为 $m \times n$ 矩阵, $\boldsymbol{a}_1, \cdots, \boldsymbol{a}_n$ 为 m 维列向量. $\boldsymbol{a}_1, \cdots, \boldsymbol{a}_n$ 的所有线性组合构成的集合记为

$$\mathscr{L}(\boldsymbol{a}_1, \cdots, \boldsymbol{a}_n)=\left\{\boldsymbol{X}=\sum_{i=1}^{n} k_i \boldsymbol{a}_i,\ k_i \in \mathbf{R},\ i=1, \cdots, n\right\}.$$

可以验证 $\mathscr{L}(\boldsymbol{a}_1,\cdots,\boldsymbol{a}_n)$ 是线性空间. 也称 $\mathscr{L}(\boldsymbol{a}_1,\cdots,\boldsymbol{a}_n)$ 为矩阵 A 的列向量张成的子空间, 记为 $\mathscr{L}(A)$. 故有 $\mathscr{L}(A)=\{A\boldsymbol{s},\boldsymbol{s}\in\mathbf{R}^n\}$.

定义 2.1.2 线性空间 V 的一个非空子集合 W 称为 V 的一个线性子空间(简称子空间), 如果 W 对 V 的两种运算也构成线性空间.

定义 2.1.3 设 V_1,V_2 是 V 的子空间, 所有能表成 $\boldsymbol{X}+\boldsymbol{Y}$, 而 $\boldsymbol{X}\in V_1,\boldsymbol{Y}\in V_2$ 的向量构成的子集合, 记作 V_1+V_2.

定理 2.1.1 设 V_1,V_2 是 V 的子空间, 则它们的和 V_1+V_2 是 V 的子空间.

证明 易知 V_1+V_2 非空. 假设 $\boldsymbol{\gamma}_i\in V_1+V_2,\ i=1,2$, 即

$$\boldsymbol{\gamma}_i=\boldsymbol{\alpha}_i+\boldsymbol{\beta}_i,\quad \boldsymbol{\alpha}_i\in V_1,\quad \boldsymbol{\beta}_i\in V_2,\quad i=1,2,$$

则

$$\boldsymbol{\gamma}_1+\boldsymbol{\gamma}_2=(\boldsymbol{\alpha}_1+\boldsymbol{\alpha}_2)+(\boldsymbol{\beta}_1+\boldsymbol{\beta}_2)\in V_1+V_2.$$

又

$$l\boldsymbol{\gamma}_1=l\boldsymbol{\alpha}_1+l\boldsymbol{\beta}_1\in V_1+V_2,$$

故 V_1+V_2 为 V 的子空间.

定理 2.1.2 设 V_1,V_2 是 V 的子空间, 则它们的交 $V_1\cap V_2$ 是 V 的子空间.

证明 因为 $\mathbf{0}\in V_i,i=1,2$, 故 $\mathbf{0}\in V_1\cap V_2$, 可知 $V_1\cap V_2$ 非空. 假设 $\gamma_i\in V_1\cap V_2,i=1,2$, 则 $k\boldsymbol{\gamma}_1+l\boldsymbol{\gamma}_2\in V_1\cap V_2$. 因此, $V_1\cap V_2$ 是 V 的子空间.

定义 2.1.4 给定向量组 $A:\boldsymbol{a}_1,\cdots,\boldsymbol{a}_n$, 如果存在不全为零的数 $k_1,k_2,\cdots,k_n$, 使

$$k_1\boldsymbol{a}_1+k_2\boldsymbol{a}_2+\cdots+k_n\boldsymbol{a}_n=\mathbf{0},$$

则称向量组 A 是线性相关的, 否则称它线性无关.

定义 2.1.5 设 V 为线性空间, 如果 k 个向量 $\boldsymbol{a}_1,\cdots,\boldsymbol{a}_k\in V$, 且满足:

(1) $\boldsymbol{a}_1,\cdots,\boldsymbol{a}_k$ 线性无关;

(2) V 中任一向量都可由 $\boldsymbol{a}_1,\cdots,\boldsymbol{a}_k$ 线性表示,

那么, 向量组 $\boldsymbol{a}_1,\cdots,\boldsymbol{a}_k$ 就称为线性空间 V 的一个基, k 称为线性空间 V 的维数, 记为 $\dim(V)=k$, 并称 V 为 k 维线性空间. 如果 V 中可以找到任意多个线性无关的向量, 那么 V 就称为无限维的.

定理 2.1.3 设 V_1,V_2 是 V 的子空间, 则

$$\dim(V_1)+\dim(V_2)=\dim(V_1+V_2)+\dim(V_1\cap V_2).$$

定义 2.1.6 设 V_1,V_2 是线性空间 V 的子空间, 如果和 V_1+V_2 中每个向量 $\boldsymbol{Z}$ 的分解式

$$\boldsymbol{Z}=\boldsymbol{X}+\boldsymbol{Y},\quad \boldsymbol{X}\in V_1,\quad \boldsymbol{Y}\in V_2$$

是唯一的, 这个和就称为直和, 记为 $V_1 \oplus V_2$.

定理 2.1.4 和 $V_1 + V_2$ 是直和的充分必要条件是等式

$$\boldsymbol{X} + \boldsymbol{Y} = \boldsymbol{0}, \quad \boldsymbol{X} \in V_1, \quad \boldsymbol{Y} \in V_2$$

仅在 $\boldsymbol{X}, \boldsymbol{Y}$ 均为零向量时才成立.

推论 2.1.1 和 $V_1 + V_2$ 是直和的充分必要条件是

$$V_1 \cap V_2 = \{\boldsymbol{0}\}.$$

定理 2.1.5 设 V_1, V_2 是 V 的子空间, $W = V_1 + V_2$, 则

$$W = V_1 \oplus V_2$$

的充分必要条件是

$$\dim(W) = \dim(V_1) + \dim(V_2).$$

定义 2.1.7 设 V 是一线性空间, 在 V 上定义了一个二元实函数, 称为内积, 记作 $(\boldsymbol{X}, \boldsymbol{Y})$, 它具有下述性质:

(1) $(\boldsymbol{X}, \boldsymbol{Y}) = (\boldsymbol{Y}, \boldsymbol{X})$;

(2) $(k\boldsymbol{X}, \boldsymbol{Y}) = k(\boldsymbol{Y}, \boldsymbol{X})$;

(3) $(\boldsymbol{X} + \boldsymbol{Y}, \boldsymbol{Z}) = (\boldsymbol{X}, \boldsymbol{Z}) + (\boldsymbol{Y}, \boldsymbol{Z})$;

(4) $(\boldsymbol{X}, \boldsymbol{X}) \geqslant 0$ 当且仅当 $\boldsymbol{X} = \boldsymbol{0}$ 时, $(\boldsymbol{X}, \boldsymbol{X}) = 0$,

其中 $\boldsymbol{X}, \boldsymbol{Y}, \boldsymbol{X}$ 是 V 中任意的向量, k 是任意实数.

定义 2.1.8 内积空间是一个线性空间 V, 且在 V 上定义了一个内积.

定义 2.1.9 设 V_1, V_2 是内积空间 V 的两个子空间, 如果对任意 $\boldsymbol{X} \in V_1$, $\boldsymbol{Y} \in V_2$, 恒有

$$(\boldsymbol{X}, \boldsymbol{Y}) = 0,$$

则称 V_1, V_2 是正交的, 记为 $V_1 \perp V_2$.

定理 2.1.6 设子空间 $V_1, \cdots, V_k$ 两两正交, 则和 $W = V_1 + V_2 + \cdots + V_k$ 是直和. 此时称 W 为 $V_1, \cdots, V_k$ 的正交直和, 记为

$$W = V_1 \dot{+} V_2 \dot{+} \cdots \dot{+} V_k.$$

证明 设 $\boldsymbol{X}_i \in V_i, i = 1, \cdots, k$, 且

$$\boldsymbol{X}_1 + \cdots + \boldsymbol{X}_k = \boldsymbol{0},$$

欲证 $\boldsymbol{X}_i = \boldsymbol{0}, i = 1, \cdots, k$. 用 $\boldsymbol{X}_i$ 同上式两边做内积, 由正交性可得

$$(\boldsymbol{X}_i, \boldsymbol{X}_i) = 0,$$

故 $\boldsymbol{X}_i = \boldsymbol{0}, i = 1, \cdots, k$.

定义 2.1.10 子空间 V_2 称为子空间 V_1 的一个正交补, 如果 $V_1 \perp V_2$, 并且

$$V = V_1 + V_2.$$

定理 2.1.7 内积空间 V 的每一个子空间 V_1 都有唯一的正交补. V_1 的正交补记为 $V_1^{\perp}$, 此时 $V = V_1 \dot{+} V_1^{\perp}$.

定理 2.1.8 $\mathcal{L}(A) \perp \mathcal{L}(B) \iff A^{\mathrm{T}}B = 0$.

证明 设 $A = (\boldsymbol{a}_1, \cdots, \boldsymbol{a}_n)$, $B = (\boldsymbol{b}_1, \cdots, \boldsymbol{b}_k)$.

必要性. 若 $\mathcal{L}(A) \perp \mathcal{L}(B)$, 则有

$$\boldsymbol{a}_i^{\mathrm{T}} \boldsymbol{b}_j = 0, \quad i = 1, \cdots, n, \quad j = 1, \cdots, k.$$

故 $A^{\mathrm{T}}B = (\boldsymbol{a}_i^{\mathrm{T}} \boldsymbol{b}_j) = 0$.

充分性. 若 $A^{\mathrm{T}}B = 0$, 则有

$$\boldsymbol{a}_i^{\mathrm{T}} \boldsymbol{b}_j = 0, \quad i = 1, \cdots, n, \quad j = 1, \cdots, k.$$

对任意可乘向量 $\boldsymbol{s}, \boldsymbol{t}$, 均有 $(A\boldsymbol{s})^{\mathrm{T}}(B\boldsymbol{t}) = \boldsymbol{s}^{\mathrm{T}}(A^{\mathrm{T}}B)\boldsymbol{t} = 0$, 所以 $\boldsymbol{a}_1, \cdots, \boldsymbol{a}_n$ 的线性组合与 $\boldsymbol{b}_1, \cdots, \boldsymbol{b}_k$ 的线性组合正交, 故知 $\mathcal{L}(A) \perp \mathcal{L}(B)$.

推论 2.1.2 设 $A = (\boldsymbol{A}_1, \cdots, \boldsymbol{A}_l)$, $\mathcal{L}(\boldsymbol{A}_i)\mathcal{L}(\boldsymbol{A}_j) = \{\boldsymbol{0}\}$ 且 $\boldsymbol{A}_i^{\mathrm{T}} \boldsymbol{A}_j = 0, i \neq j$, $i, j = 1, \cdots, l$, 则

$$\mathcal{L}(A) = \mathcal{L}(\boldsymbol{A}_1) \dot{+} \cdots \dot{+} \mathcal{L}(\boldsymbol{A}_l).$$

2.2 投影矩阵

投影矩阵和投影算子在线性模型理论中有重要应用, 能赋予统计结论以直观 (几何) 解释. 因为幂等方阵与投影矩阵有着密切的关系, 首先给出幂等方阵 (简称为幂等阵) 的定义.

定义 2.2.1 若方阵 A 满足 $A^2 = A$, 则称 A 为幂等方阵.

定理 2.2.1 幂等方阵的特征根只能是 0 或 1.

证明 设数 λ 和非零列向量 $\boldsymbol{\xi}$ 满足关系式 $A\boldsymbol{\xi} = \lambda\boldsymbol{\xi}$, 则由 $A^2 = A$ 可知

$$\lambda\boldsymbol{\xi} = A\boldsymbol{\xi} = A^2\boldsymbol{\xi} = A(A\boldsymbol{\xi}) = A(\lambda\boldsymbol{\xi}) = \lambda A\boldsymbol{\xi} = \lambda^2\boldsymbol{\xi},$$

因此 $(\lambda^2 - \lambda)\boldsymbol{\xi} = 0$. 又 $\boldsymbol{\xi} \neq \boldsymbol{0}$, 故知 $\lambda = 0$ 或 1.

定理 2.2.2 (1) 设 $A_{n \times n}$ 为幂等阵, 则 $\mathrm{tr}(A) = \mathrm{rank}(A)$.

(2) $A_{n \times n}$ 为幂等阵的充要条件是 $\mathrm{rank}(A) + \mathrm{rank}(I - A) = n$, 其中 I 为 n 阶单位阵.

证明 (1) 设 $\mathrm{rank}(A)=r$, 则存在可逆方阵 $\varGamma, R$, 使得

$$A=\varGamma\begin{pmatrix} I_r & 0 \\ 0 & 0 \end{pmatrix}R. \tag{2.2.1}$$

将 $\varGamma, R$ 进行分块, 得到 $\varGamma=(\varGamma_1,\varGamma_2)$, 其中 $\varGamma_1$ 为 $n\times r$ 矩阵, $R=(R_1',R_2')^{\mathrm{T}}$, 其中 R_1 为 $r\times n$ 矩阵, 故有 $A=\varGamma_1R_1$. 由 $A^2=A$ 可得

$$\begin{pmatrix} I_r & 0 \\ 0 & 0 \end{pmatrix}R\varGamma\begin{pmatrix} I_r & 0 \\ 0 & 0 \end{pmatrix}=\begin{pmatrix} I_r & 0 \\ 0 & 0 \end{pmatrix}, \tag{2.2.2}$$

因此 $R_1\varGamma_1=I_r$. 故有

$$\mathrm{tr}(A)=\mathrm{tr}(\varGamma_1R_1)=\mathrm{tr}(R_1\varGamma_1)=\mathrm{tr}(I_r)=\mathrm{rank}(A).$$

(2) 先证必要性. 设 $A^2=A$, 则 $(I-A)^2=I-A$. 由 (1) 知

$$n=\mathrm{tr}(I)=\mathrm{tr}(I-A+A)=\mathrm{tr}(I-A)+\mathrm{tr}(A)=\mathrm{rank}(I-A)+\mathrm{rank}(A).$$

再证充分性. 设 $\mathrm{rank}(A)=r$, 则 $A\boldsymbol{X}=\mathbf{0}$ 有 $n-r$ 个线性无关的解, 它们是对应于特征值为 0 的 $n-r$ 个线性无关的特征向量. 又 $\mathrm{rank}(I-A)=n-r$, 故 $A\boldsymbol{X}=\boldsymbol{X}$, 即 $(A-I)\boldsymbol{X}=\mathbf{0}$ 有 r 个线性无关的解, 它们是对应于特征值为 1 的 r 个线性无关的特征向量. 因为 $0\neq 1$, 故这 n 个特征向量线性无关, A 相似于方阵

$$\begin{pmatrix} I_r & 0 \\ 0 & 0 \end{pmatrix},$$

因此存在可逆阵 $\varGamma$, 使得

$$A=\varGamma\begin{pmatrix} I_r & 0 \\ 0 & 0 \end{pmatrix}\varGamma^{-1},$$

故知 $A^2=A$.

定理 2.2.3 任给一个矩阵 $A_{m\times n}$, 则 AA^{T} 与 $A^{\mathrm{T}}A$ 均为非负定矩阵, 且有

(1) $\mathcal{L}(A)=\mathcal{L}(AA^{\mathrm{T}})$;

(2) $\mathrm{rank}(A)=\mathrm{rank}(AA^{\mathrm{T}})=\mathrm{rank}(A^{\mathrm{T}}A)=\mathrm{rank}(A^{\mathrm{T}})$;

(3) $A=0 \Longleftrightarrow A^{\mathrm{T}}A=0$.

证明 (1) 因为对任意 $\boldsymbol{t}\in\mathbf{R}^m$,

$$(AA^{\mathrm{T}})\boldsymbol{t}=A(A^{\mathrm{T}}\boldsymbol{t})=A\boldsymbol{s},\quad \boldsymbol{s}\in\mathbf{R}^n,$$

故 $\mathscr{L}(AA^{\mathrm{T}}) \subset \mathscr{L}(A)$. 因此只需证 $\mathscr{L}(A) \subset \mathscr{L}(AA^{\mathrm{T}})$. 事实上, 对任意 $\boldsymbol{X} \perp \mathscr{L}(AA^{\mathrm{T}})$, 有 $\boldsymbol{X}^{\mathrm{T}}AA^{\mathrm{T}} = \mathbf{0}$. 所以 $\boldsymbol{X}^{\mathrm{T}}AA^{\mathrm{T}}\boldsymbol{X} = \|A^{\mathrm{T}}\boldsymbol{X}\| = 0$, 因此 $A^{\mathrm{T}}\boldsymbol{X} = \mathbf{0}$, $\boldsymbol{X} \perp \mathscr{L}(A)$, 故 $\mathscr{L}(A) \subset \mathscr{L}(AA^{\mathrm{T}})$.

(2) 若 $A\boldsymbol{X} = \mathbf{0}$, 则有 $(A^{\mathrm{T}}A)\boldsymbol{X} = \mathbf{0}$; 若 $(A^{\mathrm{T}}A)\boldsymbol{X} = \mathbf{0}$, 则有 $\boldsymbol{X}^{\mathrm{T}}(A^{\mathrm{T}}A)\boldsymbol{X} = 0$, 即 $(A\boldsymbol{X})^{\mathrm{T}}A\boldsymbol{X} = 0$, 所以 $A\boldsymbol{X} = \mathbf{0}$. 方程组 $A\boldsymbol{X} = \mathbf{0}$ 与 $(A^{\mathrm{T}}A)\boldsymbol{X} = \mathbf{0}$ 同解, 因此 $\mathrm{rank}(A) = \mathrm{rank}(A^{\mathrm{T}}A)$.

由结论 (2) 可证 (1). 由 $\mathscr{L}(AA^{\mathrm{T}}) \subset \mathscr{L}(A)$ 且 $\mathrm{rank}(A) = \mathrm{rank}(AA^{\mathrm{T}})$, 知 $\mathscr{L}(A) = \mathscr{L}(AA^{\mathrm{T}})$.

定义 2.2.2 给定内积空间 $\mathbf{R}^n$ 的一个子空间 V, 则存在正交补 W, 使得 $\mathbf{R}^n = V \dot{+} W$, 即对任意 $\boldsymbol{X} \in \mathbf{R}^n$, 有

$$\boldsymbol{X} = \boldsymbol{Y} + \boldsymbol{Z}, \quad \boldsymbol{Y} \in V, \quad \boldsymbol{Z} \in W, \quad \boldsymbol{Y}^{\mathrm{T}}\boldsymbol{Z} = 0. \tag{2.2.3}$$

称 $\boldsymbol{Y}$ 是 $\boldsymbol{X}$ 在 V 中的正交投影. 用 P_V 表示向 V 的投影变换, $P_V\boldsymbol{X} = \boldsymbol{Y}$. 若 P 为 n 阶矩阵, 使得对任意 $\boldsymbol{X} \in \mathbf{R}^n$ 及式 (2.2.3) 中的 $\boldsymbol{Y}$, 有 $P\boldsymbol{X} = \boldsymbol{Y}$, 则称 P 为向 V 的正交投影阵.

P_V 是 $\mathbf{R}^n$ 中自身到自身的一个变换, P_V 具有下述性质:

(1) 若 $\boldsymbol{X} \in V$, 则 $P_V\boldsymbol{X} = \boldsymbol{X}$;

(2) 若 $\boldsymbol{X} \in W$, 则 $P_V\boldsymbol{X} = \mathbf{0}$,

由 (1) 知, 对任意 $\boldsymbol{X} \in \mathbf{R}^n$, $P_V\boldsymbol{X} \in V$, $P_V(P_V\boldsymbol{X}) = P_V\boldsymbol{X}$, 所以 $P_V^2 = P_V$.

我们希望找到一个矩阵 P, 使得对任意 $\boldsymbol{X} \in \mathbf{R}^n$, 有 $P\boldsymbol{X} = P_V\boldsymbol{X}$, 矩阵 P 即是与投影变换 P_V 相应的投影矩阵.

例 2.2.1 设向量 $\boldsymbol{a} \neq \mathbf{0}$, $\boldsymbol{b} \neq \mathbf{0}$, $\mathscr{L}(\boldsymbol{a})$ 由向量 $\boldsymbol{a}$ 生成. $\boldsymbol{a}$ 与 $\boldsymbol{b}$ 的内积为

$$\boldsymbol{a}^{\mathrm{T}}\boldsymbol{b} = \|\boldsymbol{a}\|\|\boldsymbol{b}\|\cos\langle\boldsymbol{a}, \boldsymbol{b}\rangle.$$

$\boldsymbol{b}$ 在 $\boldsymbol{a}$ 上的投影为

$$\begin{aligned} P_{\boldsymbol{a}}\boldsymbol{b} &= \frac{\boldsymbol{a}}{\|\boldsymbol{a}\|}\|\boldsymbol{b}\|\cos\langle\boldsymbol{a}, \boldsymbol{b}\rangle = \frac{\boldsymbol{a}}{\|\boldsymbol{a}\|}\frac{\boldsymbol{a}^{\mathrm{T}}\boldsymbol{b}}{\|\boldsymbol{a}\|\|\boldsymbol{b}\|}\|\boldsymbol{b}\| \\ &= \frac{(\boldsymbol{a}\boldsymbol{a}^{\mathrm{T}})\boldsymbol{b}}{\|\boldsymbol{a}\|^2} = \frac{\boldsymbol{a}\boldsymbol{a}^{\mathrm{T}}}{\boldsymbol{a}^{\mathrm{T}}\boldsymbol{a}}\boldsymbol{b} = \boldsymbol{a}(\boldsymbol{a}^{\mathrm{T}}\boldsymbol{a})^{-1}\boldsymbol{a}^{\mathrm{T}}\boldsymbol{b}. \end{aligned}$$

因此, 方阵 $P = \boldsymbol{a}(\boldsymbol{a}^{\mathrm{T}}\boldsymbol{a})^{-1}\boldsymbol{a}^{\mathrm{T}}$ 即为向量 $\boldsymbol{b}$ 向 $\mathscr{L}(\boldsymbol{a})$ 的正交投影阵.

定理 2.2.4 设 A 为 $n \times r$ 矩阵, $\mathrm{rank}(A) = r$, P 为向 $\mathscr{L}(A)$ 的正交投影阵, 则 $P = A(A^{\mathrm{T}}A)^{-1}A^{\mathrm{T}}$.

证明 由于 $\mathrm{rank}(A) = r$, 故 $\mathrm{rank}(A^{\mathrm{T}}A) = r$, 即 $A^{\mathrm{T}}A$ 可逆. $\mathscr{L}(A)$ 是由 A 的列向量组张成的 $\mathbf{R}^n$ 的一个子空间, 且 $\mathbf{R}^n = \mathscr{L}(A) \dot{+} \mathscr{L}^{\perp}(A)$. 对任意 $\boldsymbol{X} \in \mathbf{R}^n$, 有

$$\boldsymbol{X} = \boldsymbol{Y} + \boldsymbol{Z}, \quad \boldsymbol{Y} \in \mathscr{L}(A), \quad \boldsymbol{Z} \in \mathscr{L}^{\perp}(A).$$

若 $\boldsymbol{X} \in \mathscr{L}(A)$, 则 $\boldsymbol{X} = A\boldsymbol{b}$, $\boldsymbol{b}$ 为列向量. 因此

$$A(A^{\mathrm{T}}A)^{-1}A^{\mathrm{T}}\boldsymbol{X} = A(A^{\mathrm{T}}A)^{-1}A^{\mathrm{T}}A\boldsymbol{b} = A\boldsymbol{b} = \boldsymbol{X}.$$

若 $\boldsymbol{X} \in \mathscr{L}^{\perp}(A)$, 则 $A^{\mathrm{T}}\boldsymbol{X} = \boldsymbol{0}$, 因此对任意 $\boldsymbol{X} \in \mathbf{R}^n$, 有

$$A(A^{\mathrm{T}}A)^{-1}A^{\mathrm{T}}\boldsymbol{X} = A(A^{\mathrm{T}}A)^{-1}A^{\mathrm{T}}(\boldsymbol{Y}+\boldsymbol{Z}) = A(A^{\mathrm{T}}A)^{-1}A^{\mathrm{T}}\boldsymbol{Y} + \boldsymbol{0} = \boldsymbol{Y},$$

故 $A(A^{\mathrm{T}}A)^{-1}A^{\mathrm{T}}$ 为向 $\mathscr{L}(A)$ 的正交投影阵.

当 A 为 $n \times m$ 矩阵, $\mathrm{rank}(A) = r < m$ 时, $A^{\mathrm{T}}A$ 的逆不存在, 需利用广义逆矩阵, 得到正交投影阵的更一般形式.

2.3 矩阵分解

在进行统计分析、统计计算及样本变换时, 常常需要矩阵分解. 设 A 为任一矩阵, $\mathrm{rank}(A) = r$, 则存在可逆矩阵 P, Q, 使得

$$A = PFQ = P\begin{pmatrix} I_r & 0 \\ 0 & 0 \end{pmatrix}Q.$$

称矩阵 F 为矩阵 A 的标准型, 它具有唯一性. 下面介绍其他矩阵分解形式.

1. 对称阵的对角化

定理 2.3.1 设 A 为 n 阶对称阵, 则必存在正交阵 P, 使

$$P^{-1}AP = P^{\mathrm{T}}AP = \Lambda,$$

其中 Λ 是以 A 的 n 个特征值为对角元素的对角阵.

2. 奇异值分解

定理 2.3.2 设 $\mathrm{rank}(A_{m\times n}) = r$, 则存在两个正交矩阵 $P_{m\times m}$, $Q_{n\times n}$, 使

$$A = P\begin{pmatrix} \Lambda_r & 0 \\ 0 & 0 \end{pmatrix}Q^{\mathrm{T}}, \tag{2.3.1}$$

其中 $\Lambda_r = \mathrm{diag}(\lambda_1, \cdots, \lambda_r)$, $\lambda_r > 0$, $i = 1, \cdots, r$.

证明 $A^{\mathrm{T}}A$ 为对称阵, 且 $A^{\mathrm{T}}A$ 为半正定的. 由对称阵的对角化知, 存在正交阵 Q, 使

$$A^{\mathrm{T}}A = Q\mathrm{diag}(\gamma_1, \cdots, \gamma_n)Q^{\mathrm{T}}, \tag{2.3.2}$$

其中 $\gamma_1 \geqslant \cdots \geqslant \gamma_n$ 是 $A^{\mathrm{T}}A$ 的特征值, 记 $\boldsymbol{q}_i$ 为 $A^{\mathrm{T}}A$ 对应于 γ_i 的特征向量, $i = 1, \cdots, n$. 设 $\mathrm{rank}(A) = r$, 则 $\mathrm{rank}(A) = \mathrm{rank}(A^{\mathrm{T}}A) = r$, 故

$$\gamma_1 \geqslant \cdots \geqslant \gamma_r > 0, \quad \gamma_{r+1} = \cdots = \gamma_n = 0.$$

记 $Q_1 = (\boldsymbol{q}_1, \cdots, \boldsymbol{q}_r)$, $Q = (Q_1, Q_2)$, $B_1 = \mathrm{diag}(\gamma_1, \cdots, \gamma_r)$, 则有

$$A^{\mathrm{T}}A = (Q_1, Q_2) \begin{pmatrix} B_1 & 0 \\ 0 & 0 \end{pmatrix} (Q_1, Q_2)^{\mathrm{T}} = Q_1 B_1 Q_1^{\mathrm{T}} = Q_1 B_1^{\frac{1}{2}} B_1^{\frac{1}{2}} Q_1^{\mathrm{T}}, \tag{2.3.3}$$

其中 $B_1^{\frac{1}{2}} = \mathrm{diag}(\lambda_1, \cdots, \lambda_r)$, $\lambda_i = \sqrt{\gamma_i}$, $i = 1, \cdots, r$.

记 $P_1 = AQ_1 B_1^{-\frac{1}{2}}$, 则由式 (2.3.3) 知, $P_1^{\mathrm{T}} P_1 = I_r$. 故 $m \times r$ 矩阵 P_1 的列向量组为规范正交向量组. 设 $\boldsymbol{q}_i$ 是 $A^{\mathrm{T}}A$ 对应于 $\gamma_i = 0$ 的特征向量, $i = r+1, \cdots, n$, 故有

$$A^{\mathrm{T}}A\boldsymbol{q}_i = \mathbf{0} \Rightarrow \boldsymbol{q}_i^{\mathrm{T}} A^{\mathrm{T}} A \boldsymbol{q}_i = 0 \Rightarrow A\boldsymbol{q}_i = \mathbf{0}.$$

记 $Q_2 = (\boldsymbol{q}_{r+1}, \cdots, \boldsymbol{q}_n)$, 因为 $QQ^{\mathrm{T}} = I_n$, 所以

$$Q_1 Q_1^{\mathrm{T}} + Q_2 Q_2^{\mathrm{T}} = I_n, \quad AQ_2 = 0.$$

因此

$$P_1 B_1^{\frac{1}{2}} Q_1^{\mathrm{T}} = AQ_1 Q_1^{\mathrm{T}} = A(I_n - Q_2 Q_2^{\mathrm{T}}) = A.$$

将 P_1 扩充为正交阵 $P = (P_1, P_2)$, 则有

$$A = P \begin{pmatrix} B_1^{\frac{1}{2}} & 0 \\ 0 & 0 \end{pmatrix} Q^{\mathrm{T}}, \tag{2.3.4}$$

结论得证.

3. 正交, 三角分解

设 A 为 $n \times m$ 的列满秩矩阵 ($\mathrm{rank}(A) = m$) 且 $A = (\boldsymbol{a}_1, \boldsymbol{a}_2, \cdots, \boldsymbol{a}_m)$ 具有正交, 三角分解形式

$$A_{n\times m} = Q_{n\times m} T_{m\times m},$$

其中, $Q_{n\times m} = (\boldsymbol{q}_1, \boldsymbol{q}_2, \cdots, \boldsymbol{q}_m)$ 为列正交阵, 满足 $Q^{\mathrm{T}}Q = I_m$, $T_{m\times m}$ 为主对角线元素为正的上三角阵

$$T = \begin{pmatrix} t_{11} & t_{12} & \cdots & t_{1m} \\ & t_{22} & \cdots & t_{2m} \\ & & \ddots & \vdots \\ & & & t_{mm} \end{pmatrix}, \tag{2.3.5}$$

则

$$
\begin{cases}
\boldsymbol{a}_1 = t_{11}\boldsymbol{q}_1, \\
\boldsymbol{a}_2 = t_{12}\boldsymbol{q}_1 + t_{22}\boldsymbol{q}_2, \\
\qquad \cdots\cdots \\
\boldsymbol{a}_m = t_{1m}\boldsymbol{q}_1 + t_{2m}\boldsymbol{q}_2 + \cdots + t_{mm}\boldsymbol{q}_m,
\end{cases} \tag{2.3.6}
$$

由 $Q^{\mathrm{T}}Q = I_m$, 可得

$$
\begin{cases}
t_{11} = \|\boldsymbol{a}_1\|, \quad \boldsymbol{q}_1 = \boldsymbol{a}_1/t_{11}, \\
t_{kk} = \left\|\boldsymbol{a}_k - \sum\limits_{i=1}^{k-1} t_{ik}\boldsymbol{q}_i\right\|, \quad k = 2, 3, \cdots, m, \\
t_{ik} = \boldsymbol{q}_i^{\mathrm{T}}\boldsymbol{a}_k, \quad i = 1, 2, \cdots, k-1, \\
\boldsymbol{q}_k = \left(\boldsymbol{a}_k - \sum\limits_{i=1}^{k-1} t_{ik}\boldsymbol{q}_i\right) \Big/ t_{kk}.
\end{cases} \tag{2.3.7}
$$

由 $A = QT$ 可知, $AT^{-1} = Q$. 这相当于对矩阵 A 施行列初等变换, 使 A 的列向量规范正交化. 该正交化算法通常称为 Gram-Schmidt 正交化算法, 可应用于样本协差阵的正交, 三角分解.

对角阵 (上、下三角阵) 的和或乘积仍为对角阵 (上、下三角阵). 可逆对角阵 (上、下三角阵) 的逆矩阵仍为对角阵 (上、下三角阵).

当 $n = m$ 时, A 为方阵. 设 A 可逆, 则 $A_{n\times n}$ 的列向量组线性无关, 由 Schmidt 正交化方法, 可将 A 的列向量组化为 $\mathscr{L}(A)$ 的规范正交基. 故存在正交阵 P、上三角阵 T, 使

$$
A = PT, \quad t_{ii} > 0, \quad i = 1, \cdots, n,
$$

其中 t_{ii} 为 T 的主对角元素, 且分解唯一. 事实上, 若存在正交阵 P_1, P_2 及上三角阵 T_1, T_2, 使得 $P_1T_1 = P_2T_2$, 则 $T_1T_2^{-1} = P_1^{\mathrm{T}}P_2$ 为正交阵, 同时也为上三角阵. 又由于 T_1, T_2 的主对角元素均大于零, 故 $T_1T_2^{-1} = I$. 因此 $T_1 = T_2$, $P_1 = P_2$.

对于上三角阵 T, 若 $t_{ii} \neq 0, i = 1, \cdots, n$, 则 T 的逆存在, 且仍为上三角阵. 上三角阵 T 的特征值为其对角元素 $t_{ii}, i = 1, \cdots, n$. 若 T 既为上三角阵, 又为下三角阵, 则 T 必为对角阵.

4. 正定矩阵的 Cholesky 分解

定理 2.3.3　设 $A > 0$, 则存在下三角矩阵 L, 使 $A = LL^{\mathrm{T}}$, 其中 L 的主对角元素为正, 且分解唯一.

证明　由 $A > 0$, 存在可逆阵 Q, 使得 $A = QQ^{\mathrm{T}}$. 对于可逆阵 Q^{T}, 存在唯一正交阵 P 及主对角元素大于零的上三角阵 T, 使得 $Q^{\mathrm{T}} = PT$. 故

$$
Q = T^{\mathrm{T}}P^{\mathrm{T}}, \quad A = T^{\mathrm{T}}P^{\mathrm{T}}PT = T^{\mathrm{T}}T.
$$

因为 T 为上三角阵, 故 $L = T^{\mathrm{T}}$ 为下三角阵, $A = LL^{\mathrm{T}}$.

2.4 广义逆矩阵

随机向量 $\boldsymbol{Y}$ 的协方差阵 Σ 为半正定矩阵, 当 Σ 为奇异阵, 即 $|\Sigma| = 0$ 时, Σ^{-1} 不存在, 因此需应用广义逆矩阵进行统计分析.

定义 2.4.1 给定 $m \times n$ 矩阵 A, 若存在矩阵 X, 使得

$$AXA = A,$$

则称 X 为 A 的广义逆矩阵 (简称广义逆), 记作 $X = A^{-}$.

下面的定理说明, 任何矩阵 A 都存在广义逆矩阵.

定理 2.4.1 设 A 为 $m \times n$ 矩阵, $\mathrm{rank}(A) = r$. 若

$$A = P \begin{pmatrix} I_r & 0 \\ 0 & 0 \end{pmatrix} Q,$$

其中 P, Q 分别为 $m \times m$, $n \times n$ 的可逆矩阵, 则

$$A^{-} = Q^{-1} \begin{pmatrix} I_r & B \\ C & D \end{pmatrix} P^{-1},$$

其中 B, C, D 为适当阶数的任意矩阵.

证明 设 X 为 A 的广义逆矩阵, 则

$$\begin{aligned} AXA = A &\Longleftrightarrow P \begin{pmatrix} I_r & 0 \\ 0 & 0 \end{pmatrix} QXP \begin{pmatrix} I_r & 0 \\ 0 & 0 \end{pmatrix} Q = P \begin{pmatrix} I_r & 0 \\ 0 & 0 \end{pmatrix} Q \\ &\Longleftrightarrow \begin{pmatrix} I_r & 0 \\ 0 & 0 \end{pmatrix} QXP \begin{pmatrix} I_r & 0 \\ 0 & 0 \end{pmatrix} = \begin{pmatrix} I_r & 0 \\ 0 & 0 \end{pmatrix}. \end{aligned}$$

记

$$QXP = \begin{pmatrix} V_{11} & V_{12} \\ V_{21} & V_{22} \end{pmatrix},$$

则

$$AXA = A \Longleftrightarrow \begin{pmatrix} V_{11} & 0 \\ 0 & 0 \end{pmatrix} = \begin{pmatrix} I_r & 0 \\ 0 & 0 \end{pmatrix} \Longleftrightarrow V_{11} = I_r, \tag{2.4.1}$$

因此

$$AXA = A \Longleftrightarrow X = Q^{-1} \begin{pmatrix} I_r & V_{12} \\ V_{21} & V_{22} \end{pmatrix} P^{-1},$$

其中 V_{12}, V_{21} 及 V_{22} 是任意矩阵.

推论 2.4.1 A^- 唯一的充要条件是 A^{-1} 存在, 且 $A^- = A^{-1}$.

证明 由式 (2.4.1) 知, A^- 唯一的充要条件是 X 为 m 阶方阵, 且 $V_{11} = I_m$. 此时 $A^- = A^{-1}$.

推论 2.4.2 对任意矩阵 A,

(1) $A(A^{\mathrm{T}}A)^-A^{\mathrm{T}}$ 与广义逆 $(A^{\mathrm{T}}A)^-$ 的选择无关;

(2) $A(A^{\mathrm{T}}A)^-A^{\mathrm{T}}A = A$, $A^{\mathrm{T}}A(A^{\mathrm{T}}A)^-A^{\mathrm{T}} = A^{\mathrm{T}}$.

证明 (1) 由定理 2.2.3 知, $\mathcal{L}(A^{\mathrm{T}}) = \mathcal{L}(A^{\mathrm{T}}A)$, 因此存在矩阵 B, 使得 $A^{\mathrm{T}} = A^{\mathrm{T}}AB$. 故 $A(A^{\mathrm{T}}A)^-A^{\mathrm{T}} = B^{\mathrm{T}}A^{\mathrm{T}}A(A^{\mathrm{T}}A)^-A^{\mathrm{T}}AB = B^{\mathrm{T}}A^{\mathrm{T}}AB$, 与 $(A^{\mathrm{T}}A)^-$ 无关.

(2) 令 $C = A(A^{\mathrm{T}}A)^-A^{\mathrm{T}}A - A$, 由广义逆的定义可以验证 $C^{\mathrm{T}}C = 0$, 故 $C = 0$, 同理可证第二式.

由广义逆的定义可知, 一个矩阵 A 的广义逆矩阵 A^- 可以有无穷多个, 这为它的应用带来了不便. 为此, 我们讨论广义逆的一种特殊情形.

定义 2.4.2 设 A 为任一矩阵, 若 X 满足下述四个条件:

$$AXA = A, \quad XAX = X, \quad (AX)^{\mathrm{T}} = AX, \quad (XA)^{\mathrm{T}} = XA, \tag{2.4.2}$$

则称矩阵 X 为 A 的 Moore-Penrose 广义逆, 记为 A^+.

定理 2.4.2 (1) 设 A 有分解式 (2.3.1), 则

$$A^+ = Q\begin{pmatrix} \Lambda_r^{-1} & 0 \\ 0 & 0 \end{pmatrix}P^{\mathrm{T}}; \tag{2.4.3}$$

(2) 对任意矩阵 A, A^+ 唯一.

证明 (1) 按 A^+ 的定义直接验证可得.

(2) 设 X, Y 都是 A^+, 由 A^+ 的定义知

$$\begin{aligned} X &= XAX = X(AX)^{\mathrm{T}} = XX^{\mathrm{T}}A^{\mathrm{T}} = XX^{\mathrm{T}}(AYA)^{\mathrm{T}} = X(AX)^{\mathrm{T}}(AY)^{\mathrm{T}} = (XAX)AY \\ &= (XA)Y = (XA)^{\mathrm{T}}YAY = (A^{\mathrm{T}}X^{\mathrm{T}}A^{\mathrm{T}})Y^{\mathrm{T}}Y = A^{\mathrm{T}}Y^{\mathrm{T}}Y = (YA)^{\mathrm{T}}Y = YAY = Y. \end{aligned}$$

唯一性得证.

A^+ 本身是一个 A^-, 它具有 A^- 的所有性质, 同时还具有下述性质.

推论 2.4.3 (1) $(A^+)^+ = A$;

(2) $(A^{\mathrm{T}})^+ = (A^+)^{\mathrm{T}}$;

(3) $(A^{\mathrm{T}}A)^+ = A^+(A^{\mathrm{T}})^+$;

(4) $A^+ = (A^{\mathrm{T}}A)^+A^{\mathrm{T}} = A^{\mathrm{T}}(AA^{\mathrm{T}})^+$;

(5) 若 $A^{\mathrm{T}} = A$, 且

$$A = P\begin{pmatrix} \Lambda_r & 0 \\ 0 & 0 \end{pmatrix}P^{\mathrm{T}}, \tag{2.4.4}$$

其中 P 为正交阵, $\Lambda_r = \mathrm{diag}(\lambda_1, \cdots, \lambda_r)$, $r = \mathrm{rank}(A)$, 则

$$A^+ = P \begin{pmatrix} \Lambda_r^{-1} & 0 \\ 0 & 0 \end{pmatrix} P^{\mathrm{T}}. \tag{2.4.5}$$

进一步, 设 $P = (P_1, P_2)$ 且 $\mathrm{rank}(P_1) = r$, 则

$$A^+ = P_1 \Lambda_r^{-1} P_1^{\mathrm{T}}.$$

(6) $AA^+ \geqslant 0$, $A^+A \geqslant 0$.

证明 (2) 由奇异值分解式 (2.3.1) 可得

$$A = P \begin{pmatrix} \Lambda_r & 0 \\ 0 & 0 \end{pmatrix} Q^{\mathrm{T}} \Rightarrow A^{\mathrm{T}} = Q \begin{pmatrix} \Lambda_r & 0 \\ 0 & 0 \end{pmatrix} P^{\mathrm{T}}.$$

由式 (2.4.3) 可得

$$(A^{\mathrm{T}})^+ = P \begin{pmatrix} \Lambda_r^{-1} & 0 \\ 0 & 0 \end{pmatrix} Q^{\mathrm{T}} = (A^+)^{\mathrm{T}}.$$

(6) 由式 (2.3.1) 及 (2.4.3) 可得

$$AA^+ = P \begin{pmatrix} \Lambda_r & 0 \\ 0 & 0 \end{pmatrix} Q^{\mathrm{T}} Q \begin{pmatrix} \Lambda_r^{-1} & 0 \\ 0 & 0 \end{pmatrix} P^{\mathrm{T}} = P \begin{pmatrix} I_r & 0 \\ 0 & 0 \end{pmatrix} P^{\mathrm{T}}.$$

因此, AA^+ 为对称阵且 AA^+ 的特征值为 1 或 0. 故 $AA^+ \geqslant 0$.

下面给出正交投影阵的一般性结论.

定理 2.4.3 设 A 为 $n \times m$ 矩阵, P 为向 $\mathcal{L}(A)$ 的正交投影阵, 则

$$P - A(A^{\mathrm{T}}A)^- A^{\mathrm{T}}.$$

证明 $\mathcal{L}(A)$ 是由 A 的列向量组张成的 $\mathbf{R}^n$ 的一个子空间, 故

$$\mathbf{R}^n = \mathcal{L}(A) \dot{+} \mathcal{L}^{\perp}(A).$$

对任意 $\boldsymbol{X} \in \mathbf{R}^n$, 有

$$\boldsymbol{X} = \boldsymbol{Y} + \boldsymbol{Z}, \quad \boldsymbol{Y} \in \mathcal{L}(A), \quad \boldsymbol{Z} \in \mathcal{L}^{\perp}(A).$$

若 $\boldsymbol{X} \in \mathcal{L}(A)$, 则 $\boldsymbol{X} = A\boldsymbol{b}$, $\boldsymbol{b}$ 为列向量. 由推论 2.4.2, 知

$$A(A^{\mathrm{T}}A)^- A^{\mathrm{T}}\boldsymbol{X} = A(A^{\mathrm{T}}A)^- A^{\mathrm{T}}A\boldsymbol{b} = A\boldsymbol{b} = \boldsymbol{X}.$$

若 $\boldsymbol{X} \in \mathcal{L}^{\perp}(A)$, 则 $A^{\mathrm{T}}\boldsymbol{X} = \boldsymbol{0}$, 因此对任意 $\boldsymbol{X} \in \mathbf{R}^n$, 有

$$A(A^{\mathrm{T}}A)^- A^{\mathrm{T}}\boldsymbol{X} = A(A^{\mathrm{T}}A)^- A^{\mathrm{T}}(\boldsymbol{Y} + \boldsymbol{Z}) = A(A^{\mathrm{T}}A)^- A^{\mathrm{T}}\boldsymbol{Y} + \boldsymbol{0} = \boldsymbol{Y},$$

故 $A(A^{\mathrm{T}}A)^- A^{\mathrm{T}}$ 为向 $\mathcal{L}(A)$ 的正交投影阵.

定理 2.4.4 设 P 为 $n\times n$ 对称幂等阵, $\text{rank}(P)=r$, 则存在秩为 r 的 $n\times r$ 矩阵 A, 使 $P=A(A^{\mathrm{T}}A)^{-1}A^{\mathrm{T}}$.

证明 因为 P 为对称幂等阵, $\text{rank}(P)=r$, 故存在正交阵 $\Gamma=(\Gamma_1,\Gamma_2)$, 使得

$$\begin{aligned}P=&\Gamma\begin{pmatrix}I_r&0\\0&0\end{pmatrix}\Gamma^{\mathrm{T}}=(\Gamma_1,\Gamma_2)\begin{pmatrix}I_r&0\\0&0\end{pmatrix}\begin{pmatrix}\Gamma_1^{\mathrm{T}}\\\Gamma_2^{\mathrm{T}}\end{pmatrix}\\=&\Gamma_1\Gamma_1^{\mathrm{T}}=\Gamma_1(\Gamma_1^{\mathrm{T}}\Gamma_1)^{-1}\Gamma_1^{\mathrm{T}},\end{aligned}$$

其中 $\Gamma_1^{\mathrm{T}}\Gamma_1=I_r$. 令 $A=\Gamma_1$, 可知结论成立.

定理 2.4.5 P 为正交投影阵 $\Longleftrightarrow P$ 为对称幂等阵.

证明 设 P 为向 $\mathscr{L}(A)$ 的正交投影阵, 则 $P=A(A^{\mathrm{T}}A)^{-}A^{\mathrm{T}}=A(A^{\mathrm{T}}A)^{+}A^{\mathrm{T}}$. 由推论 2.4.3, 知 $P^{\mathrm{T}}=P$. 又由推论 2.4.2, 有

$$P^2=A(A^{\mathrm{T}}A)^{-}A^{\mathrm{T}}A(A^{\mathrm{T}}A)^{-}A^{\mathrm{T}}=A(A^{\mathrm{T}}A)^{-}A^{\mathrm{T}}=P,$$

必要性得证. 由定理 2.4.4 即得充分性证明.

定理 2.4.6 n 阶方阵 P 为正交投影阵 $\Longleftrightarrow$ 对任给 $\boldsymbol{X}\in\mathbf{R}^n$,

$$\|\boldsymbol{X}-P\boldsymbol{X}\|=\inf\|\boldsymbol{X}-\boldsymbol{Y}\|,\quad \boldsymbol{Y}\in\mathscr{L}(P).\tag{2.4.6}$$

证明 先证必要性. 任取 $\boldsymbol{Y}\in\mathscr{L}(P),\boldsymbol{Z}\in\mathscr{L}^{\perp}(P)$, 记 $\boldsymbol{W}=\boldsymbol{Y}+\boldsymbol{Z}$, 则 $\boldsymbol{Y}=P\boldsymbol{W}$.

$$\begin{aligned}&\|\boldsymbol{X}-\boldsymbol{Y}\|^2\\=&\|\boldsymbol{X}-P\boldsymbol{X}+P\boldsymbol{X}-P\boldsymbol{W}\|^2\\=&\|(\boldsymbol{X}-P\boldsymbol{X})+P(\boldsymbol{X}-\boldsymbol{W})\|^2\\=&\|\boldsymbol{X}-P\boldsymbol{X}\|^2+\|P(\boldsymbol{X}-\boldsymbol{W})\|^2+2\boldsymbol{X}'[(I-P)'P](\boldsymbol{X}-\boldsymbol{W})\\=&\|\boldsymbol{X}-P\boldsymbol{X}\|^2+\|P(\boldsymbol{X}-\boldsymbol{W})\|^2\\\geqslant&\|\boldsymbol{X}-P\boldsymbol{X}\|^2,\end{aligned}\tag{2.4.7}$$

等号成立 $\Longleftrightarrow P\boldsymbol{X}=P\boldsymbol{W}$, 即 $\boldsymbol{Y}=P\boldsymbol{X}$. 必要性得证.

充分性. 设式 (2.4.6) 成立, 则对任意 $\boldsymbol{X},\boldsymbol{W}\in\mathbf{R}^n$, 有

$$\boldsymbol{X}^{\mathrm{T}}(I-P)^{\mathrm{T}}P(\boldsymbol{X}-\boldsymbol{W})=0.\tag{2.4.8}$$

利用反证法. 假设存在 $\boldsymbol{X}_0,\boldsymbol{W}_0$, 使得

$$\boldsymbol{X}_0^{\mathrm{T}}(I-P)^{\mathrm{T}}P(\boldsymbol{X}_0-\boldsymbol{W}_0)=k\neq0,$$

不妨设 $k<0$. 当 $k>0$ 时, 可选取 $\boldsymbol{X}_0-\boldsymbol{W}_1=-(\boldsymbol{X}_0-\boldsymbol{W}_0)$, 以 $\boldsymbol{W}_1$ 替换 $\boldsymbol{W}_0$, 则相应的 $k<0$. 取 $\boldsymbol{W}=\boldsymbol{X}_0-\varepsilon(\boldsymbol{X}_0-\boldsymbol{W}_0)$, 记 $\boldsymbol{Y}=P\boldsymbol{W}$, 则

$$
\begin{aligned}
&\|\boldsymbol{X}_0-\boldsymbol{Y}\|^2\\
=&\|\boldsymbol{X}_0-P\boldsymbol{W}\|^2\\
=&\|\boldsymbol{X}_0-P\boldsymbol{X}_0\|^2+\|P(\boldsymbol{X}_0-\boldsymbol{W})\|^2+2\boldsymbol{X}_0^{\mathrm{T}}(I-P)^{\mathrm{T}}P(\boldsymbol{X}_0-\boldsymbol{W})\\
=&\|\boldsymbol{X}_0-P\boldsymbol{X}_0\|^2+\varepsilon^2\|P(\boldsymbol{X}_0-\boldsymbol{W}_0)\|^2+2\varepsilon\boldsymbol{X}_0^{\mathrm{T}}(I-P)^{\mathrm{T}}P(\boldsymbol{X}_0-\boldsymbol{W}_0)\\
=&\|\boldsymbol{X}_0-P\boldsymbol{X}_0\|^2+\varepsilon^2\|P(\boldsymbol{X}_0-\boldsymbol{W}_0)\|^2+2\varepsilon k.
\end{aligned}
$$

因 $k<0$, 取 ε 充分小, 有

$$\|\boldsymbol{X}_0-\boldsymbol{Y}\|^2<\|\boldsymbol{X}_0-P\boldsymbol{X}_0\|^2.$$

这与式 (2.4.6) 矛盾, 故式 (**??**) 成立, 所以 $\mathcal{L}(P)\perp\mathcal{L}(I-P)$. 又由

$$\operatorname{rank}(P)+\operatorname{rank}(I-P)\geqslant\operatorname{rank}(P+(I-P))=\operatorname{rank}(I)=n$$

可知, $\operatorname{rank}(P)+\operatorname{rank}(I-P)=n$. 故对任意 $\boldsymbol{X}\in\mathbf{R}^n$, 有分解式

$$\boldsymbol{X}=P\boldsymbol{X}+(I-P)\boldsymbol{X},\quad P\boldsymbol{X}\in\mathcal{L}(P),\quad (I-P)\boldsymbol{X}\in\mathcal{L}^{\perp}(P).$$

因此, P 为向 $\mathcal{L}(P)$ 的正交投影阵.

例 2.4.1 最小二乘法对应着一个正交投影. 设有线性回归模型

$$\boldsymbol{Y}=X\boldsymbol{\beta}+\boldsymbol{\varepsilon},$$

其中 $X=(\boldsymbol{X}_1,\cdots,\boldsymbol{X}_m)$ 是 $n\times m$ 矩阵, $\boldsymbol{\beta}=(\beta_1,\cdots,\beta_m)^{\mathrm{T}}$ 为 m 维未知参数向量, ε 为 n 维随机误差向量. 对任意 $\boldsymbol{Y}\in\mathbf{R}^n$, 欲在 $\mathcal{L}(X)$ 中找一个向量 $\hat{\boldsymbol{Y}}$, 使得 $\boldsymbol{Y}$ 与 $\hat{\boldsymbol{Y}}=X\hat{\boldsymbol{\beta}}$ 的距离最短. 即选择 $X\boldsymbol{\beta}$, 使得

$$\|\boldsymbol{Y}-X\hat{\boldsymbol{\beta}}\|^2=\inf\|\boldsymbol{Y}-X\boldsymbol{\beta}\|^2=\inf\{(\boldsymbol{Y}-X\boldsymbol{\beta})^{\mathrm{T}}(\boldsymbol{Y}-X\boldsymbol{\beta})\}.$$

称 $\hat{\boldsymbol{\beta}}$ 为 $\boldsymbol{\beta}$ 的最小二乘估计 (least squares estimate), 简记为 LS 估计. 由定理 2.4.6 知, 对任意 $\boldsymbol{Y}\in\mathbf{R}^n$,

$$\|\boldsymbol{Y}-X\hat{\boldsymbol{\beta}}\|^2=\inf\|\boldsymbol{Y}-X\boldsymbol{\beta}\|^2\Longleftrightarrow X\hat{\boldsymbol{\beta}}=P\boldsymbol{Y}=X(X^{\mathrm{T}}X)^{-}X^{\mathrm{T}}\boldsymbol{Y}.$$

因此, $\boldsymbol{\beta}$ 的最小二乘估计

$$\hat{\boldsymbol{\beta}}=(X^{\mathrm{T}}X)^{-}X^{\mathrm{T}}\boldsymbol{Y}.$$

正交投影阵 $X(X^{\mathrm{T}}X)^{-}X^{\mathrm{T}}$, 把向量 $\boldsymbol{Y}\in\mathbf{R}^n$ 投影到由 X 的列向量生成的线性空间 $\mathcal{L}(X)$ 上. $I-X(X^{\mathrm{T}}X)^{-}X^{\mathrm{T}}$ 将向量 $\boldsymbol{Y}$ 投影到 $\mathcal{L}(X)$ 的正交补 $\mathcal{L}^{\perp}(X)$ 上, 即

$$\widehat{\boldsymbol{\varepsilon}}=\boldsymbol{Y}-\widehat{\boldsymbol{Y}}=(I-X(X^{\mathrm{T}}X)^{-}X^{\mathrm{T}})\boldsymbol{Y}\in\mathcal{L}^{\perp}(X),$$

故残差向量 $\hat{\varepsilon}$ 垂直于 $\mathbf{R}^n$ 中的子空间 $\mathcal{L}(X)$.

若 $\operatorname{rank}(X) = m$, 则 $X^{\mathrm{T}}X$ 可逆, 此时, $\hat{\boldsymbol{\beta}} = (X^{\mathrm{T}}X)^{-1}X^{\mathrm{T}}\boldsymbol{Y}$.

下面介绍广义逆在相容线性方程组求解中的应用.

定理 2.4.7　设 $A\boldsymbol{X} = \boldsymbol{b}$ 为一相容线性方程组, 则

(1) 对任一广义逆 A^-, $\boldsymbol{X} = A^-\boldsymbol{b}$ 必为 $A\boldsymbol{X} = \boldsymbol{b}$ 的解;

(2) 齐次方程组 $A\boldsymbol{X} = \boldsymbol{0}$ 的通解为

$$\boldsymbol{X} = (I - A^-A)\boldsymbol{W},$$

其中, $\boldsymbol{W}$ 为任意的向量, A^- 为任一给定的广义逆;

(3) $A\boldsymbol{X} = \boldsymbol{b}$ 的通解为

$$\boldsymbol{X} = A^-\boldsymbol{b} + (I - A^-A)\boldsymbol{W},$$

其中, $\boldsymbol{W}$ 为任意的向量, A^- 为任一给定的广义逆.

证明　(1) 由相容性假设可知, 存在 $\boldsymbol{X}_0$, 使得 $A\boldsymbol{X}_0 = \boldsymbol{b}$. 因此, 对任一 A^-,

$$A(A^-\boldsymbol{b}) = AA^-A\boldsymbol{X}_0 = A\boldsymbol{X}_0 = \boldsymbol{b},$$

故 $\boldsymbol{X} = A^-\boldsymbol{b}$ 为解.

(2) 设 $\boldsymbol{X}_0$ 为 $A\boldsymbol{X} = \boldsymbol{0}$ 的任一解, 即 $A\boldsymbol{X}_0 = \boldsymbol{0}$, 则

$$\boldsymbol{X}_0 = (I - A^-A)\boldsymbol{X}_0 + A^-A\boldsymbol{X}_0 = (I - A^-A)\boldsymbol{X}_0,$$

因此任意解具有 $(I - A^-A)\boldsymbol{W}$ 形式. 反之, 对任一 $\boldsymbol{W}$, 因为

$$A(I - A^-A)\boldsymbol{W} = (A - AA^-A)\boldsymbol{W} = \boldsymbol{0},$$

故知 $(I - A^-A)\boldsymbol{W}$ 必为解.

(3) 对任一给定的广义逆 A^-, 由 (1) 可知 $\boldsymbol{X}^* = A^-\boldsymbol{b}$ 为 $A\boldsymbol{X} = \boldsymbol{b}$ 的一个特解. 又由 (2) 可知 $(I - A^-A)\boldsymbol{W}$ 为 $A\boldsymbol{X} = \boldsymbol{0}$ 的通解, 故知结论成立.

定理 2.4.8　设 $A\boldsymbol{X} = \boldsymbol{b}$ 为一相容线性方程组, 且 $\boldsymbol{b} \neq \boldsymbol{0}$, 则当 A^- 遍取 A 的所有广义逆时, $\boldsymbol{X} = A^-\boldsymbol{b}$ 构成了此线性方程组的全部解.

2.5　矩阵微商与 Kronecker 积

在进行统计量精确分布的推导或求目标函数的极值等问题中, 经常需要求矩阵微商.

定义 2.5.1 (矩阵关于标量的导数) 设 $Y=(y_{ij}(x))$ 为 $m\times n$ 矩阵, 其中 $y_{ij}(x)$ 为标量 x 的函数. 记

$$\frac{\partial Y}{\partial x}=\begin{pmatrix}\dfrac{\partial y_{11}}{\partial x} & \dfrac{\partial y_{12}}{\partial x} & \cdots & \dfrac{\partial y_{1n}}{\partial x}\\ \dfrac{\partial y_{21}}{\partial x} & \dfrac{\partial y_{22}}{\partial x} & \cdots & \dfrac{\partial y_{2n}}{\partial x}\\ \vdots & \vdots & & \vdots\\ \dfrac{\partial y_{m1}}{\partial x} & \dfrac{\partial y_{m2}}{\partial x} & \cdots & \dfrac{\partial y_{mn}}{\partial x}\end{pmatrix}=\left(\frac{\partial y_{ij}(x)}{\partial x}\right). \tag{2.5.1}$$

定义 2.5.2 (矩阵的标量函数关于矩阵的导数) 设 $X=(x_{ij})$ 为 $m\times n$ 矩阵, $y=f(X)$ 为 X 的实值函数, 称矩阵

$$\frac{\partial y}{\partial X}=\begin{pmatrix}\dfrac{\partial y}{\partial x_{11}} & \dfrac{\partial y}{\partial x_{12}} & \cdots & \dfrac{\partial y}{\partial x_{1n}}\\ \dfrac{\partial y}{\partial x_{21}} & \dfrac{\partial y}{\partial x_{22}} & \cdots & \dfrac{\partial y}{\partial x_{2n}}\\ \vdots & \vdots & & \vdots\\ \dfrac{\partial y}{\partial x_{m1}} & \dfrac{\partial y}{\partial x_{m2}} & \cdots & \dfrac{\partial y}{\partial x_{mn}}\end{pmatrix}=\left(\frac{\partial y}{\partial x_{ij}}\right) \tag{2.5.2}$$

为 y 对矩阵 X 的微商.

定义 2.5.3 n 阶方阵 $A=(a_{ij})$ 的迹定义为其对角元素之和, 记为

$$\mathrm{tr}(A)=\sum_{i=1}^{n}a_{ii}.$$

方阵 $A=(a_{ij})$ 的迹具有下述性质:

(1) $\mathrm{tr}(cA)=c(\mathrm{tr}(A))$, 其中 c 为常数;

(2) $\mathrm{tr}(A^{\mathrm{T}})=\mathrm{tr}(A)$;

(3) $\mathrm{tr}(AB)=\mathrm{tr}(BA)$;

(4) $\mathrm{tr}(A+B)=\mathrm{tr}(A)+\mathrm{tr}(B)$.

证明 (3) 设 $A=(a_{ij})_{m\times n}$, $B=(b_{ij})_{n\times m}$, 则

$$\mathrm{tr}(AB)=\sum_{i=1}^{m}\sum_{k=1}^{n}a_{ik}b_{ki}=\sum_{i=1}^{m}\sum_{k=1}^{n}b_{ki}a_{ik}=\sum_{k=1}^{n}\sum_{i=1}^{m}b_{ki}a_{ik}=\mathrm{tr}(BA).$$

命题 2.5.1 设 $\boldsymbol{a}=(a_1,\cdots,a_d)^{\mathrm{T}},\boldsymbol{x}=(x_1,\cdots,x_d)^{\mathrm{T}}$, $y=\boldsymbol{a}^{\mathrm{T}}\boldsymbol{x}$, 则 $\dfrac{\partial y}{\partial \boldsymbol{x}}=\boldsymbol{a}$.

证明 因为

$$\frac{\partial y}{\partial x_i}=\frac{\partial}{\partial x_i}\left\{\sum_{j=1}^{d}a_jx_j\right\}=a_i,\quad i=1,\cdots,d.$$

故命题成立.

命题 2.5.2　设 $\boldsymbol{x}=(x_1,\cdots,x_d)^{\mathrm{T}}$, $A=(a_{ij})_{d\times d}$, $y=\boldsymbol{x}^{\mathrm{T}}A\boldsymbol{x}$, 则

$$\frac{\partial y}{\partial \boldsymbol{x}}=(A+A^{\mathrm{T}})\boldsymbol{x}.$$

证明　因为

$$\begin{aligned}\frac{\partial y}{\partial x_i}&=\frac{\partial}{\partial x_i}\left\{\sum_{l=1}^{d}\sum_{k=1}^{d}a_{lk}x_lx_k\right\}\\&=2a_{ii}x_i+\sum_{j\neq i}\{a_{ij}+a_{ji}\}x_j,\quad i=1,\cdots,d.\end{aligned}$$

故命题成立.

注　当 $A=A^{\mathrm{T}}$ 时, $\dfrac{\partial \boldsymbol{x}^{\mathrm{T}}A\boldsymbol{x}}{\partial \boldsymbol{x}}=2A\boldsymbol{x}$.

例 2.5.1　记 $E_{ij}(m\times n)$ 为 (i,j) 元素为 1, 其余元素全为零的矩阵, 则有

$$\frac{\partial y}{\partial X_{m\times n}}=\left(\frac{\partial y}{\partial x_{ij}}\right)=\sum_{i,j}E_{ij}(m\times n)\frac{\partial y}{\partial x_{ij}}.\tag{2.5.3}$$

命题 2.5.3　设 X 为对称阵, 则

$$\frac{\partial \mathrm{tr}(AX)}{\partial X}=A+A^{\mathrm{T}}-\mathrm{diag}(A).\tag{2.5.4}$$

证明　因为

$$\frac{\partial \mathrm{tr}(AX)}{\partial X}=\sum_{i,j}E_{ij}\frac{\partial \mathrm{tr}(AX)}{\partial x_{ij}}=\sum_{i,j}E_{ij}\mathrm{tr}\left(\frac{\partial AX}{\partial x_{ij}}\right),$$

又 $X=X^{\mathrm{T}}$, 故

$$\mathrm{tr}\left(\frac{\partial AX}{\partial x_{ij}}\right)=\begin{cases}a_{ii}, & i=j,\\ a_{ij}+a_{ji}, & i\neq j,\end{cases}\tag{2.5.5}$$

因此

$$\frac{\partial \mathrm{tr}(AX)}{\partial X}=\sum_{i}a_{ii}E_{ii}+\sum_{i\neq j}(a_{ij}+a_{ji})E_{ij}=A+A^{\mathrm{T}}-\mathrm{diag}(A).$$

定理 2.5.1　设 $Y=(y_{ij})_{m\times n}, X=(x_{ij})_{p\times q}$, Y 的每个元素 $y_{ij}=y_{ij}(X)$ 且 $z=f(Y)$, 则

$$\frac{\partial z}{\partial X}=\sum_{i,j}\frac{\partial z}{\partial y_{ij}}\frac{\partial y_{ij}}{\partial X}.$$

证明 由复合函数链式法则知

$$\frac{\partial z}{\partial x_{lk}}=\sum_{i,j}\frac{\partial z}{\partial y_{ij}}\frac{\partial y_{ij}}{\partial x_{lk}},$$

故

$$\left(\frac{\partial z}{\partial x_{lk}}\right)=\sum_{i,j}\frac{\partial z}{\partial y_{ij}}\left(\frac{\partial y_{ij}}{\partial x_{lk}}\right)=\sum_{i,j}\frac{\partial z}{\partial y_{ij}}\frac{\partial y_{ij}}{\partial X}.$$

命题 2.5.4 设 X 为 $d\times d$ 可逆矩阵, 记 X_{ij} 为 X 中元素 x_{ij} 的代数余子式, 则

$$\frac{\partial|X|}{\partial X}=|X|(X^{-1})^{\mathrm{T}}. \tag{2.5.6}$$

证明 因为

$$|X|=\sum_{i=1}^{d}x_{ij}X_{ij},\quad j=1,\cdots,d,$$

且 X_{ij} 中不含有元素 x_{ij}, 故

$$\frac{\partial|X|}{\partial x_{ij}}=X_{ij},$$

因此

$$\frac{\partial|X|}{\partial X}=(X^{*})^{\mathrm{T}},$$

又

$$XX^{*}=X^{*}X=|X|I_d,$$

其中 X^{*} 为 X 的伴随矩阵, I_d 为单位阵. 故命题成立.

定义 2.5.4 设 $A=(a_{ij})$ 为 $m\times n$ 矩阵, $B=(b_{ij})$ 为 $p\times q$ 矩阵, A 和 B 的 Kronecker 积是一个 $mp\times nq$ 矩阵, 定义为

$$A\otimes B=\begin{pmatrix}a_{11}B & a_{12}B & \cdots & a_{1n}B\\ a_{21}B & a_{22}B & \cdots & a_{2n}B\\ \vdots & \vdots & & \vdots\\ a_{m1}B & a_{m2}B & \cdots & a_{mn}B\end{pmatrix}.$$

Kronecker 积具有下述性质:

(1) $(\alpha A)\otimes B=A\otimes(\alpha B)=\alpha(A\otimes B)$, 其中 $\alpha\in\mathbf{R}$;

(2) $(A+B)\otimes C=A\otimes C+B\otimes C$, $C\otimes(A+B)=C\otimes A+C\otimes B$;

(3) $(A\otimes B)^{\mathrm{T}}=A^{\mathrm{T}}\otimes B^{\mathrm{T}}$;

(4) $(A\otimes B)(C\otimes D)=(AC)\otimes(BD)$;

(5) 设 A 与 B 是可逆矩阵, 则 $(A\otimes B)^{-1}=A^{-1}\otimes B^{-1}$;

(6) 设 A 与 B 是方阵, 则 $\mathrm{tr}(A\otimes B)=(\mathrm{tr}(A))(\mathrm{tr}(B))$.

定理 2.5.2　设 A, B 分别为 $m \times m, n \times n$ 的方阵, $\lambda_1, \cdots, \lambda_m$ 与 $\mu_1, \cdots, \mu_n$ 分别为 A, B 的特征值, 则

(1) $\lambda_i \mu_j, i = 1, \cdots, m, j = 1, \cdots, n$ 为 $A \otimes B$ 的特征值;

(2) $|A \otimes B| = |A|^n |B|^m$;

(3) $\text{rank}(A \otimes B) = \text{rank}(A)\text{rank}(B)$;

(4) 设 $A \geqslant 0,\ B \geqslant 0$, 则 $A \otimes B \geqslant 0$.

证明　(1) 设 A 的与 λ_i 对应的特征向量为 $\boldsymbol{U}_i$, 设 B 的与 μ_j 对应的特征向量为 $\boldsymbol{V}_j, i = 1, \cdots, m, j = 1, \cdots, n$. 因为

$$(A \otimes B)(\boldsymbol{U}_i \otimes \boldsymbol{V}_j) = (A\boldsymbol{U}_i) \otimes (B\boldsymbol{V}_j) = (\lambda_i \boldsymbol{U}_i) \otimes (\mu_j \boldsymbol{V}_j) = \lambda_i \mu_j (\boldsymbol{U}_i \otimes \boldsymbol{V}_j),$$

故知结论成立.

(2) 任何一个矩阵的行列式等于它的所有特征值的乘积, 故

$$|A \otimes B| = \prod_{i=1}^{m} \prod_{j=1}^{n} \lambda_i \mu_j = \left(\prod_{i=1}^{m} \lambda_i \right)^n \left(\prod_{j=1}^{n} \mu_j \right)^m = |A|^n |B|^m.$$

定义 2.5.5　设 $A = (\boldsymbol{a}_1, \boldsymbol{a}_2, \cdots, \boldsymbol{a}_n)$ 为 $m \times n$ 矩阵, 定义一个 $mn \times 1$ 向量

$$\text{vec}(A) = \begin{pmatrix} \boldsymbol{a}_1 \\ \boldsymbol{a}_2 \\ \vdots \\ \boldsymbol{a}_n \end{pmatrix},$$

其中 vec 可视为一个向量化算子.

把矩阵 A 按列向量依次排列得到 “拉长” 向量 $\text{vec}(A)$, 它具有下述性质:

(1) $\text{vec}(\alpha A + \beta B) = \alpha \text{vec}(A) + \beta \text{vec}(B)$, 其中 $\alpha, \beta \in \mathbf{R}$;

(2) $\text{tr}(AB) = (\text{vec}(A^{\text{T}}))^{\text{T}} \text{vec}(B)$;

(3) $\text{vec}(ABC) = (C^{\text{T}} \otimes A)\text{vec}(B)$.

下面给出 (3) 的证明: 设 $B = (\boldsymbol{b}_1, \cdots, \boldsymbol{b}_l)$, $C_{l \times q} = (c_{ij}) = (\boldsymbol{c}_1, \cdots, \boldsymbol{c}_q)$, 则

$$\begin{aligned} \text{vec}(ABC) &= \text{vec}(AB\boldsymbol{c}_1, \cdots, AB\boldsymbol{c}_q) \\ &= \begin{pmatrix} AB\boldsymbol{c}_1 \\ AB\boldsymbol{c}_2 \\ \vdots \\ AB\boldsymbol{c}_q \end{pmatrix} = \begin{pmatrix} A\sum c_{j1}\boldsymbol{b}_j \\ A\sum c_{j2}\boldsymbol{b}_j \\ \vdots \\ A\sum c_{jq}\boldsymbol{b}_j \end{pmatrix} \end{aligned}$$

$$
\begin{aligned}
&= \begin{pmatrix} c_{11}A & c_{21}A & \cdots & c_{l1}A \\ c_{12}A & c_{22}A & \cdots & c_{l2}A \\ \vdots & \vdots & & \vdots \\ c_{1q}A & c_{2q}A & \cdots & c_{lq}A \end{pmatrix} \begin{pmatrix} \boldsymbol{b}_1 \\ \boldsymbol{b}_2 \\ \vdots \\ \boldsymbol{b}_l \end{pmatrix} \\
&= (C^{\mathrm{T}} \otimes A)\mathrm{vec}(B).
\end{aligned}
$$

例 2.5.2 设 $X = (\boldsymbol{X}_1, \boldsymbol{X}_2, \cdots, \boldsymbol{X}_n)$ 为 $m \times n$ 随机矩阵, 其中 $\boldsymbol{X}_1, \cdots, \boldsymbol{X}_n$ 相互独立且 $\mathrm{Cov}(\boldsymbol{X}_i) = \Sigma, i = 1, \cdots, n$. 我们有

$$
\mathrm{vec}(X) = \begin{pmatrix} \boldsymbol{X}_1 \\ \vdots \\ \boldsymbol{X}_n \end{pmatrix},
$$

且知

$$
\mathrm{Cov}[\mathrm{vec}(X)] = \begin{pmatrix} \Sigma & 0 & \cdots & 0 \\ 0 & \Sigma & \cdots & 0 \\ \vdots & \vdots & & \vdots \\ 0 & 0 & \cdots & \Sigma \end{pmatrix} = I_n \otimes \Sigma.
$$

设随机矩阵 $Y = BXC$, 其中 B, C 为常数矩阵, 则有 $E(Y) = BE(X)C$, 且知

$$
\mathrm{vec}(Y) = (C^{\mathrm{T}} \otimes B)\mathrm{vec}(X),
$$

$$
E[\mathrm{vec}(Y)] = (C^{\mathrm{T}} \otimes B)E[\mathrm{vec}(X)].
$$

$$
\begin{aligned}
\mathrm{Cov}[\mathrm{vec}(Y)] &= (C^{\mathrm{T}} \otimes B)\mathrm{Cov}[\mathrm{vec}(X)](C^{\mathrm{T}} \otimes B)^{\mathrm{T}} \\
&= (C^{\mathrm{T}} \otimes B)(I_n \otimes \Sigma)(C \otimes B^{\mathrm{T}}) \\
&= C^{\mathrm{T}}C \otimes B\Sigma B^{\mathrm{T}}.
\end{aligned}
$$

定义 2.5.6 (矩阵关于矩阵的导数) 设 $Y = (y_{ij})$ 和 $X = (x_{ij})$ 分别为 $m \times n$, $p \times q$ 矩阵, $y_{ij} = y_{ij}(X)$. 称矩阵

$$
\frac{\partial Y}{\partial X} = \begin{pmatrix} \dfrac{\partial y_{11}}{\partial x_{11}} & \dfrac{\partial y_{11}}{\partial x_{12}} & \cdots & \dfrac{\partial y_{11}}{\partial x_{pq}} \\ \dfrac{\partial y_{12}}{\partial x_{11}} & \dfrac{\partial y_{12}}{\partial x_{12}} & \cdots & \dfrac{\partial y_{12}}{\partial x_{pq}} \\ \vdots & \vdots & & \vdots \\ \dfrac{\partial y_{mn}}{\partial x_{11}} & \dfrac{\partial y_{mn}}{\partial x_{12}} & \cdots & \dfrac{\partial y_{mn}}{\partial x_{pq}} \end{pmatrix} \tag{2.5.7}
$$

为矩阵 Y 对矩阵 X 的微商. 易知

$$
\frac{\partial Y}{\partial X} = \left(\mathrm{vec}\left(\frac{\partial Y}{\partial x_{11}}\right)^{\mathrm{T}}, \mathrm{vec}\left(\frac{\partial Y}{\partial x_{12}}\right)^{\mathrm{T}}, \cdots, \mathrm{vec}\left(\frac{\partial Y}{\partial x_{pq}}\right)^{\mathrm{T}} \right).
$$

例 2.5.3 设 $Y = AXB$,其中 Y, A, X, B 分别为 $n \times m, n \times n, n \times m, m \times m$ 矩阵, 则 $\dfrac{\partial Y}{\partial X} = A \otimes B^{\mathrm{T}}$ 且变换 $Y = AXB$ 的 Jacobi 行列式为

$$J = \left|\frac{\partial Y}{\partial X}\right| = |A \otimes B^{\mathrm{T}}| = |A|^m |B|^n.$$

证明 因为 $\dfrac{\partial Y}{\partial x_{ij}} = AE_{ij}B$, 所以

$$\mathrm{vec}\left(\frac{\partial Y}{\partial x_{ij}}\right)^{\mathrm{T}} = \mathrm{vec}(B^{\mathrm{T}} E_{ij}^{\mathrm{T}} A^{\mathrm{T}}) = (A \otimes B^{\mathrm{T}})\mathrm{vec}(E_{ij}^{\mathrm{T}}),$$

故

$$\frac{\partial Y}{\partial X} = ((A \otimes B^{\mathrm{T}})\mathrm{vec}(E_{11}^{\mathrm{T}}), \cdots, (A \otimes B^{\mathrm{T}})\mathrm{vec}(E_{nm}^{\mathrm{T}})) = A \otimes B^{\mathrm{T}}.$$

当 $Y = AXI_m$ 时, 则有

$$J = \left|\frac{\partial Y}{\partial X}\right| = |A \otimes I_m^{\mathrm{T}}| = |A|^m |I_m|^n = |A|^m.$$

命题 2.5.5 设 $\boldsymbol{X} = (x_1, \cdots, x_d)^{\mathrm{T}}$ 为 d 维向量, $A = (a_{ij})$ 为 $d \times d$ 矩阵, 则

$$\frac{\partial \boldsymbol{X}^{\mathrm{T}} A \boldsymbol{X}}{\partial A} = \boldsymbol{X}\boldsymbol{X}^{\mathrm{T}}.$$

证明 因为

$$\boldsymbol{X}^{\mathrm{T}} A \boldsymbol{X} = \sum_{i=1}^{d}\sum_{j=1}^{d} x_i a_{ij} x_j,$$

故有

$$\frac{\partial \boldsymbol{X}^{\mathrm{T}} A \boldsymbol{X}}{\partial a_{ij}} = x_i x_j, \quad i, j = 1, \cdots, d.$$

结论得证.

命题 2.5.6 设方阵 A 的行列式为正, 则

$$\frac{\partial \log|A|}{\partial A} = (A^{\mathrm{T}})^{-1}.$$

证明 因为

$$|A| = \sum_{j=1}^{d} (-1)^{i+j} a_{ij} M_{ij},$$

其中, M_{ij} 为元素 a_{ij} 的余子式, 故

$$\frac{\partial |A|}{\partial a_{ij}} = (-1)^{i+j} M_{ij},$$

所以

$$\frac{\partial \log|A|}{\partial a_{ij}} = \frac{1}{|A|} \cdot (-1)^{i+j} M_{ij}.$$

结论得证.

第3章　概率极限理论

在统计理论中, 检验统计量的精确分布有时是不易得到的, 因此需借助大样本理论推导出检验统计量的极限分布. 下面介绍概率论的基本概念及性质、随机向量收敛模式、多元正态分布和多元中心极限定理等内容, 这些知识可用于多元分布的拟合优度检验.

3.1　概率论基本概念及性质

在自然界和社会生产实践中, 人们观察到的现象大致可分为两类: 确定性现象和随机现象. 随机试验是指具备下述特点的试验: 在相同条件下可重复进行; 试验的可能结果不止一个, 且事先明确试验的所有可能结果; 试验前不能预知哪一个结果会出现. 随机试验的所有可能结果构成的集合称为样本空间, 样本空间中的元素称为样本点. 称样本空间的子集为随机事件, 简称事件. 因此可以利用抽象空间、测度论知识描述各种随机现象.

随机现象在大量重复试验或观测中所呈现出的规律性称为统计规律性. 对随机现象的研究经历了这样一条发展主线: 随机现象 $\Rightarrow$ 随机试验 $\Rightarrow$ 样本空间 $\Rightarrow$ 随机事件 $\Rightarrow$ 随机变量 (或随机向量)$\Rightarrow$ 分布函数. 通过对随机现象的量化, 把对不确定性现象的研究转化为对函数的研究.

长度、面积和体积是测度概念常见的例子. 设 $\mathcal{M}$ 为一若干集合构成的空间. 空间 $\mathcal{M}$ 上的测度 μ 是一个非负集函数, 满足 $\mu(\varnothing)=0$, 这里 $\varnothing$ 为空集. 集合 $A\in\mathcal{M}$ 的测度记为 $\mu(A)$. 要求测度满足可加性, 即对任意 $A,B\in\mathcal{M}$ 且 A 与 B 互不相交, 应有

$$\mu(A\cup B)=\mu(A)+\mu(B),$$

亦即信息具有可加性. 进一步对 $\mathcal{M}$ 中的可数不交集合列, 要求 μ 具有可列可加性, 这需要对空间 $\mathcal{M}$ 中的集合赋予某种结构. 自然的条件是, 由 $\mathcal{M}$ 中的元素构成的新的集合类 $\mathcal{T}$ 包含 $\mathcal{M}$, 且空间 $\mathcal{T}$ 对补运算、可列并运算封闭. 由此得到测度空间 $(\mathcal{M},\mathcal{T},\mu)$. 特别地, 若 $\mu(\mathcal{M})=1$, 则 $(\mathcal{M},\mathcal{T},\mu)$ 为一概率空间. 一个随机试验的统计性质可以用一个概率空间加以完整描述. 当我们进行统计分析时, 都对应存在一个概率空间.

由古典概率、概率的统计定义可以得到概率的加法定理. Kolmogorov 综合分析了概率的基本特性、视概率、随机变量和数学期望分别为测度、可测函数和依测度的积分. 利用测度论知识, Kolmogorov 概率的公理化定义为概率论奠定了坚实的理论基础.

3.1.1　概率空间与随机向量

定义 3.1.1　设 Ω 是样本空间, $\mathcal{F}$ 是由 Ω 的一些子集构成的集合族, 若 $\mathcal{F}$ 满足下述条件:

(1) $\Omega \in \mathcal{F}$;

(2) 若 $A \in \mathcal{F}$, 则 $\bar{A} \in \mathcal{F}$;

(3) 若 $A_i \in F, i = 1, 2 \cdots$, 则 $\bigcup A_i \in \mathcal{F}$,

则称 $\mathcal{F}$ 为 σ-代数 (或 σ-域).

设 $\mathcal{F}$ 为 Ω 上的 σ-代数. 因为 $\bar{\Omega} = \varnothing, \Omega \in \mathcal{F}$, 所以 $\varnothing \in \mathcal{F}$. 设 $A_i \in \mathcal{F}, i = 1, 2, \cdots$, 由于

$$\overline{\left(\bigcap A_i\right)} = \bigcup \bar{A}_i,$$

所以 $\bigcap A_i \in \mathcal{F}$.

设 $\mathcal{A}$ 为 Ω 的子集构成的集合, 记包含 $\mathcal{A}$ 的最小 σ-代数为 $\sigma(\mathcal{A})$, 也称 $\sigma(\mathcal{A})$ 为由 $\mathcal{A}$ 生成的 σ-代数. 若 $\mathcal{A}$ 本身为 σ-代数, 则 $\sigma(\mathcal{A}) = \mathcal{A}$. 若 $\mathcal{A}$ 为 $\mathbf{R}^d$ 上所有有限开矩型构成的集合:

$$\mathcal{A} = \{(x_1, x_2, \cdots, x_d) : a_i < x_i < b_i,\ -\infty < a_i < b_i < \infty\},$$

则称 $\mathcal{B}^d = \sigma(\mathcal{A})$ 为 $\mathbf{R}^d$ 上的 Borel σ-代数, $\mathcal{B}^d$ 中的元素称为 Borel 集.

定义 3.1.2　设 $(\Omega, \mathcal{F})$ 由样本空间 Ω 和 Ω 上的 σ-代数 $\mathcal{F}$ 构成. 称 $(\Omega, \mathcal{F})$ 为可测空间, 称 $\mathcal{F}$ 中的元素为测度论中的可测集 (或概率论中的事件).

例 3.1.1　Ω 上的最大 σ-代数是由 Ω 的所有子集构成的集合, 最小 σ-代数是由 $\varnothing$ 和 Ω 构成的集合. 设 A 为 Ω 的一个非空子集 ($A \subset \Omega, A \neq \Omega$), 记 $\mathcal{F} = \{\varnothing, A, \bar{A}, \Omega\}$, 则 $\mathcal{F}$ 为一个 σ-代数.

定义 3.1.3　设 $(\Omega, \mathcal{F})$ 为可测空间, 称 $\mathcal{F}$ 上的集函数 μ 为测度, 若它满足:

(1) $0 \leqslant \mu(A) \leqslant \infty$, 对任意 $A \in \mathcal{F}$;

(2) $\mu(\varnothing) = 0$;

(3) 若 $A_i \in \mathcal{F}, i = 1, 2, \cdots$, 且 $\{A_i\}$ 两两互斥, 即 $A_i \bigcap A_j = \varnothing$ 对任意 $i \neq j$, 则

$$\mu\left(\bigcup_{i=1}^{\infty} A_i\right) = \sum_{i=1}^{\infty} \mu(A_i). \tag{3.1.1}$$

称 $(\Omega, \mathcal{F}, \mu)$ 为一个测度空间. 若 $\mu(\Omega) = 1$, 则称 μ 为概率测度, 并记为 $P = \mu$, 称 $(\Omega, \mathcal{F}, P)$ 为概率空间.

定义 3.1.4 设 μ 为 σ-代数 $\mathcal{F}$ 上的集函数. 设对任一可列指标集 Λ, $\{A_i \in \mathcal{F}, i \in \Lambda\}$ 中的事件两两互斥, 且有

$$\mu\left(\bigcup_{i\in\Lambda} A_i\right) = \sum_{i\in\Lambda} \mu(A_i). \tag{3.1.2}$$

若指标集 Λ 中元素的个数无限可列, 则称 μ 具有可列可加性. 若指标集 Λ 中元素的个数有限, 则称 μ 具有有限可加性.

定义 3.1.5 称 σ-代数 $\mathcal{F}$ 上的测度 μ 为有限的, 若对任意 $A \in \mathcal{F}$, $|\mu(A)| < \infty$. 称测度 μ 为 σ-有限的, 若

$$\Omega = \bigcup_{i=1}^{\infty} A_i, \quad A_i \in \mathcal{F}, \quad \mu(A_i) < \infty, \quad i = 1, 2, \cdots. \tag{3.1.3}$$

显然, 任意有限测度 (例如, 概率测度) 是 σ-有限的.

命题 3.1.1 设 $(\Omega, \mathcal{F}, \mu)$ 为一个测度空间.

(1) (单调性) 若 $A \subset B$, 则 $\mu(A) \leqslant \mu(B)$;

(2) (次可列可加性) 对任意事件序列 $A_1, A_2, \cdots$,

$$\mu\left(\bigcup_{i=1}^{\infty} A_i\right) \leqslant \sum_{i=1}^{\infty} \mu(A_i);$$

(3) (连续性) 若 $A_1 \subset A_2 \subset A_3 \subset \cdots$ (或 $A_1 \supset A_2 \supset A_3 \supset \cdots$, 且 $\mu(A_1) < \infty$), 则

$$\mu\left(\lim_{n\to\infty} A_n\right) = \lim_{n\to\infty} \mu(A_n),$$

其中

$$A = \lim_{n\to\infty} A_n = \bigcup_{i=1}^{\infty} A_i \quad \left(\text{或} = \bigcap_{i=1}^{\infty} A_i\right).$$

证明 (1) 因为 $A \subset B$, $B = A \cup (\bar{A} \cap B)$ 且 A 与 $\bar{A} \cap B$ 互斥, 故由测度定义知

$$\mu(B) = \mu(A) + \mu(\bar{A} \cap B) \geqslant \mu(A).$$

(2) 因为

$$\bigcup_{i=1}^{\infty} A_i = A_1 \cup (\bar{A}_1 \cap A_2) \cup \cdots \cup (\bar{A}_1 \cap \bar{A}_2 \cap \cdots \cap \bar{A}_{n-1} \cap A_n) \cup \cdots,$$

上式等号右侧为互斥事件的并, 故

$$\mu\left(\bigcup_{i=1}^{\infty} A_i\right) = \mu(A_1) + \cdots + \mu(\bar{A}_1 \cap \bar{A}_2 \cap \cdots \cap \bar{A}_{n-1} \cap A_n) + \cdots \leqslant \sum_{i=1}^{\infty} \mu(A_i).$$

(3) 设 $A_1 \subset A_2 \subset A_3 \subset \cdots$. 若对某 n, $\mu(A_n) = \infty$, 则

$$\mu(A) = \mu(A_n) + \mu(A - A_n) = \infty + \mu(A - A_n) = \infty.$$

又 $\mu(A_m) = \infty, m \geqslant n$, 故结论成立. 下设 $\mu(A_n)$ 均为有限的. 因为

$$A = A_1 \cup (A_2 - A_1) \cup \cdots \cup (A_n - A_{n-1}) \cup \cdots,$$

所以

$$\mu(A) = \mu(A_1) + \mu(A_2) - \mu(A_1) + \cdots + \mu(A_n) - \mu(A_{n-1}) + \cdots = \lim_{n\to\infty} \mu(A_n).$$

当 $A_1 \supset A_2 \supset A_3 \supset \cdots$ 时, 令 $B_n = A_1 - A_n$, 则回到前述情形. 此时

$$B_n = A_1 - A_n \uparrow A_1 - A, \quad \mu(A_1 - A_n) \to \mu(A_1 - A), \quad n \to \infty.$$

故有

$$\mu(A_n) \to \mu(A), \quad n \to \infty.$$

定义 3.1.6　设 $(\Omega, \mathcal{F})$, $(\mathbf{R}^d, \mathcal{B}^d)$ 为可测空间, $\mathcal{B}^d$ 为 $\mathbf{R}^d$ 上的 Borel σ-代数. h 是 Ω 到 $\mathbf{R}^d$ 上的函数, 对任意 $B \in \mathcal{B}^d$, B 在 h 下的原像 (逆像) 记为

$$h^{-1}(B) = \{\omega \in \Omega : h(\omega) \in B\},$$

记

$$h^{-1}(\mathcal{B}^d) = \{h^{-1}(B) : B \in \mathcal{B}^d\}.$$

称 h 为 Ω 到 $\mathbf{R}^d$ 上的 Borel 可测函数, 若 $h^{-1}(\mathcal{B}^d) \subset \mathcal{F}$. 此时, 也称 Borel 可测函数 h 为 d 维随机向量.

设 $(\Omega, \mathcal{F}, P)$ 为一概率空间, h 是 Ω 到 $\mathbf{R}$ 上的函数. 设 $B = [a, b]$, 我们关心 $h^{-1}(B) = \{\omega : a \leqslant h(\omega) \leqslant b\}$ 这个事件的概率. 为此, 需要 $h^{-1}(B) \in \mathcal{F}$. 当 h 是 Borel 可测函数时, 可以计算概率 $P(h^{-1}(B))$.

例 3.1.2　设 $A \subset \mathbf{R}$ 且 $A \notin \mathcal{B}$, I_A 为关于 A 的示性函数, 即

$$I_A(\omega) = 1, \quad \omega \in A; \quad I_A(\omega) = 0, \quad \omega \notin A.$$

因为 $\{\omega : I_A(\omega) = 1\} = A \notin \mathcal{B}$, 故 I_A 不是 Borel 可测的.

命题 3.1.2 设 $(\Omega, \mathcal{F})$ 为一可测空间.

(1) h 是 Borel 可测的 $\Leftrightarrow h^{-1}(a, \infty) \in \mathcal{F}$, $\forall a \in \mathbf{R}$;

(2) 若 h_1 与 h_2 是 Borel 可测的, 则 $ah_1 + bh_2$ 与 h_1h_2 是 Borel 可测的, 其中 $a, b \in \mathbf{R}$; h_1/h_2 是 Borel 可测的, 其中 $h_2(\omega) \neq 0$, $\forall \omega \in \Omega$.

记 $\Im$ 为所有形如 $\{x > a, a \in \mathbf{R}\}$ 的集合构成的集合, 则有 $\sigma(\Im) = \mathcal{B}$. 在 (1) 中, 类似地,$\{\omega : h(\omega) > a\}$ 可由 $\{\omega : h(\omega) \geqslant a\}$, $\{\omega : h(\omega) < a\}$, $\{\omega : h(\omega) \leqslant a\}$ 或 $\{\omega : a \leqslant h(\omega) \leqslant b\}$ 所替代, 其中 a, b 为任意实数.

例 3.1.3 若 h_1 与 h_2 是 Borel 可测函数, 则 $\max\{h_1, h_2\}$ 与 $\min\{h_1, h_2\}$ 是 Borel 可测函数.

证明 对任意 $a \in \mathbf{R}$, 我们有

$$\{\omega : \max\{h_1(\omega), h_2(\omega)\} \leqslant a\} = \{\omega : h_1(\omega) \leqslant a\} \cap \{\omega : h_2(\omega) \leqslant a\},$$

$$\{\omega : \min\{h_1(\omega), h_2(\omega)\} \leqslant a\} = \{\omega : h_1(\omega) \leqslant a\} \cup \{\omega : h_2(\omega) \leqslant a\}.$$

故知 $\max\{h_1, h_2\}$ 与 $\min\{h_1, h_2\}$ 均为 Borel 可测函数.

定义 3.1.7 设 $(\Omega_i, \mathcal{F}_i), i = 1, 2$ 为可测空间, $h : \Omega_1 \to \Omega_2$. 称 h 为 Ω_1 到 Ω_2 上的可测函数, 若对任意 $A \in \mathcal{F}_2$, 均有 $h^{-1}(A) \in \mathcal{F}_1$.

可测函数 h 具有下述性质:

(1) $h^{-1}(\bigcup_i B_i) = \bigcup_i h^{-1}(B_i)$, $\forall B_i \in \mathcal{F}_2, i = 1, 2, \cdots$;

(2) $h^{-1}(\bigcap_i B_i) = \bigcap_i h^{-1}(B_i)$, $\forall B_i \in \mathcal{F}_2, i = 1, 2, \cdots$;

(3) $h^{-1}(\bar{B}) = \overline{h^{-1}(B)}, \forall B \in \mathcal{F}_2$.

下面给出 (2) 的证明. 若 $\omega \in h^{-1}(\bigcap_i B_i)$, 则有 $h(\omega) \in \bigcap_i B_i$, 因此 $h(\omega) \in B_i, \forall i$. 故 $\omega \in h^{-1}(B_i), \forall i$, 进而有 $\omega \in \bigcap_i h^{-1}(B_i)$. 若 $\omega \in \bigcap_i h^{-1}(B_i)$, 则有 $\omega \in h^{-1}(B_i), \forall i$, 因此 $h(\omega) \in B_i, \forall i$, 进而 $h(\omega) \in \bigcap_i B_i$. 故 $\omega \in h^{-1}(\bigcap_i B_i)$.

命题 3.1.3 设 Ω 为一样本空间, $\mathcal{F}$ 为 Ω 的所有子集构成的集合, 称 $\mathcal{F}$ 中的元素为幂集. $\mu(A)$ 表示 $A \in \mathcal{F}$ 中元素的个数 ($\mu(A) = \infty$, 若 A 中包含无穷多元素), 则 μ 为 Ω 上的测度且称为计数测度.

命题 3.1.4 在 $(\mathbf{R}, \mathcal{B})$ 上存在唯一的测度 m 满足

$$m([a, b]) = b - a,$$

其中, $[a, b]$ 为任意有限区间, $-\infty < a \leqslant b < \infty$. 称 m 为 Lebesgue 测度.

集合 A_i, $i \in \Lambda = \{1, 2, \cdots, d\}$(或 $\{1, 2, \cdots\}$) 的笛卡儿乘积定义为

$$\{(\alpha_1, \cdots, \alpha_d)(\text{或 } (\alpha_1, \alpha_2, \cdots)), \alpha_i \in A_i, i \in \Lambda\},$$

且记为 $\prod_{i \in \Lambda} A_i = A_1 \times \cdots \times A_d$(或 $(A_1 \times A_2 \times \cdots)$). 设 $(\Omega_i, \mathcal{F}_i), i \in \Lambda$ 为可测空间, 称 $\sigma(\prod_{i \in \Lambda} \mathcal{F}_i)$ 为乘积空间 $\prod_{i \in \Lambda} \Omega_i$ 上由 $\prod_{i \in \Lambda} \mathcal{F}_i$ 生成的乘积 σ-代数. 记

$(\prod_{i\in\Lambda}\Omega_i,\sigma(\prod_{i\in\Lambda}\mathcal{F}_i))$ 为 $\prod_{i\in\Lambda}(\Omega_i,\mathcal{F}_i)$. 当 $(\Omega_i,\mathcal{F}_i)=(\mathbf{R},\mathcal{B}), i\in\Lambda$ 时, 乘积空间为 $\mathbf{R}\times\mathbf{R}\times\cdots\times\mathbf{R}$, 其乘积 σ-代数与 $\mathbf{R}^d$ 上的 Borel σ-代数 ($\mathbf{R}^d$ 所有开集生成的 σ-代数) 是一样的.

命题 3.1.5 (乘积测度) 设 $(\Omega_i,\mathcal{F}_i,\mu_i)$, $i=1,\cdots,d$, 为具有 σ-有限测度的测度空间, 则在乘积 σ-代数 $(\sigma(\mathcal{F}_1\times\cdots\times\mathcal{F}_d))$ 上存在唯一 σ-有限测度 (称为乘积测度且记为 $\mu_1\times\cdots\times\mu_d$), 使得

$$\mu_1\times\cdots\times\mu_d(A_1\times\cdots\times A_d)=\mu_1(A_1)\cdots\mu_d(A_d),\quad \forall A_i\in\mathcal{F}_i,\quad i=1,\cdots,d.$$

命题 3.1.6 在 $(\mathbf{R}^d,\mathcal{B}^d)$ 上存在唯一的 Lebesgue 测度 L 满足

$$L([a_1,b_1]\times\cdots\times[a_d,b_d])=\prod_{i=1}^d(b_i-a_i),$$

其中 $[a_i,b_i]$ 为任意有限区间, $-\infty<a_i\leqslant b_i<\infty$, $i=1,\cdots,d$.

命题 3.1.7 设 h 是可测空间 $(\Omega,\mathcal{F})$ 到 $(\mathbf{R}^d,\mathcal{B}^d)$ 上的可测函数, 则 $h^{-1}(\mathcal{B}^d)\subset\mathcal{F}$ 为一个子 σ-代数 (或子 σ-域), 记为 $\sigma(h)$. 称 $\sigma(h)$ 为由 h 生成的 σ-代数.

定义 3.1.8 设 $(\Omega,\mathcal{F},P)$ 为一个概率空间, $\boldsymbol{X}=(X_1,\cdots,X_d)^{\mathrm{T}}$ 是 $(\Omega,\mathcal{F},P)$ 上的 d 维随机向量, $\boldsymbol{X}$ 的分布函数 (或联合分布函数) 定义为

$$F(x_1,\cdots,x_d)=P(X_1\leqslant x_1,\cdots,X_d\leqslant x_d),\quad (x_1,\cdots,x_d)^{\mathrm{T}}\in\mathbf{R}^d.$$

定义 3.1.9 称随机变量 $X_1,\cdots,X_d$ 是独立的, 若 $(X_1,\cdots,X_d)^{\mathrm{T}}$ 的联合分布函数等于其边缘分布函数的乘积, 即

$$F(x_1,\cdots,x_d)=F_{X_1}(x_1)\cdots F_{X_d}(x_d),\quad \forall x_i\in\mathbf{R},\quad i=1,\cdots,d.$$

引理 3.1.1 设 $X_1,\cdots,X_n$ 为相互独立的随机变量, 则 $h(X_1,\cdots,X_m)$ 和 $g(X_{m+1},\cdots,X_n)$ 是独立随机变量, 其中 h,g 为 Borel 可测函数, $1\leqslant m<n$.

定义 3.1.10 设 $(\Omega,\mathcal{F},P)$ 为一个概率空间.

(1) 设 $\mathcal{G}$ 为由 $\mathcal{F}$ 的子集构成的集合. 称 $\mathcal{G}$ 中的事件是独立的, 若对任意正整数 n 和 $\mathcal{G}$ 中的事件 $A_1,\cdots,A_n$, 有

$$P\left(\bigcap_{i=1}^n A_i\right)=\prod_{i=1}^n P(A_i).$$

(2) 称 $\mathcal{G}_i\subset\mathcal{F}, i\in\Lambda$ 是独立的, 若 $\{A_i\in\mathcal{G}_i: i\in\Lambda\}$ 是独立的, 其中 Λ 为一指标集 (可以为不可数的), A_i 为 $\mathcal{G}_i$ 中的任意事件.

(3) 称随机向量 $\boldsymbol{X}_i, i\in\Lambda$ 是独立的, 若 $\sigma(\boldsymbol{X}_i)$, $i\in\Lambda$ 是独立的.

定义 3.1.9 与定义 3.1.10(3) 中 $X_1, \cdots, X_d$ 的独立性定义是等价的.

设 $A_1, A_2, \cdots$ 为 Ω 的子集, 则 $\omega \in \limsup\limits_n A_n = \bigcap_{n=1}^{\infty} \bigcup_{i=n}^{\infty} A_i$ 的充要条件是对 $\forall n, \omega \in A_k$, 对某 $k \geqslant n$, 或等价地, 对无限多个 n, 有 $\omega \in A_n$.

引理 3.1.2 (Borel-Cantelli 引理) 若 $A_1, A_2, \cdots \in \mathcal{F}$ 且 $\sum_{i=1}^{\infty} \mu(A_i) < \infty$, 则

$$\mu\left(\limsup_n A_n\right) = \mu\left(\bigcap_{n=1}^{\infty} \bigcup_{i=n}^{\infty} A_i\right) = 0.$$

证明 因为

$$\limsup_n A_n = \bigcap_{n=1}^{\infty} \bigcup_{i=n}^{\infty} A_i,$$

故

$$\mu\left(\limsup_n A_n\right) \leqslant \mu\left(\bigcup_{i=n}^{\infty} A_i\right), \quad \forall n \tag{3.1.4}$$

$$\leqslant \sum_{i=n}^{\infty} \mu(A_i) \to 0, \quad n \to \infty. \tag{3.1.5}$$

引理 3.1.3 (第二 Borel-Cantelli 引理) 设 $(\Omega, \mathcal{F}, P)$ 为一个概率空间, 若 $A_1, A_2, \cdots$ 为 $\mathcal{F}$ 的独立事件序列且 $\sum_{i=1}^{\infty} P(A_i) = \infty$, 则 $P\left(\limsup\limits_n A_n\right) = 1$.

证明 由题意知

$$P\left(\limsup_n A_n\right) = P\left(\bigcap_{n=1}^{\infty} \bigcup_{i=n}^{\infty} A_i\right) = \lim_{n\to\infty} P\left(\bigcup_{i=n}^{\infty} A_i\right) = \lim_{n\to\infty} \lim_{m\to\infty} P\left(\bigcup_{i=n}^{m} A_i\right).$$

由 $\{A_i\}$ 的独立性及不等式

$$P(\overline{B}) = 1 - P(B) \leqslant \exp(-P(B))$$

可得

$$P\left(\overline{\bigcup_{i=n}^{m} A_i}\right) = P\left(\bigcap_{i=n}^{m} \bar{A}_i\right) = \prod_{i=n}^{m} P(\bar{A}_i) \tag{3.1.6}$$

$$\leqslant \prod_{i=n}^{m} \exp(-P(A_i)) \tag{3.1.7}$$

$$= \exp\left(-\sum_{i=n}^{m} P(A_i)\right) \to 0, \quad m \to \infty. \tag{3.1.8}$$

因此, 对 $\forall n, P(\bigcup_{i=n}^{\infty} A_i) = 1$. 故知结论成立. 定理的证明使用了不等式

$$1 - x \leqslant \exp(-x), \quad x \in [0, 1].$$

Borel-Cantelli 引理可用来进行统计量几乎处处收敛性的推导.

3.1.2 积分与微分

积分概念是按简单函数、非负函数、任意函数等的积分来定义的. 详细的内容可参考 Ash(1972) 的著作.

定义 3.1.11 设 $(\Omega, \mathcal{F}, \mu)$ 为一个测度空间, 称 Ω 上的函数 h 为简单函数, 若 h 为 Borel 可测的且取值至多为有限个不同的实数. 等价地, 称 Ω 上的函数 h 为简单函数, 若

$$h(\omega) = \sum_{i=1}^{k} \alpha_i I_{A_i}(\omega), \tag{3.1.9}$$

其中 α_i 为实数, $I_{A_i}(\omega)$ 为示性函数且 $A_i \in \mathcal{F}, i = 1, \cdots, k$ 为互斥的可测集. 这里 $\alpha_i, i = 1, \cdots, k$ 不必为相异的.

设 h 为非负 Borel 可测函数, 则存在非负有限值简单函数列 h_n, 使得

$$h_n \uparrow h, \quad n \to \infty.$$

定义 3.1.12 Ω 上的 Borel 可测函数 h 关于 μ 的积分定义如下:

(1) 设 h 为简单函数, 即 $h = \sum_{i=1}^{k} \alpha_i I_{A_i}$. 定义

$$\int_\Omega h \mathrm{d}\mu = \sum_{i=1}^{k} \alpha_i \mu(A_i),$$

要求 $+\infty$ 及 $-\infty$ 不同时出现在和式 $\sum$ 中, 此时称积分存在. 否则称积分不存在.

(2) 设 h 非负, 定义

$$\int_\Omega h \mathrm{d}\mu = \sup\left\{\int_\Omega s \mathrm{d}\mu : 0 \leqslant s \leqslant h\right\},$$

其中 s 为简单函数.

(3) 记 $h^+ = \max\{h, 0\}$, $h^- = \max\{-h, 0\}$, 称 h^+ 为 h 的正部, h^- 为 h 的负部. 易知 h^+ 与 h^- 为是非负的 Borel 可测函数, 且有 $|h| = h^+ + h^-, h = h^+ - h^-$. 定义

$$\int_\Omega h \mathrm{d}\mu = \int_\Omega h^+ \mathrm{d}\mu - \int_\Omega h^- \mathrm{d}\mu,$$

要求等号右侧不出现 $+\infty, -\infty$ 情形.

(4) 设 $A \in \mathcal{F}$, 定义

$$\int_A h \mathrm{d}\mu = \int_\Omega h I_A \mathrm{d}\mu.$$

注 由于 $\mu(A)$ 可以为 $+\infty$, 故积分存在包含取值为无穷大的情形. 非负 Borel 可测函数的积分总是存在的, 它可以是 $+\infty$.

称函数 h 是 μ-可积的 (或可积的), 若 $\int_\Omega h\mathrm{d}\mu$ 是有限的, 即 $\int_\Omega h^+\mathrm{d}\mu$ 及 $\int_\Omega h^-\mathrm{d}\mu$ 均是有限的. Borel 可测函数 h 是可积的 $\Longleftrightarrow |h|$ 是可积的.

设 f, g 是 Borel 可测的. 若 f 与 g 是可积的, 则 $f+g$ 是可积的, 且

$$\int_\Omega (f+g)\mathrm{d}\mu = \int_\Omega f\mathrm{d}\mu + \int_\Omega g\mathrm{d}\mu.$$

定理 3.1.1 设 h 是 Borel 可测函数且 $\int_\Omega h\mathrm{d}\mu$ 存在, 定义 $\lambda(B) = \int_B h\mathrm{d}\mu$, $B \in \mathcal{F}$, 则 λ 在 $\mathcal{F}$ 上是可列可加的. 若 $h \geqslant 0$, 则 λ 是一个测度.

证明 设 h 为一个非负的简单函数, 即 $h = \sum_{i=1}^k \alpha_i I_{A_i}$, 则

$$\lambda(B) = \int_B h\mathrm{d}\mu = \sum_{i=1}^k \alpha_i \mu(B \cap A_i),$$

因为 μ 是可列可加的, 故知 λ 是可列可加的.

设 h 为一个非负的 Borel 可测函数, 且 $B = \bigcup_{j=1}^\infty B_j$, 其中 $B_j \in \mathcal{F}, j = 1, 2, \cdots$ 为互斥的. 若 t 为一个简单函数且 $0 \leqslant t \leqslant h$, 则

$$\int_B t\mathrm{d}\mu = \sum_{j=1}^\infty \int_{B_j} t\mathrm{d}\mu \leqslant \sum_{j=1}^\infty \int_{B_j} h\mathrm{d}\mu.$$

上式关于 t 取 sup, 由积分定义可得

$$\lambda(B) \leqslant \sum_{j=1}^\infty \lambda(B_j).$$

又 $B_j \subset B$, 因此 $\lambda(B_j) \leqslant \lambda(B)$. 若对某 j 有 $\lambda(B_j) = \infty$, 则定理成立. 设 $\lambda(B_j) < \infty$, $j = 1, \cdots, n$. 对任意固定的 n 与 $\varepsilon > 0$, 存在简单函数 t, $0 \leqslant t \leqslant h$, 使得

$$\int_{B_j} t\mathrm{d}\mu \geqslant \int_{B_j} h\mathrm{d}\mu - \varepsilon/n, \quad j = 1, \cdots, n.$$

又

$$\lambda\left(\bigcup_{j=1}^n B_j\right) = \int_{\bigcup\limits_{j=1}^n B_j} h\mathrm{d}\mu \geqslant \int_{\bigcup\limits_{j=1}^n B_j} t\mathrm{d}\mu = \sum_{j=1}^n \int_{B_j} t\mathrm{d}\mu,$$

故

$$\lambda\left(\bigcup_{j=1}^n B_j\right) \geqslant \sum_{j=1}^n \int_{B_j} h\mathrm{d}\mu - \varepsilon = \sum_{j=1}^n \lambda(B_j) - \varepsilon.$$

因为 $\lambda(B) \geqslant \lambda\left(\bigcup\limits_{j=1}^{n} B_j\right)$ 且 ε 具有任意性, 故知

$$\lambda(B) \geqslant \sum_{j=1}^{\infty} \lambda(B_j).$$

命题得证.

对于证明有关积分的定理和命题, 一般可从积分的定义出发, 通过简单函数进行证明.

若 $\mu(A) = 0$, 某陈述 $\mathcal{I}$ 对任意 $\omega \in \bar{A}$ 均成立, 则称该陈述关于测度 μ 几乎处处成立 (almost everywhere), 简记为 $\mathcal{I}$ a.e.$[\mu]$.

定理 3.1.2 设 $(\Omega, \mathcal{F}, \mu)$ 为一个测度空间, f, g 为 Borel 可测函数.

(1) 若 $f(\omega) \leqslant g(\omega)$ a.e. 且 f, g 是可积的, 则

$$\int_\Omega f \mathrm{d}\mu \leqslant \int_\Omega g \mathrm{d}\mu.$$

(2) 若 $f(\omega) \geqslant 0$ a.e. 且 $\int_\Omega f \mathrm{d}\mu = 0$, 则 $f = 0$ a.e.

(3) 若 f 是可积的, 则 f 是有限的 a.e.

证明 (1) 设 f 和 g 为非负的且 $0 \leqslant s \leqslant f$, s 为简单的, 则 $0 \leqslant s \leqslant g$, 故 $\int_\Omega f \mathrm{d}\mu \leqslant \int_\Omega g \mathrm{d}\mu$. 若 $f \leqslant g$, 则

$$\max\{f, 0\} \leqslant \max\{g, 0\} \Rightarrow f^+ \leqslant g^+,$$

又由于 $-f \geqslant -g$, 所以

$$\max\{-f, 0\} \geqslant \max\{-g, 0\} \Rightarrow f^- \geqslant g^-.$$

故

$$\int_\Omega f \mathrm{d}\mu = \int_\Omega f^+ \mathrm{d}\mu - \int_\Omega f^- \mathrm{d}\mu \leqslant \int_\Omega g^+ \mathrm{d}\mu - \int_\Omega g^- \mathrm{d}\mu = \int_\Omega g \mathrm{d}\mu.$$

(2) 设 $A = \{f > 0\}$ 且 $A_n = \{f \geqslant 1/n\}, n = 1, 2, \cdots$, 所以 $A_n \subset A$, $\forall n$ 且 $\lim\limits_{n\to\infty} A_n = \bigcup_n A_n = A$. 由命题 3.1.1, $\lim\limits_{n\to\infty} \mu(A_n) = \mu(A)$, 故有

$$\frac{1}{n}\mu(A_n) = \int_\Omega \frac{1}{n} I_{A_n} \mathrm{d}\mu \leqslant \int_\Omega f I_{A_n} \mathrm{d}\mu \leqslant \int_\Omega f \mathrm{d}\mu = 0, \quad \forall n.$$

因此 $\mu(A) = 0$, 故 $f = 0$ a.e.$[\mu]$.

(3) 设 $A = \{\omega : |f(\omega)| = \infty\}$. 若 $\mu(A) > 0$, 则

$$\int_\Omega |f| \mathrm{d}\mu \geqslant \int_A |f| \mathrm{d}\mu = \infty \mu(A) = \infty,$$

矛盾, 故 f 是有限的 a.e.$[\mu]$.

定理 3.1.3 设 $f_1, f_2, \cdots$ 为测度空间 $(\Omega, \mathcal{F}, \mu)$ 上的 Borel 可测函数序列.

(1) (单调收敛定理) 设 $0 \leqslant f_1 \leqslant f_2 \leqslant \cdots$ 且 $\lim\limits_{n\to\infty} f_n = f$ a.e., 则

$$\lim_{n\to\infty}\int_\Omega f_n \mathrm{d}\mu = \int_\Omega \lim_{n\to\infty} f_n \mathrm{d}\mu = \int_\Omega f \mathrm{d}\mu.$$

(2) (Fatou 引理) 若 $f_n \geqslant 0$, 则

$$\int_\Omega \liminf_n f_n \mathrm{d}\mu \leqslant \liminf_n \int_\Omega f_n \mathrm{d}\mu.$$

(3) (控制收敛定理) 若 $\lim\limits_{n\to\infty} f_n = f$ a.e. 且存在可积函数 h 满足 $|f_n| \leqslant h$ a.e., 则

$$\lim_{n\to\infty}\int_\Omega f_n \mathrm{d}\mu = \int_\Omega f \mathrm{d}\mu.$$

定理 3.1.4 设 $(\Omega, \mathcal{F}, \mu)$ 为测度空间, h 为可测空间 $(\Omega, \mathcal{F})$ 到 $(\Lambda, \mathcal{G})$ 上的可测函数. h 诱导的 $\mathcal{G}$ 上的测度 μh^{-1} 定义为

$$\mu_0(B) = \mu h^{-1}(B) = \mu(h(\omega) \in B) = \mu(h^{-1}(B)), \quad \forall B \in \mathcal{G}.$$

设 $f : (\Lambda, \mathcal{G}) \to (\mathbf{R}, \mathcal{B})$ 且 $B \in \mathcal{G}$, 则

$$\int_{h^{-1}B} f(h(\omega))\mathrm{d}\mu(\omega) = \int_B f(\omega_1)\mathrm{d}\mu_0(\omega_1), \tag{3.1.10}$$

这里, 假设上式积分之一存在.

证明 设 $A \in \mathcal{G}, B \in \mathcal{G}$, f 为一个示性函数 $I_A(\omega_1), \omega_1 \in \Lambda$, 则

$$\mu(h^{-1}(A) \cap h^{-1}(B)) = \mu_0(A \cap B).$$

因此

$$\int_{h^{-1}B} I_A(h(\omega))\mathrm{d}\mu(\omega) = \int_B I_A(\omega_1)\mathrm{d}\mu_0(\omega_1).$$

设 f 为一个非负的简单函数 $\sum_{i=1}^k \alpha_i I_{A_i}, A_i \in \mathcal{G}$, 则

$$\begin{aligned}\int_{h^{-1}B} f(h(\omega))\mathrm{d}\mu(\omega) &= \sum_{i=1}^k \alpha_i \int_{h^{-1}B} I_{A_i}(h(\omega))\mathrm{d}\mu(\omega)\\ &= \sum_{i=1}^k \alpha_i \int_B I_{A_i}(\omega_1)\mathrm{d}\mu_0(\omega_1)\\ &= \int_B f(\omega_1)\mathrm{d}\mu_0(\omega_1).\end{aligned}$$

当 f 为非负的 Borel 可测函数时, 设 $f_1, f_2, \cdots$ 为非负的简单函数列且单调增加趋向 f, 则

$$\int_{h^{-1}B} f_n(h(\omega))\mathrm{d}\mu(\omega) = \int_B f_n(\omega_1)\mathrm{d}\mu_0(\omega_1),$$

由单调收敛定理可知式 (3.1.10) 成立.

当 f 为任意 Borel 可测函数时, 因为 f^+, f^- 为非负的 Borel 可测函数, 故由 $f = f^+ - f^-$ 可知定理成立. 证毕.

设 $X : (\Omega, \mathcal{F}) \to (\mathbf{R}, \mathcal{B})$, 其中 $(\Omega, \mathcal{F}, P)$ 为一概率空间. 那么 PX^{-1} 为 $\mathcal{B}$ 上的一概率测度, 记 $P_X = PX^{-1}$, 则 $(\mathbf{R}, \mathcal{B}, P_X)$ 为一概率空间. 由此, 对 $(\Omega, \mathcal{F}, P)$ 的讨论可以转换为对 $(\mathbf{R}, \mathcal{B}, P_X)$ 的研究.

定理 3.1.5 (Fubin 定理)　设 $(\Omega_i, \mathcal{F}_i, \mu_i)$, $i = 1, 2$ 为具有 σ-有限测度的测度空间. h 为 $\prod_{i=1}^2(\Omega_i, \mathcal{F}_i)$ 上的 Borel 可测函数, 设 $h \geqslant 0$ 或 h 关于 $\mu_1 \times \mu_2$ 是可积的, 则

$$g(\omega_2) = \int_{\Omega_1} h(\omega_1, \omega_2)\mathrm{d}\mu_1$$

存在 a.e.$[\mu_2]$, $g(\omega_2)$ 为 Ω_2 上积分存在的 Borel 可测函数且有

$$\int_{\Omega_1 \times \Omega_2} h(\omega_1, \omega_2)\mathrm{d}\mu_1 \times \mu_2 = \int_{\Omega_2} \left[\int_{\Omega_1} h(\omega_1, \omega_2)\mathrm{d}\mu_1\right] \mathrm{d}\mu_2. \tag{3.1.11}$$

设 μ, λ 为可测空间上 $(\Omega, \mathcal{F})$ 上的两个测度. 若 $\mu(A) = 0$ 蕴涵着 $\lambda(A) = 0 (A \in \mathcal{F})$, 则称 λ 关于 μ 是绝对连续的, 记为 $\lambda \ll \mu$.

定理 3.1.6 (Radon-Nikodym 定理)　设 μ, λ 为可测空间上 $(\Omega, \mathcal{F})$ 上的两个测度, μ 是 σ-有限的. 若 $\lambda \ll \mu$, 则存在非负 Borel 可测函数 h 满足

$$\lambda(A) = \int_A h\mathrm{d}\mu, \quad A \in \mathcal{F}, \tag{3.1.12}$$

且 h 是唯一的 a.e.$[\mu]$.

当式 (3.1.12) 成立时, 称 h 为 λ 关于 μ 的 Radon-Nikodym 导数 (或密度), 记为 $\mathrm{d}\lambda/\mathrm{d}\mu$. 若 $\int_\Omega h\mathrm{d}\mu = 1, h \geqslant 0,$ a.e., 则 λ 为概率测度且称 $h = \mathrm{d}\lambda/\mathrm{d}\mu$ 为 λ 的概率密度函数. 设 $\Omega = \mathbf{R}$, $\mathcal{F}$ 为 $\mathbf{R}$ 上一切 Borel 集构成的 σ-代数. 当 μ 为 Lebesgue 测度时, λ 的 Radon-Nikodym 导数即为通常的概率密度函数.

例 3.1.4　设 $\Omega = \{\alpha_1, \alpha_2, \cdots\}$, μ 为 Ω 的幂集上的计数测度, 故

$$\lambda(A) = \int_A h\mathrm{d}\mu = \sum_{\alpha_i \in A} h(\alpha_i), \quad A \subset \Omega, \tag{3.1.13}$$

其中 $h(\alpha_i) = p_i > 0,\ i = 1, 2, \cdots,\ \sum_i p_i = 1$. 因此, h 是 λ 的概率密度函数.

例 3.1.5 设 F 为分布函数, h 为 F 的导数, 故

$$F(x)=\int_{-\infty}^{x}h(y)\mathrm{d}y,\quad x\in\mathbf{R}.$$

设 P 为与 F 相应的概率测度, 故有

$$P(A)=\int_{A}h\mathrm{d}m,\quad A\in\mathcal{B},\tag{3.1.14}$$

其中 $\mathcal{B}$ 为 $\mathbf{R}$ 上的 Borel σ-代数, m 为 $\mathbf{R}$ 上的 Lebesgue 测度. 因此 h 为 P 或 F 的关于 Lebesgue 测度 m 的概率密度函数. 此时 Radon-Nikodym 导数与 F 在通常意义下的导数是一样的.

现考虑另一种绝对连续概念. 称 $\mathbf{R}$ 上的实值函数 f 是绝对连续的, 若对 $\forall\varepsilon>0$, 存在 $\delta>0$, 使得对任意有限个互不相交的有界开区间 $(a_i,b_i),i=1,\cdots,k$ 构成的集合, 均有

$$\sum_{i=1}^{k}(b_i-a_i)<\delta\Rightarrow\sum_{i=1}^{k}|f(b_i)-f(a_i)|<\varepsilon.$$

命题 3.1.8 $\mathbf{R}$ 上的分布函数 F 是绝对连续的 $\Longleftrightarrow$ F 对应的概率测度关于 Lebesgue 测度是绝对连续的.

3.1.3 随机向量的矩

定义 3.1.13 设$\boldsymbol{X}=(X_1,\cdots,X_d)^{\mathrm{T}}$ 为 d 维随机向量, $\alpha=\alpha_1+\alpha_2+\cdots+\alpha_d$, 其中 $\alpha_i\geqslant0,i=1,2,\cdots,d$ 为常数. 若 $E(X_1^{\alpha_1}X_2^{\alpha_2}\cdots X_d^{\alpha_d})$ 是有限的, 则称 $E(X_1^{\alpha_1}X_2^{\alpha_2}\cdots X_d^{\alpha_d})$ 为 $\boldsymbol{X}$ 的 α 阶混合矩.

定义 3.1.14 设 $\boldsymbol{X}$ 为 d 维随机向量, $\boldsymbol{X}$ 的特征函数定义为

$$\phi_{\boldsymbol{X}}(\boldsymbol{t})=E(\mathrm{e}^{\sqrt{-1}\boldsymbol{t}^{\mathrm{T}}\boldsymbol{X}})=E[\cos(\boldsymbol{t}^{\mathrm{T}}\boldsymbol{X})]+\sqrt{-1}E[\sin(\boldsymbol{t}^{\mathrm{T}}\boldsymbol{X})],\quad \boldsymbol{t}\in\mathbf{R}^d.\tag{3.1.15}$$

命题 3.1.9 设 d 维随机向量 $\boldsymbol{X}$ 的特征函数为 $\phi_{\boldsymbol{X}}(\boldsymbol{t})$, $A_{d\times n}$ 为非随机矩阵, $\boldsymbol{b}\in\mathbf{R}^n$ 为常数向量, 则线性变换 $\boldsymbol{Y}=\boldsymbol{b}+A^{\mathrm{T}}\boldsymbol{X}$ 的特征函数为

$$\phi_{\boldsymbol{Y}}(\boldsymbol{s})=\mathrm{e}^{\sqrt{-1}\boldsymbol{b}^{\mathrm{T}}\boldsymbol{s}}\phi_{\boldsymbol{X}}(A\boldsymbol{s}),\quad \boldsymbol{s}\in\mathbf{R}^n.\tag{3.1.16}$$

证明 记 $\sqrt{-1}=\mathrm{i}$.

$$E(\mathrm{e}^{\mathrm{i}\boldsymbol{s}^{\mathrm{T}}\boldsymbol{Y}})=E(\mathrm{e}^{\mathrm{i}\boldsymbol{s}^{\mathrm{T}}(\boldsymbol{b}+A^{\mathrm{T}}\boldsymbol{X})})=E(\mathrm{e}^{\mathrm{i}\boldsymbol{s}^{\mathrm{T}}\boldsymbol{b}})E(\mathrm{e}^{\mathrm{i}(A\boldsymbol{s})^{\mathrm{T}}\boldsymbol{X}})=E(\mathrm{e}^{\mathrm{i}\boldsymbol{b}^{\mathrm{T}}\boldsymbol{s}})\phi_{\boldsymbol{X}}(A\boldsymbol{s}),\quad \boldsymbol{s}\in\mathbf{R}^n.$$

定义 3.1.15 设 $\boldsymbol{X}=(X_1,\cdots,X_d)^{\mathrm{T}}$ 为 d 维随机向量, 称

$$E(\boldsymbol{X})=(E(X_1),\cdots,E(X_d))^{\mathrm{T}}$$

为 $\boldsymbol{X}$ 的均值 (或期望). d 维随机向量 $\boldsymbol{X}$ 的协方差阵定义为

$$\mathrm{Cov}(\boldsymbol{X})=E[(\boldsymbol{X}-E(\boldsymbol{X}))(\boldsymbol{X}-E(\boldsymbol{X}))^{\mathrm{T}}].$$

设 $\boldsymbol{Y}=(Y_1,\cdots,Y_k)^{\mathrm{T}}$ 为 k 维随机向量, $\boldsymbol{X}$ 与 $\boldsymbol{Y}$ 的协方差阵定义为

$$\mathrm{Cov}(\boldsymbol{X},\boldsymbol{Y})=E[(\boldsymbol{X}-E(\boldsymbol{X}))(\boldsymbol{Y}-E(\boldsymbol{Y}))^{\mathrm{T}}].$$

定理 3.1.7　设 A 为 $n\times m$ 非随机矩阵, $\boldsymbol{X}$ 和 $\boldsymbol{\mu}$ 分别为 m 维和 n 维随机向量, 记 $\boldsymbol{Y}=\boldsymbol{\mu}+A\boldsymbol{X}$, 则

$$E(\boldsymbol{Y})=\boldsymbol{\mu}+AE(\boldsymbol{X}).$$

设 $X=(X_{ij})$ 为 $n\times m$ 矩阵, 若 X 的每个元素 X_{ij} 为随机变量, 则称 X 为随机矩阵且定义 $E(X)=(E(X_{ij}))$.

引理 3.1.4　设 A,B 为非随机矩阵, X 为随机矩阵, 则

$$E(AX)=AE(X),\quad E(AXB)=AE(X)B.$$

定理 3.1.8　设 $\boldsymbol{X}$ 为 d 维随机向量, 则它的协方差阵 $\mathrm{Cov}(\boldsymbol{X})$ 必为半正定的对称阵.

证明　设 $E(\boldsymbol{X})=\boldsymbol{\mu},\mathrm{Cov}(\boldsymbol{X})=\Sigma$. 对任意 $\boldsymbol{\alpha}\in\mathbf{R}^d$, 有

$$\begin{aligned}\mathrm{Cov}(\boldsymbol{\alpha}^{\mathrm{T}}\boldsymbol{X})&=E[(\boldsymbol{\alpha}^{\mathrm{T}}\boldsymbol{X}-\boldsymbol{\alpha}^{\mathrm{T}}\boldsymbol{\mu})(\boldsymbol{\alpha}^{\mathrm{T}}X-\boldsymbol{\alpha}^{\mathrm{T}}\boldsymbol{\mu})^{\mathrm{T}}]\\&=E[\boldsymbol{\alpha}^{\mathrm{T}}(\boldsymbol{X}-\boldsymbol{\mu})(\boldsymbol{X}-\boldsymbol{\mu})^{\mathrm{T}}\boldsymbol{\alpha}]\\&=\boldsymbol{\alpha}^{\mathrm{T}}E[(\boldsymbol{X}-\boldsymbol{\mu})(\boldsymbol{X}-\boldsymbol{\mu})^{\mathrm{T}}]\boldsymbol{\alpha}\\&=\boldsymbol{\alpha}^{\mathrm{T}}\Sigma\boldsymbol{\alpha}\geqslant 0.\end{aligned}$$

故知 Σ 为半正定的对称阵.

定理 3.1.9　设 A 为 $n\times m$ 非随机矩阵, $\boldsymbol{X}$ 为 m 维随机向量, $\boldsymbol{Y}=A\boldsymbol{X}$, 则 $\mathrm{Cov}(\boldsymbol{Y})=A\mathrm{Cov}(\boldsymbol{X})A^{\mathrm{T}}$.

定理 3.1.10　设 $\boldsymbol{X}$ 和 $\boldsymbol{Y}$ 分别为 m 维和 n 维随机向量, $A_{d\times m}$ 和 $B_{k\times n}$ 为非随机矩阵, 则

$$\mathrm{Cov}(A\boldsymbol{X},B\boldsymbol{Y})=A\mathrm{Cov}(\boldsymbol{X},\boldsymbol{Y})B^{\mathrm{T}}.$$

证明

$$\begin{aligned}\mathrm{Cov}(A\boldsymbol{X},B\boldsymbol{Y})&=E[(A\boldsymbol{X}-E(A\boldsymbol{X}))(B\boldsymbol{Y}-E(B\boldsymbol{Y}))^{\mathrm{T}}]\\&=E[A(\boldsymbol{X}-E(\boldsymbol{X}))(\boldsymbol{Y}-E(\boldsymbol{Y}))^{\mathrm{T}}B^{\mathrm{T}}]\\&=AE[(\boldsymbol{X}-E(\boldsymbol{X}))(\boldsymbol{Y}-E(\boldsymbol{Y}))^{\mathrm{T}}]B^{\mathrm{T}}\\&=A\mathrm{Cov}(\boldsymbol{X},\boldsymbol{Y})B^{\mathrm{T}}.\end{aligned}$$

设 $\boldsymbol{X}=(X_1,\cdots,X_d)^{\mathrm{T}}$ 为 d 维随机向量, $A=(a_{ij})_{d\times d}$ 为对称阵, 称随机变量

$$\boldsymbol{X}^{\mathrm{T}}A\boldsymbol{X}=\sum_{i=1}^{n}\sum_{j=1}^{n}a_{ij}X_iX_j$$

为 $\boldsymbol{X}$ 的二次型.

定理 3.1.11 设 $E(\boldsymbol{X})=\boldsymbol{\mu}$, $\mathrm{Cov}(\boldsymbol{X})=\Sigma$, 则

$$E(\boldsymbol{X}^{\mathrm{T}}A\boldsymbol{X})=\boldsymbol{\mu}^{\mathrm{T}}A\boldsymbol{\mu}+\mathrm{tr}(A\Sigma). \tag{3.1.17}$$

证明 记 $\boldsymbol{\mu}^{\mathrm{T}}A\boldsymbol{\mu}=\Delta$. 因为 $\mathrm{tr}(a)=a$, a 为常数且 $\mathrm{tr}(AB)=\mathrm{tr}(BA)$, 故

$$\begin{aligned}
&E(\boldsymbol{X}^{\mathrm{T}}A\boldsymbol{X})\\
=&E[(\boldsymbol{X}-\boldsymbol{\mu}+\boldsymbol{\mu})^{\mathrm{T}}A(\boldsymbol{X}-\boldsymbol{\mu}+\boldsymbol{\mu})]\\
=&E[(\boldsymbol{X}-\boldsymbol{\mu})^{\mathrm{T}}A(\boldsymbol{X}-\boldsymbol{\mu})]+E[\boldsymbol{\mu}^{\mathrm{T}}A(\boldsymbol{X}-\boldsymbol{\mu})]+E((\boldsymbol{X}-\boldsymbol{\mu})^{\mathrm{T}}A\boldsymbol{\mu})+\Delta\\
=&E[(\boldsymbol{X}-\boldsymbol{\mu})^{\mathrm{T}}A(\boldsymbol{X}-\boldsymbol{\mu})]+\Delta\\
=&E[\mathrm{tr}(\boldsymbol{X}-\boldsymbol{\mu})^{\mathrm{T}}A(\boldsymbol{X}-\boldsymbol{\mu})]+\Delta\\
=&E[\mathrm{tr}(A(\boldsymbol{X}-\boldsymbol{\mu})(\boldsymbol{X}-\boldsymbol{\mu})^{\mathrm{T}})]+\Delta\\
=&\mathrm{tr}AE[(\boldsymbol{X}-\boldsymbol{\mu})(\boldsymbol{X}-\boldsymbol{\mu})^{\mathrm{T}}]+\Delta=\mathrm{tr}(A\Sigma)+\Delta.
\end{aligned}$$

注 一些统计检验问题可归结为求统计量

$$\boldsymbol{T}=(T_1(\boldsymbol{X}_1,\cdots,\boldsymbol{X}_n),\cdots,T_d(\boldsymbol{X}_1,\cdots,\boldsymbol{X}_n))$$

的渐近分布, 即 $(\boldsymbol{T}-\boldsymbol{\mu}_{\boldsymbol{T}})^{\mathrm{T}}\Sigma_{\boldsymbol{T}}^{-1}(\boldsymbol{T}-\boldsymbol{\mu}_{\boldsymbol{T}})$ 的渐近分布.

3.2 收敛模式与随机序

定义 3.2.1 设 $\boldsymbol{b}=(b_1,\cdots,b_d)^{\mathrm{T}}\in\mathbf{R}^d$, $\|\boldsymbol{b}\|_\alpha=(\sum_{i=1}^d|b_i|^\alpha)^{1/\alpha},\alpha\geqslant 1$. 称 $\|\boldsymbol{b}\|_\alpha$ 为 d 维向量 $\boldsymbol{b}$ 的 L_α 模 (范数), 即 $\boldsymbol{b}$ 与 $\boldsymbol{0}$ 之间的 L_α 距离. 当 $\alpha=1$ 时, 称为 L_1 模. 当 $\alpha=2$ 时, 称为 L_2 模, 即 $\boldsymbol{b}$ 与 $\boldsymbol{0}$ 之间的欧氏距离. 以下简记 $\|\cdot\|_2=\|\cdot\|$.

定义 3.2.2 设 $\boldsymbol{X},\boldsymbol{X}_1,\boldsymbol{X}_2,\cdots$ 为定义在一个概率空间上的 d 维随机向量.

(1) 若对任意给定的 $\varepsilon>0$, 有

$$\lim_{n\to\infty}P(\|\boldsymbol{X}_n-\boldsymbol{X}\|>\varepsilon)=0, \tag{3.2.1}$$

则称 $\{\boldsymbol{X}_n\}$ 依概率收敛到 $\boldsymbol{X}$, 记为 $\boldsymbol{X}_n\xrightarrow{P}\boldsymbol{X}$.

(2) 若

$$\lim_{n\to\infty}E(\|\boldsymbol{X}_n-\boldsymbol{X}\|_\alpha^\alpha)=0, \tag{3.2.2}$$

其中 $\alpha>0$ 为给定常数, 则称 $\{\boldsymbol{X}_n\}$ 按 L_α 收敛到 $\boldsymbol{X}$(或 α 阶矩收敛), 记为

$$\boldsymbol{X}_n \xrightarrow{L_\alpha} \boldsymbol{X}.$$

(3) 若

$$\lim_{n\to\infty} P(\boldsymbol{X}_n=\boldsymbol{X})=1, \tag{3.2.3}$$

则称 $\{\boldsymbol{X}_n\}$ 几乎处处 (almost surely, a.s.) 收敛到 $\boldsymbol{X}$, 记为 $\boldsymbol{X}_n \xrightarrow{\text{a.s.}} \boldsymbol{X}$. 也称 $\{\boldsymbol{X}_n\}$ 以概率 1 收敛到 $\boldsymbol{X}$.

(4) 设 $F, F_n, n=1,2,\cdots$ 为 $\mathbf{R}^d$ 上的分布函数, $P,\ P_n, n=1,2,\cdots$ 为对应的概率测度. 若对 F 的任一连续点 $\boldsymbol{x}$, 有

$$\lim_{n\to\infty} F_n(\boldsymbol{x})=F(\boldsymbol{x}), \tag{3.2.4}$$

则称 $\{F_n\}$ 弱收敛到 F(或 $\{P_n\}$ 弱收敛到 P), 记为 $F_n \xrightarrow{w} F$(或 $P_n \xrightarrow{w} P$). 若 $F_{\boldsymbol{X}_n} \xrightarrow{w} F_{\boldsymbol{X}}$, 则称 $\{\boldsymbol{X}_n\}$ 依分布收敛到 $\boldsymbol{X}$, 记为 $\boldsymbol{X}_n \xrightarrow{d} \boldsymbol{X}$.

定理 3.2.1 (Pólya 定理) 若 $F_n \xrightarrow{w} F$ 且 F 在 $\mathbf{R}^d$ 上连续, 则

$$\lim_{n\to\infty} \sup_{\boldsymbol{x}\in\mathbf{R}^d} |F_n(\boldsymbol{x})-F(\boldsymbol{x})|=0.$$

现考虑几乎处处收敛: $\boldsymbol{X}_n \to \boldsymbol{X}$, a.s., $n\to\infty$. 定义

$$A=\bigcap_{i=1}^{\infty} A_i=\bigcap_{i=1}^{\infty}\bigcup_{n=1}^{\infty}\bigcap_{m=n}^{\infty}\left\{\omega:\|\boldsymbol{X}_m(\omega)-\boldsymbol{X}(\omega)\|<\frac{1}{i}\right\}. \tag{3.2.5}$$

设 $\omega\in A$, 则对于 $\forall i>0$(或 $\varepsilon=1/i$), 存在 N_0, 当 $m>N_0$ 时, 有

$$\|\boldsymbol{X}_m(\omega)-\boldsymbol{X}(\omega)\|<\frac{1}{i},$$

故有 $\lim\limits_{n\to\infty} \boldsymbol{X}_n(\omega)=\boldsymbol{X}(\omega)$. 事实上, 有

$$A=\left\{\omega:\lim_{n\to\infty}\boldsymbol{X}_n(\omega)=\boldsymbol{X}(\omega)\right\}.$$

定理 3.2.2 设 $\boldsymbol{X}, \boldsymbol{X}_1, \boldsymbol{X}_2, \cdots$ 为一个概率空间上的 d 维随机向量, 则 $\boldsymbol{X}_n \xrightarrow{\text{a.s.}} \boldsymbol{X} \Longleftrightarrow$ 对任意 $\varepsilon>0$,

$$\lim_{n\to\infty} P\left(\bigcup_{m=n}^{\infty}\{\|\boldsymbol{X}_m-\boldsymbol{X}\|>\varepsilon\}\right)=0. \tag{3.2.6}$$

证明 对任意事件 $A_1, A_2, \cdots$ 有

$$P\left(\bigcap_{i=1}^{\infty} A_i\right) = P\left(\overline{\bigcup_{i} \overline{A}_i}\right) = 1 - P\left(\bigcup_{i=1}^{\infty} \overline{A}_i\right) \geqslant 1 - \sum_{i=1}^{\infty} P(\overline{A}_i).$$

所以

$$1 - \sum_{i=1}^{\infty} P(\overline{A}_i) \leqslant P\left(\bigcap_{i=1}^{\infty} A_i\right) \leqslant P(A_n), \quad n \geqslant 1.$$

故知

$$P(A_i) = 1, \quad \forall\, i \Longleftrightarrow P\left(\bigcap_{i=1}^{\infty} A_i\right) = 1.$$

记

$$A = \bigcap_{i=1}^{\infty} A_i, \quad A_i = \bigcup_{n=1}^{\infty} B_n, \quad B_n = \bigcap_{m=n}^{\infty} \left\{\omega : \| \boldsymbol{X}_m(\omega) - \boldsymbol{X}(\omega)\| < \frac{1}{i}\right\},$$

则

$$A = \left\{\omega : \lim_{n\to\infty} \boldsymbol{X}_n(\omega) = \boldsymbol{X}(\omega)\right\}.$$

因为 $B_1 \subset B_2 \subset \cdots$, 由概率的连续性可知, 式 (3.2.6) 成立 $\Longleftrightarrow$ $P(A_i) = 1$, $\forall\, i$ $\Longleftrightarrow P(\bigcap_{i=1}^{\infty} A_i) = 1 = P(A)$.

推论 3.2.1 设 $\boldsymbol{X}, \boldsymbol{X}_1, \boldsymbol{X}_2, \cdots$ 为一个概率空间上的 d 维随机向量. 若对任意 $\varepsilon > 0$, 有

$$\sum_{n=1}^{\infty} P(\{\|\boldsymbol{X}_n - \boldsymbol{X}\| > \varepsilon\}) < \infty, \tag{3.2.7}$$

则 $\boldsymbol{X}_n \xrightarrow{\text{a.s.}} \boldsymbol{X}$.

证明 对任意 $\varepsilon > 0$, 有

$$\lim_{n\to\infty} P\left(\bigcup_{m=n}^{\infty} \{\|\boldsymbol{X}_m - \boldsymbol{X}\| > \varepsilon\}\right) \leqslant \lim_{n\to\infty} \sum_{m=n}^{\infty} P(\{\|\boldsymbol{X}_m - \boldsymbol{X}\| > \varepsilon\}) = 0.$$

故知结论成立.

定理 3.2.3 设 $\boldsymbol{X}, \boldsymbol{X}_1, \boldsymbol{X}_2, \cdots$ 为一个概率空间上的 d 维随机向量.

(1) 若 $\boldsymbol{X}_n \xrightarrow{\text{a.s.}} \boldsymbol{X}$, 则 $\boldsymbol{X}_n \xrightarrow{P} \boldsymbol{X}$.

(2) 若 $\boldsymbol{X}_n \xrightarrow{L_\alpha} \boldsymbol{X}$ 对某 $\alpha > 0$, 则 $\boldsymbol{X}_n \xrightarrow{P} \boldsymbol{X}$.

(3) 若 $\boldsymbol{X}_n \xrightarrow{P} \boldsymbol{X}$, 则 $\boldsymbol{X}_n \xrightarrow{d} \boldsymbol{X}$.

(4) $\boldsymbol{X}_n \xrightarrow{d} \boldsymbol{X}$ 且 $P(\boldsymbol{X} = \boldsymbol{c}) = 1$, 其中 $\boldsymbol{c} \in \mathbf{R}^d$ 为 d 维常数向量, 则 $\boldsymbol{X}_n \xrightarrow{P} \boldsymbol{c}$.

定理 3.2.4　设 $\boldsymbol{X}, \boldsymbol{X}_1, \boldsymbol{X}_2, \cdots$ 为一个概率空间上的 d 维随机向量, h 为 $(\mathbf{R}^d, \mathcal{B}^d)$ 到 $(\mathbf{R}^m, \mathcal{B}^m)$ 上的可测函数. 设 h 为连续的 a.s.$[P_{\boldsymbol{X}}]$, 其中 $P_{\boldsymbol{X}}$ 为由 $\boldsymbol{X}$ 诱导的概率测度, 则

(1) 若 $\boldsymbol{X}_n \xrightarrow{\text{a.s.}} \boldsymbol{X}$, 则 $h(\boldsymbol{X}_n) \xrightarrow{\text{a.s.}} h(\boldsymbol{X})$;

(2) 若 $\boldsymbol{X}_n \xrightarrow{P} \boldsymbol{X}$, 则 $h(\boldsymbol{X}_n) \xrightarrow{P} h(\boldsymbol{X})$;

(3) 若 $\boldsymbol{X}_n \xrightarrow{d} \boldsymbol{X}$, 则 $h(\boldsymbol{X}_n) \xrightarrow{d} h(\boldsymbol{X})$.

定理 3.2.5　设 $\{\boldsymbol{X}_n\}, \{\boldsymbol{Y}_n\}$ 为某概率空间上的两个 d 维随机向量序列. 若 $\boldsymbol{X}_n \xrightarrow{P} \boldsymbol{c}$ 且 $\boldsymbol{Y}_n \xrightarrow{d} \boldsymbol{Y}$, 则

$$\boldsymbol{X}_n + \boldsymbol{Y}_n \xrightarrow{d} \boldsymbol{c} + \boldsymbol{Y},$$

$$\boldsymbol{X}_n^{\mathrm{T}} \boldsymbol{Y}_n \xrightarrow{d} \boldsymbol{c}^{\mathrm{T}} \boldsymbol{Y},$$

其中 $\boldsymbol{c}$ 为 d 维常数向量.

定理 3.2.6　设 $\phi_{\boldsymbol{X}}, \phi_{\boldsymbol{X}_1}, \phi_{\boldsymbol{X}_2}, \cdots$ 分别为 d 维随机向量 $\boldsymbol{X}, \boldsymbol{X}_1, \boldsymbol{X}_2, \cdots$ 的特征函数, 则

$$\boldsymbol{X}_n \xrightarrow{d} \boldsymbol{X} \Longleftrightarrow \lim_{n \to \infty} \phi_{\boldsymbol{X}_n}(\boldsymbol{t}) = \phi_{\boldsymbol{X}}(\boldsymbol{t}), \quad \forall \boldsymbol{t} \in \mathbf{R}^d. \tag{3.2.8}$$

定理 3.2.7 (Cramér-Wold 方法)　设 $\boldsymbol{X}, \boldsymbol{X}_1, \boldsymbol{X}_2, \cdots$ 为一个概率空间上的 d 维随机向量, 则

$$\boldsymbol{X}_n \xrightarrow{d} \boldsymbol{X} \Longleftrightarrow \boldsymbol{c}^{\mathrm{T}} \boldsymbol{X}_n \xrightarrow{d} \boldsymbol{c}^{\mathrm{T}} \boldsymbol{X}, \quad \forall \boldsymbol{c} \in \mathbf{R}^d. \tag{3.2.9}$$

证明　由式 (3.1.15) 可知

$$\phi_{\boldsymbol{c}^{\mathrm{T}} \boldsymbol{X}_n}(s) = \phi_{\boldsymbol{X}_n}(s\boldsymbol{c}), \quad \phi_{\boldsymbol{c}^{\mathrm{T}} \boldsymbol{X}}(s) = \phi_{\boldsymbol{X}}(s\boldsymbol{c}), \quad s \in \mathbf{R}, \quad \boldsymbol{c} \in \mathbf{R}^d. \tag{3.2.10}$$

由定理 3.2.6 知

$$\boldsymbol{X}_n \xrightarrow{d} \boldsymbol{X} \Longleftrightarrow \phi_{\boldsymbol{X}_n}(\boldsymbol{t}) \to \phi_{\boldsymbol{X}}(\boldsymbol{t}), \quad \boldsymbol{t} \in \mathbf{R}^d.$$
$$\boldsymbol{c}^{\mathrm{T}} \boldsymbol{X}_n \xrightarrow{d} \boldsymbol{c}^{\mathrm{T}} \boldsymbol{X}, \quad \forall \boldsymbol{c} \in \mathbf{R}^d \Longleftrightarrow \phi_{\boldsymbol{c}^{\mathrm{T}} \boldsymbol{X}_n}(s) \to \phi_{\boldsymbol{c}^{\mathrm{T}} \boldsymbol{X}}(s), \quad s \in \mathbf{R}.$$

故由 $\boldsymbol{t}$, $\boldsymbol{c}$, s 的任意性可知 $\phi_{\boldsymbol{X}_n} \to \phi_{\boldsymbol{X}} \Longleftrightarrow \phi_{\boldsymbol{c}^{\mathrm{T}} \boldsymbol{X}_n} \to \phi_{\boldsymbol{c}^{\mathrm{T}} \boldsymbol{X}}$, $\forall \boldsymbol{c} \in \mathbf{R}^d$. 故结论成立.

称 $s \times t$ 随机矩阵 $Z^{(n)}$ 依概率收敛到 $s \times t$ 矩阵 C, 若 $Z^{(n)}$ 的每个元素都依概率收敛到 C 的对应元素, $n \to \infty$.

3.3　多元正态分布

为定义多元正态分布, 首先介绍下述结论.

定理 3.3.1 设 $\boldsymbol{X}$ 为 d 维随机向量, 则 $\boldsymbol{X}$ 的分布完全由线性函数族 $\{\boldsymbol{\alpha}^{\mathrm{T}}\boldsymbol{X}, \boldsymbol{\alpha} \in \mathbf{R}^d\}$ 决定.

证明 $\boldsymbol{\alpha}^{\mathrm{T}}\boldsymbol{X}$ 的特征函数为

$$\phi_{\boldsymbol{\alpha}^{\mathrm{T}}\boldsymbol{X}}(t) = E(\mathrm{e}^{\mathrm{i}t\boldsymbol{\alpha}^{\mathrm{T}}\boldsymbol{X}}),$$

因此有

$$\phi_{\boldsymbol{\alpha}^{\mathrm{T}}\boldsymbol{X}}(1) = E(\mathrm{e}^{\mathrm{i}\boldsymbol{\alpha}^{\mathrm{T}}\boldsymbol{X}}) = \phi_{\boldsymbol{X}}(\boldsymbol{\alpha}),$$

其中 $\phi_{\boldsymbol{X}}(\boldsymbol{\alpha}), \boldsymbol{\alpha} \in \mathbf{R}^d$ 为 $\boldsymbol{X}$ 的特征函数. 故知结论成立.

定义 3.3.1 称 d 维随机向量 $\boldsymbol{X}$ 服从 d 维正态分布, 若对任意 $\boldsymbol{\alpha} \in \mathbf{R}^d$, $\boldsymbol{\alpha}^{\mathrm{T}}\boldsymbol{X}$ 服从一维正态分布.

定理 3.3.2 若 $\boldsymbol{X}$ 服从 d 维正态分布, 则 $\boldsymbol{\mu} = E(\boldsymbol{X})$ 及 $\Sigma = \mathrm{Cov}(\boldsymbol{X})$ 存在且有限, $\boldsymbol{X}$ 的分布完全由 $\boldsymbol{\mu}$ 及 Σ 决定.

证明 设 $\boldsymbol{X} = (X_1, \cdots, X_d)^{\mathrm{T}}$, 则 X_i, $i = 1, \cdots, d$ 服从一维正态分布, 所以 $E(X_i)$, $\mathrm{Var}(X_i)$ 是有限的, 因此 $\mathrm{Cov}(X_i, X_j)$ 是有限的. 因为

$$E(\boldsymbol{\alpha}^{\mathrm{T}}\boldsymbol{X}) = \boldsymbol{\alpha}^{\mathrm{T}}\boldsymbol{\mu}, \quad \mathrm{Var}(\boldsymbol{\alpha}^{\mathrm{T}}\boldsymbol{X}) = \boldsymbol{\alpha}^{\mathrm{T}}\Sigma\boldsymbol{\alpha},$$

故 $\boldsymbol{\alpha}^{\mathrm{T}}\boldsymbol{X} \sim N(\boldsymbol{\alpha}^{\mathrm{T}}\boldsymbol{\mu}, \boldsymbol{\alpha}^{\mathrm{T}}\Sigma\boldsymbol{\alpha})$. 这些一维正态分布由 $\boldsymbol{\mu}, \Sigma$ 决定, 故由定理 3.3.1 知, $\boldsymbol{X}$ 的分布由 $\boldsymbol{\mu}, \Sigma$ 决定.

若 d 维随机向量 $\boldsymbol{X}$ 服从均值为 $\boldsymbol{\mu}$, 协差阵为 Σ 的 d 维正态分布, 则记

$$\boldsymbol{X} \sim N_d(\boldsymbol{\mu}, \Sigma).$$

定理 3.3.3 设 $\boldsymbol{X} \sim N_d(\boldsymbol{\mu}, \Sigma)$, 则 $\boldsymbol{X}$ 的特征函数为

$$\phi_{\boldsymbol{X}}(\boldsymbol{t}) = \exp\left(\mathrm{i}\boldsymbol{\mu}^{\mathrm{T}}\boldsymbol{t} - \frac{1}{2}\boldsymbol{t}^{\mathrm{T}}\Sigma\boldsymbol{t}\right).$$

证明 由题意知

$$\phi_{\boldsymbol{X}}(\boldsymbol{t}) = E\left[\exp\left(\mathrm{i}\boldsymbol{t}^{\mathrm{T}}\boldsymbol{X}\right)\right] = \phi_{\boldsymbol{t}^{\mathrm{T}}\boldsymbol{X}}(1),$$

因为 $\boldsymbol{X} \sim N_d(\boldsymbol{\mu}, \Sigma)$, 所以 $\boldsymbol{t}^{\mathrm{T}}\boldsymbol{X} \sim N(\boldsymbol{t}^{\mathrm{T}}\boldsymbol{\mu}, \boldsymbol{t}^{\mathrm{T}}\Sigma\boldsymbol{t})$. 假设 $Y \sim N(a, \sigma^2)$, 则 Y 的特征函数

$$\phi_Y(s) = \exp\left(\mathrm{i}as - \frac{1}{2}\sigma^2 s^2\right), \quad s \in \mathbf{R}.$$

因此

$$\phi_{\boldsymbol{t}^{\mathrm{T}}\boldsymbol{X}}(1) = \exp\left(\mathrm{i}\boldsymbol{\mu}^{\mathrm{T}}\boldsymbol{t} - \frac{1}{2}\boldsymbol{t}^{\mathrm{T}}\Sigma\boldsymbol{t}\right),$$

结论得证.

设 $\boldsymbol{Z} \sim N_r(\mathbf{0}, I)$. 记

$$\boldsymbol{X} = \boldsymbol{\mu} + A\boldsymbol{Z}, \tag{3.3.1}$$

其中 $A_{d\times r}$ 的秩为 r 且 $\Sigma = AA^{\mathrm{T}}$, $\boldsymbol{\mu} \in \mathbf{R}^d$, 则 $\boldsymbol{X}$ 的特征函数为

$$\begin{aligned}
E[\exp(\mathrm{i}\boldsymbol{t}^{\mathrm{T}}\boldsymbol{X})] &= \exp(\mathrm{i}\boldsymbol{t}^{\mathrm{T}}\boldsymbol{\mu})E[\exp(\mathrm{i}\boldsymbol{t}^{\mathrm{T}}A\boldsymbol{Z})] \\
&= \phi_{\boldsymbol{Z}}(A^{\mathrm{T}}\boldsymbol{t})\exp(\mathrm{i}\boldsymbol{t}^{\mathrm{T}}\boldsymbol{\mu}) \\
&= \exp\left(-\frac{1}{2}\boldsymbol{t}^{\mathrm{T}}AA^{\mathrm{T}}\boldsymbol{t}\right)\exp(\mathrm{i}\boldsymbol{t}^{\mathrm{T}}\boldsymbol{\mu}) \\
&= \exp\left(\mathrm{i}\boldsymbol{t}^{\mathrm{T}}\boldsymbol{\mu} - \frac{1}{2}\boldsymbol{t}^{\mathrm{T}}\Sigma\boldsymbol{t}\right).
\end{aligned}$$

因此式 (3.3.1) 可用作多元正态分布的定义.

定理 3.3.4 设 $\boldsymbol{X} \sim N_d(\boldsymbol{\mu}, \Sigma)$, A 为 $m \times d$ 矩阵, $\boldsymbol{a}$ 为 $m \times 1$ 向量, 则

$$\boldsymbol{Y} = \boldsymbol{a} + A\boldsymbol{X} \sim N_m(\boldsymbol{a} + A\boldsymbol{\mu}, A\Sigma A^{\mathrm{T}}).$$

定理 3.3.5 设 $\boldsymbol{X} \sim N_d(\boldsymbol{\mu}, \Sigma)$ 且 Σ 为正定矩阵 (即 $\Sigma > 0$), 则 $\boldsymbol{X}$ 的概率密度为

$$f_{\boldsymbol{X}}(\boldsymbol{x}) = \frac{1}{(2\pi)^{d/2}(\det\Sigma)^{1/2}}\exp\left[-\frac{1}{2}(\boldsymbol{x}-\boldsymbol{\mu})^{\mathrm{T}}\Sigma^{-1}(\boldsymbol{x}-\boldsymbol{\mu})\right], \tag{3.3.2}$$

其中 det 表示行列式.

定理 3.3.6 设 $\boldsymbol{X} \sim N_d(\boldsymbol{\mu}, \Sigma)$, Σ 为非负定矩阵 (即 $\Sigma \geqslant 0$) 且 $\mathrm{rank}(\Sigma) = r < d$, 则 $\boldsymbol{X} - \boldsymbol{\mu}$ 以概率 1 落在子空间 $\mathscr{L}(\Sigma)$ 内, 且在此子空间上的概率密度为

$$\frac{1}{(2\pi)^{r/2}\left(\prod\limits_{i=1}^{r}\lambda_i\right)^{1/2}}\exp\left[-\frac{1}{2}(\boldsymbol{x}-\boldsymbol{\mu})^{\mathrm{T}}\Sigma^{-}(\boldsymbol{x}-\boldsymbol{\mu})\right], \tag{3.3.3}$$

其中 $\lambda_i, i = 1, \cdots, r$ 为 Σ 的非零特征值, Σ^{-} 为 Σ 的广义逆.

证明 设 $P = (P_1, P_2)$ 为 Σ 的标准正交化特征向量构成的正交矩阵, P_1 为 $d \times r$ 矩阵, 其 r 个列对应非零特征值 $\lambda_1, \cdots, \lambda_r$, P_2 为 $d \times (d-r)$ 矩阵, 其 $d-r$ 个列均对应特征值零. 记 $\Lambda = \mathrm{diag}(\lambda_1, \cdots, \lambda_r)$, 则

$$P^{\mathrm{T}}\Sigma P = \begin{pmatrix} P_1^{\mathrm{T}} \\ P_2^{\mathrm{T}} \end{pmatrix}\Sigma\begin{pmatrix} P_1, P_2 \end{pmatrix} = \begin{pmatrix} P_1^{\mathrm{T}}\Sigma P_1 & P_1^{\mathrm{T}}\Sigma P_2 \\ P_2^{\mathrm{T}}\Sigma P_1 & P_2^{\mathrm{T}}\Sigma P_2 \end{pmatrix} = \begin{pmatrix} \Lambda & 0 \\ 0 & 0 \end{pmatrix}.$$

故

$$\boldsymbol{Y}_{[1]} \equiv P_1^{\mathrm{T}}\boldsymbol{X} \sim N_r(P_1^{\mathrm{T}}\boldsymbol{\mu}, \Lambda), \quad \boldsymbol{Y}_{[2]} \equiv P_2^{\mathrm{T}}\boldsymbol{X} \sim N_{d-r}(P_2^{\mathrm{T}}\boldsymbol{\mu}, 0). \tag{3.3.4}$$

由式 (3.3.4) 第二项知, $P_2^{\mathrm{T}}(\boldsymbol{X} - \boldsymbol{\mu}) = \mathbf{0}$ 以概率 1 成立. 又 $\mathbf{R}^d = \mathscr{L}(P_1) \dotplus \mathscr{L}(P_2)$, 故

$$\boldsymbol{X}-\boldsymbol{\mu}\in \mathcal{L}^{\perp}(P_2)=\mathcal{L}(P_1), \quad \text{以概率 1 成立}.$$

因为

$$\Sigma = P_1 \Lambda P_1^{\mathrm{T}} = P_1 \Lambda^{\frac{1}{2}}(P_1 \Lambda^{\frac{1}{2}})^{\mathrm{T}} = AA^{\mathrm{T}},$$

$$\mathcal{L}(\Sigma)=\mathcal{L}(AA^{\mathrm{T}})=\mathcal{L}(A)=\mathcal{L}(P_1\Lambda^{\frac{1}{2}})=\mathcal{L}(P_1),$$

所以 $\mathcal{L}(P_1)=\mathcal{L}(\Sigma)$. 故

$$\boldsymbol{X}-\boldsymbol{\mu}\in\mathcal{L}(\Sigma), \quad \text{a.e.} \tag{3.3.5}$$

由式 (3.3.4) 第一项知, $\boldsymbol{Y}_{[1]}$ 的概率密度为

$$f_{\boldsymbol{Y}_{[1]}}(\boldsymbol{y}_{[1]})=\frac{1}{(2\pi)^{r/2}(\det(\Lambda))^{1/2}}\exp\left[-\frac{1}{2}\left(\boldsymbol{y}_{[1]}-P_1^{\mathrm{T}}\boldsymbol{\mu}\right)^{\mathrm{T}}\Lambda^{-1}\left(\boldsymbol{y}_{[1]}-P_1^{\mathrm{T}}\boldsymbol{\mu}\right)\right]. \tag{3.3.6}$$

由式 (3.3.4) 知, $\boldsymbol{X}=P\boldsymbol{Y}$ 为正交变换, 此线性变换的 Jacobi 行列式 $\det(P)=\pm 1$. 因为

$$\Sigma^{+}=P\begin{pmatrix} I_r^{-1} & 0 \\ 0 & 0 \end{pmatrix}P^{\mathrm{T}}=(P_1,P_2)\begin{pmatrix} I_r^{-1} & 0 \\ 0 & 0 \end{pmatrix}\begin{pmatrix} P_1^{\mathrm{T}} \\ P_2^{\mathrm{T}} \end{pmatrix}=P_1 I_r^{-1}P_1^{\mathrm{T}},$$

且 $\boldsymbol{y}_{[1]}\equiv P_1^{\mathrm{T}}\boldsymbol{x}$, 故 $\boldsymbol{X}$ 的概率密度为

$$\begin{aligned} f_{\boldsymbol{X}}(\boldsymbol{x}) &= \frac{1}{(2\pi)^{r/2}(\det(\Lambda))^{1/2}}\exp\left[-\frac{1}{2}(\boldsymbol{x}-\boldsymbol{\mu})^{\mathrm{T}}P_1\Lambda^{-1}P_1^{\mathrm{T}}(\boldsymbol{x}-\boldsymbol{\mu})\right] \\ &= \frac{1}{(2\pi)^{r/2}\left(\prod\limits_{i=1}^{r}\lambda_i\right)^{1/2}}\exp\left[-\frac{1}{2}(\boldsymbol{x}-\boldsymbol{\mu})^{\mathrm{T}}\Sigma^{+}(\boldsymbol{x}-\boldsymbol{\mu})\right]. \end{aligned}$$

由式 (3.3.5) 知, 存在向量 $\boldsymbol{\alpha}$, 使得 $\boldsymbol{x}-\boldsymbol{\mu}=\Sigma\boldsymbol{\alpha}$. 故由 $\Sigma=AA^{\mathrm{T}}$ 及推论 2.4.2 知 $(\boldsymbol{x}-\boldsymbol{\mu})^{\mathrm{T}}\Sigma^{-}(\boldsymbol{x}-\boldsymbol{\mu})$ 与广义逆 Σ^{-} 无关, 故式 (3.3.3) 成立.

式 (3.3.3) 可理解为超平面 $P_2^{\mathrm{T}}\boldsymbol{x}=P_2^{\mathrm{T}}\boldsymbol{\mu}$ 上的密度.

例 3.3.1 下面是一个多元正态分布协差阵为奇异阵的例子. 设

$$A=\begin{pmatrix} 1 & 0 \\ 0 & 1 \\ 1 & 0 \end{pmatrix}, \quad \boldsymbol{Z}=\begin{pmatrix} Z_1 \\ Z_2 \end{pmatrix}\sim N_2(\mathbf{0},I), \quad \boldsymbol{X}=\begin{pmatrix} X_1 \\ X_2 \\ X_3 \end{pmatrix}=A\boldsymbol{Z}=\begin{pmatrix} Z_1 \\ Z_2 \\ Z_1 \end{pmatrix},$$

则 $\boldsymbol{X}\sim N_3(\mathbf{0},\Sigma)$, 其中

$$\Sigma=AA^{\mathrm{T}}=\begin{pmatrix} 1 & 0 & 1 \\ 0 & 1 & 0 \\ 1 & 0 & 1 \end{pmatrix}.$$

故

$$\Sigma - \lambda I = \begin{pmatrix} 1-\lambda & 0 & 1 \\ 0 & 1-\lambda & 0 \\ 1 & 0 & 1-\lambda \end{pmatrix}, \quad |\ \Sigma - \lambda I \ | = -\lambda(\lambda-1)(\lambda-2).$$

因此 Σ 的特征根为 $\lambda_1 = 0, \lambda_2 = 1, \lambda_3 = 2$. 不难得出相应的特征向量分别为

$$\boldsymbol{\xi}_1 = \begin{pmatrix} -1 \\ 0 \\ 1 \end{pmatrix}, \quad \boldsymbol{\xi}_2 = \begin{pmatrix} 0 \\ 1 \\ 0 \end{pmatrix}, \quad \boldsymbol{\xi}_3 = \begin{pmatrix} 1 \\ 0 \\ 1 \end{pmatrix}.$$

对应的规范化特征向量分别为

$$\boldsymbol{P}_1 = \begin{pmatrix} -1/\sqrt{2} \\ 0 \\ 1/\sqrt{2} \end{pmatrix}, \quad \boldsymbol{P}_2 = \begin{pmatrix} 0 \\ 1 \\ 0 \end{pmatrix}, \quad \boldsymbol{P}_3 = \begin{pmatrix} 1/\sqrt{2} \\ 0 \\ 1/\sqrt{2} \end{pmatrix}.$$

记 $P = (\boldsymbol{P}_3, \boldsymbol{P}_2, \boldsymbol{P}_1), \Lambda = \text{diag}(\lambda_3, \lambda_2, \lambda_1)$, 则 $P^{\text{T}}\Sigma P = \Lambda$. 记 $P = (Q_1, \boldsymbol{P}_1), \Lambda_1 = \text{diag}(\lambda_3, \lambda_2)$, 则

$$\begin{pmatrix} Q_1^{\text{T}} \\ \boldsymbol{P}_1^{\text{T}} \end{pmatrix} \Sigma(Q_1, \boldsymbol{P}_1) = \begin{pmatrix} Q_1^{\text{T}}\Sigma Q_1 & Q_1^{\text{T}}\Sigma \boldsymbol{P}_1 \\ \boldsymbol{P}_1^{\text{T}}\Sigma Q_1 & \boldsymbol{P}_1^{\text{T}}\Sigma \boldsymbol{P}_1 \end{pmatrix} = \begin{pmatrix} \Lambda_1 & \mathbf{0} \\ \mathbf{0} & 0 \end{pmatrix}.$$

故

$$\boldsymbol{Y}_{[1]} \equiv Q_1^{\text{T}}\boldsymbol{X} \sim N_2(\mathbf{0}, \Lambda_1), \quad \boldsymbol{Y}_{[2]} \equiv \boldsymbol{P}_1^{\text{T}}\boldsymbol{X} \sim N(0, 0).$$

由 $\boldsymbol{P}_1^{\text{T}}\boldsymbol{X} = 0$ 知 $\boldsymbol{X} \in \mathcal{L}(Q_1) = \mathcal{L}(\Sigma)$. 故 $\boldsymbol{X} \in \mathcal{L}(\Sigma)$ 以概率 1 成立.

定理 3.3.7 设 $\boldsymbol{X} \sim N_d(\mathbf{0}, \Sigma)$, $\text{rank}(\Sigma) = r \leqslant d$, 则 $\boldsymbol{X}^{\text{T}}\Sigma^{-}\boldsymbol{X} \sim \chi_r^2$.

证明 记 $\boldsymbol{Y} = Q\boldsymbol{X}$, 其中 Q 为非奇异阵, 使得

$$Q\Sigma Q^{\text{T}} = \begin{pmatrix} I_r & 0 \\ 0 & 0 \end{pmatrix}.$$

因为 $E(\boldsymbol{Y}) = E(Q\boldsymbol{X}) = QE(\boldsymbol{X}) = \mathbf{0}$, 且

$$\text{Cov}(\boldsymbol{Y}) = \text{Cov}(Q\boldsymbol{X}) = Q\Sigma Q^{\text{T}} = \begin{pmatrix} I_r & 0 \\ 0 & 0 \end{pmatrix} = \Sigma_1,$$

所以 $\boldsymbol{Y} \sim N_d(\mathbf{0}, \Sigma_1)$. 分块 $\boldsymbol{Y}^{\text{T}} = (\boldsymbol{Y}_1^{\text{T}}, \boldsymbol{Y}_2^{\text{T}})$, 其中 $\boldsymbol{Y}_1$ 为 $r \times 1$ 随机向量. 故

$$\boldsymbol{Y}_1 \sim N_r(\mathbf{0}, I_r) \quad 且 \quad \boldsymbol{Y}_2 = \mathbf{0}, \text{a.e.}$$

因为

$$\begin{pmatrix} I_r & 0 \\ 0 & 0 \end{pmatrix} = Q\Sigma Q^{\mathrm{T}} = Q\Sigma\Sigma^{-}\Sigma Q^{\mathrm{T}}$$
$$= Q\Sigma Q^{\mathrm{T}}(Q^{\mathrm{T}})^{-1}\Sigma^{-}Q^{-1}Q\Sigma Q^{\mathrm{T}}$$
$$= \begin{pmatrix} I_r & 0 \\ 0 & 0 \end{pmatrix}(Q^{\mathrm{T}})^{-1}\Sigma^{-}Q^{-1}\begin{pmatrix} I_r & 0 \\ 0 & 0 \end{pmatrix},$$

又 $\boldsymbol{Y} = Q\boldsymbol{X}$, 故以概率 1 有

$$\begin{aligned}
\boldsymbol{X}^{\mathrm{T}}\Sigma^{-}\boldsymbol{X} &= \boldsymbol{Y}^{\mathrm{T}}(Q^{-1})^{\mathrm{T}}\Sigma^{-}Q^{-1}\boldsymbol{Y} \\
&= \left(\boldsymbol{Y}_1^{\mathrm{T}}\boldsymbol{0}^{\mathrm{T}}\right)(Q^{-1})^{\mathrm{T}}\Sigma^{-}Q^{-1}\begin{pmatrix}\boldsymbol{Y}_1 \\ \boldsymbol{0}\end{pmatrix} \\
&= \left[\left(\boldsymbol{Y}_1^{\mathrm{T}}\boldsymbol{0}^{\mathrm{T}}\right)\begin{pmatrix} I_r & 0 \\ 0 & 0 \end{pmatrix}\right](Q^{\mathrm{T}})^{-1}\Sigma^{-}Q^{-1}\left[\begin{pmatrix} I_r & 0 \\ 0 & 0 \end{pmatrix}\begin{pmatrix}\boldsymbol{Y}_1 \\ \boldsymbol{0}\end{pmatrix}\right] \\
&= \left(\boldsymbol{Y}_1^{\mathrm{T}}\boldsymbol{0}^{\mathrm{T}}\right)\begin{pmatrix} I_r & 0 \\ 0 & 0 \end{pmatrix}\begin{pmatrix}\boldsymbol{Y}_1 \\ \boldsymbol{0}\end{pmatrix} \\
&= \boldsymbol{Y}_1^{\mathrm{T}}\boldsymbol{Y}_1 \sim \chi_r^2.
\end{aligned}$$

3.4 多元中心极限定理

定理 3.4.1 设 $\boldsymbol{X}_1, \cdots, \boldsymbol{X}_n$ 为具有有限期望 $\boldsymbol{\mu} = E(\boldsymbol{X}_1)$ 及协差阵 $\Sigma = \mathrm{Var}(\boldsymbol{X}_1)$ 的 i.i.d. 随机 d 维向量, 则

$$\boldsymbol{Z}_n = \frac{1}{\sqrt{n}}\sum_{i=1}^{n}(\boldsymbol{X}_i - \boldsymbol{\mu}) \xrightarrow{d} N_d(\boldsymbol{0}, \Sigma). \tag{3.4.1}$$

证明 对任意 $\alpha \in \mathbf{R}, \boldsymbol{t} \in \mathbf{R}^d$, $\boldsymbol{t}^{\mathrm{T}}\boldsymbol{Z}_n$ 的特征函数为

$$\phi_{\boldsymbol{t}^{\mathrm{T}}\boldsymbol{Z}_n}(\alpha) = E[\exp(\mathrm{i}\alpha\boldsymbol{t}^{\mathrm{T}}\boldsymbol{Z}_n)]. \tag{3.4.2}$$

因为

$$\boldsymbol{t}^{\mathrm{T}}\boldsymbol{Z}_n = \frac{1}{\sqrt{n}}\sum_{i=1}^{n}(\boldsymbol{t}^{\mathrm{T}}\boldsymbol{X}_i - \boldsymbol{t}^{\mathrm{T}}\boldsymbol{\mu}),$$

且 $\boldsymbol{t}^{\mathrm{T}}\boldsymbol{X}_1 - \boldsymbol{t}^{\mathrm{T}}\boldsymbol{\mu}, \boldsymbol{t}^{\mathrm{T}}\boldsymbol{X}_2 - \boldsymbol{t}^{\mathrm{T}}\boldsymbol{\mu}, \cdots$ 为具有零均值及方差为 $\boldsymbol{t}^{\mathrm{T}}\Sigma\boldsymbol{t}$ 的 i.i.d. 随机变量, 由中心极限定理可知

$$\phi_{\boldsymbol{t}^{\mathrm{T}}\boldsymbol{Z}_n}(\alpha) \to \exp\left(-\frac{1}{2}\alpha^2\boldsymbol{t}^{\mathrm{T}}\Sigma\boldsymbol{t}\right), \quad \forall\alpha \in \mathbf{R}, \quad \forall\boldsymbol{t} \in \mathbf{R}^d. \tag{3.4.3}$$

取 $\alpha = 1$, 则有

$$\phi_{\boldsymbol{Z}_n}(\boldsymbol{t}) = \phi_{\boldsymbol{t}^{\mathrm{T}}\boldsymbol{Z}_n}(1) = E[\exp(\mathrm{i}\boldsymbol{t}^{\mathrm{T}}\boldsymbol{Z}_n)] \to \exp\left(-\frac{1}{2}\boldsymbol{t}^{\mathrm{T}}\Sigma\boldsymbol{t}\right),$$

定理得证.

设 $n \times m$ 矩阵 $A = (\boldsymbol{a}_1, \cdots, \boldsymbol{a}_m)$, 定义 $nm \times 1$ 向量 $\mathrm{vec}(A)$ 为

$$\mathrm{vec}(A) = \begin{pmatrix} \boldsymbol{a}_1 \\ \boldsymbol{a}_2 \\ \vdots \\ \boldsymbol{a}_m \end{pmatrix}, \tag{3.4.4}$$

即将矩阵 A 的列向量依次排列得到的向量 $\mathrm{vec}(A)$.

命题 3.4.1　设 $\boldsymbol{X}_1, \boldsymbol{X}_2, \cdots, \boldsymbol{X}_n$ 为 d 维 i.i.d. 随机向量, 且 $E(\boldsymbol{X}_1) = \boldsymbol{\mu}$ 及 $\mathrm{Cov}(\boldsymbol{X}_1) = \Sigma$ 有限, 记

$$\overline{\boldsymbol{X}} = \frac{1}{n}\sum_{i=1}^{n}\boldsymbol{X}_i, \quad S_n = \sum_{i=1}^{n}(\boldsymbol{X}_i - \overline{\boldsymbol{X}})(\boldsymbol{X}_i - \overline{\boldsymbol{X}})^{\mathrm{T}}, \tag{3.4.5}$$

则

$$S_n = \sum_{i=1}^{n}(\boldsymbol{X}_i - \boldsymbol{\mu})(\boldsymbol{X}_i - \boldsymbol{\mu})^{\mathrm{T}} - n(\overline{\boldsymbol{X}} - \boldsymbol{\mu})(\overline{\boldsymbol{X}} - \boldsymbol{\mu})^{\mathrm{T}}, \quad E(S_n) = (n-1)\Sigma. \tag{3.4.6}$$

证明

$$\begin{aligned} S_n &= \sum_{i=1}^{n}[(\boldsymbol{X}_i - \boldsymbol{\mu}) - (\overline{\boldsymbol{X}} - \boldsymbol{\mu})][(\boldsymbol{X}_i - \boldsymbol{\mu}) - (\overline{\boldsymbol{X}} - \boldsymbol{\mu})]^{\mathrm{T}} \\ &= \sum_{i=1}^{n}(\boldsymbol{X}_i - \boldsymbol{\mu})(\boldsymbol{X}_i - \boldsymbol{\mu})^{\mathrm{T}} - n(\overline{\boldsymbol{X}} - \boldsymbol{\mu})(\overline{\boldsymbol{X}} - \boldsymbol{\mu})^{\mathrm{T}}, \end{aligned}$$

$$\begin{aligned} E(S_n) &= \sum_{i=1}^{n} E[(\boldsymbol{X}_i - \boldsymbol{\mu})(\boldsymbol{X}_i - \boldsymbol{\mu})^{\mathrm{T}}] - nE[(\overline{\boldsymbol{X}} - \boldsymbol{\mu})(\overline{\boldsymbol{X}} - \boldsymbol{\mu})^{\mathrm{T}}] \\ &= n\Sigma - n\frac{1}{n}\Sigma \\ &= (n-1)\Sigma. \end{aligned}$$

定理 3.4.2　设 $\boldsymbol{X}_1, \boldsymbol{X}_2, \cdots$ 为具有有限 4 阶矩的 d 维 i.i.d. 随机向量序列, $E(\boldsymbol{X}_1) = \boldsymbol{\mu}$ 且 $\mathrm{Cov}(\boldsymbol{X}_1) = \Sigma$, 则

$$\boldsymbol{Z}_n = \frac{1}{\sqrt{n}}(\mathrm{vec}(S_n) - n\mathrm{vec}(\Sigma)) \xrightarrow{d} N_{d^2}(\boldsymbol{0}, V), \tag{3.4.7}$$

其中 $V = \mathrm{Cov}[\mathrm{vec}((\boldsymbol{X}_1 - \boldsymbol{\mu})(\boldsymbol{X}_1 - \boldsymbol{\mu})^{\mathrm{T}}]$.

证明 记

$$A_i = (\boldsymbol{X}_i - \boldsymbol{\mu})(\boldsymbol{X}_i - \boldsymbol{\mu})^{\mathrm{T}}, \quad B_n = (\overline{\boldsymbol{X}} - \boldsymbol{\mu})(\overline{\boldsymbol{X}} - \boldsymbol{\mu})^{\mathrm{T}}, \tag{3.4.8}$$

则由式 (3.4.6), 有

$$S_n = \sum_{i=1}^{n} A_i - nB_n.$$

因此

$$\mathrm{vec}(S_n) = \sum_{i=1}^{n} \mathrm{vec}(A_i) - n\mathrm{vec}(B_n). \tag{3.4.9}$$

记 $V = \mathrm{Cov}(\mathrm{vec}(A_i))$, 由定理 3.4.1 知

$$\frac{1}{\sqrt{n}} \sum_{i=1}^{n} [\mathrm{vec}(A_i) - \mathrm{vec}(\Sigma)] \xrightarrow{d} N_{d^2}(\mathbf{0}, V). \tag{3.4.10}$$

又由定理 3.4.1 知

$$n^{1/2}(\overline{\boldsymbol{X}} - \boldsymbol{\mu}) \xrightarrow{d} N_d(\mathbf{0}, \Sigma), \quad 且有\ n^{-1/4}[n^{1/2}(\overline{\boldsymbol{X}} - \boldsymbol{\mu})] \xrightarrow{P} \mathbf{0}.$$

因此

$$\frac{1}{\sqrt{n}} n(\overline{\boldsymbol{X}} - \boldsymbol{\mu})(\overline{\boldsymbol{X}} - \boldsymbol{\mu})^{\mathrm{T}} \xrightarrow{P} 0,$$

所以

$$\frac{1}{\sqrt{n}} n\mathrm{vec}(B_n) = n^{1/2}\mathrm{vec}(B_n) \xrightarrow{P} \mathbf{0}, \tag{3.4.11}$$

故有

$$\begin{aligned} &\frac{1}{\sqrt{n}}(\mathrm{vec}(S_n) - n\mathrm{vec}(\Sigma)) \\ =& \frac{1}{\sqrt{n}} \sum_{i=1}^{n} (\mathrm{vec}(A_i) - \mathrm{vec}(\Sigma)) - n^{1/2}\mathrm{vec}(B_n) \\ \xrightarrow{d}& N_{d^2}(\mathbf{0}, V). \end{aligned}$$

3.5 时间序列的收敛性

下面介绍时间序列 (相依变量) 的极限性质, 这部分内容可应用于时间序列模型、向量自回归模型误差分布的拟合优度检验.

定义 3.5.1 设 $\{X_t, t \in T\}$ 是随机过程, T 为给定的参数集. 若

(1) 对任意 $t \in T$, $E(X_t) = \mu$;

(2) 对任意 $t, t-\tau \in T$, $E[(X_t - \mu)(X_{t-\tau} - \mu)] = \gamma_\tau$,

则称 $\{X_t, t \in T\}$ 为广义平稳过程, 简称为平稳过程.

定义 3.5.2 设 $X_1, \cdots, X_n$ 为来自平稳过程 $\{X_t, t \in T\}$ 的样本. 称一个协方差平稳过程 $\{X_t, t \in T\}$ 关于均值 μ 是遍历的, 若

$$\overline{X}_T = \frac{1}{n}\sum_{t=1}^{n} X_t \xrightarrow{P} \mu, \quad n \to \infty. \tag{3.5.1}$$

称一个协方差平稳过程 $\{X_t, t \in T\}$ 关于二阶矩是遍历的, 若

$$\widehat{\gamma}_\tau = \frac{1}{n-\tau}\sum_{t=\tau+1}^{n}(X_t - \mu)(X_{t-\tau} - \mu) \xrightarrow{P} \gamma_\tau, \quad n \to \infty. \tag{3.5.2}$$

定理 3.5.1 设 $X_1, \cdots, X_n$ 为来自平稳过程 $\{X_t, t \in T\}$ 的样本, 自协方差绝对可加, 即

$$\sum_{\tau=0}^{\infty}|\gamma_\tau| < \infty, \tag{3.5.3}$$

则 $\overline{X}_T$ 为 μ 的无偏估计且 $\overline{X}_T$ 均方收敛到 μ, 即

$$\lim_{n\to\infty} E\left(\overline{X}_T - \mu\right)^2 = 0.$$

证明 易知 $\overline{X}_T$ 为 μ 的无偏估计. 因为

$$\begin{aligned}
E\left(\overline{X}_T - \mu\right)^2 &= E\left[\frac{1}{n}\sum_{t=1}^{n}(X_t - \mu)\right]^2 \\
&= \frac{1}{n^2}E\{[(X_1 - \mu) + \cdots + (X_n - \mu)] \\
&\quad \times[(X_1 - \mu) + \cdots + (X_n - \mu)]\} \\
&= \frac{1}{n^2}\{(\gamma_0 + \gamma_1 + \gamma_2 + \cdots + \gamma_{n-1}) \\
&\quad +(\gamma_1 + \gamma_0 + \gamma_1 + \cdots + \gamma_{n-2}) + \cdots \\
&\quad +(\gamma_{n-1} + \gamma_{n-2} + \gamma_{n-3} + \cdots + \gamma_0)\} \\
&= \frac{1}{n}\left\{\gamma_0 + \frac{(n-1)}{n}(2\gamma_1) + \frac{(n-2)}{n}(2\gamma_2) + \cdots \right. \\
&\quad \left. + \frac{1}{n}(2\gamma_{n-1})\right\} \\
&\leqslant \frac{2}{n}\sum_{\tau=0}^{n-1}|\gamma_\tau| \to 0, \quad n \to \infty.
\end{aligned}$$

结论得证. 此时,$\{X_t, t \in T\}$ 关于均值 μ 是遍历的.

定理 3.5.2 设有无限阶移动平均过程 MA(∞)

$$X_t = \mu + \sum_{\tau=0}^{\infty}\psi_\tau a_{t-\tau}, \tag{3.5.4}$$

其中 $\{a_t\}$ 为白噪声序列且 $E(a_t^2)=\sigma^2$. 若

$$\sum_{\tau=0}^{\infty}|\psi_\tau|<\infty, \tag{3.5.5}$$

则

(1) MA(∞) 是平稳的, 且是均方收敛的;

(2) MA(∞) 关于均值 μ 是遍历的.

证明 由柯西准则知

$$E\left(\left|\sum_{\tau=N_1}^{N_2}\psi_\tau a_{t-\tau}\right|^2\right)=\sigma^2\sum_{\tau=N_1}^{N_2}|\psi_\tau|^2\to 0,\quad N_2>N_1\to\infty,$$

故 MA(∞) 是均方收敛的, 且

$$E(X_t)=\mu+\sum_{\tau=0}^{\infty}\psi_\tau E(a_{t-\tau})=\mu, \tag{3.5.6}$$

$$\gamma_\tau=\gamma_{-\tau}=E[(X_{t+\tau}-\mu)(X_t-\mu)] \tag{3.5.7}$$

$$=\sigma^2\sum_{i=0}^{\infty}\psi_{\tau+i}\psi_i, \tag{3.5.8}$$

故 $\{X_t\}$ 为平稳的. 由式 (3.5.5) 知, 存在 $M>0$, 使得 $\sum_{\tau=0}^{\infty}|\psi_{\tau+i}|<M,\forall i=0,1,2,\cdots$. 因此

$$\begin{aligned}\sum_{\tau=0}^{\infty}|\gamma_\tau|&\leqslant\sigma^2\sum_{\tau=0}^{\infty}\sum_{i=0}^{\infty}|\psi_{\tau+i}|\cdot|\psi_i|\\&=\sigma^2\sum_{i=0}^{\infty}|\psi_i|\sum_{\tau=0}^{\infty}|\psi_{\tau+i}|<\sigma^2M^2<\infty.\end{aligned}$$

故 MA(∞) 关于均值 μ 是遍历的.

定义 3.5.3 设 $(\Omega,\mathcal{F},P)$ 为概率空间. 称 $\mathcal{F}$ 的子 σ-代数族 $\{\mathcal{F}_t,t\in T\}$ 为 σ-代数流, 若 $\mathcal{F}_s\subset\mathcal{F}_t$, $s\leqslant t$. 称 $\mathcal{N}_t=\sigma(X_s,s\leqslant t)$ 为随机过程 $\{X_t,t\in T\}$ 的自然 σ-代数流. 这里, $\forall s,t\in T$.

定义 3.5.4 称随机过程 $\{X_t,t\in T\}$ 关于 σ-代数流 $\{\mathcal{F}_t,t\in T\}$ 为适应的, 若对 $\forall t\in T$, X_t 是 $\mathcal{F}_t$ 可测.

易知, $\{X_t\}$ 恒为 $\{\mathcal{N}_t\}$ 适应过程.

定义 3.5.5 称随机过程 $\{X_t,t\in T\}$ 为子 σ-代数族 $\{\mathcal{F}_t,t\in T\}$ 鞅 (martingale), 若

(1) $\{X_t\}$ 为 $\{\mathcal{F}_t\}$ 适应过程;

(2) $E(|X_t|) < \infty,\ \forall t \in T$;

(3) $E(X_t \mid \mathcal{F}_s) = X_s,\ \forall s \leqslant t$.

定义 3.5.6　设 $\{X_t, \mathcal{F}_t, t \geqslant 1\}$ 是适应随机序列, 且

$$E(X_t \mid \mathcal{F}_{t-1}) = 0, \quad \forall t \geqslant 2,$$

则称 $\{X_t, \mathcal{F}_t, t \geqslant 1\}$ 是鞅差序列.

例 3.5.1　设 $\{X_t, \mathcal{F}_t, t \geqslant 1\}$ 为鞅. 设 $X_0 = 0$, 且 $Y_t = X_t - X_{t-1}, t \geqslant 1$, 则 $\{Y_t, \mathcal{F}_t, t \geqslant 1\}$ 是鞅差序列.

证明　因为

$$\begin{aligned} E(Y_t|\mathcal{F}_{t-1}) &= E(X_t - X_{t-1} \mid \mathcal{F}_{t-1}) \\ &= E(X_t \mid \mathcal{F}_{t-1}) - E(X_{t-1} \mid \mathcal{F}_{t-1}) \\ &= X_{t-1} - X_{t-1} = 0, \quad \forall t \geqslant 2. \end{aligned}$$

结论得证.

定义 3.5.7　设 d 维向量序列 $\{\boldsymbol{X}_t, \mathcal{F}_t, t \geqslant 1\}$ 是适应随机序列. 设

$$E(\boldsymbol{X}_t \mid \mathcal{F}_{t-1}) = 0, \quad \forall t \geqslant 2,$$

则称 $\{\boldsymbol{X}_t, \mathcal{F}_t, t \geqslant 1\}$ 是向量鞅差序列, 其中 $E(\boldsymbol{X}_t \mid \mathcal{F}_{t-1})$ 定义为 $\boldsymbol{X}_t$ 分量的相应条件期望对应的条件期望向量.

定理 3.5.3　设随机序列 $\{X_t, \mathcal{F}_t, t \geqslant 1\}$ 是鞅且 $E(X_t^2) < \infty, \forall t$, 则鞅差序列 $X_1, X_2 - X_1, \cdots, X_t - X_{t-1}, \cdots$ 是正交的.

证明　$X_s - X_{s-1}$ 是 $\mathcal{F}_s$ 可测的, 且对 $s < t$,

$$E(X_t - X_{t-1} \mid \mathcal{F}_s) = X_s - X_s = 0.$$

因此

$$\begin{aligned} & E[(X_s - X_{s-1})(X_t - X_{t-1})] \\ = & E[E((X_s - X_{s-1})(X_t - X_{t-1}) \mid \mathcal{F}_s)] \\ = & E[(X_s - X_{s-1})E((X_t - X_{t-1}) \mid \mathcal{F}_s)] = 0. \end{aligned}$$

结论得证.

定义 3.5.8　设 $\{X_t, t \geqslant 1\}$ 为随机序列, $\Im_t = \sigma\{X_s, s \leqslant t\}$, 且 $E(X_t) = 0$, $\forall t \geqslant 1$. 若存在非负确定性常数数列 $\{c_t\}_1^\infty$ 和 $\{b_k\}_0^\infty$, 使得

$$\lim_{k \to \infty} b_k = 0, \tag{3.5.9}$$

$$E[|E(X_t \mid \Im_{t-k})|] \leqslant c_t b_k, \quad t \geqslant 1\text{且}k \geqslant 0, \tag{3.5.10}$$

则称 $\{X_t\}$ 关于 $\{\Im_t\}$ 服从 L^1-混合鞅.

例 3.5.2 设 $\{X_t, \Im_t, t \geqslant 1\}$ 为一个鞅差分序列, 则 $\{X_t, \Im_t, t \geqslant 1\}$ 为一个 L^1-混合鞅序列. 事实上, 令 $c_t = E(|X_t|)$, $b_0 = 1$ 且 $b_k = 0, k = 1, 2, \cdots$, 则有式 (3.5.10) 成立. 故 $\{X_t\}$ 为 L^1-混合鞅.

定义 3.5.9 设 $\{X_t, t \geqslant 1\}$ 是随机序列. 若对任意 $\varepsilon > 0$, 存在一个常数 c, 使得

$$E(|X_t| \cdot I_{[|X_t| \geqslant c]}) < \varepsilon, \quad \forall t \geqslant 1, \tag{3.5.11}$$

则称 $\{X_t\}$ 一致可积.

定理 3.5.4 设 $\{X_t, \Im_t, t \geqslant 1\}$ 为一个 L^1-混合鞅. 若

(1) $\{X_t\}$ 一致可积;

(2) 存在 $\{c_t\}$,

使得

$$\lim_{t\to\infty} \frac{1}{n} \sum_{t=1}^{n} c_t < \infty, \tag{3.5.12}$$

则 $(1/n)\sum_{t=1}^{n} X_t \xrightarrow{P} 0$.

定理 3.5.5 (1) 设存在 $r > 1$ 与 $M > 0$, 使得 $E(|X_t|^r) < M$, $\forall t$, 则 $\{X_t\}$ 是一致可积的.

(2) 设存在 $r > 1$ 与 $M > 0$, 使得 $E(|X_t|^r) < M$, $\forall t$. 记

$$Y_t = \sum_{\tau=-\infty}^{\infty} \psi_\tau X_{t-\tau}.$$

若 $\sum_{\tau=-\infty}^{\infty} |\psi_\tau| < \infty$, 则 $\{Y_t\}$ 是一致可积的.

证明 对 $E(|X_t| \cdot I_{[|X_t| \geqslant c]})$ 应用 Hölder 不等式, 可知结论成立.

定理 3.5.6 设 $Y_t = \sum_{\tau=0}^{\infty} \psi_\tau a_{t-\tau}$, 其中, $\sum_{\tau=0}^{\infty} |\psi_\tau| < \infty$, $\{a_t\}$ 为 i.i.d. 序列且对某 $r > 2$, $E(|a_t|^r) < \infty$, $\forall t$, 则

$$\frac{1}{n} \sum_{t=1}^{n} Y_t Y_{t-\tau} \xrightarrow{P} E(Y_t Y_{t-\tau}), \quad n \to \infty. \tag{3.5.13}$$

证明 因为

$$\begin{aligned}
E(Y_t Y_{t-\tau}) &= E\left[\left(\sum_{i=0}^{\infty} \psi_i a_{t-i}\right)\left(\sum_{j=0}^{\infty} \psi_j a_{t-\tau-j}\right)\right] \\
&= E\left(\sum_{i=0}^{\infty}\sum_{j=0}^{\infty} \psi_i \psi_j a_{t-i} a_{t-\tau-j}\right) \\
&= \sum_{i=0}^{\infty}\sum_{j=0}^{\infty} \psi_i \psi_j E(a_{t-i} a_{t-\tau-j}),
\end{aligned}$$

故有

$$\begin{aligned}X_t(\tau) \equiv & Y_tY_{t-\tau} - E(Y_tY_{t-\tau}) \\ = & \left(\sum_{i=0}^{\infty}\sum_{j=0}^{\infty}\psi_i\psi_j a_{t-i}a_{t-\tau-j}\right) - \left(\sum_{i=0}^{\infty}\sum_{j=0}^{\infty}\psi_i\psi_j E(a_{t-i}a_{t-\tau-j})\right) \\ = & \sum_{i=0}^{\infty}\sum_{j=0}^{\infty}\psi_i\psi_j[a_{t-i}a_{t-\tau-j} - E(a_{t-i}a_{t-\tau-j})].\end{aligned}$$

设 $\Im_{t-l} = \sigma(a_{t-l}, a_{t-l-1}, \cdots, l > \tau)$, 则

$$\begin{aligned}& E(|EX_t(\tau)|\Im_{t-l}|) \\ = & E\left(\left|\sum_{i=l}^{\infty}\sum_{j=l-\tau}^{\infty}\psi_i\psi_j[a_{t-i}a_{t-\tau-j} - E(a_{t-i}a_{t-\tau-j})]\right|\right) \\ \leqslant & E\left(\sum_{i=l}^{\infty}\sum_{j=l-\tau}^{\infty}|\psi_i\psi_j|\cdot|a_{t-i}a_{t-\tau-j} - E(a_{t-i}a_{t-\tau-j})|\right) \\ \leqslant & \sum_{i=l}^{\infty}\sum_{j=l-\tau}^{\infty}|\psi_i\psi_j|M = \sum_{i=l}^{\infty}|\psi_i|\sum_{j=l-\tau}^{\infty}|\psi_j|M \equiv b_l(\tau)M,\end{aligned}$$

其中 $M > 0$. 因为 $\sum_{\tau=0}^{\infty}|\psi_\tau| < \infty$, 故 $b_l(\tau) \to 0$, $l \to \infty$. 取 $c_t = M$, 则 $X_t(\tau)$ 为 L^1-混合鞅. 易知 $X_t(\tau)$ 是一致可积的, 故知结论成立.

定理 3.5.7(Hamilton, 1994) 设 $\{\boldsymbol{X}_t, \Im_t, t \geqslant 1\}$ 是 d 维向量鞅差序列. 记

$$\overline{\boldsymbol{X}}_t = \frac{1}{n}\sum_{t=1}^{n}\boldsymbol{X}_t.$$

若

(1) $E(\boldsymbol{X}_t\boldsymbol{X}_t^{\mathrm{T}}) = \varSigma_t$, 且

$$\frac{1}{n}\sum_{t=1}^{n}\varSigma_t \to \varSigma, \quad n \to \infty,$$

其中, $\varSigma_t, \varSigma$ 为正定矩阵, $t = 1, 2, \cdots$;

(2) $E(|X_{it}X_{jt}X_{lt}X_{mt}|) < \infty$, 对任意 t 及 i, j, l, m 成立, 其中 X_{it} 为 $\boldsymbol{X}_t$ 的第 i 个元素;

(3) $(1/n)\sum_{t=1}^{n}\boldsymbol{X}_t\boldsymbol{X}_t^{\mathrm{T}} \xrightarrow{P} \varSigma$, $n \to \infty$,

则

$$\sqrt{n}\cdot\overline{\boldsymbol{X}}_t \xrightarrow{d} N(\boldsymbol{0}, \varSigma), \quad n \to \infty.$$

定理 3.5.8 设 AR(p) 模型 $y_t = \boldsymbol{x}_t^{\mathrm{T}}\boldsymbol{\beta} + a_t$, 其中,

$$\boldsymbol{x}_t^{\mathrm{T}} = (1, y_{t-1}, y_{t-2}, \cdots, y_{t-p}), \quad \boldsymbol{\beta}^{\mathrm{T}} = (\mu, \phi_1, \phi_2, \cdots, \phi_p),$$

且 $\{a_t\}$ 为 i.i.d. 序列, $E(a_t) = 0$, $E(a_t^2) = \sigma^2$, $E(a_t^4) = \nu < \infty$. 假设共 $n+p$ 个观测值

$$t = -p+1, -p+2, \cdots, 0, 1, \cdots, n.$$

设方程

$$1 - \phi_1 z - \phi_2 z^2 - \cdots - \phi_p z^p = 0$$

的根全部落在单位圆外. 使用 1 到 n 观测值构造 $\boldsymbol{\beta}$ 的最小二乘估计 $\widehat{\boldsymbol{\beta}}_{\mathrm{LS}}$, 则

$$\sqrt{n}(\widehat{\boldsymbol{\beta}}_{\mathrm{LS}} - \boldsymbol{\beta}) \xrightarrow{d} N(\mathbf{0}, \sigma^2 \varSigma^{-1}), \quad n \to \infty, \tag{3.5.14}$$

其中 $E[(y_t - \mu)(y_{t-\tau} - \mu)] = \gamma_\tau$, 且

$$\varSigma = \begin{pmatrix} 1 & \mu & \mu & \cdots & \mu \\ \mu & \gamma_0 + \mu^2 & \gamma_1 + \mu^2 & \cdots & \gamma_{p-1} + \mu^2 \\ \mu & \gamma_1 + \mu^2 & \gamma_0 + \mu^2 & \cdots & \gamma_{p-2} + \mu^2 \\ \vdots & \vdots & \vdots & & \vdots \\ \mu & \gamma_{p-1} + \mu^2 & \gamma_{p-2} + \mu^2 & \cdots & \gamma_0 + \mu^2 \end{pmatrix}.$$

证明 记 $\sum$ 表示对 $t=1$ 到 n 做和. 易知

$$\sqrt{n}(\widehat{\boldsymbol{\beta}}_{\mathrm{LS}} - \boldsymbol{\beta}) = \left(\frac{1}{n}\sum_{t=1}^{n} \boldsymbol{x}_t \boldsymbol{x}_t^{\mathrm{T}}\right)^{-1} \left(\frac{1}{\sqrt{n}}\sum_{t=1}^{n} \boldsymbol{x}_t a_t\right),$$

$$\frac{1}{n}\sum_{t=1}^{n} \boldsymbol{x}_t \boldsymbol{x}_t^{\mathrm{T}} = \frac{1}{n}\begin{pmatrix} n & \sum y_{t-1} & \sum y_{t-2} & \cdots & \sum y_{t-p} \\ \sum y_{t-1} & \sum y_{t-1}^2 & \sum y_{t-1}y_{t-2} & \cdots & \sum y_{t-1}y_{t-p} \\ \sum y_{t-2} & \sum y_{t-2}y_{t-1} & \sum y_{t-2}^2 & \cdots & \sum y_{t-2}y_{t-p} \\ \vdots & \vdots & \vdots & & \vdots \\ \sum y_{t-p} & \sum y_{t-p}y_{t-1} & \sum y_{t-p}y_{t-2} & \cdots & \sum y_{t-p}^2 \end{pmatrix}.$$

因为 $E(y_{t-i}y_{t-j}) = \gamma_{j-i} + \mu^2$, 且

$$\frac{1}{n}\sum_{t=1}^{n} y_{t-i}y_{t-j} \xrightarrow{P} \gamma_{j-i} + \mu^2, \quad n \to \infty,$$

故

$$\left(\frac{1}{n}\sum_{t=1}^{n} \boldsymbol{x}_t \boldsymbol{x}_t^{\mathrm{T}}\right)^{-1} \xrightarrow{P} \varSigma^{-1}, \quad n \to \infty.$$

又 $\{\boldsymbol{x}_t a_t\}$ 为鞅差序列, 且

$$E(\boldsymbol{x}_t a_t \cdot \boldsymbol{x}_t^{\mathrm{T}} a_t) = E(a_t^2) \cdot E(\boldsymbol{x}_t \boldsymbol{x}_t^{\mathrm{T}}) = \sigma^2 \Sigma,$$

故

$$\frac{1}{\sqrt{n}} \sum_{t=1}^{n} \boldsymbol{x}_t a_t \xrightarrow{d} N(\mathbf{0}, \sigma^2 \Sigma), \quad n \to \infty.$$

由此可知结论成立.

例 3.5.3　设 AR(1) 模型 $y_t = \phi y_{t-1} + a_t$, 其中 $|\phi| < 1$, $\{a_t\}$ 为 i.i.d. 序列, $E(a_t) = 0$, $E(a_t^2) = \sigma^2$, $E(a_t^4) = \nu < \infty$. 此时

$$\Sigma = E(y_{t-1}^2) = \gamma_0 = \frac{\sigma^2}{1-\phi^2}.$$

ϕ 的最小二乘估计为

$$\widehat{\phi}_{\mathrm{LS}} = \left[\sum_{t=1}^{n} y_{t-1} y_t\right] \Bigg/ \left[\sum_{t=1}^{n} y_{t-1}^2\right].$$

故

$$\sqrt{n}(\widehat{\phi}_{\mathrm{LS}} - \phi) \xrightarrow{d} N(0, 1-\phi^2), \quad n \to \infty.$$

命题 3.5.1　设 AR(1) 模型

$$y_t = c + \phi y_{t-1} + a_t, \tag{3.5.15}$$

其中 $|\phi| < 1$, $a_t \sim \text{i.i.d.} N(0, \sigma^2)$, 则

$$y_1 \sim N(c/(1-\phi), \sigma^2/(1-\phi^2)).$$

证明　易知

$$y_t = c/(1-\phi) + a_t + \phi a_{t-1} + \phi^2 a_{t-2} + \phi^3 a_{t-3} + \cdots, \tag{3.5.16}$$

故

$$E(y_1) = \mu = c/(1-\phi), \quad \mathrm{Var}(y_1) = \gamma_0 = \sigma^2/(1-\phi^2).$$

设 $y_{t,n} = \mu + a_t + \phi a_{t-1} + \phi^2 a_{t-2} + \cdots + \phi^n a_{t-n}$, 且记 $y_{t,n}$ 的特征函数为 $f_n(t)$, 正态分布 $N(\mu, \gamma_0)$ 的特征函数为 $f(t)$. 故

$$\begin{aligned} f_n(t) &= x\exp(\mathrm{i}\mu t) \prod_{i=0}^{n} \exp\left(-\frac{1}{2}\phi^{2\mathrm{i}} \sigma^2 t^2\right) \\ &= \exp\left(\mathrm{i}\mu t - \frac{(1-\phi^{2n+2})\sigma^2 t^2}{2(1-\phi^2)}\right) \\ &\to \exp\left(\mathrm{i}\mu t - \frac{1}{2}\gamma_0 t^2\right) = f(t), \quad n \to \infty, \end{aligned}$$

结论得证.

第 4 章 垂直密度表示

Troutt(1991) 提出了垂直密度表示 (vertical density representation, VDR), 研究了概率密度随机变量的密度. 垂直密度表示理论起因于统计决策问题, 假设存在多元得分函数 V, 对得分值概率分布的思考, 导致垂直或纵向密度 (vertical or ordinate density) 的提出.

Troutt 基于条件分布 (给定 $V=v$), 给出了正态分布随机数 Box-Muller 算法的另一种更直观的解释, 这是提出垂直密度表示概念的另一缘由. 设 $\boldsymbol{X}_d$ 是 d 维随机变量, $f(\boldsymbol{x}_d)$ 为 $\boldsymbol{X}_d$ 的概率密度, 那么 $V=f(\boldsymbol{X}_d)$ 是一维随机变量. 欲求 V 的概率密度 $g(v)$, 由此得到 I-型 VDR. Fang 等 (2001) 提出了 II-型 VDR. 苏岩等 (2010) 提出了基于条件积分变换及 VDR 的多元正态分布的拟合优度检验.

4.1 I-型 VDR 与 II-型 VDR

定理 4.1.1(I-型 VDR) 设 d 维随机变量 $\boldsymbol{X}_d$ 具有概率密度 $f(\boldsymbol{x}_d)$, 记 $V=f(\boldsymbol{X}_d)$. $D_{(d,[f])}(x)=\{\boldsymbol{x}_d\in\mathbf{R}^d,\ f(\boldsymbol{x}_d)\geqslant x\}$, $L_d(A)$ 为 A 的 Lebesgue 测度, $A\in\mathbf{R}^d$. 若 $L_d(D_{(d,[f])}(v))$ 可微, 则 V 的概率密度为

$$g(v)=-v\frac{\mathrm{d}}{\mathrm{d}v}L_d(D_{(d,[f])}(v)),\tag{4.1.1}$$

且概率密度 $f(\boldsymbol{x}_d)$ 可表示为

$$f(\boldsymbol{x}_d)=\int_0^{f_0}h_v(\boldsymbol{x}_d|v)g(v)\mathrm{d}v,\tag{4.1.2}$$

$h_v(\boldsymbol{x}_d|v)$ 是给定 $V=v$ 条件下, $\boldsymbol{X}_d$ 的条件概率密度, $f_0=\sup\{f(\boldsymbol{x}_d):\ \boldsymbol{x}_d\in\mathbf{R}^d\}$.

证明 V 的分布函数为

$$\begin{aligned}G(v)&=P(f(\boldsymbol{x}_d)\leqslant v)\\&=1-P(f(\boldsymbol{x}_d)>v)\\&=1-\int_{D_{(d,[f])}(v)}f(\boldsymbol{x}_d)\mathrm{d}\boldsymbol{x}_d\\&=1-vL_d(D_{(d,[f])}(v))-\int_v^{f_0}L_d(D_{(d,[f])}(t))\mathrm{d}t,\end{aligned}$$

故

$$g(v)=G'(v)=-v\frac{\mathrm{d}}{\mathrm{d}v}L_d(D_{(d,[f])}(v)).\tag{4.1.3}$$

$(\boldsymbol{X}_d, V)$ 的联合密度关于 v 积分, 即得式 (4.1.2).

注　设积分面积 $s = P(f(\boldsymbol{x}_d) > v)$, s_1 表示以 $D_{(d,[f])}(v)$ 为底且以 v 为高的矩形面积, s_2 表示以矩形上边为底、上顶 (曲边) 为 $f(\boldsymbol{x}_d)$ 的区域面积, 则 $s = s_1 + s_2$, 其中 s_2 是以 y 为积分变量计算得到的.

定理 4.1.2 (II-型 VDR)　设 d 维随机变量 $\boldsymbol{X}_d \sim f(\boldsymbol{x}_d)$, 定义 $D_{(d+1,[f])} \subset \mathbf{R}^{d+1}$ 为

$$D_{(d+1,[f])} = \{\boldsymbol{x}_{d+1} = (\boldsymbol{x}_d, x_{d+1}) : 0 \leqslant x_{d+1} \leqslant f(\boldsymbol{x}_d), \boldsymbol{x}_d \in \mathbf{R}^d\},$$

则 $(\boldsymbol{X}_d, X_{d+1})$ 在 $D_{(d+1,[f])}$ 上服从均匀分布的充要条件是:

(1) X_{d+1} 的密度函数为 $L_d(D_{(d,[f])}(x))$;

(2) 给定 $X_{d+1} = v$ 条件下, $\boldsymbol{X}_d$ 的条件分布是 $D_{(d,[f])}(v)$ 上的均匀分布.

证明　必要性. 设 $(\boldsymbol{X}_d, X_{d+1})$ 在 $D_{(d+1,[f])}$ 上服从均匀分布, 则 $(\boldsymbol{X}_d, X_{d+1})$ 的概率密度为

$$p(\boldsymbol{x}_d, x_{d+1}) = 1, \quad (\boldsymbol{x}_d, x_{d+1}) \in D_{(d+1,[f])}.$$

因此,

(1) $\boldsymbol{X}_d$ 的密度为

$$p_{\boldsymbol{x}_d}(\boldsymbol{x}_d) = \int_0^{f(\boldsymbol{x}_d)} 1 \cdot \mathrm{d}x_{d+1} = f(\boldsymbol{x}_d),$$

X_{d+1} 的密度为

$$p_{X_{d+1}}(x) = \int_{D_{(d,[f])}(x)} 1 \cdot \mathrm{d}\boldsymbol{x}_d = L_d(D_{(d,[f])}(x)).$$

(2) 给定 $X_{d+1} = v$ 条件下, $\boldsymbol{X}_d$ 的条件密度为

$$p_{\boldsymbol{x}_d|v}(\boldsymbol{x}_d) = \frac{1}{L_d(D_{(d,[f])}(v))},$$

即 $\boldsymbol{X}_d\, |_{X_{d+1}=v}$ 服从 $D_{(d,[f])}(v)$ 上的均匀分布.

充分性. 由联合密度与边缘分布、条件概率密度之间的关系, 易知结论成立.

注　区域 $D_{(d+1,[f])}(v)$ 由坐标面及曲面 $f(\boldsymbol{x}_d) \geqslant 0$ 围成. 同样是垂直密度表示, I-型 VDR 与 II-型 VDR 的关键区别在于 $\Gamma_f(v) = \{\boldsymbol{x}_d : f(\boldsymbol{x}_d) = v\}$ 为 $d-1$ 维超曲面, 而 $D_{(d,[f])}(v)$ 为 d 维实心区域. 从理论上讲, 实心区域上的积分更易实现. 下述例题有助于对 Type I VDR, Type II VDR 的直观理解.

例 4.1.1　设随机变量 X_1 的密度函数为

$$f(x) = \frac{2}{\pi}\sqrt{1 - x^2}, \quad -1 \leqslant x \leqslant 1. \tag{4.1.4}$$

记 $V=f(X_1)$, 求 V 的概率密度 $g(v)$.

解 由定理 4.1.1 知

$$D_{(1,[f])}(v)=\left\{x:-\sqrt{1-\frac{\pi^2v^2}{4}}\leqslant x\leqslant\sqrt{1-\frac{\pi^2v^2}{4}}\right\},$$

$$L_1(D_{(1,[f])}(v))=\sqrt{4-\pi^2v^2},\quad 0\leqslant v\leqslant\frac{2}{\pi},$$

$$g(v)=\pi^2v^2(4-\pi^2v^2)^{-\frac{1}{2}},\quad 0\leqslant v\leqslant\frac{2}{\pi}.$$

例 4.1.2 设随机变量 X_1 的密度函数为

$$f(x)=\frac{2}{\pi}\sqrt{1-x^2},\quad -1\leqslant x\leqslant 1,$$

其中, (X_1,X_2) 在 $D_{(2,[f])}$ 上服从均匀分布 (对 $d=1$, X_2 由定理 4.1.2 定义). 求 X_2 的密度函数及给定 $X_2=v$ 的条件下 X_1 的条件分布.

解 由定理 4.1.2, X_2 的密度函数为

$$m(v)=\sqrt{4-\pi^2v^2},\quad 0\leqslant v\leqslant\frac{2}{\pi},$$

$$X_1|_{X_2=v}\sim U\left(-\sqrt{1-\frac{\pi^2v^2}{4}},\sqrt{1-\frac{\pi^2v^2}{4}}\right).$$

此时, (X_1,X_2) 在以 $f(x)$ 为曲顶的曲边梯形上服从均匀分布. 给定 $X_2=v$ 的条件下, X_1 服从区间 $\left(-\sqrt{1-\pi^2v^2/4},\sqrt{1-\pi^2v^2/4}\right)$ 上的均匀分布.

例 4.1.3 设随机变量 (X,Y) 服从圆心在原点的单位圆区域上的均匀分布, 求条件概率密度 $f_{X|Y}(x\mid y)$.

解 当 $-1<y<1$ 时, 有

$$f_{X|Y}(x|y)=\frac{1}{2\sqrt{1-y^2}},\quad -\sqrt{1-y^2}\leqslant x\leqslant\sqrt{1-y^2}.$$

因此, 给定 $Y=y$, $X\sim U(-\sqrt{1-y^2},\sqrt{1-y^2})$.

例 4.1.1 是 Type I VDR 的应用. 例 4.1.3 是概率论与数理统计教材中的一道典型例题, 蕴涵着 Type II VDR 的几何意义. 例 4.1.2 是例 4.1.3 的变体, 表现为 Type II VDR 的应用.

VDR 的提出与 Lebesgue 积分的创立有异曲同工之处: 黎曼积分是基于对 x 轴上的区间划分加以定义的，若对 y 轴 (或纵轴) 上的区间进行划分呢？由此引入 Lebesgue 积分. Dirichlet 函数在黎曼积分意义下是不可积的，而按 Lebesgue 积分意义是可积的.

设 $\boldsymbol{X}_d$ 具有概率密度 $f(\boldsymbol{x}_d), \boldsymbol{x}_d \in \mathbf{R}^d$, 随机变量 $V = f(\boldsymbol{X}_d)$ 具有概率密度 $g(v)$. 曲顶 $f(\boldsymbol{x}_d)$ 是立于 "横轴 $\boldsymbol{x}_d$" 上的概率密度，曲顶 $g(v)$ 是立于 "纵轴 v" 上的概率密度. 基于纵轴的思考是 VDR 与 Lebesgue 积分的共同之处. $L_d(D_{(d,[f])}(v))$ 是区域 $D_{(d,[f])}(v)$ 上的测度, II-型垂直密度表示是基于 Lebesgue 测度的密度表示理论.

定理 4.1.3　设随机变量 X 具有有界密度函数 $f_X(x), x \in \mathbf{R}$, 垂直密度 $g_X(v)$, $v \in (0, f_0), f_0 = \max\{f(x)\}$, 记 $Y = cX, c \neq 0$, 则 X 与 Y 具有相同的规范化垂直密度 $p_W(w)$, $0 < w < 1$, 其中 $W = V/f_0$.

证明　易知, $f_Y(y) = |c|^{-1} f_X(c^{-1}y)$, $p_W(w) = f_0 g_X(f_0 w)$, $f_0 > 0$. 记 $A_X(v) = L\{x : f_X(x) \geqslant v\}$, 则

$$\begin{aligned}
A_Y(v) &= L\{y : f_Y(y) \geqslant v\} \\
&= L\{y : y = cx, |c|^{-1} f_X(c^{-1}y) \geqslant v\} \\
&= |c| L\{x : f_X(x) \geqslant |c|v\} \\
&= |c| A_X(|c|v).
\end{aligned}$$

设 Y 的垂直密度为 $g_Y(v)$, 由式 (4.1.1) 可知

$$\begin{aligned}
g_Y(v) &= -v \frac{\mathrm{d}}{\mathrm{dv}} A_Y(v) \\
&= -v|c|^2 A_X'(|c|v) \\
&= |c|(-|c|v A_X'(|c|v)) \\
&= |c| g_X(|c|v).
\end{aligned}$$

因为 $\max\{f_Y(y)\} = f_0/|c|$, 故 Y 的规范化垂直密度为

$$\begin{aligned}
p_W(w) &= (f_0/|c|) g_Y(w f_0/|c|) \\
&= (f_0/|c|)|c| g_X(|c| w f_0/|c|) \\
&= f_0 g_X(w f_0),
\end{aligned}$$

所以 X 与 Y 具有相同的规范化垂直密度.

$g_X(v)$ 或 $p_W(w)$ 可以用来刻画密度函数的尾部特征. Kotz(1996) 应用 VDR 刻画 13 个一元随机变量的尾部特征, 可基于垂直密度做概率分布的特征检验.

1. 柯西分布

$$f_X(x) = \frac{1}{\pi(1+x^2)}, \quad x \in \mathbf{R},$$

$$g_X(v) = \frac{1}{\sqrt{\pi v(1-\pi v)}}, \quad 0 < v < \frac{1}{\pi},$$

$$p_W(w) = \frac{1}{\pi\sqrt{w(1-w)}}.$$

当 $v \to 0$ 或 π^{-1} 时, $g_X(v) \to \infty$. v 在 0 值附近的 $g(v)$ 对应着厚尾性, 即概率密度的厚尾性对应着垂直密度在 0 值附近的陡变.

2. 指数分布

$$f_X(x) = \mathrm{e}^{-x}, \quad x > 0,$$
$$g_X(v) = 1, \quad 0 < v < 1,$$
$$p_W(w) = 1.$$

3. 正态分布

$$f_X(x) = \frac{1}{\sqrt{2\pi}}\mathrm{e}^{-\frac{x^2}{2}}, \quad x > 0,$$
$$g_X(v) = 2\left[-2\ln(v\sqrt{2\pi})\right]^{-\frac{1}{2}}, \quad 0 < v < (\sqrt{2\pi})^{-1},$$
$$p_W(w) = \sqrt{\frac{2}{\pi}}(-2\ln w)^{-\frac{1}{2}}.$$

4. Logistic 分布

$$f_X(x) = \frac{\mathrm{e}^x}{(1+\mathrm{e}^x)^2}, \quad x \in \mathbf{R},$$
$$g_X(v) = \frac{2}{\sqrt{1-4v}}, \quad 0 < v < \frac{1}{4},$$
$$p_W(w) = \frac{1}{2\sqrt{1-w}}.$$

5. Pearson Ⅶ型分布

$$f_X(x) = K_a\frac{1}{(1+x^2)^a}, \quad x \in \mathbf{R}, \quad a > 1,$$
$$g_X(v) = a^{-1}(K_a/v)^{1/a}[(K_a/v)^{1/2}-1]^{-1/2}, \quad 0 < v < K_a,$$
$$p_W(w) = a^{-1}K_a w^{-1/a}(w^{-1/a}-1)^{-1/2},$$

其中

$$K_a = \frac{\Gamma(a)\sqrt{\pi}}{\Gamma(a^{-1/2})}.$$

6. Pareto 分布

$$f_X(x) = ak^a x^{-(a+1)}, \quad x > k > a > 0,$$

$$g_X(v) = (a+1)^{-1}(ak^a/v)^{1/(a+1)}, \quad 0 < v < \frac{a}{k},$$

$$p_W(w) = a(a+1)^{-1}w^{-1/(a+1)}.$$

基于垂直密度表示及条件概率, 可以探究概率分布的内在结构特性, 为分析不同随机现象下的概率分布提供了新的研究视角. 在新的多元分布的提出、刻画概率分布尾部特征、多元分布随机数生成、多元分布拟合优度检验、检验统计量精确概率分布推导、可靠性统计、管理科学等方面, 垂直密度表示有着深入的应用.

4.2 Pareto II 型分布

广义 Pareto 分布是一类重要的概率分布族, Pareto 分布及 Pareto II 型分布为广义 Pareto 分布的特殊情形. Pareto 分布可用于描述收入状况, 在可靠性 Bayes 分析中, Pareto II 型分布表现为部件的寿命分布.

4.2.1 Pareto II 型分布的垂直密度

定义 4.2.1 Pareto II 型分布概率密度定义为

$$f_G(x|\beta,\ \mu) = \frac{\beta}{\mu(1+x/\mu)^{\beta+1}}, \quad x > 0, \tag{4.2.1}$$

其中, $\beta > 0$ 为形状参数, $\mu > 0$ 为尺度参数. 此时称 X 服从参数 $\beta,\ \mu$ 的 ParetoII 型分布, 记为 $X \sim \mathrm{Pa}(\beta,\ \mu,\ \mathrm{II})$.

Pareto II 型分布可应用于系统的可靠性分析. 假设:

(1) 系统部件的寿命 X 服从参数为 λ 的指数分布

$$f(x \mid \lambda) = \lambda\exp(-\lambda x), \quad \lambda,\ x > 0, \quad \lambda \text{ 为失效率}.$$

(2) 系统部件失效率 λ 的先验分布为 $\Gamma(\beta,\ \mu)$, 即

$$\pi(\lambda \mid \beta,\ \mu) = \frac{\mu^\beta}{\Gamma(\beta)}\lambda^{\beta-1}\exp(-\mu\lambda), \quad \lambda > 0,$$

$\beta,\ \mu$ 分别为 $\Gamma(\beta,\ \mu)$ 的形状参数及尺度参数. $\beta = 1$ 时, λ 服从指数分布.

可以证明 $\Gamma(\beta,\ \mu)$ 为 λ 的共轭先验分布. 在 (1), (2) 条件下, 部件寿命 X 的边缘概率密度 $f_G(x \mid \beta,\ \mu)$ 为由式 (4.2.1) 给出的 Pareto II 型分布概率密度.

定理 4.2.1 设随机变量 $X \sim \mathrm{Pa}(\beta,\mu,\mathrm{II})$, 则垂直密度 $g_X(v)$ 为

$$g_X(v)=\frac{1}{\beta+1}(\beta\mu^\beta)^{\frac{1}{\beta+1}}v^{-\frac{1}{\beta+1}},\quad 0<v<\frac{\beta}{\mu}. \tag{4.2.2}$$

规范化垂直密度 $p_W(w)$ 为

$$p_W(w)=\left(\frac{\beta}{\beta+1}\right)w^{-\frac{1}{\beta+1}},\quad 0<w<1. \tag{4.2.3}$$

证明 $D_{(d,[f])}(v)=\left\{x:\dfrac{\beta}{\mu(1+x/\mu)^{\beta+1}}\geqslant v\right\}=\left\{x:x\leqslant\left\{\dfrac{\beta\mu^\beta}{v}\right\}^{\frac{1}{\beta+1}}-\mu\right\}$,

$$A(v)=L_dD_{(d,[f])}(v)=\left\{\frac{\beta\mu^\beta}{v}\right\}^{\frac{1}{\beta+1}}-\mu,$$

$$A^{'}(v)=-\{\beta\mu^\beta\}^{\frac{1}{\beta+1}}\frac{1}{\beta+1}v^{-\frac{\beta+2}{\beta+1}}.$$

由式 (4.1.1) 得

$$g_X(v)=-vA^{'}(v)=\frac{1}{\beta+1}\{\beta\mu^\beta\}^{\frac{1}{\beta+1}}v^{-\frac{1}{\beta+1}},\quad 0<v<\frac{\beta}{\mu}.$$

又 $f_0=\dfrac{\beta}{\mu},w=\dfrac{v}{f_0}$, 故

$$p_W(w)=g_X(v(w))u^{'}(w)=\frac{1}{\beta+1}\{\beta\mu^\beta\}^{\frac{1}{\beta+1}}\left(\frac{\beta}{\mu}w\right)^{-\frac{1}{\beta+1}}\frac{\beta}{\mu},$$

整理可得

$$p_W(w)=\left(\frac{\beta}{\beta+1}\right)w^{-\frac{1}{\beta+1}},\quad 0<w<1.$$

命题 4.2.1 设随机变量 Y 服从参数为 λ_1 的指数分布, 则垂直密度 $g_Y(v)$ 为

$$g_Y(v)=\frac{1}{\lambda_1},\quad 0<v<\lambda_1, \tag{4.2.4}$$

规范化垂直密度 $p_{W_1}(w_1)$ 为

$$p_{W_1}(w_1)=1,\quad 0<w_1<1. \tag{4.2.5}$$

命题 4.2.2　Pareto II 型分布相对于指数分布具有厚尾性.

证明　由式 (4.2.3) 及式 (4.2.5) 可得

$$\lim_{\varepsilon\to 0^+}\frac{P(W\leqslant\varepsilon)}{P(W_1\leqslant\varepsilon)}=\lim_{\varepsilon\to 0^+}\varepsilon^{-\frac{1}{\beta+1}}=+\infty,$$

$$P(W_1\leqslant\varepsilon)=o(P(W\leqslant\varepsilon)),\quad \varepsilon\to 0^+, \tag{4.2.6}$$

即当 $\varepsilon\to 0^+$ 时, $P(W_1\leqslant\varepsilon)$ 为 $P(W\leqslant\varepsilon)$ 的高阶无穷小量. W 取小值意味着 $f(X)$ 取小值, 故由式 (4.2.6) 知, 命题 4.2.2 成立.

由式 (4.2.3) 知

$$\lim_{w\to 0^+}p_W(w)=\lim_{w\to 0^+}\left(\frac{\beta}{\beta+1}\right)w^{-\frac{1}{\beta+1}}=+\infty, \tag{4.2.7}$$

W 在 0 值附近的 $p_W(w)$ 对应着厚尾性, 即概率密度的厚尾性对应着垂直密度在 0 值附近的陡变. 垂直密度是反映概率分布厚尾性的指标之一.

4.2.2　Pareto II 型分布的参数估计

苏岩等 (2003) 基于无替换定时截尾子样对冷贮备系统可靠性指标进行研究. 以指数分布作为系统部件寿命失效率的先验分布, 给出了确定先验信息参数的 3 种方法: 满足唯一性条件的极大似然估计的数值解法, 规定置信度的置信区间法和规定检验水平的假设检验法, 进而得到系统可靠性指标的 Bayes 估计. 以 $\Gamma(\beta,\ \mu)$ 作为先验分布, 拓展了冷贮备系统可靠性模型先验信息的选择范围, 其可靠性指标更具实际意义. 当得到 $\beta,\ \mu$ 的参数估计时, 不难推出相应冷贮备系统可靠性指标的 Bayes 估计.

定义 4.2.2　设 $X_1,\cdots,X_n$ 为来自 $F(x)$ 的样本, $F_n(x)$ 为由 $X_1,\cdots,X_n$ 构成的经验分布函数, 则称 $F_n^{-1}(p)=\inf\{x:F_n(x)\geqslant p\}$ 为样本的 p 分位数.

引理 4.2.1　对 $0<p<1$, ξ_p 是 $F(x)$ 的唯一 p 分位数, 则 $\hat{\xi}_p=F_n^{-1}(p)$ 是 ξ_p 的强相合估计.

定理 4.2.2　设 $X\sim \mathrm{Pa}(\beta,\mu,\mathrm{II})$, $X_1,\cdots,X_n$ 为样本, 则

$$E(X)=\frac{\mu}{\beta-1},\quad \beta>1;\quad E(X^2)=\frac{2\mu^2}{(\beta-1)(\beta-2)},\quad \beta>2. \tag{4.2.8}$$

证明　由式 (4.2.1) 知

$$E(X)=\int_0^{+\infty}xf_G(x\mid\beta,\ \mu)\mathrm{d}x=\int_0^{+\infty}\beta\mu^\beta x(x+\mu)^{-(\beta+1)}\mathrm{d}x,$$

$$E(X^2)=\int_0^{+\infty}x^2f_G(x\mid\beta,\ \mu)\mathrm{d}x=\int_0^{+\infty}\beta\mu^\beta x^2(x+\mu)^{-(\beta+1)}\mathrm{d}x.$$

令 $y=x+\mu$, 关于 y 积分, 整理可得式 (4.2.8).

命题 4.2.3 设 $X \sim \mathrm{Pa}(\beta,\mu,\mathrm{II})$, 则当 $\beta>2$ 时, X 的方差

$$D(X)=\frac{\mu^2\beta}{(\beta-1)^2(\beta-2)}, \tag{4.2.9}$$

当 $0<\beta\leqslant 2$ 时, X 的方差不存在.

命题 4.2.4 设 $X \sim \mathrm{Pa}(\beta,\mu,\mathrm{II})$, $X_1,\cdots,X_n$ 为样本, 则当 $\beta>2$ 时, β, μ 的强相合矩估计为

$$\widehat{\mu}=(\widehat{\beta}-1)\overline{X}, \quad \widehat{\beta}=\frac{2[\overline{X^2}-(\overline{X})^2]}{\overline{X^2}-2(\overline{X})^2}, \tag{4.2.10}$$

$$\overline{X}=\frac{1}{n}\sum_{i=1}^{n}X_i, \quad \overline{X^2}=\frac{1}{n}\sum_{i=1}^{n}X_i^2.$$

证明 解方程组 $E(X)=\overline{X}$, $E(X^2)=\overline{X^2}$, 可得式 (4.2.10). 因为

$$\overline{X}\to E(X)\ \text{a.s.}, \quad \overline{X^2}\to E(X^2)\ \text{a.s.},$$

$$g_1(x_1,x_2)=\frac{2(x_2-x_1^2)}{x_2-2x_1^2}, \quad g_2(x_1,x_2)=(g_1(x_1,x_2)-1)x_1$$

是其定义域上的连续函数, 故由式 (4.2.10) 可得

$$\widehat{\mu}\to\mu\ \text{a.s.}, \quad \widehat{\beta}\to\beta\ \text{a.s.}$$

命题 4.2.5 设 $X \sim \mathrm{Pa}(\beta,\mu,\mathrm{II})$, $X_1,\cdots,X_n$ 为样本, 则基于样本分位数 $\hat{\xi}_p$ 的参数强相合估计为

$$\hat{\mu}=\frac{(\hat{\xi}_{0.5})^2}{\hat{\xi}_{0.75}-2\hat{\xi}_{0.5}}, \quad \hat{\beta}=-\frac{\ln 2}{\ln(\hat{\mu}/(\hat{\mu}+\hat{\xi}_{0.5}))}. \tag{4.2.11}$$

证明 设 $X \sim \mathrm{Pa}(\beta,\mu,\mathrm{II})$, 则 X 的分布函数为

$$F(x)=1-\left(\frac{\mu}{\mu+x}\right)^{\beta}, \quad x>0.$$

由 $F(\hat{\xi}_{0.5})=0.5$, $F(\hat{\xi}_{0.75})=0.75$, 可得式 (4.2.11), 由引理 4.2.1 可知所得估计量具有强相合性.

基于样本分位数的参数估计收敛速度较慢, 对有限的样本量, 其估计值只宜做参数估计的初值. 命题 4.2.3 说明当 $0<\beta<2$ 时, $\mathrm{Pa}(\beta,\mu,\mathrm{II})$ 参数的矩估计不存在. Luceño(2006) 研究了广义 Pareto 分布参数的拟合优度估计, 当广义 Pareto 分布参数的矩估计或极大似然估计不存在时, 基于 EDF 型拟合优度检验统计量, 构造未知参数的拟合优度估计. 在定时截尾样本的条件下, 我们提出了 Pareto II 型分布双参数 (μ,β) 的极大似然–拟合优度估计 (ML-GFE), 给出了双参数估计的优化计算公式. 有必要进一步研究 Pareto II 型分布参数的有效估计形式, 探讨 Pareto II 型分布的适用范围.

4.3 球对称分布的垂直密度

同样可用多元 VDR 刻画多元随机变量的尾部特征. 首先给出球对称分布随机向量的随机表示定理.

引理 4.3.1 设 $\boldsymbol{X}_d \stackrel{d}{=} \boldsymbol{Y}_d$ 且 $h_i(\cdot), i=1,\cdots,m$ 为可测函数, 则

$$(h_1(\boldsymbol{X}_d),\cdots,h_m(\boldsymbol{X}_d)) \stackrel{d}{=} (h_1(\boldsymbol{Y}_d),\cdots,h_m(\boldsymbol{Y}_d)). \tag{4.3.1}$$

定理 4.3.1 设 $\boldsymbol{X}_d$ 服从球对称分布, 即 $\boldsymbol{X}_d \stackrel{d}{=} R\boldsymbol{U}_d$, 则

$$\|\boldsymbol{X}_d\| \stackrel{d}{=} R, \quad \frac{\boldsymbol{X}_d}{\|\boldsymbol{X}_d\|} \stackrel{d}{=} \boldsymbol{U}_d, \tag{4.3.2}$$

且 $\|\boldsymbol{X}_d\|$ 与 $\boldsymbol{X}_d/\|\boldsymbol{X}_d\|$ 独立, 其中 $\boldsymbol{U}_d$ 为服从球心在原点的 d 维单位球面上均匀分布的随机向量.

证明 设 $h_1(\boldsymbol{X}_d)=(\boldsymbol{X}_d^{\mathrm{T}}\boldsymbol{X}_d)^{1/2}$ 且 $h_2(\boldsymbol{X}_d)=\boldsymbol{X}_d/(\boldsymbol{X}_d^{\mathrm{T}}\boldsymbol{X}_d)^{1/2}$, 则由引理 4.3.1 可知

$$\begin{pmatrix} \|\boldsymbol{X}_d\| \\ \boldsymbol{X}_d/\|\boldsymbol{X}_d\| \end{pmatrix} = \begin{pmatrix} h_1(\boldsymbol{X}_d) \\ h_2(\boldsymbol{X}_d) \end{pmatrix} \stackrel{d}{=} \begin{pmatrix} h_1(R\boldsymbol{U}_d) \\ h_2(R\boldsymbol{U}_d) \end{pmatrix} = \begin{pmatrix} R \\ \boldsymbol{U}_d \end{pmatrix}. \tag{4.3.3}$$

结论得证.

1. 球对称分布

设 d 维随机向量 $\boldsymbol{X}_d$ 服从球对称分布, 其概率密度为 $f(\boldsymbol{x}_d)=h(\boldsymbol{x}_d^{\mathrm{T}}\boldsymbol{x}_d)$, $\boldsymbol{x}_d \in \mathbf{R}^d$, h 为严格单调减少的可微函数, 则 $V=f(\boldsymbol{X}_d)$ 的概率密度为

$$g_V(v) = -\frac{\pi^{d/2}}{\Gamma(d/2)} v[h^{-1}(v)]^{d/2-1}[h^{-1}(v)]'. \tag{4.3.4}$$

$W=V/f_0$ 的概率密度为

$$p_W(w) = -\frac{f_0^2\pi^{d/2}}{\Gamma(d/2)} w[h^{-1}(f_0 w)]^{d/2-1}[h^{-1}(f_0 w)]', \tag{4.3.5}$$

其中

$$f_0 = \max(V) = \max_{\boldsymbol{x}_d \in \mathbf{R}^d} f(\boldsymbol{x}_d) = h(0). \tag{4.3.6}$$

2. 多元正态分布

设 $\boldsymbol{X}_d \sim N_d(\boldsymbol{0}, I_d)$, 其概率密度为

$$f(\boldsymbol{x}_d) = (2\pi)^{-d/2}\exp\left(-\frac{1}{2}\boldsymbol{x}_d^{\mathrm{T}}\boldsymbol{x}_d\right), \quad \boldsymbol{x}_d \in \mathbf{R}^d.$$

$V = f(\boldsymbol{X}_d)$, $f_0 = (2\pi)^{-d/2}$, 则

$$h(t) = (2\pi)^{-d/2}\exp\left(-\frac{1}{2}t\right),$$

$$h^{-1}(v) = -2\ln[(2\pi)^{d/2}v], \quad [h^{-1}(v)]' = -2/v.$$

故知

$$g_{\boldsymbol{X}_d}(v) = \frac{2\pi^{d/2}}{\Gamma(d/2)}[-2\ln((2\pi)^{d/2}v)]^{d/2-1}, \quad 0 < v < f_0, \tag{4.3.7}$$

$$p_W(w) = \frac{2f_0\pi^{d/2}}{\Gamma(d/2)}[-2\ln w]^{d/2-1}, \quad 0 < w < 1. \tag{4.3.8}$$

记 $Z = -2\ln W$, $R = \|\boldsymbol{X}_d\|$, 则

$$Z = \boldsymbol{X}_d^{\mathrm{T}}\boldsymbol{X}_d \stackrel{d}{=} R^2 \sim \chi_d^2,$$

且有

$$\boldsymbol{X}_d \stackrel{d}{=} R\boldsymbol{U}_d, \quad R \stackrel{d}{=} \|\boldsymbol{X}_d\| \sim \chi_d, \quad \boldsymbol{X}_d/\|\boldsymbol{X}_d\| \stackrel{d}{=} \boldsymbol{U}_d \sim U(\Omega_d), \tag{4.3.9}$$

其中 R 与 $\boldsymbol{U}_d$ 独立, $\Omega_d = \{\boldsymbol{x}_d : \sum_{i=1}^d x_i^2 = 1,\ \boldsymbol{x}_d \in \mathbf{R}^d\}$.

随机表示式 (4.3.9) 也称为垂直表示.

3. Pearson II 型分布

设 $\boldsymbol{X}_d$ 服从 Pearson II 型分布, 其概率密度为

$$f(\boldsymbol{x}_d) = C_d(1 - \boldsymbol{x}_d^{\mathrm{T}}\boldsymbol{x}_d)^m, \quad C_d = \frac{\Gamma\left(\dfrac{d}{2} + m + 1\right)}{\pi^{d/2}\Gamma(m+1)}, \quad m > -1, \tag{4.3.10}$$

$V = f(\boldsymbol{X}_d)$, $f_0 = C_d$, 则

$$g_{\boldsymbol{X}_d}(v) = \frac{\pi^{d/2}}{m\Gamma\left(\dfrac{d}{2}\right)}\left(\frac{v}{C_d}\right)^{1/m}\left[1 - \left(\frac{v}{C_d}\right)^{1/m}\right]^{d/2-1}, \quad 0 < v < C_d, \tag{4.3.11}$$

$$p_W(w) = \frac{C_d \pi^{d/2}}{m\Gamma\left(\frac{d}{2}\right)} w^{1/m}(1 - w^{1/m})^{d/2-1}, \quad 0 < w < 1. \tag{4.3.12}$$

$$Z = W^{1/m} \sim \mathrm{Be}\left(m+1, \ \frac{d}{2}\right), \quad \boldsymbol{X}_d' \boldsymbol{X}_d \stackrel{d}{=} R^2 \sim \mathrm{Be}\left(\frac{d}{2}, \ m+1\right). \tag{4.3.13}$$

$$\boldsymbol{X}_d \stackrel{d}{=} R\boldsymbol{U}_d, \quad R^2 \sim \mathrm{Be}\left(\frac{d}{2}, \ m+1\right), \quad \boldsymbol{U}_d \sim U(\Omega_d). \tag{4.3.14}$$

R 与 $\boldsymbol{U}_d$ 独立.

引理 4.3.2(Box-Muller 方法) 设 U_1, U_2 是独立同分布的 $U(0,1)$ 随机变量, 作变换

$$X_1 = (-2\ln U_1)^{1/2}\cos(2\pi U_2),$$
$$X_2 = (-2\ln U_1)^{1/2}\sin(2\pi U_2),$$

则 X_1, X_2 是独立同分布的 $N(0,1)$ 随机变量.

例 4.3.1 (Box-Muller 的 VDR 解释) 设 $\boldsymbol{X}_2 = (X_1, X_2)^{\mathrm{T}} \sim N(\boldsymbol{0}, I_2)$, 则 $\boldsymbol{X}_2$ 的概率密度为

$$f(\boldsymbol{x}_2) = \frac{1}{2\pi}\exp\left(-\frac{x_1^2 + x_2^2}{2}\right), \quad \boldsymbol{x}_2 \in \mathbf{R}^2. \tag{4.3.15}$$

记 $V = f(\boldsymbol{X}_2)$, 则有 $\boldsymbol{X}_2$ 的垂直密度为

$$g(v) = 2\pi, \quad v \in \left(0, \frac{1}{2\pi}\right), \tag{4.3.16}$$

即 $V \sim U(0, 1/2\pi)$, 从而 $2\pi V \sim U(0,1)$.

给定 $V = v$, 水平集合 $\{\boldsymbol{x}_2 : f(\boldsymbol{x}_2) = v\}$ 是半径为 $r(v) = \sqrt{-2\ln 2\pi v}$ 的圆周且 $\boldsymbol{X}_2 \mid_{V=v}$ 的条件概率密度为

$$h(\boldsymbol{x}_2 \mid f(\boldsymbol{x}_2) = v) = \frac{1}{2\pi r(v)}\delta_{\{f=v\}}(\boldsymbol{x}_2), \tag{4.3.17}$$

其中,

$$\delta_A(\boldsymbol{x}) = \begin{cases} 1, & \boldsymbol{x} \in A, \\ 0, & \boldsymbol{x} \overline{\in} A. \end{cases}$$

因此, $\boldsymbol{X}_2 \mid_{V=v}$ 在半径为 $r(v) = \sqrt{-2\ln 2\pi v}$ 的圆周上服从均匀分布. 故有

$$f(\boldsymbol{x}_2) = \int_0^{1/(2\pi)} h(\boldsymbol{x}_2 \mid f = v) g(v) \mathrm{d}v. \tag{4.3.18}$$

所以随机数 $\boldsymbol{X}_2$ 的生成步骤为:

(1) 生成 $V \sim g(v)$;

(2) 对于生成的随机数 V , 生成半径为 $r(V)$ 的圆周上均匀分布随机数 $\boldsymbol{X}_2$, 则该 $\boldsymbol{X}_2$ 即为二维标准正态随机数. 上述步骤也可综合为

$$V \sim U(0,1/2\pi) \Rightarrow 2\pi V \sim U(0,1) \Rightarrow \text{随机半径 } r(V),$$
$$U \sim U(0,1) \Rightarrow 2\pi U \sim U(0,2\pi) \Rightarrow \text{随机方向 } \boldsymbol{U}_2 = (\cos(2\pi U), \sin(2\pi U))^{\mathrm{T}}.$$

因此, 半径为 $r(V)$ 的圆周上均匀分布随机数

$$\boldsymbol{X}_2 = r(V)\boldsymbol{U}_2, \tag{4.3.19}$$

这就是引理 4.3.2 的结论. 此时有 $[r(V)]^2 \sim \chi_2^2$.

4.4 VDR 生成随机变量

Monte Carlo 模拟可用作研究统计模型的有效性、估计检验临界值, 故需要研究各种概率分布随机数的生成.

4.4.1 基于 II 型 VDR 生成随机变量

定理 4.4.1 设 $\boldsymbol{X}_d$ 具有概率密度 $f(\boldsymbol{x}_d)$, 且

(1) $\nabla f(\boldsymbol{x}_d)$ 在 $\Gamma_f(v)$ 上非零且连续;

(2) 对任意给定的单位向量 $\boldsymbol{d} \in \mathbf{R}^d$, $f(r\boldsymbol{d})$ 是 r 的单减函数, 则

$$p(\boldsymbol{x}_d|\boldsymbol{x}_d \in \Gamma_f(v)) = \frac{I_{\Gamma_f(v)}}{\|\nabla f(\boldsymbol{x}_d)\|}\left(\int_{\Gamma_f(v)} \frac{1}{\|\nabla f(\boldsymbol{x}_d)\|}\mathrm{d}\boldsymbol{s}\right)^{-1}, \tag{4.4.1}$$

其中, $\Gamma_f(v) = \{\boldsymbol{x}_d : f(\boldsymbol{x}_d) = v\}$, ∇ 为梯度算子, $\|\nabla f(\boldsymbol{x}_d)\| = \sqrt{\sum_{i=1}^d \left[\dfrac{\partial f(\boldsymbol{x}_d)}{\partial x_i}\right]^2}$.

注 $\mathrm{d}\boldsymbol{s}$ 为 $d-1$ 维曲面 $\Gamma_f(v)$ 上的面积元素, 且有

$$\mathrm{d}\boldsymbol{s} = \frac{\|\nabla f\|}{\left|\dfrac{\partial f}{\partial x_d}\right|}\mathrm{d}x_1\mathrm{d}x_2\cdots\mathrm{d}x_{d-1},$$

其中 x_d 为 $\boldsymbol{x}_{d-1} = (x_1, x_2, \cdots, x_{d-1})^{\mathrm{T}}$ 的函数, 由 $f(\boldsymbol{x}_{d-1}, x_d) = v$ 确定.

推论 4.4.1 设 $\boldsymbol{X}_d$ 服从球对称分布, 其概率密度为 $f(\boldsymbol{x}_d) = h(\boldsymbol{x}_d^{\mathrm{T}}\boldsymbol{x}_d)$, h 为严格单调减少的可微实函数, 则给定 $f = v$ 条件下, $\boldsymbol{X}_d$ 服从 $\Gamma_f(v) = \{\boldsymbol{x}_d : f(\boldsymbol{x}_d) = v\}$ 上的均匀分布.

证明 因为 $h(\cdot)$ 是严格单调减少, 故

$$h(\boldsymbol{x}_d^{\mathrm{T}}\boldsymbol{x}_d) = v \Rightarrow \boldsymbol{x}_d^{\mathrm{T}}\boldsymbol{x}_d = h^{-1}(v).$$

因此,

$$\|\nabla f(\boldsymbol{x}_d)\|^2 = [h'(h^{-1}(v))]^2\sum_{i=1}^d 4x_i^2 = 4[h'(h^{-1}(v))]^2(h^{-1}(v)),$$

在 $\Gamma_f(v)$ 上为常数, 由定理 4.4.1 可知结论成立.

利用定理 4.4.1 生成随机向量, 步骤如下:

(1) 生成随机变量 $V \sim g(v)$;

(2) 生成随机向量 $\boldsymbol{X}_d \sim p(\boldsymbol{x}_d \mid \boldsymbol{x}_d \in \Gamma_f(v))$;

(3) 有 $\boldsymbol{X}_d \sim f(\boldsymbol{x}_d)$.

基于垂直密度表示, Yang 等 (2005) 给出了随机变量 $\boldsymbol{X}_d$ 服从 d 维单位球均匀分布的充要条件 (引理 4.4.1), 讨论了 L_α 模 d 维球均匀分布随机向量的生成步骤.

引理 4.4.1 $\boldsymbol{X}_d \sim U_{\overline{S}_d^2}$ 的充要条件是:

(1) $\boldsymbol{X}_{d-2}$ 的概率密度是

$$p_{[d-2]}(\boldsymbol{x}_{d-2}) = \frac{\pi}{C_d}\left(1 - \sum_{i=1}^{d-2} x_i^2\right) I_{\overline{S}_{d-2}^2}(\boldsymbol{x}_{d-2});$$

(2) 给定 $\boldsymbol{X}_{d-2} = \boldsymbol{x}_{d-2}$ 条件下

$$(X_{d-1}, X_d) \sim U_{\overline{S}_d^2(r_{d-2})}, \quad r_{d-2} = \left(1 - \sum_{i=1}^{d-2} x_i^2\right)^{1/2}.$$

其中, $\boldsymbol{X}_d = (\boldsymbol{X}_{d-2}, X_{d-1}, X_d)$, C_d 为 d 维单位球体积.

进一步有, 结论 (1) 成立的充要条件是

$$R_{d-2} \sim p_{[d-2]+1}(r) = \frac{d}{2}(1-r)^{\frac{d-2}{2}};$$

给定 $R_{d-2} = r$, $\boldsymbol{X}_{d-2} \sim U_{\overline{S}_{d-2}^2((1-r)^{1/2})}$, 其中 $\overline{S}_d^2(r) = \{\boldsymbol{x}_d : \|\boldsymbol{x}_d\| \leqslant r\}$, $\overline{S}_d^2 = \overline{S}_d^2(1)$.

例 4.4.1(三角形分布) 设 $a < c < b$, 随机变量 X 服从三角形分布, 其概率密度为

$$\mathrm{TR}_{(a,b,c)}(x) = \begin{cases} \dfrac{2}{b-a} \cdot \dfrac{x-a}{c-a}, & a \leqslant x \leqslant c, \\ \dfrac{2}{b-a} \cdot \dfrac{b-x}{b-c}, & c \leqslant x \leqslant b, \\ 0, & x \overline{\in} [a,b]. \end{cases}$$

设 $D_{(2,\ [\mathrm{TR}_{(a,b,c)}])}$ 为三角形 $\mathrm{TR}_{(a,b,c)}(x)$ 概率密度围成的三角形区域, (X, Y) 在 $D_{(2,\ [\mathrm{TR}_{(a,b,c)}])}$ 上服从均匀分布, 则

(1) $X \sim \mathrm{TR}_{(a,b,c)}$;

(2) Y 的密度为

$$p_Y(y) = \frac{b-a}{2}[2 - (b-a)y], \quad 0 \leqslant y \leqslant \frac{2}{b-a};$$

(3) 给定 $Y=y$, X 服从区间 $D_{\mathrm{TR}_{(a,b,c)}}(y)$ 上的均匀分布, 其中

$$D_{\mathrm{TR}_{(a,b,c)}}=\left(c-(c-a)\frac{2-(b-a)y}{2},c+(b-c)\frac{2-(b-a)y}{2}\right).$$

命题 4.4.1 设 U, $V\sim U(0,1)$, U, V 独立, 则

$$(X,Y)=\left(c-(c-a)\sqrt{1-U}+(b-a)\sqrt{1-U}V,\ \frac{2(1-\sqrt{1-U})}{b-a}\right)$$

服从 $D_{(2,\ [\mathrm{TR}_{(a,b,c)}])}$ 上的均匀分布, 且

$$c-(c-a)\sqrt{1-U}+(b-a)\sqrt{1-U}V$$

服从三角形分布, $\mathrm{TR}_{(a,b,c)}(\cdot)$.

证明 Y 的分布函数为

$$F(y)=1-\left(1-\frac{(b-a)y}{2}\right)^2,$$

因此

$$Y=\frac{2(1-\sqrt{1-U})}{b-a},\quad U\sim U(0,1).$$

故给定 $Y=y$, X 服从区间

$$(c-(c-a)\sqrt{1-U},c+(b-c)\sqrt{1-U})$$

上的均匀分布. 所以 X 可以表示为

$$X=c-(c-a)\sqrt{1-U}+(b-a)\sqrt{1-U}V,\tag{4.4.2}$$

其中, $V\sim U(0,1)$ 且与 U 相互独立. 命题得证.

例 4.4.2 (梯形分布) 设 $a\leqslant c\leqslant d\leqslant b$, $h>0$. 随机变量 X 服从梯形分布, 其概率密度为

$$\mathrm{TP}_{(a,\ b,\ c,\ d,\ h,\ [q])}(z)=\begin{cases}\dfrac{h}{C}, & c\leqslant z\leqslant d,\\ \dfrac{q(z)}{C}, & a\leqslant z\leqslant c \text{ 或 } d\leqslant z\leqslant b,\\ 0, & x\notin[a,b],\end{cases}$$

其中, $q(z)$, $z\in[a,b]$ 满足 $q(z)\geqslant 0$, $q(c)=q(d)=h$, $q(a)=q(b)=0$. 这里,

$$C=h(d-c)+\int_a^c q(z)\mathrm{d}z+\int_d^b q(z)\mathrm{d}z.$$

设 $q(z)$ 为凸函数且满足

$$q(z) \leqslant h \cdot \frac{z-a}{c-a}, \quad a \leqslant z \leqslant c; \quad q(z) \leqslant h \cdot \frac{b-z}{b-d}, \quad d \leqslant z \leqslant b,$$

则此 (外) 梯形分布密度为

$$\begin{aligned} \mathrm{TP}_{(a,\ b,\ c,\ d)}(z) = & \frac{2(d-c)}{b-a+d-c} \frac{I_{[c,\ d]}(z)}{d-c} + \frac{c-a}{b-a+d-c} \mathrm{TR}_{(a,\ c,\ c)}(z) \\ & + \frac{b-d}{b-a+d-c} \mathrm{TR}_{(d,b,d)}(z). \end{aligned}$$

故梯形分布 $\mathrm{TP}_{(a,b,c,d)}(z)$ 可由三角形分布表示. 记 $\gamma = \dfrac{h}{C} \cdot \dfrac{b-a+d-c}{2}$, 则 $\gamma \mathrm{TP}_{(a,b,c,d)}$ 为 $\mathrm{TP}_{(a,b,c,d,h,[q])}$ 的信封函数, 利用 RA 法 (rejection-acceptance) 及补片法 (patchwork), 可以生成梯形分布 $\mathrm{TP}_{(a,b,c,d,h,[q])}$ 随机变量.

引理 4.4.2　设 $U \sim U(0,1)$, $\mathcal{I} = \{\Delta_i = [a_i, b_i), i = 1, 2, \cdots\}$ 满足

$$[0,1] = \bigcup_{i=1}^{\infty} \Delta_i, \quad \Delta_i \cap \Delta_j = \varnothing, \quad i \neq j.$$

记

$$K = \sum_{i=1}^{\infty} i I_{\Delta_i}(U), \quad V = \frac{U - a_K}{b_K - a_K},$$

则 V 与 K 相互独立且 $V \sim U(0,1)$.

证明　因为

$$\begin{aligned} P(V \leqslant v \mid K = k) &= \frac{P(\{V \leqslant v\} \cap \{K = k\})}{P(K = k)} \\ &= \frac{P(a_k \leqslant U \leqslant a_k + v(b_k - a_k))}{b_k - a_k} \\ &= v, \end{aligned}$$

所以 V 与 K 相互独立. 又

$$\begin{aligned} P(V \leqslant v) &= \sum_{i=1}^{\infty} P(V \leqslant v \mid K = k) P(K = k) \\ &= v \sum_{k=1}^{\infty} (b_k - a_k) \\ &= v, \end{aligned}$$

故 $V \sim U(0,1)$.

4.4.2 横条法生成随机变量

RA 法广泛用于生成给定概率密度的随机变量. Devroye(1986) 提出了修改 RA 法即格子方法, 格子法适用于有限支撑有界密度随机数的生成. Kemp(1990) 提出了补片拒绝法用以改进 RA 法. 横条法基于 Lebesgue 积分思想及 VDR 对 RA 法加以改进, 可以生成无限支撑概率密度的随机变量. 随机模拟表明横条法 (vertical strip) 具有更快的随机变量生成速度.

定理 4.4.2 (RA 法) 设 $f(x), g(x)$ 为两个概率密度函数, $h(x)$ 是给定的函数. 若按下述方法进行抽样:

(1) 生成 $X \sim f(x)$;

(2) 生成 $Y \sim g(x)$, 且 Y 与 X 独立;

(3) 若 $Y \leqslant h(X)$, 则取 $Z = X$, 否则转到 (1),

则 Z 的概率密度为

$$p_Z(z) = \frac{f(z)F_Y(h(z))}{\displaystyle\int_{-\infty}^{+\infty} f(t)F_Y(h(t))\mathrm{d}t}, \tag{4.4.3}$$

其中 $F_Y(\cdot)$ 为 Y 的分布函数.

证明 因为

$$\begin{aligned}
P(Z \leqslant t) &= P(X \leqslant t \mid Y \leqslant h(X)) \\
&= \frac{P(X \leqslant t, Y \leqslant h(X))}{P(Y \leqslant h(X))} \\
&= \frac{\displaystyle\int_{-\infty}^{t}\int_{-\infty}^{h(x)} f(x)g(y)\mathrm{d}x\mathrm{d}y}{\displaystyle\int_{-\infty}^{+\infty}\int_{-\infty}^{h(x)} f(x)g(y)\mathrm{d}x\mathrm{d}y} \\
&= \int_{-\infty}^{t}\left[\frac{f(x)F_Y(h(x))}{\displaystyle\int_{-\infty}^{+\infty} f(t)F_Y(h(t))\mathrm{d}t}\mathrm{d}x\right],
\end{aligned}$$

故式 (4.4.3) 成立.

推论 4.4.2 (I 型 RA 法) 设 $p(x)$ 为密度函数且满足 $p(x) \leqslant M(x)$, $\forall x \in \mathbf{R}$. 密度函数 $f(x)$ 定义为

$$f(x) = \frac{M(x)}{C}, \quad C = \int_{-\infty}^{+\infty} M(x)\mathrm{d}x.$$

若按下述方法进行抽样:

(1) 生成 $X \sim f(x)$;

(2) 生成 $U \sim U(0,1)$, 且 U 与 X 独立;

(3) 若 $U \leqslant p(X)/M(X)$, 则取 $Z = X$, 否则转到 1,

则 $Z \sim p(z)$.

证明 取定理 4.4.2 中的 $g(x)$ 为 $U(0,1)$ 密度函数, $h(x) = p(x)/M(x)$, 则 Z 的密度函数为

$$\frac{f(z)F_U(p(z)/M(z))}{\displaystyle\int_{-\infty}^{+\infty} f(t)F_U(p(t)/M(t))\mathrm{d}t} = \frac{[M(z)/C][p(z)/M(z)]}{\displaystyle\int_{-\infty}^{+\infty} \frac{M(t)}{C}\frac{p(t)}{M(t)}\mathrm{d}t} = p(z).$$

推论 4.4.3 (II 型 RA 法) 设 $p(x)$ 为密度函数且可分解为

$$p(x) = c \cdot h(x)g(x),$$

其中 $g(x)$ 为一个概率密度函数, $h(x)$ 满足 $0 \leqslant h(x) \leqslant 1$, $c > 0$ 为常数. 若按下述方法进行抽样:

(1) 生成 $X \sim g(x)$;

(2) 生成 $U \sim U(0,1)$, 且 U 与 X 独立;

(3) 若 $U \leqslant h(X)$, 则取 $Z = X$, 否则转到 1,

则 $Z \sim p(z)$.

证明 易知 $\int_{\mathbf{R}} h(x)g(x)\mathrm{d}x = c^{-1}$, 且有

$$\begin{aligned}
P(Z \leqslant t) &= P(X \leqslant t \mid U \leqslant h(X)) \\
&= \frac{P(X \leqslant t, U \leqslant h(X))}{P(U \leqslant h(X))} \\
&= \frac{\displaystyle\int_{-\infty}^{t}\int_{0}^{h(x)} g(x)\cdot 1\mathrm{d}x\mathrm{d}y}{\displaystyle\int_{-\infty}^{+\infty}\int_{0}^{h(x)} g(x)\cdot 1\mathrm{d}x\mathrm{d}y} \\
&= \int_{-\infty}^{t}\left[\frac{g(x)h(x)}{\displaystyle\int_{-\infty}^{+\infty} g(t)h(t)\mathrm{d}t}\mathrm{d}x\right] \\
&= \int_{-\infty}^{t} cg(x)h(x)\mathrm{d}x,
\end{aligned}$$

故知结论成立.

定理 4.4.3 (离散分布抽样法) 设 X 为一离散随机变量, 其概率分布为

$$P(X=x_i)=p_i,\quad i=1,2,\cdots,\quad x_1<x_2<\cdots.$$

若按下述方法进行抽样:

(1) 生成 $U\sim U(0,1)$;

(2) U 满足

$$F(x_{i-1})<U\leqslant F(x_i),\quad i=1,2,\cdots,$$

取 $\xi=x_i$, 否则转到 (1),

则 $\xi\sim F(x)$, 其中 $F(x)$ 为 X 的分布函数.

证明 设 $x_0<x_1<x_2<\cdots$ 且定义 $F(x_0)=0$, 则 ξ 的分布函数为

$$\begin{aligned}P(\xi\leqslant x_i)&=\sum_{j=1}^{i}P(\xi=x_j)\\&=\sum_{j=1}^{i}P(F(x_{j-1})<U\leqslant F(x_j))\\&=\sum_{j=1}^{i}[P(U\leqslant F(x_j))-P(U\leqslant F(x_{j-1}))]\\&=\sum_{j=1}^{i}[F(x_j)-F(x_{j-1})]\\&=F(x_i).\end{aligned}$$

故结论成立.

例 4.4.3 服从均匀离散分布

$$P(X=i)=\frac{1}{n},\quad i=1,\cdots,n$$

的均匀随机整数的抽样.

解 X 的分布函数为

$$F(i)=P(X\leqslant i)=\frac{i}{n},\quad i=1,\cdots,n.$$

由定理 4.4.3 可得 X 的抽样步骤:

(1) 生成 $U\sim U(0,1)$;

(2) 若 U 满足

$$\frac{i-1}{n}<U\leqslant\frac{i}{n},\quad 或\ i-1<nU\leqslant i,\quad i=1,2,\cdots,$$

取 $\xi=[nu]+1$, 否则转到 (1).

定理 4.4.4(复合抽样法)　设分布函数 $F(x)$ 可表示为

$$F(x)=\sum_{j=1}^{m}p_jF_j(x), \tag{4.4.4}$$

其中 $p_j>0$ 且 $\sum_{j=1}^{m}p_j=1$, $F_j(x)$ 为分布函数, $j=1,2,\cdots$.

若按下述方法进行抽样:

(1) 生成 $\xi\sim$ 离散分布 $p_1,p_2,\cdots,p_m$, $\sum_{j=1}^{m}p_j=1$;

(2) 生成 $X\sim F_\xi(x)$, 取 $Z=X$,

则 $Z\sim F(x)$.

证明　因为

$$\begin{aligned}P(Z\leqslant z)&=P\left(\{Z\leqslant z\}\cap\left[\bigcup_{i=1}^{m}\{\xi=i\}\right]\right)\\&=\sum_{i=1}^{m}P(Z\leqslant z,\xi=i)\\&=\sum_{i=1}^{m}P(\xi=i)P(Z\leqslant z\mid\xi=i)\\&=\sum_{i=1}^{m}p_iF_i(z)=F(z).\end{aligned}$$

故结论成立.

注　当 X 为连续型随机变量时, X 的密度函数 $f(x)=\sum_{j=1}^{m}p_jf_j(x)$, 其中 $f_j(x)$ 为 $F_j(x)$ 的密度函数, $j=1,2,\cdots,m$.

设 Z 的密度函数 $p(z)\leqslant M(z), z\in\mathbf{R}$, 因此 $D_{(2,[p])}\subseteq D_{(2,[M])}$. 产生 $D_{(2,[p])}$ 上均匀分布随机数 (Z,Y) 的步骤如下:

(1) 产生 $D_{(2,[M])}$ 上均匀分布随机数 (ξ,η) ;

(2) 若 $(\xi,\eta)\in D_{(2,[p])}$, 取 $(Z,Y)=(\xi,\eta)$, 否则转到 1.

命题 4.4.2　设 (ξ,η) 在 $D_{(2,[M])}$ 上服从均匀分布, 则

(1) (ξ,η) 的密度函数为 $p_M(x,v)=C^{-1}I_{D_{(2,[M])}}(x,v)$;

(2) ξ 的密度函数为 $p_\xi(x)=\dfrac{M(x)}{C}$;

(3) 给定 $\xi=x$, η 的条件密度函数为

$$p_\eta(v\mid\xi=x)=\frac{p_M(x,v)}{p_\xi(x)}=\frac{1}{M(x)},\quad 0\leqslant v\leqslant M(x),$$

其中, $C=\int_{\mathbf{R}}M(x)\mathrm{d}x$.

注 $p_\eta(v|\xi=x)$ 在区间 $(0,M(x))$ 为均匀分布密度函数, 即 $\eta=M(x)U$, 其中 $U\sim U(0,1)$. 产生 $(Z,Y)\in D_{(2,[p])}$ 的期望重复次数为 C 且

$$P((Z,Y)\in D_{(2,[p])})=\frac{1}{C}. \tag{4.4.5}$$

随机数横条法是 VDR 与离散分布抽样及复合抽样的综合使用. 即通过对纵轴的划分和离散化区域 $D_{(d,[p])}$, 形成若干垂直于纵轴的横条区域 (侧曲边梯形). 首先基于 VDR 与 RA 法生成横条区域中的随机数, 然后利用复合抽样, 得到连续型随机向量 $\boldsymbol{X}_d$ 服从概率密度为 $p(\boldsymbol{x}_d)$ 的随机数.

命题 4.4.3 设一元概率密度函数 $p(x)$ 满足:

(1) $p(x_0)=\sup\{p(x):-\infty<x<\infty\}$;

(2) $p(\cdot)$ 在 $(-\infty,\ x_0]$ 上单调上升, 在 $[x_0,\ \infty)$ 上单调下降.

选取 $\{h_i\}_{i=0}^{m+1}$, 使得

$$p(x_0)=h_0>h_1>\cdots>h_m>h_{m+1}=0.$$

设 $a_i,b_i,i=1,\cdots,m,\ a_{m+1}=-\infty,b_{m+1}=\infty$, 满足

$$a_i\leqslant x_0\leqslant b_i,\quad p(a_i)=p(b_i)=h_i,$$

$$\begin{aligned}
B_{i1}&=\{(x,y):y\leqslant p(x),-\infty<x<a_i\},\\
B_{i2}&=\{(x,y):y\leqslant p(x),b_i<x<\infty\},\\
B_{i3}&=\{(x,y):y\leqslant h_i,a_i\leqslant x\leqslant b_i\},\\
B_i&=B_{i1}\cup B_{i2}\cup B_{i3},\\
L_2(B_i)&=p_i,\quad i=1,2,\cdots,m,\quad p_0=1,\quad p_{m+1}=0.
\end{aligned}$$

记

$$(p_{i-1}-p_i)f_{i-1}(x)=\begin{cases}p(x)-h_i, & x\in(a_i,a_{i-1}]\cup(b_{i-1},b_i],\\ h_{i-1}-h_i, & x\in(a_{i-1},b_{i-1}],\end{cases}$$

$i=2,3,\cdots,m+1$.

$$(p_0-p_1)f_0(x)=p(x)-h_1,\quad x\in[a_1,b_1],$$

其中 $f_j(x)$ 是密度函数, $j=0,1,2,\cdots,m$, 则有

$$p(x)=\sum_{i=1}^{m+1}(p_{i-1}-p_i)f_{i-1}(x). \tag{4.4.6}$$

注 在纵轴区间 $[0,p(x_0)]$ 内插入了 $h_m<h_{m-1}<\cdots<h_2<h_1$ 共 m 个分点, 得到了 $m+1$ 个窄的横条梯形区域. 易知 $\sum_{i=1}^{m+1}(p_{i-1}-p_i)=1$.

由例题 4.4.2 可以生成梯形分布的随机数, 进而生成密度函数为 $p(x)$ 的随机数. 基于式 (4.4.6) 的算法称为横条法.

对 $\mathbf{R}^d$ 上的概率密度 $p(\boldsymbol{x}_d)$, 横条法依然有效.

命题 4.4.4 设 d 维概率密度函数 $p(\boldsymbol{x}_d)$ 满足:

(1) $h_0 = \sup\{p(\boldsymbol{x}_d) : \boldsymbol{x}_d \in \mathbf{R}^d\}$;

(2) $p(\cdot)$ 在 $\mathbf{R}^d$ 上为单峰函数, 即对 $\forall v_1, v_2 \in (0, h_0)$, 有

$$D_{(d,\ [p])}(v_2) \subseteq D_{(d,\ [p])}(v_1), \quad v_1 < v_2,$$

选取 $\{h_i\}_{i=0}^{m+1}$, 使得

$$h_0 > h_1 > \cdots > h_m > h_{m+1} = 0.$$

对 $i = 2, 3, \cdots, m+1$, 定义 $g_i(\boldsymbol{x}_d)$ 为

$$g_{i-1}(\boldsymbol{x}_d) = \begin{cases} h_{i-1} - h_i, & \boldsymbol{x}_d \in D_{(d,\ [p])}(h_i), \\ p(\boldsymbol{x}_d) - h_i, & x \in D_{(d,\ [p])}(h_i) \backslash D_{(d,\ [p])}(h_{i-1}). \end{cases}$$

定义 $g_0(\boldsymbol{x}_d)$ 为

$$g_0(\boldsymbol{x}_d) = p(\boldsymbol{x}_d) - h_1, \quad \boldsymbol{x}_d \in D_{(d,\ [p])}(h_1).$$

记 A_0 为曲面 $p(\boldsymbol{x}_d)$ 与 $D_{(d,[p])}(h_1)$ 所围成的区域, A_i 为曲面 $g_i(\boldsymbol{x}_d)$ 与 $D_{(d,[p])}(h_{i+1})$ 所围成的区域, $i = 1, 2, \cdots, m$.

记 $L_d(A_i) = t_i > 0, i = 0, 1, 2, \cdots, m$. 故有 $\sum_{i=0}^{m} t_i = 1$. 定义 $f_i(\boldsymbol{x}_d)$ 为

$$f_i(\boldsymbol{x}_d) = \frac{1}{t_i} g_i(\boldsymbol{x}_d), \quad i = 0, 1, 2, \cdots, m, \tag{4.4.7}$$

则 $f_i(\boldsymbol{x}_d), i = 0, 1, 2, \cdots, m$ 为概率密度函数且

$$p(\boldsymbol{x}_d) = \sum_{i=0}^{m} t_i f_i(\boldsymbol{x}_d), \quad \boldsymbol{x}_d \in \mathbf{R}^d. \tag{4.4.8}$$

依式 (4.4.8) 设计服从 $p(\boldsymbol{x}_d)$ 的随机数生成算法.

第 5 章　球面调和函数

球对称分布、椭球对称分布等可基于球面均匀分布加以定义, 中心相似分布可基于球面非均匀分布加以定义. 因此, 多元数据分析可以转化为球面数据分析. 同时, 球面上的统计分析可视为处理方向数据的多元分析的特殊情形. 本章将介绍球极投影变换、球调和函数、球面或单位球微积分等内容. 这些内容是进行球面统计分析、球面均匀分布光滑检验的基本工具.

5.1　球极投影变换

球极投影变换 (stereographic projection transformation) 是建立 $\mathbf{R}^d$ 空间上的点与球心在原点的单位球面 Ω_{d+1} 上的点的一一对应关系的一种变换. 设 $\boldsymbol{x} = (x_1, \cdots, x_d)^{\mathrm{T}} \in \mathbf{R}^d$, 点 $N = (0, \cdots, 0, 1)$ 与点 $(x_1, \cdots, x_d, 0)$ 连成一条空间直线 l, 满足

$$l:\ \frac{u_1 - 0}{x_1 - 0} = \cdots = \frac{u_d - 0}{x_d - 0} = \frac{u_{d+1} - 1}{0 - 1}.$$

点 $(w_1, \cdots, w_d, w_{d+1})$ 既在直线 l 上又在球面 Ω_{d+1} 上. 令 $u_1/x_1 = t$, 由直线参数方程可得

$$t = \frac{2}{\|\boldsymbol{x}\|^2 + 1}.$$

因此

$$\begin{cases} w_1 = \dfrac{2x_1}{\|\boldsymbol{x}\|^2 + 1}, \\ \quad\cdots\cdots \\ w_d = \dfrac{2x_d}{\|\boldsymbol{x}\|^2 + 1}, \\ w_{d+1} = \dfrac{\|\boldsymbol{x}\|^2 - 1}{\|\boldsymbol{x}\|^2 + 1}, \end{cases} \qquad \begin{cases} x_1 = \dfrac{w_1}{1 - w_{d+1}}, \\ \quad\cdots\cdots \\ x_d = \dfrac{w_d}{1 - w_{d+1}}, \end{cases} \tag{5.1.1}$$

映射 $\boldsymbol{x} \to \boldsymbol{w}$ 记为 SP: $\boldsymbol{w} = (w_1, \cdots, w_{d+1})^{\mathrm{T}} = \mathrm{SP}(\boldsymbol{x})$, 逆映射 $\boldsymbol{w} \to \boldsymbol{x}$ 记为

$$\boldsymbol{x} = \mathrm{SP}^{-1}(\boldsymbol{w}).$$

注　点 $N \in \Omega_{d+1}$ 是 $\mathbf{R}^d$ 中无穷远点的映射:

$$N = \lim_{\|\boldsymbol{x}\| \to \infty} \mathrm{SP}(\boldsymbol{x}), \quad \boldsymbol{x} \in \mathbf{R}^d.$$

定理 5.1.1　设随机向量 $\boldsymbol{X} \sim f(\boldsymbol{x})$, $\boldsymbol{y} = h(\boldsymbol{x})$ 为 $\boldsymbol{x}$ 到 $\boldsymbol{y}$ 的 1-1 变换, 则随机向量

$$\boldsymbol{Y} \sim f(\boldsymbol{x}(\boldsymbol{y}))|J(\boldsymbol{x} \mid \boldsymbol{y})|,$$

其中, $f(\boldsymbol{x})$ 为 $\boldsymbol{X}$ 的概率密度, $J(\boldsymbol{x} \mid \boldsymbol{y})$ 为 $\boldsymbol{x}$ 对 $\boldsymbol{y}$ 的 Jacobi 行列式.

定理 5.1.2　设 d 维随机向量 $\boldsymbol{X}$ 具有密度函数 $f(\boldsymbol{x})$, $\boldsymbol{W} = \mathrm{SP}(\boldsymbol{X})$ 具有密度函数 $g(\boldsymbol{w})$, 则

$$f(\boldsymbol{x}) = \beta(\boldsymbol{x})g(\boldsymbol{w}), \quad \forall\ \boldsymbol{x} \in \mathbf{R}^d, \tag{5.1.2}$$

且 Jacobi 行列式的绝对值为

$$|J| = \left|\frac{\partial(w_1, \cdots, w_d)}{\partial(x_1, \cdots, x_d)}\right| = \frac{2^d|1 - \|\boldsymbol{x}\|^2|}{(1 + \|\boldsymbol{x}\|^2)^{d+1}}, \tag{5.1.3}$$

其中 $\beta(\boldsymbol{x}) = 2^d(\|\boldsymbol{x}\|^2 + 1)^{-d}$.

证明　由式 (5.1.1) 知

$$\begin{aligned} F(\boldsymbol{x}) &= P(X_1 < x_1, \cdots, X_d < x_d) \\ &= P\left(\frac{W_1}{1 - W_{d+1}} < x_1, \cdots, \frac{W_d}{1 - W_{d+1}} < x_d\right) \\ &= \overbrace{\int \cdots \int_D}^{d+1} g(\boldsymbol{w})\mathrm{d}\boldsymbol{w}, \end{aligned} \tag{5.1.4}$$

其中

$$D = \left\{(w_1, \cdots, w_{d+1}) : \frac{w_1}{1 - w_{d+1}} < x_1, \cdots, \frac{w_d}{1 - w_{d+1}} < x_d, \sum_{i=1}^{d+1} w_i^2 = 1\right\}.$$

当 $\|\boldsymbol{x}\| > 1$ 时, $w_{d+1} > 0$, 故有

$$F(\boldsymbol{x}) = \overbrace{\int \cdots \int_{D_1}}^{d} \left(1 - \sum_{i=1}^d w_i^2\right)^{-1/2} g\left(w_1, \cdots, w_d, \left(1 - \sum_{i=1}^d w_i^2\right)^{1/2}\right) \mathrm{d}w_1 \cdots \mathrm{d}w_d, \tag{5.1.5}$$

其中

$$D_1 = \left\{(w_1, \cdots, w_d) : \frac{w_1}{1 - \sqrt{1 - \sum_{i=1}^d w_i^2}} < x_1, \cdots, \frac{w_d}{1 - \sqrt{1 - \sum_{i=1}^d w_i^2}} < x_d\right\}.$$

作变换

$$\begin{cases} \dfrac{w_1}{1-\sqrt{1-\sum\limits_{i=1}^{d} w_i^2}} = v_1, \\ \cdots\cdots \\ \dfrac{w_d}{1-\sqrt{1-\sum\limits_{i=1}^{d} w_i^2}} = v_d, \end{cases} \tag{5.1.6}$$

则有

$$\begin{cases} w_1 = \dfrac{2v_1}{v_1^2+\cdots+v_d^2+1}, \\ \cdots\cdots \\ w_d = \dfrac{2v_d}{v_1^2+\cdots+v_d^2+1}, \end{cases} \tag{5.1.7}$$

记 $\|\boldsymbol{v}\| = (v_1^2+\cdots+v_d^2)^{1/2}$. 该变换的 Jacobi 行列式为

$$J = \frac{2^d}{(1+\|\boldsymbol{v}\|^2)^{2d}} \begin{vmatrix} 1-v_1^2+\cdots+v_d^2 & -2v_1v_2 & \cdots & -2v_1v_d \\ -2v_2v_1 & 1+v_1^2-\cdots+v_d^2 & \cdots & -2v_2v_d \\ \vdots & \vdots & & \vdots \\ -2v_dv_1 & -2v_dv_2 & \cdots & 1+v_1^2+\cdots-v_d^2 \end{vmatrix}$$

为计算 $J_1 = |\cdot|$, 将 J_1 的第 d 行乘以 $-v_i/v_d$, 然后加到第 i 行, $i=1,\cdots,d-1$. 再将第 i 列乘以 v_i/v_d, 然后加到第 d 列, $i=1,\cdots,d-1$. 得到一个下三角形行列式, 其主对角线上的第 d 个元素为 $1-\|\boldsymbol{v}\|^2$, 其余 $d-1$ 个元素均为 $1+\|\boldsymbol{v}\|^2$. 故

$$|J| = \frac{2^d|1-\|\boldsymbol{v}\|^2|}{(1+\|\boldsymbol{v}\|^2)^{d+1}}.$$

又

$$|w_{d+1}| = \frac{|1-\|\boldsymbol{v}\|^2|}{1+\|\boldsymbol{v}\|^2},$$

因此

$$F(\boldsymbol{x}) = \overbrace{\int\cdots\int}^{d}_{D_2} \frac{2^d}{(\|\boldsymbol{v}\|^2+1)^d} g\left(\frac{2v_1}{\|\boldsymbol{v}\|^2+1},\cdots,\frac{2v_d}{\|\boldsymbol{v}\|^2+1},\frac{\|\boldsymbol{v}\|^2-1}{\|\boldsymbol{v}\|^2+1}\right)\mathrm{d}v_1\cdots\mathrm{d}v_d, \tag{5.1.8}$$

其中

$$D_2 = \{(v_1,\cdots,v_d): v_1<x_1,\cdots,v_d<x_d, \|\boldsymbol{v}\|^2>1\}.$$

当 $\|\boldsymbol{x}\| \leqslant 1$ 时, $w_{d+1} \leqslant 0$, 故有

$$F(\boldsymbol{x}) = \overbrace{\int \cdots \int}^{d}_{D_3} \left(1 - \sum_{i=1}^{d} w_i^2\right)^{-1/2} g\left(w_1, \cdots, w_d, -\left(1 - \sum_{i=1}^{d} w_i^2\right)^{1/2}\right) \mathrm{d}w_1 \cdots \mathrm{d}w_d, \tag{5.1.9}$$

其中

$$D_3 = \left\{(w_1, \cdots, w_d) : \frac{w_1}{1 + \sqrt{1 - \sum_{i=1}^{d} w_i^2}} < x_1, \cdots, \frac{w_d}{1 + \sqrt{1 - \sum_{i=1}^{d} w_i^2}} < x_d\right\}.$$

因此

$$F(\boldsymbol{x}) = \overbrace{\int \cdots \int}^{d}_{D_4} \frac{2^d}{(\|\boldsymbol{v}\|^2 + 1)^d} g\left(\frac{2v_1}{\|\boldsymbol{v}\|^2 + 1}, \cdots, \frac{2v_d}{\|\boldsymbol{v}\|^2 + 1}, \frac{\|\boldsymbol{v}\|^2 - 1}{\|\boldsymbol{v}\|^2 + 1}\right) \mathrm{d}v_1 \cdots \mathrm{d}v_d, \tag{5.1.10}$$

其中

$$D_4 = \{(v_1, \cdots, v_d) : v_1 < x_1, \cdots, v_d < x_d, \|\boldsymbol{v}\|^2 \leqslant 1\}.$$

因此, 对任意 $\boldsymbol{x} \in \mathbf{R}^d$, 有

$$F(\boldsymbol{x}) = \overbrace{\int \cdots \int}^{d}_{v_1 < x_1, \cdots, v_d < x_d} \frac{2^d}{(\|\boldsymbol{v}\|^2 + 1)^d} g\left(\frac{2v_1}{\|\boldsymbol{v}\|^2 + 1}, \cdots, \frac{2v_d}{\|\boldsymbol{v}\|^2 + 1}, \frac{\|\boldsymbol{v}\|^2 - 1}{\|\boldsymbol{v}\|^2 + 1}\right) \mathrm{d}v_1 \cdots \mathrm{d}v_d,$$

即对任意 $\boldsymbol{x} \in \mathbf{R}^d$, 有

$$f(\boldsymbol{x}) = \frac{2^d}{(\|\boldsymbol{x}\|^2 + 1)^d} g\left(\frac{2x_1}{\|\boldsymbol{x}\|^2 + 1}, \cdots, \frac{2x_d}{\|\boldsymbol{x}\|^2 + 1}, \frac{\|\boldsymbol{x}\|^2 - 1}{\|\boldsymbol{x}\|^2 + 1}\right). \tag{5.1.11}$$

结论得证.

定理 5.1.3　设 $\boldsymbol{x} \in \mathbf{R}^d$, $\boldsymbol{w} = \mathrm{SP}(\boldsymbol{x}) \in \Omega$, 则

$$\mathrm{d}\boldsymbol{\omega} = \beta(\boldsymbol{x})\mathrm{d}\boldsymbol{x}. \tag{5.1.12}$$

证明　$w_{d+1} = \pm\sqrt{1 - w_1^2 - \cdots - w_d^2}$, $\mathrm{d}\boldsymbol{\omega} = 1/|w_{d+1}|\mathrm{d}w_1 \cdots \mathrm{d}w_d$,

$$w_{d+1} = (\|\boldsymbol{x}\|^2 - 1)/(\|\boldsymbol{x}\|^2 + 1),$$

又由式 (5.1.3), $\mathrm{d}w_1 \cdots \mathrm{d}w_d = (2^d|1 - \|\boldsymbol{x}\|^2|)/[(1 + \|\boldsymbol{x}\|^{\mathbf{2}})^{d+1}]\mathrm{d}\boldsymbol{x}$, 故结论成立.

例 5.1.1 计算

$$I_1 = \int_{\|\boldsymbol{x}\| \leqslant 1} \beta(\boldsymbol{x}) \mathrm{d}\boldsymbol{x}, \quad I_2 = \int_{\|\boldsymbol{x}\| > 1} \beta(\boldsymbol{x}) \mathrm{d}\boldsymbol{x}, \quad I = \int_{\mathbf{R}^3} \beta(\boldsymbol{x}) \mathrm{d}\boldsymbol{x},$$

其中

$$\beta(\boldsymbol{x}) = 2^d (1 + \|\boldsymbol{x}\|^2)^{-d}, \quad d = 3.$$

作球坐标变换

$$\begin{cases} x_1 = r \sin\phi \cos\theta, \\ x_2 = r \sin\phi \sin\theta, \\ x_3 = r \cos\phi, \end{cases} \tag{5.1.13}$$

其中, $r > 0, \phi \in [0, \pi], \theta \in [0, 2\pi]$. 该变换的 Jacobi 行列式为 $J = r^2 \sin\phi$. 故

$$\begin{aligned} I_1 &= \int_0^{2\pi} \mathrm{d}\theta \int_0^{\pi} \mathrm{d}\phi \int_0^1 \frac{8}{(1+r^2)^3} r^2 \sin\phi \mathrm{d}r \\ &= 32\pi \int_0^1 \frac{r^2}{(1+r^2)^3} \mathrm{d}r \quad (\text{令} r = \tan t) \\ &= 32\pi \int_0^{\pi/4} \tan^2 t \cos^4 t \mathrm{d}t \\ &= 8\pi \int_0^{\pi/4} \sin^2 2t \mathrm{d}t \\ &= 8\pi \int_0^{\pi/4} \frac{1 - \cos 4t}{2} \mathrm{d}t \\ &= \pi^2. \end{aligned} \tag{5.1.14}$$

令 $r = 1/s$, 易知

$$\int_1^{\infty} \frac{r^2}{(1+r^2)^3} \mathrm{d}r = \int_0^1 \frac{s^2}{(1+s^2)^3} \mathrm{d}s.$$

因此 $I_1 = I_2$, $I = I_1 + I_2 = 2\pi^2$. 故

$$\int_{\mathbf{R}^3} \beta(\boldsymbol{x}) \mathrm{d}\boldsymbol{x} = 2\pi^2.$$

记 Ω_d 为 d 维单位球面. 因为 4 维单位球面积

$$\int_{\Omega_4} \mathrm{d}\boldsymbol{\omega} = 2\pi^2,$$

故知按式 (5.1.12) 两端分别计算所得积分是相等的.

5.2 L_α 模 球

设 $\boldsymbol{x}=(x_1,\cdots,x_d)^{\mathrm{T}}\in\mathbf{R}^d$, $\boldsymbol{b}=(b_1,\cdots,b_d)^{\mathrm{T}}\in\mathbf{R}^d$, 常数 $\alpha>0$. d 维向量 $\boldsymbol{x}$ 的 L_α 模定义为

$$\|\boldsymbol{x}\|_\alpha=\left(\sum_{i=1}^{d}|x_i|^\alpha\right)^{1/\alpha}. \tag{5.2.1}$$

球心在点 $\boldsymbol{b}$ 半径为 r 的 L_α 模 d 维球面定义为

$$\Omega_d^{(\alpha)}(\boldsymbol{b},r)=\{\boldsymbol{x}:\|\boldsymbol{x}-\boldsymbol{b}\|_\alpha=r,\boldsymbol{x}\in\mathbf{R}^d\}. \tag{5.2.2}$$

球心在点 $\boldsymbol{b}$ 半径为 r 的 L_α 模 d 维开球定义为

$$S_d^{(\alpha)}(\boldsymbol{b},r)=\{\boldsymbol{x}:\|\boldsymbol{x}-\boldsymbol{b}\|_\alpha<r,\boldsymbol{x}\in\mathbf{R}^d\}. \tag{5.2.3}$$

球心在点 $\boldsymbol{b}$ 半径为 r 的 L_α 模 d 维闭球定义为

$$\bar{S}_d^{(\alpha)}(\boldsymbol{b},r)=\{\boldsymbol{x}:\|\boldsymbol{x}-\boldsymbol{b}\|_\alpha\leqslant r,\boldsymbol{x}\in\mathbf{R}^d\}. \tag{5.2.4}$$

简记 $\Omega_d^{(2)}(\boldsymbol{b},r)$ 为 $\Omega_d(\boldsymbol{b},r)$, $S_d^{(2)}(\boldsymbol{b},r)$ 为 $S_d(\boldsymbol{b},r)$, $\bar{S}_d^{(2)}(\boldsymbol{b},r)$ 为 $\bar{S}_d(\boldsymbol{b},r)$. 简记 $\Omega_d(\mathbf{0},1)$ 为 Ω_d, $S_d(\mathbf{0},1)$ 为 S_d, $\bar{S}_d(\mathbf{0},1)$ 为 $\bar{S}_d$.

引理 5.2.1 (Szablowski, 1998)　设有 $\mathbf{R}^d$ 上的 L_α 模球坐标变换

$$\begin{cases} x_j=r\left(\cos\theta_j\prod\limits_{k=1}^{j-1}\sin\theta_k\right)^{2/\alpha}, & j=1,\cdots,d-1,\\ x_d=r\left(\sin\theta_{d-1}\prod\limits_{k=1}^{d-2}\sin\theta_k\right)^{2/\alpha}, & j=d,\end{cases} \tag{5.2.5}$$

其中 $r>0,\theta_k\in[0,\pi],k=1,\cdots,d-2,\theta_{d-1}\in[0,2\pi]$, 则 d 维 L_α 模球坐标变换的 Jacobi 行列式为

$$J_\alpha(\boldsymbol{x}\mid r,\theta_1,\cdots,\theta_{d-1})=(2/\alpha)^{d-1}r^{d-1}\prod_{i=1}^{d-1}(\sin\theta_i)^{2(d-i)/\alpha-1}(\cos\theta_i)^{2/\alpha-1}. \tag{5.2.6}$$

推论 5.2.1　当 $\alpha=2$, $r=1$ 时, Ω_d 上的 L_2 模球坐标变换为

$$\begin{cases} x_j=\cos\theta_j\prod\limits_{k=1}^{j-1}\sin\theta_k, & j=1,\cdots,d-1,\\ x_d=\sin\theta_{d-1}\prod\limits_{k=1}^{d-2}\sin\theta_k, & j=d,\end{cases} \tag{5.2.7}$$

其中 $\theta_k \in [0,\pi], k=1,\cdots,d-2, \theta_{d-1}\in[0,2\pi]$, 则 d 维球坐标变换的 Jacobi 行列式为

$$J_2(\boldsymbol{x} \mid \theta_1,\cdots,\theta_{d-1}) = \prod_{i=1}^{d-1}(\sin\theta_i)^{d-i-1}. \tag{5.2.8}$$

引理 5.2.2 设 $J_\alpha(\boldsymbol{x}|r,\theta_1,\cdots,\theta_{d-1})$ 由式 (5.2.6) 定义, 则

$$\begin{aligned}&\int_0^{\pi}\cdots\int_0^{\pi}\int_0^{2\pi}|J_\alpha(\boldsymbol{x}\mid 1,\theta_1,\cdots,\theta_{d-1})\,|\,\mathrm{d}\theta_1\cdots\mathrm{d}\theta_{d-1}\\ =&2(2/\alpha)^{d-1}\frac{\Gamma^d(1/\alpha)}{\Gamma(d/\alpha)}\triangleq J_\alpha(d,1).\end{aligned} \tag{5.2.9}$$

定理 5.2.1 设 $\mathrm{d}\boldsymbol{\omega}_d$ 为 $\Omega_d=\{\boldsymbol{x}:\|\boldsymbol{x}\|=1,\boldsymbol{x}\in\mathbf{R}^d\}$ 的面积元素且 a_d 为 Ω_d 的面积. 若 $\boldsymbol{\varepsilon}_1,\cdots,\boldsymbol{\varepsilon}_d$ 为 $\mathbf{R}^d$ 中的单位正交向量组, 则

(1) 对 $\forall\boldsymbol{x}\in\Omega_d$,

$$\boldsymbol{x}=t\boldsymbol{\varepsilon}_d+\sqrt{1-t^2}\boldsymbol{\xi}_{d-1},\quad |t|\leqslant 1,$$

其中 $t=\boldsymbol{x}^{\mathrm{T}}\boldsymbol{\varepsilon}_d$, $\boldsymbol{\xi}_{d-1}$ 是属于线性空间 $\mathcal{L}(\boldsymbol{\varepsilon}_1,\cdots,\boldsymbol{\varepsilon}_{d-1})$ 的单位向量.

(2) $\mathrm{d}\boldsymbol{\omega}_d=(1-t^2)^{(d-3)/2}\mathrm{d}t\mathrm{d}\boldsymbol{\omega}_{d-1}$.

(3) $a_d=\dfrac{2\pi^{d/2}}{\Gamma(d/2)}$.

证明 (2) 由式 (5.2.8) 知

$$\mathrm{d}\boldsymbol{\omega}_d=(\sin\theta_1)^{d-2}\mathrm{d}\theta_1\prod_{i=2}^{d-1}(\sin\theta_i)^{d-i-1}\mathrm{d}\theta_2\cdots\mathrm{d}\theta_{d-1}=(\sin\theta_1)^{d-2}\mathrm{d}\theta_1\mathrm{d}\boldsymbol{\omega}_{d-1}.$$

又由于

$$t=\cos\theta_1\Rightarrow\sin\theta_1=(1-t^2)^{1/2}\Rightarrow|\mathrm{d}t|=(1-t^2)^{1/2}|\mathrm{d}\theta_1|\Rightarrow\mathrm{d}\theta_1=(1-t^2)^{-1/2}\mathrm{d}t,$$

故结论成立.

推论 5.2.2 设随机变量 t 由定理 5.2.1 定义, 则 t 的概率密度为

$$f(t)=\frac{a_{d-1}}{a_d}(1-t^2)^{(d-3)/2},\quad -1\leqslant t\leqslant 1. \tag{5.2.10}$$

定理 5.2.2 记半径为 r 的 L_α 模 d 维球的体积为 $c_d^{(\alpha)}(r)$, 半径为 r 的 L_α 模 d 维球面面积为 $a_d^{(\alpha)}$, 则

$$c_d^{(\alpha)}(r)=r^d(2/\alpha)^d\frac{\Gamma^d(1/\alpha)}{\Gamma(d/\alpha+1)}, \tag{5.2.11}$$

$$a_d^{(\alpha)}(r)=\mathrm{d}r^{d-1}(2/\alpha)^d\frac{\Gamma^d(1/\alpha)}{\Gamma(d/\alpha+1)}. \tag{5.2.12}$$

证明　由式 (5.2.9) 知 $J_\alpha(d,r)=r^{d-1}J_\alpha(d,1)$. 对 $J_\alpha(d,r)$ 积分可得 $c_d^{(\alpha)}(r)$, 不做积分可得 $a_d^{(\alpha)}(r)$.

易知

$$\frac{a_d}{c_d}=\frac{a_d^{(2)}(1)}{c_d^{(2)}(1)}=d,\quad c_d(r)=c_d^{(2)}(r)=r^d c_d.$$

故半径为 r 的 d 维球的体积 (L_2 模) 是 d 维单位球体积 (L_2 模) 的 r^d 倍, d 维单位球面面积是 d 维单位球体积的 d 倍.

5.3　调 和 函 数

球面调和函数可用于构造球面上的概率密度、球面概率分布的密度估计及球面概率分布的拟合优度检验. 本节将介绍球面调和函数、球面调和函数的正交性等基本概念及性质. 这部分内容主要参考 Axler 等 (2001) 的著作.

5.3.1　d 元齐次多项式

定义 5.3.1　设 $u(\boldsymbol{x})$ 定义在 $E\subset \mathbf{R}^d$ 上且具有二阶连续偏导数, 称 u 是 E 上的调和函数, 若

$$\Delta u=0,$$

其中 $\Delta=D_1^2+\cdots+D_d^2$ 且 D_j^2 表示 u 对第 j 个坐标变量的二阶偏导数. 称 Δ 为 Laplace 算子, 称 $\Delta u=0$ 为 Laplace 方程.

由调和函数定义可得下述结论. 设 u 为 E 上的调和函数, 则

(1) (平移不变性)　对任意 $\boldsymbol{b}\in\mathbf{R}^d$, $u(\boldsymbol{x}-\boldsymbol{b})$ 在 $E+\boldsymbol{b}=\{\boldsymbol{x}+\boldsymbol{b}:\boldsymbol{x}\in E\}$ 上调和.

(2) (伸缩不变性)　对任意 $r>0$, $u(r\boldsymbol{x})$ 在 $r^{-1}E=\{r^{-1}\boldsymbol{x}:\boldsymbol{x}\in E\}$ 上调和.

命题 5.3.1　设

$$u(\boldsymbol{x})=\begin{cases}\|\boldsymbol{x}\|^{2-d}, & d\geqslant 3,\\ \ln\|\boldsymbol{x}\|, & d=2,\end{cases}\tag{5.3.1}$$

则 u 在 $\mathbf{R}^d\backslash\{\mathbf{0}\}$ 上是调和的.

证明　设 $d\geqslant 3$. 因为

$$\frac{\partial u}{\partial x_j}=(2-d)x_j(x_1^2+\cdots+x_d^2)^{-d/2},$$

$$\frac{\partial^2 u}{\partial x_j^2}=(2-d)(\|\boldsymbol{x}\|^{-d}-\mathrm{d}x_j^2\|\boldsymbol{x}\|^{-d-2}),\quad j=1,\cdots,d,$$

故 u 是调和的. 设 $d=2$. 因为

$$\frac{\partial u}{\partial x_j}=\frac{x_j}{x_1^2+x_2^2},$$

$$\frac{\partial^2 u}{\partial x_j^2}=\frac{x_1^2+x_2^2-2x_j^2}{\|\boldsymbol{x}\|^4},\quad j=1,2,$$

故 u 是调和的.

命题 5.3.2 设函数 u,v 具有二阶连续偏导数, 则

$$\Delta(uv)=u\Delta v+2\nabla u\cdot\nabla v+v\Delta u, \tag{5.3.2}$$

其中 $\nabla u=(D_1u,\cdots,D_du)^{\mathrm{T}}$ 且 $\cdot$ 表示 Euclidean 内积.

证明 因为

$$D_j(uv)=\frac{\partial u}{\partial x_j}v+u\frac{\partial v}{\partial x_j},\quad j=1,\cdots,d,$$

$$D_j^2(uv)=D_j[D_j(uv)]=\frac{\partial^2 u}{\partial x_j^2}v+\frac{\partial^2 v}{\partial x_j^2}u+2\frac{\partial u}{\partial x_j}\frac{\partial v}{\partial x_j},$$

又 $\Delta=D_1^2+\cdots+D_d^2$, 故知结论成立.

命题 5.3.3 设 $\boldsymbol{x}\in\mathbf{R}^d$, 则

$$\Delta(\|\boldsymbol{x}\|^t)=t(t+d-2)\|\boldsymbol{x}\|^{t-2}. \tag{5.3.3}$$

证明 因为

$$\frac{\partial\|\boldsymbol{x}\|^t}{\partial x_i}=tx_i\|\boldsymbol{x}\|^{t-2},$$

$$\frac{\partial^2\|\boldsymbol{x}\|^t}{\partial x_i^2}=t[\|\boldsymbol{x}\|^{t-2}+x_i^2(t-2)\|\boldsymbol{x}\|^{t-4}],\quad i=1,\cdots,d,$$

故知命题成立.

定义 5.3.2 设 $\boldsymbol{x}=(x_1,\cdots,x_d)^{\mathrm{T}}\in\mathbf{R}^d$ 且 $\boldsymbol{\alpha}=(\alpha_1,\cdots,\alpha_d)^{\mathrm{T}}$ 为一个多重指标, $\alpha_i\geqslant 0, i=1,\cdots,d$. 定义

$$\begin{aligned}\boldsymbol{x}^{\boldsymbol{\alpha}}&=x_1^{\alpha_1}x_2^{\alpha_2}\cdots x_d^{\alpha_d},\\ \boldsymbol{\alpha}!&=\alpha_1!\alpha_2!\cdots\alpha_d!,\\ |\boldsymbol{\alpha}|&=\alpha_1+\alpha_2+\cdots+\alpha_d.\end{aligned} \tag{5.3.4}$$

称 $\boldsymbol{x}^{\boldsymbol{\alpha}}$ 为一个单项式, 称 $|\boldsymbol{\alpha}|$ 为单项式的阶. 称若干单项式的线性组合

$$p(\boldsymbol{x})=\sum_{\boldsymbol{\alpha}}c_{\boldsymbol{\alpha}}\boldsymbol{x}^{\boldsymbol{\alpha}} \tag{5.3.5}$$

为 d 元多项式. 称 $\max\{|\boldsymbol{\alpha}|\}$ 为 d 元多项式 $p(\boldsymbol{x})$ 的阶.

称阶为 m 的 d 元多项式 $p(\boldsymbol{x})$ 为齐次多项式, 若

$$p(\boldsymbol{x}) = \sum_{|\boldsymbol{\alpha}|=m} c_{\boldsymbol{\alpha}} \boldsymbol{x}^{\boldsymbol{\alpha}}. \tag{5.3.6}$$

等价地, 称阶为 m 的 d 元多项式 $p(\boldsymbol{x})$ 为齐次多项式, 若

$$p(t\boldsymbol{x}) = t^m p(\boldsymbol{x}), \quad \forall t \in \mathbf{R}, \quad \forall \boldsymbol{x} \in \mathbf{R}^d. \tag{5.3.7}$$

命题 5.3.4 设 $p(\boldsymbol{x}), q(\boldsymbol{x})$ 分别为 $\mathbf{R}^d$ 上的 m_1 阶, m_2 阶齐次多项式, 记 $r(\boldsymbol{x}) = p(\boldsymbol{x})q(\boldsymbol{x})$, 则 $r(\boldsymbol{x})$ 为 $\mathbf{R}^d$ 上的 $m_1 + m_2$ 阶齐次多项式.

证明 因为

$$r(t\boldsymbol{x}) = p(t\boldsymbol{x})q(t\boldsymbol{x}) = t^{m_1}p(\boldsymbol{x})t^{m_2}q(\boldsymbol{x}) = t^{m_1+m_2}r(\boldsymbol{x}),$$

故结论成立.

命题 5.3.5 $p(\boldsymbol{x})$ 为阶为 m 的齐次多项式的充要条件是

$$\boldsymbol{x} \cdot \nabla p = mp, \tag{5.3.8}$$

其中 ∇p 表示 p 的梯度.

证明 必要性. 设 $p(\boldsymbol{x}) = \sum_{|\boldsymbol{\alpha}|=m} c_{\boldsymbol{\alpha}} \boldsymbol{x}^{\boldsymbol{\alpha}}$ 为阶为 m 的齐次多项式. 因为

$$\frac{\partial p}{\partial x_j} = \sum_{|\boldsymbol{\alpha}|=m} c_{\boldsymbol{\alpha}} \alpha_j x_1^{\alpha_1} \cdots x_j^{\alpha_j - 1} \cdots x_d^{\alpha_d},$$

故

$$\boldsymbol{x} \cdot \nabla p = \sum_{|\boldsymbol{\alpha}|=m} c_{\boldsymbol{\alpha}} (\alpha_1 + \cdots + \alpha_d) \boldsymbol{x}^{\boldsymbol{\alpha}} = mp(\boldsymbol{x}).$$

充分性. 设 $p(\boldsymbol{x}) = \sum c_{\boldsymbol{\alpha}} \boldsymbol{x}^{\boldsymbol{\alpha}}$. 因为

$$\boldsymbol{x} \cdot \nabla p = \sum c_{\boldsymbol{\alpha}} |\boldsymbol{\alpha}| \boldsymbol{x}^{\boldsymbol{\alpha}} = |\boldsymbol{\alpha}| p = mp \Rightarrow |\boldsymbol{\alpha}| = m,$$

故 $p(\boldsymbol{x})$ 为阶为 m 的齐次多项式.

命题 5.3.6 任意一个 $\mathbf{R}^d$ 上的 m 阶多项式 p 都可以唯一地表示为

$$p = \sum_{j=0}^{m} p_j,$$

其中 p_j 为 $\mathbf{R}^d$ 上的 j 阶齐次多项式. 称 p_j 为 p 的 j 次齐次成分.

命题 5.3.7 $\mathbf{R}^d$ 上的 m 阶多项式 p 是调和的充要条件是命题 5.3.6 中的每一个 p_j 是调和的.

证明 $\Delta=\sum_{j=0}^{m}\Delta p_j$, 又一个多项式恒为 0 的充要条件是它的任一个齐次部分恒为 0, 故 p 是调和的充要条件是每一个 p_j 是调和的.

定义 5.3.3 Ω_d 上连续函数的全体记为 $C(\Omega_d)$, E 上连续函数的全体记为 $C(E)$. 设 $\boldsymbol{\alpha}=(\alpha_1,\cdots,\alpha_d)^{\mathrm{T}}$ 为一个多重指标, $\alpha_i\geqslant 0, i=1,\cdots,d$. 称 $|\boldsymbol{\alpha}|=\alpha_1+\cdots+\alpha_d$ 为 $\boldsymbol{\alpha}$ 的阶. $|\boldsymbol{\alpha}|$ 阶的微分算子 $D^{\boldsymbol{\alpha}}$ 定义为

$$D^{\boldsymbol{\alpha}}=\frac{\partial^{|\boldsymbol{\alpha}|}}{\partial x_1^{\alpha_1}\partial x_2^{\alpha_2}\cdots\partial x_d^{\alpha_d}}=D_1^{\alpha_1}D_2^{\alpha_2}\cdots D_d^{\alpha_d}, \tag{5.3.9}$$

记 $D_j^0,\ j=1,\cdots,d$ 为恒等算子.

对任意非负整数 m, 记

$$C^m(\Omega_d)=\{f: D^{\boldsymbol{\alpha}}f\in C(\Omega_d),\ |\boldsymbol{\alpha}|\leqslant m\}.$$

简记 $C^0(\Omega_d)=C(\Omega_d)$.

5.3.2 调和函数的均值与极值

设 $E\subset\mathbf{R}^d$ 为一具有光滑边界的有界开集, u,ν 为 E 的闭集 $\bar{E}$ 上的 C^2-函数(二阶连续偏导). 测度 V 为 $\mathbf{R}^d$ 上的 Lebesgue 测度, s 为边界 ∂E 上的曲面测度, 则有 Green 恒等式

$$\int_E(u\Delta\nu-\nu\Delta u)\mathrm{d}V=\int_{\partial E}\left(u\frac{\partial\nu}{\partial\boldsymbol{n}}-\nu\frac{\partial u}{\partial\boldsymbol{n}}\right)\mathrm{d}s, \tag{5.3.10}$$

其中 $\dfrac{\partial\nu}{\partial\boldsymbol{n}}$ 表示 ν 关于外单位法向量 $\boldsymbol{n}$ 的方向导数. 对于 $\forall\zeta\in\partial E$, 有

$$\left.\frac{\partial\nu}{\partial\boldsymbol{n}}\right|_{\zeta}=(\nabla\nu)(\zeta)\cdot\boldsymbol{n}(\zeta).$$

取 $\boldsymbol{w}=(w_1,\cdots,w_d)=u\nabla\nu-\nu\nabla u$, 则

$$\boldsymbol{w}=(uD_1v-vD_1u,\cdots,uD_dv-vD_du),$$

$$D_iw_i=uD_i^2v-vD_i^2u,\quad i=1,\cdots,d.$$

故 $\mathrm{div}\boldsymbol{w}=D_1w_1+\cdots+D_dw_d=u\Delta\nu-\nu\Delta u$. 因此, 由

$$\int_E\mathrm{div}\boldsymbol{w}\mathrm{d}V=\int_{\partial E}\boldsymbol{w}\cdot\boldsymbol{n}\mathrm{d}s$$

可得 Green 恒等式.

在 Green 恒等式中, 取 u 为调和函数, $\nu\equiv 1$, 则有

$$\int_{\partial E}\frac{\partial u}{\partial\boldsymbol{n}}\mathrm{d}s=0. \tag{5.3.11}$$

下述引理给出了调和函数与单位球面之间的关系.

引理 5.3.1 (均值引理) 若 u 在 $\bar{S}_d(\boldsymbol{b},r)$ 上是调和的, 则

$$u(\boldsymbol{b})=\int_{\Omega_d}u(\boldsymbol{b}+r\boldsymbol{\zeta})\mathrm{d}\sigma(\boldsymbol{\zeta}),\tag{5.3.12}$$

其中 $\sigma(\cdot)$ 为 Ω_d 上的概率测度.

证明 假定 $d>2$. 不妨设 $\bar{S}_d(\boldsymbol{b},r)$ 为单位球 $\bar{S}_d$. 对任意 $\varepsilon\in(0,1)$, 定义 $E=\{\boldsymbol{x}:\varepsilon<\|\boldsymbol{x}\|<1\}$ 且设 $\nu=\|\boldsymbol{x}\|^{2-d}$. 令 $\nu=r^{2-d}(\boldsymbol{x})$, 由 Green 恒等式知

$$\begin{aligned}0=&(2-d)\int_{\Omega_d}u\mathrm{d}s-(2-d)\varepsilon^{1-d}\int_{\varepsilon\Omega_d}u\mathrm{d}s\\&-\int_{\Omega_d}\frac{\partial u}{\partial\boldsymbol{n}}\mathrm{d}s-\varepsilon^{2-d}\int_{\varepsilon\Omega_d}\frac{\partial u}{\partial\boldsymbol{n}}\mathrm{d}s.\end{aligned}$$

由式 (5.3.11) 知后两项为 0, 故

$$\int_{\Omega_d}u\mathrm{d}s=\varepsilon^{1-d}\int_{\varepsilon\Omega_d}u\mathrm{d}s,$$

在半径为 ε 的球面上应用球坐标变换 (极半径 $=\varepsilon$), 可知

$$\int_{\Omega_d}u\mathrm{d}s=\int_{\Omega_d}u(\varepsilon\boldsymbol{\zeta})\mathrm{d}s(\boldsymbol{\zeta})\Rightarrow\int_{\Omega_d}u\mathrm{d}\sigma=\int_{\Omega_d}u(\varepsilon\boldsymbol{\zeta})\mathrm{d}\sigma(\boldsymbol{\zeta}),$$

这里, $\sigma(\boldsymbol{\zeta})=\mathrm{d}s(\boldsymbol{\zeta})/a_d$. 由 u 的连续性并令 $\varepsilon\to 0$, 可得

$$u(\mathbf{0})=\int_{\Omega_d}u(\boldsymbol{\zeta})\mathrm{d}\sigma(\boldsymbol{\zeta}).$$

当 $d=2$ 时, 取 $\nu=\log\|\boldsymbol{x}\|$, 同理可知结论成立.

记 $Q(\boldsymbol{\zeta})=u(\boldsymbol{b}+r\boldsymbol{\zeta})$, 故知 $Q(\boldsymbol{\zeta})$ 是调和的, 所以

$$u(\boldsymbol{b})=Q(\mathbf{0})=\int_{\Omega_d}Q(\boldsymbol{\zeta})\mathrm{d}\sigma(\boldsymbol{\zeta})=\int_{\Omega_d}u(\boldsymbol{b}+r\boldsymbol{\zeta})\mathrm{d}\sigma(\boldsymbol{\zeta}).$$

命题 5.3.8 设 f 为 $\mathbf{R}^d$ 上的 Borel 可积函数, 则

$$\frac{1}{dc_d}\int_{\mathbf{R}^d}f\mathrm{d}v=\int_0^\infty r^{d-1}\mathrm{d}r\int_{\Omega_d}f(r\boldsymbol{\zeta})\mathrm{d}\boldsymbol{\sigma}(\boldsymbol{\zeta}),\tag{5.3.13}$$

其中 c_d 为单位球体积.

证明 由 $\mathbf{R}^d$ 上的球坐标变换积分

$$\int_{\mathbf{R}^d}f\mathrm{d}v=\int_0^\infty r^{d-1}\mathrm{d}r\int_{\Omega_d}f(r\boldsymbol{\zeta})\mathrm{d}s.$$

又 $a_d=dc_d,\mathrm{d}\boldsymbol{\sigma}=\mathrm{d}s/a_d$, 故知命题成立.

引理 5.3.2 (球体均值引理) 若 u 在 $\bar{S}_d(\boldsymbol{b}, r)$ 上是调和的, 则

$$u(\boldsymbol{b}) = \frac{1}{L_d(S_d(\boldsymbol{b}, r))} \int_{S_d(\boldsymbol{b}, r)} u \mathrm{d}v, \tag{5.3.14}$$

其中 L_d 为 Lebesgue 测度.

证明 取 $S_d(\boldsymbol{b}, r) = S_d$. 取 $f = uI_{S_d}$, 由式 (5.3.13) 及式 (5.3.12),

$$\frac{1}{dc_d} \int_{\mathbf{R}^d} uI_{S_d} \mathrm{d}v = \int_0^1 r^{d-1} \mathrm{d}r \int_{\Omega_d} u(r\boldsymbol{\zeta}) \mathrm{d}\boldsymbol{\sigma}(\boldsymbol{\zeta}),$$

$$\frac{1}{dc_d} \int_{S_d} u \mathrm{d}v = u(\boldsymbol{0}) \int_0^1 r^{d-1} \mathrm{d}r = \frac{u(\boldsymbol{0})}{d},$$

故

$$u(\boldsymbol{0}) = \frac{1}{c_d} \int_{S_d} u \mathrm{d}v.$$

记 $G(\boldsymbol{\xi}) = u(\boldsymbol{b} + r\boldsymbol{\xi})$, 则 $G(\boldsymbol{\xi})$ 是调和的. 因此

$$\begin{aligned} u(\boldsymbol{b}) = G(\boldsymbol{0}) &= \frac{1}{c_d} \int_{S_d} G(\boldsymbol{\xi}) \mathrm{d}v(\boldsymbol{\xi}) \\ &= \frac{1}{c_d} \int_{S_d} u(\boldsymbol{b} + r\boldsymbol{\xi}) \mathrm{d}v(\boldsymbol{\xi}) \\ &= \frac{1}{r^d c_d} \int_{S_d(\boldsymbol{b}, r)} u(\boldsymbol{\eta}) \mathrm{d}v(\boldsymbol{\eta}). \end{aligned}$$

故知引理成立.

引理 5.3.3 (极值原理) 设 $E \in \mathbf{R}^d$ 为非空的开集且为连通的, u 为实值函数且在 E 上是调和的, u 在 E 上有最大或最小值, 则 u 为常数.

证明 设 u 在 $\boldsymbol{b} \in E$ 取得最大值. 选取 $r > 0$ 使得 $\bar{S}_d(\boldsymbol{b}, r) \subset E$. 若 u 在 $S_d(\boldsymbol{b}, r)$ 中的某点小于 $u(\boldsymbol{b})$, 则由连续性知 u 在 $S_d(\boldsymbol{b}, r)$ 上的均值小于 $u(\boldsymbol{b})$, 这与引理 5.3.2 矛盾, 故 u 在 $S_d(\boldsymbol{b}, r)$ 上为常数. 由连续性知 u 在 E 上为常数. 当 u 在 E 上有最小值时, $-u$ 在 E 上有最大值.

推论 5.3.1 设 $E \in \mathbf{R}^d$ 为有界的且 u 是闭包 $\bar{E}$ 上的实值连续函数, u 在 E 上是调和的, 则 u 在边界 $\partial(E)$ 上达到最大及最小值.

5.4 Poisson 积分与 Kelvin 变换

定义 5.4.1 设 $\boldsymbol{x} = (x_1, \cdots, x_d)^{\mathrm{T}}, \boldsymbol{\zeta} = (\zeta_1, \cdots, \zeta_d)^{\mathrm{T}}$. 设 S_d 为单位球, Ω_d 为单位球面. 称定义在 $S_d \times \Omega_d$ 上的函数

$$P(\boldsymbol{x}, \boldsymbol{\zeta}) = \frac{1 - \|\boldsymbol{x}\|^2}{\|\boldsymbol{x} - \boldsymbol{\zeta}\|^d} \tag{5.4.1}$$

为 Poisson 核.

定义 5.4.2　设 f 为 Ω_d 上的连续函数, f 的 Poisson 积分定义为

$$P[f](\boldsymbol{x})=\int_{\Omega_d} f(\boldsymbol{\zeta})P(\boldsymbol{x},\boldsymbol{\zeta})\mathrm{d}\boldsymbol{\sigma}(\boldsymbol{\zeta}), \tag{5.4.2}$$

其中 $\boldsymbol{\sigma}$ 为单位球面上的规范化测度 (概率测度), 使得 $\boldsymbol{\sigma}(\Omega_d)=1$.

命题 5.4.1　设 $\boldsymbol{\zeta}\in\Omega_d$, 则 $P(\cdot,\boldsymbol{\zeta})$ 在 $\mathbf{R}^d\setminus\{\boldsymbol{\zeta}\}$ 上是调和的.

证明　记 $u=1-\|\boldsymbol{x}\|^2, v=\|\boldsymbol{x}-\boldsymbol{\zeta}\|^{-d}$, 则有 $P(\boldsymbol{x},\boldsymbol{\zeta})=uv$. 分别对 u,v 求一阶、二阶偏导数, 可得

$$\nabla u=-2\boldsymbol{x},\quad \Delta u=-2d.$$

$$\nabla v=-d\|\boldsymbol{x}-\boldsymbol{\zeta}\|^{-(d+2)}[\boldsymbol{x}-\boldsymbol{\zeta}],$$

$$\frac{\partial^2 v}{\partial x_i^2}=-d\|\boldsymbol{x}-\boldsymbol{\zeta}\|^{-(d+2)}+d(d+2)(x_i-\zeta_i)^2\|\boldsymbol{x}-\boldsymbol{\zeta}\|^{-(d+4)},\quad i=1,\cdots,d,$$

$$\Delta v=2d\|\boldsymbol{x}-\boldsymbol{\zeta}\|^{-(d+2)}.$$

由式 (5.3.2) 整理可得, $\Delta(uv)=0$. 故命题成立.

引理 5.4.1 (对称引理)　对任意非零向量 $\boldsymbol{x},\boldsymbol{y}\in\mathbf{R}^d$,

$$\left\|\frac{\boldsymbol{y}}{\|\boldsymbol{y}\|}-\|\boldsymbol{y}\|\cdot\boldsymbol{x}\right\|=\left\|\frac{\boldsymbol{x}}{\|\boldsymbol{x}\|}-\|\boldsymbol{x}\|\cdot\boldsymbol{y}\right\|. \tag{5.4.3}$$

证明　对两边取平方, 再利用内积展开即得欲证结论.

定理 5.4.1　设 $P(\boldsymbol{x},\boldsymbol{\zeta})$ 为 Poisson 核, 则

(1) $P(\boldsymbol{x},\boldsymbol{\zeta})>0,\ \forall\boldsymbol{x}\in S_d,\ \forall\boldsymbol{\zeta}\in\Omega_d$;

(2) $\displaystyle\int_{\Omega_d}P(\boldsymbol{x},\boldsymbol{\zeta})\mathrm{d}\boldsymbol{\sigma}(\boldsymbol{\zeta})=1,\ \forall\boldsymbol{x}\in S_d$, 其中 $\Omega_d=\{\boldsymbol{x}:\|\boldsymbol{x}\|=1\},\ S_d=\{\boldsymbol{x}:\|\boldsymbol{x}\|<1\}$;

(3) 对 $\forall\boldsymbol{\xi}\in\Omega_d$ 及 $\forall\delta>0$,

$$\int_{\|\boldsymbol{\zeta}-\boldsymbol{\xi}\|>\delta}P(\boldsymbol{x},\boldsymbol{\zeta})\mathrm{d}\boldsymbol{\sigma}(\boldsymbol{\zeta})\to 0,\quad \boldsymbol{x}\to\boldsymbol{\xi}.$$

证明　(2) 设 $\boldsymbol{x}\in S_d\setminus\{\boldsymbol{0}\}$. 因为 $\|\boldsymbol{\zeta}\|=1$, 由对称引理可知

$$\left\|\|\boldsymbol{\zeta}\|\cdot\boldsymbol{x}-\frac{\boldsymbol{\zeta}}{\|\boldsymbol{\zeta}\|}\right\|^d=\left\|\frac{\boldsymbol{x}}{\|\boldsymbol{x}\|}-\|x\|\cdot\boldsymbol{\zeta}\right\|^d,$$

故

$$\begin{aligned}\int_{\Omega_d}P(\boldsymbol{x},\boldsymbol{\zeta})\mathrm{d}\sigma(\boldsymbol{\zeta})&=\int_{\Omega_d}P\left(\|\boldsymbol{\zeta}\|\cdot\boldsymbol{x},\frac{\boldsymbol{\zeta}}{\|\boldsymbol{\zeta}\|}\right)\mathrm{d}\sigma(\boldsymbol{\zeta})\\&=\int_{\Omega_d}P\left(\|\boldsymbol{x}\|\cdot\boldsymbol{\zeta},\frac{\boldsymbol{x}}{\|\boldsymbol{x}\|}\right)\mathrm{d}\sigma(\boldsymbol{\zeta}).\end{aligned}$$

由命题 5.4.1 知, $P(\cdot, \boldsymbol{x}/\|\boldsymbol{x}\|)$ 关于 $\|\boldsymbol{x}\|\boldsymbol{\eta}$ 是调和的, 又

$$\|\boldsymbol{x}\| < 1, \quad \left\|\frac{\boldsymbol{x}}{\|\boldsymbol{x}\|}\frac{1}{\|\boldsymbol{x}\|}\right\| > 1,$$

故当 $\|\boldsymbol{\eta}\| \leqslant 1$ 时

$$\boldsymbol{\eta} \neq \frac{\boldsymbol{x}}{\|\boldsymbol{x}\|}\frac{1}{\|\boldsymbol{x}\|} \Rightarrow \|\boldsymbol{x}\|\boldsymbol{\eta} \neq \frac{\boldsymbol{x}}{\|\boldsymbol{x}\|}.$$

因此 $Q(\boldsymbol{\eta}) = P(\|\boldsymbol{x}\|\boldsymbol{\eta}, \boldsymbol{x}/\|\boldsymbol{x}\|)$ 关于 $\boldsymbol{\eta}$ 在 $\overline{S}_d$ 上是调和的. 由调和函数平均值定理,

$$\int_{\Omega_d} P(\boldsymbol{x}, \boldsymbol{\zeta})\mathrm{d}\boldsymbol{\sigma}(\boldsymbol{\zeta}) = P\left(\|\boldsymbol{x}\|, \frac{\boldsymbol{x}}{\|\boldsymbol{x}\|}\right) = 1,$$

当 $\boldsymbol{x} = \boldsymbol{0}$ 时, 定理显然成立. 故结论得证.

由 Poisson 核的定义可知 (1) 成立. 当 $\boldsymbol{x} \to \boldsymbol{\xi}$ 时,$P(\boldsymbol{x}, \boldsymbol{\zeta})$ 的分子趋于 0, 故知 (3) 成立.

定理 5.4.2 设 f 在 Ω_d 上连续. 定义

$$u(\boldsymbol{x}) = \begin{cases} P[f](\boldsymbol{x}), & \boldsymbol{x} \in S_d, \\ f(\boldsymbol{x}), & \boldsymbol{x} \in \Omega_d, \end{cases} \tag{5.4.4}$$

则 u 在 $\bar{S}_d$ 上是连续的且在 S_d 上是调和的.

证明 Laplace 算子 Δ 与积分可交换, 由命题 5.4.1 可知 u 在 S_d 上是调和的.

下面证明 u 在 $\bar{S}_d$ 上是连续的. 因为 f 在 Ω_d 上连续, 故对 $\forall \boldsymbol{\xi} \in \Omega_d$ 及 $\forall \varepsilon > 0$, $\exists \delta > 0$, 当 $\|\boldsymbol{\zeta} - \boldsymbol{\xi}\| < \delta$ 时, $|f(\boldsymbol{\zeta}) - f(\boldsymbol{\xi})| < \varepsilon$, 其中 $\boldsymbol{\zeta} \in \Omega_d$. 对 $\boldsymbol{x} \in S_d$, 由定理 5.4.1 知

$$\begin{aligned} |u(\boldsymbol{x}) - u(\boldsymbol{\xi})| &= \left|\int_{\Omega_d} (f(\boldsymbol{\zeta}) - f(\boldsymbol{\xi}))P(\boldsymbol{x}, \boldsymbol{\zeta})\mathrm{d}\sigma(\boldsymbol{\zeta})\right| \\ &\leqslant \int_{\|\boldsymbol{\zeta} - \boldsymbol{\xi})\| \leqslant \delta} |f(\boldsymbol{\zeta}) - f(\boldsymbol{\xi})|P(\boldsymbol{x}, \boldsymbol{\zeta})\mathrm{d}\sigma(\boldsymbol{\zeta}) \\ &\quad + \int_{\|\boldsymbol{\zeta} - \boldsymbol{\xi})\| > \delta} |f(\boldsymbol{\zeta}) - f(\boldsymbol{\xi})|P(\boldsymbol{x}, \boldsymbol{\zeta})\mathrm{d}\sigma(\boldsymbol{\zeta}) \\ &\leqslant \varepsilon + 2\|f\|_\infty \int_{\|\boldsymbol{\zeta} - \boldsymbol{\xi})\| > \delta} P(\boldsymbol{x}, \boldsymbol{\zeta})\mathrm{d}\sigma(\boldsymbol{\zeta}), \end{aligned}$$

其中 $\|f\|_\infty = \sup\limits_{\boldsymbol{x} \in \Omega_d} |f(\boldsymbol{x})|$. 又由定理 5.4.1(3) 知, 当 $\boldsymbol{x}$ 充分接近 $\boldsymbol{\xi}$ 时, 不等号右边第二项小于 ε. 故 u 在 $\boldsymbol{\xi}$ 是连续的.

定理 5.4.3 若 u 在 $\bar{S}_d$ 上连续且在 S_d 上是调和的, 则在 S_d 上, $u = P[u\,|_{\Omega_d}]$.

证明 由式 (5.4.4) 知, $u - P[u]$ 在 S_d 上是调和的. 对 $\forall \boldsymbol{x} \in S_d$, $\boldsymbol{x}_0 \in \Omega_d$, 有

$$u(\boldsymbol{x}) - P[u](\boldsymbol{x}) \to 0, \quad \boldsymbol{x} \to \boldsymbol{x}_0.$$

设 $h(\boldsymbol{x})=u(\boldsymbol{x})-P[u](\boldsymbol{x}),\boldsymbol{x}\in S_d;h(\boldsymbol{x})=0,\boldsymbol{x}\in\Omega_d$. 故由推论 5.3.1 知结论成立.

对任意 $\boldsymbol{x}\in S_d$, 若 u 在 $\bar{S}_d$ 上连续且在 S_d 上是调和的, 则

$$u(\boldsymbol{x})=\int_{\Omega_d}u(\boldsymbol{\zeta})P(\boldsymbol{x},\boldsymbol{\zeta})\mathrm{d}\sigma(\boldsymbol{\zeta}).$$

故知

$$D^{\boldsymbol{\alpha}}u(\boldsymbol{x})=\int_{\Omega_d}u(\boldsymbol{\zeta})D^{\boldsymbol{\alpha}}P(\boldsymbol{x},\boldsymbol{\zeta})\mathrm{d}\sigma(\boldsymbol{\zeta}).$$

定义 5.4.3 设 $\boldsymbol{x}=(x_1,\cdots,x_d)^{\mathrm{T}}\in\mathbf{R}^d$. 记

$$\boldsymbol{x}^*=\begin{cases}\boldsymbol{x}/\|\boldsymbol{x}\|^2, & \boldsymbol{x}\neq\mathbf{0},\infty,\\ \mathbf{0}, & \boldsymbol{x}=\infty,\\ \infty, & \boldsymbol{x}=\mathbf{0}.\end{cases}\tag{5.4.5}$$

称映射 $\boldsymbol{x}\to\boldsymbol{x}^*$ 为 $\mathbf{R}^d\cup\{\infty\}$ 关于单位球的反演.

注 当 $\boldsymbol{x}\notin\{\mathbf{0},\infty\}$ 时, $\boldsymbol{x}^*$ 位于 $\boldsymbol{x}$ 所在的射线上且 $\|\boldsymbol{x}^*\|=1/\|\boldsymbol{x}\|$.

定义 5.4.4 设集 $E\subset\mathbf{R}^d\cup\{\infty\}$, 定义 $E^*=\{\boldsymbol{x}^*:\boldsymbol{x}\in E\}$. 设 $E\subset\mathbf{R}^d\setminus\{\mathbf{0}\}$, u 为 E 上的函数. 定义 E^* 上的函数 $K[u]$ 为

$$K[u](\boldsymbol{x})=\|\boldsymbol{x}\|^{2-d}u(\boldsymbol{x}^*),\tag{5.4.6}$$

称函数 $K[u]$ 为 u 的 Kelvin 变换.

当 $d=2$ 时, $K[u](\boldsymbol{x})=u(\boldsymbol{x}^*)$. 易知 $(\boldsymbol{x}^*)^*=\boldsymbol{x}$ 且有 $K[K[u]]=u$, $K[bu+cv]=bK[u]+cK[v]$, 其中 b, c 为常数. 事实上,

$$\begin{aligned}K[bu+cv](\boldsymbol{x})&=\|\boldsymbol{x}\|^{2-d}(bu+cv)(\boldsymbol{x}^*)\\&=b\|\boldsymbol{x}\|^{2-d}u(\boldsymbol{x}^*)+c\|\boldsymbol{x}\|^{2-d}v(\boldsymbol{x}^*)\\&=bK[u]+cK[v].\end{aligned}$$

$$\begin{aligned}K[K[u](\boldsymbol{x})&=K[\|\boldsymbol{x}\|^{2-d}u(\boldsymbol{x}^*)]\\&=\|\boldsymbol{x}\|^{2-d}[\|\boldsymbol{x}^*\|^{2-d}u((\boldsymbol{x}^*)^*)]\\&=u(\boldsymbol{x}).\end{aligned}$$

定理 5.4.4 设 p 为 $\mathbf{R}^d$ 上的 m 阶齐次多项式, 则

$$\Delta(\|\boldsymbol{x}\|^{2-d-2m}p)=\|\boldsymbol{x}\|^{2-d-2m}\Delta p.$$

证明 设 $t\in\mathbf{R}$. 由式 (5.3.2), 式 (5.3.3) 可得

$$\Delta(\|\boldsymbol{x}\|^t p)=\|\boldsymbol{x}\|^t\Delta p+2t\|\boldsymbol{x}\|^{t-2}\boldsymbol{x}\cdot\nabla p+t(t+d-2)\|\boldsymbol{x}\|^{t-2}p.$$

由式 (5.3.8) 知, $\boldsymbol{x}\cdot\nabla p = mp$, 故

$$\Delta(\|\boldsymbol{x}\|^t p) = \|\boldsymbol{x}\|^t \Delta p + t(2m+t+d-2)\|\boldsymbol{x}\|^{t-2}p.$$

取 $t = 2-d-2m$, 可知结论成立.

命题 5.4.2 若 u 为开集 $E\subset \mathbf{R}^d\setminus\{\mathbf{0}\}$ 上的 C^2-函数, 则

$$\Delta(K[u]) = K[\|\boldsymbol{x}\|^4\Delta u].$$

证明 首先设 p 为 $\mathbf{R}^d$ 上的 m 阶齐次多项式. 因为 $p(t\boldsymbol{x}) = t^m p(\boldsymbol{x})$, 故

$$K[p] = \|\boldsymbol{x}\|^{2-d-2m}p.$$

由定理 5.4.4 及 $\|\boldsymbol{x}\|^4\Delta p$ 为 $m+2$ 阶齐次多项式可知

$$\begin{aligned}\Delta(K[p]) &= \Delta(\|\boldsymbol{x}\|^{2-d-2m}p)\\ &= \|\boldsymbol{x}\|^{2-d-2m}\Delta p\\ &= K[\|\boldsymbol{x}\|^4\Delta p],\end{aligned}$$

因为 K 为线性变换且 Δp 为 $m-2$ 阶齐次多项式, 所以命题对多项式成立. 又多项式在 C^2 中局部稠密, 故结论对 C^2-函数成立.

定理 5.4.5 设 $E\in \mathbf{R}^d\backslash\{\mathbf{0}\}$, 则 u 在 E 上是调和的充要条件为 $K[u]$ 在 E^* 上是调和的.

证明 由前述命题可知, $\Delta(K[u])\equiv 0 \Longleftrightarrow \Delta u\equiv 0$. 故结论成立.

5.5 $\mathcal{H}_m(\boldsymbol{\Omega}_d)$ 的基

定理 5.5.1 设 p 为 $\mathbf{R}^d$ 上的 m 阶多项式, 则

$$P[p\mid_{\Omega_d}] = (1-\|\boldsymbol{x}\|^2)q + p, \tag{5.5.1}$$

其中 q 为阶不超过 $m-2$ 的某多项式.

证明 若 $m=0$ 或 $m=1$, 则 p 是调和的, 由定理 5.4.3 知 $P[p\mid_{\Omega_d}] = p$. 取 $q=0$, 则知结论成立. 以下假设 $m\geqslant 2$. 易知 $[(1-\|\boldsymbol{x}\|^2)q+p]\mid_{\Omega_d} = p\mid_{\Omega_d}$. 故由定理 5.4.3, 只需证明存在阶不超过 $m-2$ 的多项式 q, 使得 $(1-\|\boldsymbol{x}\|^2)q+p$ 为调和的, 即

$$\Delta((1-\|\boldsymbol{x}\|^2)q) = -\Delta p. \tag{5.5.2}$$

设 V 表示阶不超过 $m-2$ 的多项式构成的向量空间, 定义线性变换 $W: V\to V$, 使得

$$W(q) = \Delta((1-\|\boldsymbol{x}\|^2)q).$$

若 $W(q)=0$, 则 $r=((1-\|\boldsymbol{x}\|^2)q$ 是调和的, 该调和函数在 Ω_d 上等于 0. 由极值原理知, 在 S_d 上 $r=0$, 故 $q=0$. 因此 W 是单射的, 故 W 是满射的. 所以对 $-\Delta p\in V$, 存在阶不超过 $m-2$ 的多项式 q, 满足式 (5.5.2). 故知

$$(1-\|\boldsymbol{x}\|^2)q+p=P[(1-\|\boldsymbol{x}\|^2)q+p\mid_{\Omega_d}]=P[p\mid_{\Omega_d}],$$

定理得证.

命题 5.5.1 设 p 为非 0 多项式 (不恒为 0), 则 $\|\boldsymbol{x}\|^2p$ 是非调和的.

证明 反证法. 设 p 为 m 阶多项式且 $u=\|\boldsymbol{x}\|^2p$ 是调和的, 则

$$u=P[\|\boldsymbol{x}\|^2p\mid_{\Omega_d}]=P[p\mid_{\Omega_d}].$$

故 Poisson 积分 $P[p\mid_{\Omega_d}]$ 等于调和多项式 $\|\boldsymbol{x}\|^2p$, 其阶为 $m+2$. 这与定理 5.5.1 中 $P[p\mid_{\Omega_d}]$ 的阶至多为 m 矛盾.

记 $\mathcal{P}_m(\mathbf{R}^d)$ 为 $\mathbf{R}^d$ 上所有 m 阶齐次多项式构成的线性空间, $\mathcal{P}_m(\mathbf{R}^d)$ 的子空间 $\mathcal{H}_m(\mathbf{R}^d)$ 为 $\mathbf{R}^d$ 上所有 m 阶齐次调和多项式构成的线性空间.

命题 5.5.2 若 $m\geqslant 2$, 则

$$\mathcal{P}_m(\mathbf{R}^d)=\mathcal{H}_m(\mathbf{R}^d)\oplus\|\boldsymbol{x}\|^2\mathcal{P}_{m-2}(\mathbf{R}^d).$$

证明 设 $p\in\mathcal{P}_m(\mathbf{R}^d)$. 由定理 5.5.1 可知

$$p=P[p\mid_{\Omega_d}]+\|\boldsymbol{x}\|^2q-q,$$

其中 q 是阶不超过 $m-2$ 的多项式. 在上式两端取 m 阶齐次部分, 可得

$$p=p_m+\|\boldsymbol{x}\|^2q_{m-2}, \tag{5.5.3}$$

其中 p_m 是调和函数 $P[p\mid_{\Omega_d}]$ 的 m 阶齐次部分 (故 $p_m\in\mathcal{H}_m(\mathbf{R}^d)$) 且 q_{m-2} 是 q 的 $m-2$ 阶齐次部分 (故 $q_{m-2}\in\mathcal{P}_{m-2}(\mathbf{R}^d)$). 分解式 (5.5.3) 是唯一的. 事实上, 若

$$p_m+\|\boldsymbol{x}\|^2q_{m-2}=u_m+\|\boldsymbol{x}\|^2v_{m-2},$$

其中 $p_m,u_m\in\mathcal{H}_m(\mathbf{R}^d)$ 且 $q_{m-2},v_{m-2}\in\mathcal{P}_{m-2}(\mathbf{R}^d)$, 则

$$p_m-u_m=\|\boldsymbol{x}\|^2(v_{m-2}-q_{m-2}).$$

上式等号左边是调和的, 右边为 $\|\boldsymbol{x}\|^2$ 与多项式的乘积. 故由命题 5.5.1 知

$$p_m=u_m,\quad v_{m-2}=q_{m-2}.$$

称式 (5.5.3) 定义的映射 $p\to p_m$ 为 $\mathcal{P}_m(\mathbf{R}^d)$ 到 $\mathcal{H}_m(\mathbf{R}^d)$ 的典范射影, 其中 $p\in\mathcal{P}_m(\mathbf{R}^d)$, $p_m\in\mathcal{H}_m(\mathbf{R}^d)$.

定理 5.5.2 对任意 $p \in \mathcal{P}_m(\mathbf{R}^d)$, 存在唯一分解

$$p = p_m + \|\boldsymbol{x}\|^2 p_{m-2} + \cdots + \|\boldsymbol{x}\|^{2k} p_{m-2k},$$

p 在 Ω_d 上的限制为

$$p\mid_{\Omega_d} = p_m + p_{m-2} + \cdots + p_{m-2k}, \tag{5.5.4}$$

其中 $k = [m/2]$(这里 $[\cdot]$ 为最大整数函数), $p_j \in \mathcal{H}_j(\mathbf{R}^d)$.

证明 当 $m = 0, 1$ 时, $\mathcal{P}_m(\mathbf{R}^d) = \mathcal{H}_m(\mathbf{R}^d)$, 结论成立. 当 $m \geqslant 2$ 时, 由式 (5.5.3) 递推可知结论成立.

易知 $\dim(\mathcal{H}_0(\mathbf{R}^d)) = 1, \dim(\mathcal{H}_1(\mathbf{R}^d)) = d$. 下面给出线性空间 $\mathcal{H}_m(\mathbf{R}^d)$ 的维数计算公式.

命题 5.5.3 若 $m \geqslant 2$, 则

$$\dim(\mathcal{H}_m(\mathbf{R}^d)) = \binom{d+m-1}{d-1} - \binom{d+m-3}{d-1}. \tag{5.5.5}$$

记 $L^2(\Omega_d, \mathrm{d}\sigma)$ 为单位球面 Ω_d 上 Borel 平方可积函数构成的 Hilbert 空间, 其内积定义为

$$\langle f, g \rangle = \int_{\Omega_d} fg\mathrm{d}\sigma.$$

简记 $L^2(\Omega_d, \mathrm{d}\sigma)$ 为 $L^2(\Omega_d)$,

命题 5.5.4 若 p, q 是 $\mathbf{R}^d$ 上的多项式, q 是齐次调和的且其阶数大于 p 的阶数, 则

$$\int_{\Omega_d} pq\mathrm{d}\sigma = 0.$$

证明 由线性性及定理 5.5.2, 只需对 p 为齐次调和多项式情形证明即可. 设 $p \in \mathcal{H}_k(\mathbf{R}^d)$ 且 $q \in \mathcal{H}_m(\mathbf{R}^d)$, 其中 $k < m$. 由 p, q 为调和多项式及格林公式可得

$$\int_{\Omega_d} \left(p\frac{\partial q}{\partial \boldsymbol{n}} - q\frac{\partial p}{\partial \boldsymbol{n}} \right) \mathrm{d}\sigma = 0,$$

其中 $\dfrac{\partial q}{\partial \boldsymbol{n}}, \dfrac{\partial p}{\partial \boldsymbol{n}}$ 为方向导数. 又对 $\forall \zeta \in \Omega_d$,

$$\frac{\partial p}{\partial \boldsymbol{n}}(\zeta) = \frac{\mathrm{d}}{\mathrm{d}r} p(r\zeta)\bigg|_{r=1} = \frac{\mathrm{d}}{\mathrm{d}r}(r^k p(\zeta))\bigg|_{r=1} = kp(\zeta), \quad \frac{\partial q}{\partial \boldsymbol{n}}(\zeta) = mq(\zeta).$$

故

$$(m-k)\int_{\Omega_d} pq\mathrm{d}\sigma = 0.$$

又 $k < m$, 知结论成立.

$p \in \mathcal{H}_m(\mathbf{R}^d)$ 在 Ω_d 上的限制称为 m 阶球调和函数. $\mathbf{R}^d$ 上全体 m 阶球调和函数所构成的线性空间记为 $\mathcal{H}_m(\Omega_d)$, 因此

$$\mathcal{H}_m(\Omega_d) = \{p \mid_{\Omega_d}\colon\ p \in \mathcal{H}_m(\mathbf{R}^d)\}.$$

设 H 为一个 Hilbert 空间, 若下述条件满足:

(1) E_m 是 H 的闭子空间, 对任意 m;

(2) E_k 与 E_m 正交, 对任意 $m \neq k$;

(3) 对任意 $y \in H$, 存在 $y_m \in E_m$ 使得

$$y = y_0 + y_1 + \cdots,$$

和式依 H 的模收敛, 则记 $H = \bigcup_{m=0}^{\infty} \oplus E_m$. 当条件 (1), (2) 及 (3) 成立时, 称 Hilbert 空间 H 为子空间 $\{E_m\}$ 的直和.

定理 5.5.3

$$L^2(\Omega_d) = \bigcup_{m=0}^{\infty} \oplus \mathcal{H}_m(\Omega_d). \tag{5.5.6}$$

设 $p = \sum_{\boldsymbol{\alpha}} c_{\boldsymbol{\alpha}} \boldsymbol{x}^{\boldsymbol{\alpha}}$, 定义微分算子 $p(D) = \sum_{\boldsymbol{\alpha}} c_{\boldsymbol{\alpha}} D^{\boldsymbol{\alpha}}$.

命题 5.5.5 若 $p \in \mathcal{P}_m(\mathbf{R}^d)$, 则 $K[p(D)\|\boldsymbol{x}\|^{2-d}] \in \mathcal{H}_m(\mathbf{R}^d)$.

证明 首先证明 $K[p(D)\|\boldsymbol{x}\|^{2-d}] \in \mathcal{H}_m(\mathbf{R}^d)$. 由线性性质, 只需证明 p 为单项式的情形. 当 $m = 0$ 时, $p(D) = c = cD^0$, $K[p(D)\|\boldsymbol{x}\|^{2-d}] = c$. 结论成立. 使用归纳法, 假设命题对某固定的 m 成立, 现欲证命题对 $m+1$ 成立.

设 $\boldsymbol{\alpha}$ 为多重指标向量且 $|\boldsymbol{\alpha}| = m$. 由归纳假设, 存在 $q \in \mathcal{H}_m(\mathbf{R}^d)$, 使得

$$K[D^{\boldsymbol{\alpha}}\|\boldsymbol{x}\|^{2-d}] = q.$$

对上式两边施行 Kelvin 变换, 得到

$$D^{\boldsymbol{\alpha}}\|\boldsymbol{x}\|^{2-d} = \|\boldsymbol{x}\|^{2-d-2m} q.$$

对固定的 j, 上式两边关于 x_j 微分, 得到

$$\begin{aligned} D_j D^{\boldsymbol{\alpha}}\|\boldsymbol{x}\|^{2-d} &= (2-d-2m)x_j\|\boldsymbol{x}\|^{-d-2m} q + \|\boldsymbol{x}\|^{2-d-2m} D_j q \\ &= \|\boldsymbol{x}\|^{2-d-2(m+1)}[(2-d-2m)x_j q + \|\boldsymbol{x}\|^2 D_j q] \\ &= \|\boldsymbol{x}\|^{2-d-2(m+1)} w, \end{aligned} \tag{5.5.7}$$

其中 $w \in \mathcal{P}_{m+1}(\mathbf{R}^d)$. 对上式两边施行 Kelvin 变换, 得到

$$K[D_j D^{\boldsymbol{\alpha}}\|\boldsymbol{x}\|^{2-d}] = w.$$

故 $K[D_j D^{\boldsymbol{\alpha}}\|\boldsymbol{x}\|^{2-d}] \in \mathcal{P}_{m+1}(\mathbf{R}^d)$.

因为 $\|\boldsymbol{x}\|^{2-d}$ 是调和的, 故 $p(D)\|\boldsymbol{x}\|^{2-d}$ 是调和的. 又调和函数的 Kelvin 变换是调和函数, 故 $K[D_j D^{\boldsymbol{\alpha}}\|\boldsymbol{x}\|^{2-d}]$ 是调和的, 命题得证.

由式 (5.5.7), 可得下述命题, 其中常数 c_m 定义为

$$c_m = \prod_{i=0}^{m-1}(2-d-2i).$$

命题 5.5.6 若 $d > 2$ 且 $p \in \mathcal{P}_m(\mathbf{R}^d)$, 则

$$K[p(D)\|\boldsymbol{x}\|^{2-d}] = c_m(p - \|\boldsymbol{x}\|^2 q),$$

其中 $q \in \mathcal{P}_{m-2}(\mathbf{R}^d)$.

证明 由线性性质, 只需证明 p 为单项式的情形. 当 $m = 2$ 时, 可知结论成立. 事实上, 若 $p(\boldsymbol{x}) = x_i x_j, i \neq j$, 则 $p(D) = D_i D_j$. 因为

$$D_i D_j \|\boldsymbol{x}\|^{2-d} = (2-d)(-d)x_i x_j \|\boldsymbol{x}\|^{-(d+2)},$$

故

$$K[D_i D_j\|\boldsymbol{x}\|^{2-d}] = (2-d)(-d)x_i x_j = c_2(p - \|\boldsymbol{x}\|^2 q), \quad q = 0.$$

若 $p(\boldsymbol{x}) = x_j^2$, 则 $p(D) = D_j^2$. 因为

$$D_j^2\|\boldsymbol{x}\|^{2-d} = (2-d)(-d)\left[\frac{-1}{d}\|\boldsymbol{x}\|^{-d} + x_j^2\|\boldsymbol{x}\|^{-d-2}\right],$$

故

$$K[D_j^2\|\boldsymbol{x}\|^{2-d}] = c_2(p - \|\boldsymbol{x}\|^2 q), \quad q = \frac{1}{d}.$$

使用归纳法, 假设命题对某固定的 m 成立, 现欲证命题对 $m+1$ 成立 (参见式 (5.5.7)). 设 $|\ \boldsymbol{\alpha}\ | = m$. 由归纳假设, 存在 $q \in \mathcal{P}_{m-2}(\mathbf{R}^d)$, 使得

$$K[D^{\boldsymbol{\alpha}}\|\boldsymbol{x}\|^{2-d}] = c_m(p - \|\boldsymbol{x}\|^2 q) = u,$$

则 $u \in \mathcal{H}_m(\mathbf{R}^d)$. 对上式两边施行 Kelvin 变换, 得到

$$D^{\boldsymbol{\alpha}}\|\boldsymbol{x}\|^{2-d} = \|\boldsymbol{x}\|^{2-d-2m}u.$$

再对两边应用 D_j 微分算子, 得到

$$D_j D^{\boldsymbol{\alpha}}\|\boldsymbol{x}\|^{2-d} = \|\boldsymbol{x}\|^{2-d-2(m+1)}(2-d-2m)x_j u + \|\boldsymbol{x}\|^{2-d-2m}D_j u.$$

因此

$$
\begin{aligned}
& D_j D^{\boldsymbol{\alpha}} \|\boldsymbol{x}\|^{2-d} \\
= & \|\boldsymbol{x}\|^{2-d-2(m+1)} c_m [(2-d-2m) x_j (\boldsymbol{x}^{\boldsymbol{\alpha}} - \|\boldsymbol{x}\|^2 q) + \|\boldsymbol{x}\|^2 D_j u / c_m] \\
= & \|\boldsymbol{x}\|^{2-d-2(m+1)} c_{m+1} (x_j \boldsymbol{x}^{\boldsymbol{\alpha}} - \|\boldsymbol{x}\|^2 v) \\
= & \|\boldsymbol{x}\|^{2-d-2(m+1)} w,
\end{aligned}
$$

其中 $v \in \mathcal{P}_{m-1}(\mathbf{R}^d), w \in \mathcal{P}_{m+1}(\mathbf{R}^d)$. 对上式两边施行 Kelvin 变换, 得到

$$
K[D_j D^{\boldsymbol{\alpha}} \|\boldsymbol{x}\|^{2-d}] = w = c_{m+1}(x_j \boldsymbol{x}^{\boldsymbol{\alpha}} - \|\boldsymbol{x}\|^2 v).
$$

因为 $x_j \boldsymbol{x}^{\boldsymbol{\alpha}}$ 可表示任意阶为 $m+1$ 的单项式, 故命题成立.

定理 5.5.4 若 $d > 2$ 且 $p \in \mathcal{P}_m(\mathbf{R}^d)$, 则

(1) p 向 $\mathcal{H}_m(\mathbf{R}^d)$ 的典范射影为 $K[p(D)\|\boldsymbol{x}\|^{2-d}]/c_m$;

(2) $p\,|_{\Omega_d}$ 向 $\mathcal{H}_m(\Omega_d)$ 的正交射影为 $p(D)\|\boldsymbol{x}\|^{2-d}/c_m$.

证明 由命题 5.5.6 知, 对某 $q \in \mathcal{P}_{m-2}(\mathbf{R}^d)$,

$$
p = K[p(D)\|\boldsymbol{x}\|^{2-d}]/c_m + \|\boldsymbol{x}\|^2 q. \tag{5.5.8}
$$

由式 (5.5.3) 及命题 5.5.5 知 (1) 成立. 设

$$
p(D) = \sum_{|\boldsymbol{\alpha}|=m} c_{\boldsymbol{\alpha}} D^{\boldsymbol{\alpha}}, \quad K[D^{\boldsymbol{\alpha}} \|\boldsymbol{x}\|^{2-d}] = g_{\boldsymbol{\alpha}} \in \mathcal{H}_m(\mathbf{R}^d),
$$

则

$$
K[p(D)\|\boldsymbol{x}\|^{2-d}] = \sum_{|\boldsymbol{\alpha}|=m} c_{\boldsymbol{\alpha}} K[D^{\boldsymbol{\alpha}} \|\boldsymbol{x}\|^{2-d}] = \sum_{|\boldsymbol{\alpha}|=m} c_{\boldsymbol{\alpha}} g_{\boldsymbol{\alpha}}.
$$

因为

$$
D^{\boldsymbol{\alpha}} \|\boldsymbol{x}\|^{2-d} = \|\boldsymbol{x}\|^{2-d-2m} g_{\boldsymbol{\alpha}} \Rightarrow p(D)\|\boldsymbol{x}\|^{2-d} = \sum_{|\boldsymbol{\alpha}|=m} c_{\boldsymbol{\alpha}} \|\boldsymbol{x}\|^{2-d-2m} g_{\boldsymbol{\alpha}},
$$

故

$$
K[p(D)\|\boldsymbol{x}\|^{2-d}]\,|_{\Omega_d} = p(D)\|\boldsymbol{x}\|^{2-d}\Big|_{\Omega_d}.
$$

限制式 (5.5.8) 在 Ω_d 上, 得到

$$
p\,|_{\Omega_d} = p(D)\|\boldsymbol{x}\|^{2-d}/c_m + q\,|_{\Omega_d}.
$$

由命题 5.5.4 知, $q\,|_{\Omega_d}$ 与 $\mathcal{H}_m(\Omega_d)$ 正交. 故 (2) 成立.

推论 5.5.1 若 $d > 2$ 且 $p \in \mathcal{H}_m(\mathbf{R}^d)$, 则

$$
p = K[p(D)\|\boldsymbol{x}\|^{2-d}]/c_m.
$$

定理 5.5.5 设 $d>2$, 则

$$\{K[D^{\boldsymbol{\alpha}}\|\boldsymbol{x}\|^{2-d}]:|\boldsymbol{\alpha}|=m\text{且}\alpha_1\leqslant 1\}$$

为 $\mathcal{H}_m(\mathbf{R}^d)$ 的一个基.

$$\{D^{\boldsymbol{\alpha}}\|\boldsymbol{x}\|^{2-d}:|\boldsymbol{\alpha}|=m\text{且}\alpha_1\leqslant 1\}$$

为 $\mathcal{H}_m(\Omega_d)$ 的一个基.

证明 记

$$\mathcal{A}=\{K[D^{\boldsymbol{\alpha}}\|\boldsymbol{x}\|^{2-d}]:|\boldsymbol{\alpha}|=m,\alpha_1\leqslant 1\},\quad \mathcal{B}=\{K[D^{\boldsymbol{\alpha}}\|\boldsymbol{x}\|^{2-d}]:|\boldsymbol{\alpha}|=m\}.$$

设 $\mathcal{A}$ 张成的空间为 $\pounds(\mathcal{A})$, $\mathcal{B}$ 张成的空间为 $\pounds(\mathcal{B})$, 则 $\pounds(\mathcal{A})\subset\pounds(\mathcal{B})$. 首先证明 $\pounds(\mathcal{B})=\mathcal{H}_m(\mathbf{R}^d)$. 对任意 $h\in\pounds(\mathcal{B})$, 由命题 5.5.5 知, $h\in\mathcal{H}_m(\mathbf{R}^d)$; 对任意 $h\in\mathcal{H}_m(\mathbf{R}^d)$, 由推论 5.5.1 知, $h\in\pounds(\mathcal{B})$, 故 $\pounds(\mathcal{B})=\mathcal{H}_m(\mathbf{R}^d)$. 因此, 对任意阶为 m 的多重指标 $\boldsymbol{\alpha}$, 只需证明 $\pounds(\mathcal{A})=\pounds(\mathcal{B})$, 即对 $|\boldsymbol{\alpha}|=m$, 应有 $K[D^{\boldsymbol{\alpha}}\|\boldsymbol{x}\|^{2-d}]\in\pounds(\mathcal{A})$.

设 $|\boldsymbol{\alpha}|=m$. 若 $\alpha_1=0$ 或 1, 则由定义知 $K[D^{\boldsymbol{\alpha}}\|\boldsymbol{x}\|^{2-d}]\in\pounds(\mathcal{A})$. 对 α_1 使用归纳法. 假设 $\alpha_1>1$ 时, $K[D^{\boldsymbol{\beta}}\|\boldsymbol{x}\|^{2-d}]\in\pounds(\mathcal{A})$, 对任意 $|\boldsymbol{\beta}|=\beta_1+\beta_2+\cdots+\beta_d=m$ 且 $\beta_1<\alpha_1$. 记 $\boldsymbol{\gamma}=(\gamma_1=\alpha_1+1,\gamma_2,\cdots,\gamma_d)$, $|\boldsymbol{\gamma}|=m$. 因为 $\Delta(\|\boldsymbol{x}\|^{2-d})\equiv 0$, 故有

$$\begin{aligned}K[D^{\boldsymbol{\gamma}}\|\boldsymbol{x}\|^{2-d}]&=K[D_1^{\alpha_1-1}D_2^{\gamma_2}\cdots D_d^{\gamma_d}(D_1^2\|\boldsymbol{x}\|^{2-d})]\\&=-K\left[D_1^{\alpha_1-1}D_2^{\gamma_2}\cdots D_d^{\gamma_d}\left(\sum_{i=2}^d D_i^2\|\boldsymbol{x}\|^{2-d}\right)\right]\\&=-\sum_{i=2}^d K[D_1^{\alpha_1-1}D_2^{\gamma_2}\cdots D_d^{\gamma_d}(D_i^2\|\boldsymbol{x}\|^{2-d})].\end{aligned}$$

$\beta_1=\alpha_1-1<\alpha_1$. 由归纳假设知, 最后等号行的每一个被加项均属于 $\pounds(\mathcal{A})$. 因此

$$K[D^{\boldsymbol{\gamma}}\|\boldsymbol{x}\|^{2-d}]\in\pounds(\mathcal{A}),$$

故

$$\pounds(\mathcal{B})\subset\pounds(\mathcal{A})\Rightarrow\pounds(\mathcal{A})=\mathcal{H}_m(\mathbf{R}^d).$$

现证明 $\mathcal{A}$ 为 $\mathcal{H}_m(\mathbf{R}^d)$ 的一个基. 需证 $\sharp\{\mathcal{A}\}$ 至多为 $\mathcal{H}_m(\mathbf{R}^d)$ 的维数. 事实上, $\mathcal{A}=\{K[D^{\boldsymbol{\alpha}}\|\boldsymbol{x}\|^{2-d}]\}$, 其中 $\boldsymbol{\alpha}$ 满足 $|\boldsymbol{\alpha}|=m$ 且不具有下述形式

$$(\beta_1+2,\beta_2,\cdots,\beta_d),\quad |\beta|=m-2.$$

由命题 5.5.3, $\sharp\{\mathcal{A}\}$ 至多为 $\sharp\{\boldsymbol{\alpha}:|\boldsymbol{\alpha}|=m\}-\sharp\{\boldsymbol{\beta}:|\boldsymbol{\beta}|=m-2\}=\dim(\mathcal{H}_m(\mathbf{R}^d))$.

将 $\mathcal{A}$ 限制在 Ω_d 上, 可知第二个结论成立.

第 6 章 球面与球体概率分布

从第 1 章的分析中可以看到, 多元正态分布、椭球对称分布及中心相似分布等多元分布可由球面概率分布生成. 同时, 球面概率分布在方向数据的统计分析中有着重要作用. 本章将讨论球面上常见的概率分布及其性质, 包括球面均匀分布、球面指数型分布、旋转对称分布等. 对于球面概率分布的拟合优度检验, 这些概率分布可以做为原假设或备择假设.

6.1 球面均匀分布

球面均匀分布是球面上基础性概率分布. 记球面均匀分布为 $U(\Omega_d)$. 下面讨论球面均匀分布 $U(\Omega_d)$ 的一阶矩、二阶矩及其渐近性质, 球面均匀分布与 Dirichlet 分布之间的关系.

6.1.1 球面均匀分布的协差阵

定理 6.1.1 设 $\boldsymbol{U}_d$ 是 d 维球面上均匀分布随机向量, 则

$$E(\boldsymbol{U}_d) = \boldsymbol{0}, \quad \mathrm{Cov}(\boldsymbol{U}_d) = \frac{1}{d}I_d. \tag{6.1.1}$$

证明 设 $\boldsymbol{X} \sim N_d(\boldsymbol{0}, I_d)$. 由定理 4.3.1 有

$$\boldsymbol{X} \stackrel{d}{=} \|\boldsymbol{X}\|\boldsymbol{U}_d,$$

其中 $\|\boldsymbol{X}\|$ 与 $\boldsymbol{U}_d$ 相互独立且 $\|\boldsymbol{X}\|^2 \sim \chi^2_d$. 因为

$$E(\boldsymbol{X}) = \boldsymbol{0}, \quad E(\|\boldsymbol{X}\|) > 0, \quad E(\|\boldsymbol{X}\|^2) = d \text{ 且 } \mathrm{Cov}(\boldsymbol{X}) = I_d,$$

故知结论成立.

推论 6.1.1 若 $\boldsymbol{X} = R\boldsymbol{U}_d$ 服从 d 维球对称分布, 则

$$E(\boldsymbol{X}) = \boldsymbol{0}, \quad \mathrm{Cov}(\boldsymbol{X}) = \frac{E(R^2)}{d}I_d, \tag{6.1.2}$$

其中 R 与 $\boldsymbol{U}_d$ 相互独立且 $E(R^2) < \infty$.

定理 6.1.2 设 $(X_1, \cdots, X_d)^{\mathrm{T}}$ 是 d 维单位球面上均匀分布随机向量, $\boldsymbol{X}_i = (X_{1i}, \cdots, X_{di})^{\mathrm{T}}$, $i = 1, \cdots, n$, 为样本, $\overline{X}_k = \frac{1}{n}\sum_{i=1}^n X_{ki}, k = 1, \cdots, d$, 则

$$\sqrt{n}(\overline{X}_1, \cdots, \overline{X}_d)^{\mathrm{T}} \xrightarrow{d} N_d\left(\boldsymbol{0}, \frac{1}{d}I_d\right), \quad n \to \infty. \tag{6.1.3}$$

证明 由定理 6.1.1 及多元中心极限定理可得.

6.1.2 Dirichlet 分布

首先介绍 Dirichlet 分布和协差阵, 由此得到球面均匀分布的全部边缘分布及其概率性质. Dirichlet 分布是 Beta 分布的推广, Dirichlet 分布可由 Gamma 分布定义. Dirichlet 分布可应用于 Bayes 统计及成分数据的统计分析.

定义 6.1.1 设 $\alpha>0,\beta>0$. 若随机变量 X 具有密度

$$\frac{\Gamma(\alpha+\beta)}{\Gamma(\alpha)\Gamma(\beta)}x^{\alpha-1}(1-x)^{\beta-1},\quad 0<x<1,$$

则称 X 服从 Beta 分布, 记为 $X\sim \mathrm{Be}(\alpha,\beta)$.

定义 6.1.2 设 $\alpha>0,\beta>0$. 若随机变量 X 具有密度

$$\frac{\beta^\alpha}{\Gamma(\alpha)}x^{\alpha-1}\exp(-\beta x),\quad x>0,$$

则称 X 服从 Gamma 分布, 记为 $X\sim \mathrm{Ga}(\alpha,\beta)$.

定义 6.1.3 设 $X_1,\cdots,X_d,X_{d+1}$ 为独立同分布随机变量. 记

$$Y_j=\frac{X_j}{\sum\limits_{i=1}^{d+1}X_i},\quad j=1,\cdots,d+1.$$

若 $X_i\sim\mathrm{Ga}(\alpha_i,1)$ 且 $\alpha_i>0, i=1,\cdots,d,d+1$, 则称 $(Y_1,\cdots,Y_d)$ 服从参数为 $\alpha_1,\cdots,\alpha_d,\alpha_{d+1}$ 的 Dirichlet 分布, 记为

$$(Y_1,\cdots,Y_d)\sim D_d(\alpha_1,\cdots,\alpha_d;\alpha_{d+1})\quad 或\quad (Y_1,\cdots,Y_{d+1})\sim D_{d+1}(\alpha_1,\cdots,\alpha_{d+1}).$$

定理 6.1.3 设随机向量 $(Y_1,\cdots,Y_d)\sim D_d(\alpha_1,\cdots,\alpha_d;\alpha_{d+1})$, 则 $(Y_1,\cdots,Y_d)$ 的密度为

$$f_d(y_1,\cdots,y_d)=\frac{\Gamma(|\boldsymbol{\alpha}|)}{\prod\limits_{i=1}^{d+1}\Gamma(\alpha_i)}\prod_{i=1}^{d+1}y_i^{\alpha_i-1},\tag{6.1.4}$$

$$\sum_{i=1}^{d+1}y_i=1,\quad y_i\geqslant 0,\quad i=1,\cdots,d+1,$$

其中 $|\boldsymbol{\alpha}|=\sum_{i=1}^{d+1}\alpha_i$, $\boldsymbol{\alpha}=(\alpha_1,\cdots,\alpha_{d+1})^{\mathrm{T}}$.

证明 由定义 6.1.3 知, $(X_1,\cdots,X_{d+1})$ 的联合密度为

$$\frac{1}{\prod\limits_{i=1}^{d+1}\Gamma(\alpha_i)}\prod_{i=1}^{d+1}x_i^{\alpha_i-1}\exp\left(-\sum_{i=1}^{d+1}x_i\right).\tag{6.1.5}$$

记

$$Y=\sum_{i=1}^{d+1}X_i,\quad Y_j=\frac{X_j}{Y},\quad j=1,\cdots,d, \tag{6.1.6}$$

则有

$$X_j=YY_j,\quad j=1,\cdots,d,\quad X_{d+1}=Y\left(1-\sum_{i=1}^{d}Y_i\right).$$

故变换 (6.1.6) 的 Jacobi 行列式为

$$J=\begin{vmatrix} Y & 0 & \cdots & 0 & Y_1 \\ 0 & Y & \cdots & 0 & Y_2 \\ \vdots & \vdots & & \vdots & \vdots \\ 0 & 0 & \cdots & Y & Y_d \\ -Y & -Y & \cdots & -Y & 1-\sum\limits_{i=1}^{d}Y_i \end{vmatrix}=Y^d.$$

因此 $(Y_1,\cdots,Y_d,Y)$ 的联合密度为

$$\begin{aligned}&\frac{1}{\prod\limits_{i=1}^{d+1}\Gamma(\alpha_i)}\exp(-y)y^d y^{\left(\sum\limits_{i=1}^{d+1}\alpha_i-d-1\right)}\prod_{i=1}^{d+1}y_i^{\alpha_i-1}\\ =&\frac{\Gamma(|\boldsymbol{\alpha}|)}{\prod\limits_{i=1}^{d+1}\Gamma(\alpha_i)}\left\{\frac{\exp(-y)y^{|\boldsymbol{\alpha}|-1}}{\Gamma(|\boldsymbol{\alpha}|)}\right\}\prod_{i=1}^{d+1}y_i^{\alpha_i-1}.\end{aligned}$$

因为 $\exp(-y)y^{|\boldsymbol{\alpha}|-1}/\Gamma(|\boldsymbol{\alpha}|)$ 为 $\mathrm{Ga}(|\boldsymbol{\alpha}|,1)$ 的密度, 上式对 y 积分可知结论成立.

可以验证, 当 $d=1$ 时, $D_2(\alpha_1;\alpha_2)$ 为 Beta 分布 $\mathrm{Be}(\alpha_1,\alpha_2)$, 即 Y_1 的密度为

$$f(y_1)=\frac{\Gamma(\alpha_1+\alpha_2)}{\Gamma(\alpha_1)\Gamma(\alpha_2)}y_1^{\alpha_1-1}y_2^{\alpha_2-1},\quad y_1+y_2=1,\quad 0<y_1<1.$$

推论 6.1.2 设 $\boldsymbol{\alpha}=(\alpha_1,\cdots,\alpha_{d+1})^{\mathrm{T}}$. 记

$$B_d(\boldsymbol{\alpha})=\underset{\substack{y_i\geqslant 0,\ i=1,\cdots,d\\ \sum_{i=1}^{d}y_i<1}}{\int\cdots\int}\left(\prod_{i=1}^{d}y_i^{\alpha_i-1}\right)\left(1-\sum_{i=1}^{d}y_i\right)^{\alpha_{d+1}-1}\mathrm{d}y_1\cdots\mathrm{d}y_d, \tag{6.1.7}$$

则

$$B_d(\boldsymbol{\alpha})=\frac{\prod\limits_{i=1}^{d+1}\Gamma(\alpha_i)}{\Gamma(|\boldsymbol{\alpha}|)}. \tag{6.1.8}$$

证明 式 (6.1.4) 等号两边关于 $y_1, \cdots, y_d$ 积分, 概率密度的积分值为 1, 故知推论成立.

推论 6.1.3 在定理 6.1.3 的假设下, 有

$$E\left(\prod_{i=1}^{d+1} Y_i^{\beta_i}\right) = \left[\prod_{i=1}^{d+1} \frac{\Gamma(\beta_i+\alpha_i)}{\Gamma(\alpha_i)}\right] \frac{\Gamma(|\boldsymbol{\alpha}|)}{\Gamma(|\boldsymbol{\beta}+\boldsymbol{\alpha}|)}, \tag{6.1.9}$$

其中 $\boldsymbol{\beta} = (\beta_1, \cdots, \beta_{d+1})^{\mathrm{T}}$.

证明 $E\left(\prod_{i=1}^{d+1} Y_i^{\beta_i}\right)$

$$= \frac{1}{B_d(\boldsymbol{\alpha})} \underset{\substack{y_i \geqslant 0,\ i=1,\cdots,d \\ \sum_{i=1}^{d} y_i < 1}}{\int\cdots\int} \left(\prod_{i=1}^{d} y_i^{\beta_i+\alpha_i-1}\right)\left(1-\sum_{i=1}^{d} y_i\right)^{\beta_{d+1}+\alpha_{d+1}-1} \mathrm{d}y_1\cdots\mathrm{d}y_d$$

$$= \frac{B_d(\boldsymbol{\beta}+\boldsymbol{\alpha})}{B_d(\boldsymbol{\alpha})}.$$

推论 6.1.4 在定理 6.1.3 的假设下, 有

(1) $E(Y_j) = \dfrac{\alpha_j}{|\boldsymbol{\alpha}|}$, $j = 1, \cdots, d+1$;

(2) $E(Y_iY_j) = \dfrac{\alpha_i\alpha_j}{(|\boldsymbol{\alpha}|+1)|\boldsymbol{\alpha}|}$, $i \neq j$, $i, j = 1, \cdots, d+1$;

(3) $E(Y_j^2) = \dfrac{\alpha_j(\alpha_j+1)}{(|\boldsymbol{\alpha}|+1)|\boldsymbol{\alpha}|}$, $j = 1, \cdots, d+1$;

(4) $\mathrm{Var}(Y_j) = \dfrac{\alpha_j(|\boldsymbol{\alpha}|-\alpha_j)}{(|\boldsymbol{\alpha}|)^2(|\boldsymbol{\alpha}|+1)}$, $j = 1, \cdots, d+1$;

(5) $\mathrm{Cov}(Y_i, Y_j) = -\dfrac{\alpha_i\alpha_j}{(|\boldsymbol{\alpha}|)^2(|\boldsymbol{\alpha}|+1)}$, $i \neq j$.

在式 (6.1.9) 中, 取 $\beta_i = 1$, 得到一阶矩, 取 $\beta_i = 2$, 得到二阶矩. 我们只证 (2).

证明 (2) 在式 (6.1.9) 中, 取 $\boldsymbol{\beta} = (0, \cdots, 0, 1, 0, \cdots, 0, 1, 0, \cdots, 0)$, 即 $\boldsymbol{\beta}$ 的第 i 个和第 j 个分量为 1, 其余分量均为 0. 故知

$$\begin{aligned} E(Y_iY_j) &= \frac{\Gamma(\alpha_i+1)}{\Gamma(\alpha_i)} \frac{\Gamma(\alpha_j+1)}{\Gamma(\alpha_j)} \frac{\Gamma(|\boldsymbol{\alpha}|)}{\Gamma(|\boldsymbol{\alpha}|+2)} \\ &= \frac{\alpha_i\alpha_j}{|\boldsymbol{\alpha}|(|\boldsymbol{\alpha}|+1)}. \end{aligned}$$

定理 6.1.4 设 $\{Z_i \sim \chi^2_{n_i},\ i = 1, \cdots, d+1\}$ 相互独立. 记 $Z = Z_1 + \cdots + Z_{d+1}$, 则 $(Z_1/Z, \cdots, Z_{d+1}/Z) \sim D_{d+1}(n_1/2, \cdots, n_{d+1}/2)$.

证明　$(Z_1, \cdots, Z_{d+1})$ 联合密度为

$$\left[\prod_{i=1}^{d+1}\Gamma\left(\frac{n_i}{2}\right)\right]^{-1} 2^{-\frac{1}{2}n}\left(\prod_{i=1}^{d+1} z_i^{\frac{1}{2}n_i-1}\right)\exp\left\{-\frac{1}{2}\sum_{i=1}^{d+1} z_i\right\}, \tag{6.1.10}$$

其中 $n = n_1 + \cdots + n_{d+1}$. 作变换 $Z = Z_1 + \cdots + Z_{d+1}$, $Y_i = Z_i/Z$, $i = 1, \cdots, d$, 则变换的 Jacobi 行列式为 z^d. 因此 $(Y_1, \cdots, Y_d, Z)$ 的联合密度为

$$\left[2^{\frac{1}{2}n}\prod_{i=1}^{d+1}\Gamma\left(\frac{n_i}{2}\right)\right]^{-1}\left(\prod_{i=1}^{d} y_i^{\frac{1}{2}n_i-1}\right)\left(1-\sum_{i=1}^{d} y_i\right)^{\frac{1}{2}n_{d+1}-1} z^{\frac{1}{2}n-1}\exp\left\{-\frac{1}{2}z\right\}$$

$$=\left[2^{\frac{1}{2}n}\Gamma\left(\frac{n}{2}\right)\right]^{-1} z^{\frac{1}{2}n-1}\exp\left\{-\frac{1}{2}z\right\}\times\frac{\Gamma\left(\frac{n}{2}\right)}{\prod_{i=1}^{d+1}\Gamma\left(\frac{n_i}{2}\right)}\prod_{i=1}^{d} y_i^{\frac{1}{2}n_i-1}\left(1-\sum_{i=1}^{d} y_i\right)^{\frac{1}{2}n_{d+1}-1}.$$

在上式等号右侧中, 第一个因式是自由度为 n 的 χ^2 分布的概率密度, 第二个因式是 $D_{d+1}(n_1/2, \cdots, n_{d+1}/2)$ 的概率密度. 故结论成立.

推论 6.1.5　在定理 6.1.4 假设下, $Z = Z_1 + \cdots + Z_{d+1}$ 与 $(Z_1/Z, \cdots, Z_{d+1}/Z)$ 相互独立.

推论 6.1.6　设 $\boldsymbol{X} \sim N(\mathbf{0}, I_n)$ 且被分为 k 个部分 $\boldsymbol{X}^{(1)}, \cdots, \boldsymbol{X}^{(k)}$, $\boldsymbol{X}$ 的每一个部分分别有其 $n_1, \cdots, n_k$ 个分量, 即

$$\boldsymbol{X} = \begin{pmatrix} \boldsymbol{X}^{(1)} \\ \vdots \\ \boldsymbol{X}^{(k)} \end{pmatrix}, \tag{6.1.11}$$

则

$$\left(\frac{\|\boldsymbol{X}^{(1)}\|^2}{\|\boldsymbol{X}\|^2}, \cdots, \frac{\|\boldsymbol{X}^{(k)}\|^2}{\|\boldsymbol{X}\|^2}\right) \sim D_k\left(\frac{n_1}{2}, \cdots, \frac{n_k}{2}\right)$$

且与 $\|\boldsymbol{X}\|^2$ 独立, 其中 $n = n_1 + \cdots + n_k$.

推论 6.1.7　若 $\boldsymbol{X} = (X_1, \cdots, X_n)^{\mathrm{T}} \sim N(\mathbf{0}, I_n)$, 则

(1) $\left(\dfrac{X_1^2}{\|\boldsymbol{X}\|^2}, \cdots, \dfrac{X_k^2}{\|\boldsymbol{X}\|^2}\right) \sim D_k\left(\dfrac{1}{2}, \cdots, \dfrac{1}{2}; \dfrac{n-k}{2}\right)$;

(2) $\left(\dfrac{X_1}{\|\boldsymbol{X}\|}, \cdots, \dfrac{X_k}{\|\boldsymbol{X}\|}\right)$ 的密度为

$$\frac{\Gamma(n/2)}{\Gamma((n-k)/2)\pi^{k/2}}\left(1-\sum_{i=1}^{k} x_i^2\right)^{(n-k)/2-1}, \quad \text{其中} \sum_{i=1}^{k} x_i^2 < 1. \tag{6.1.12}$$

推论 6.1.8 若 $\boldsymbol{U}_d=(U_1,\cdots,U_d)^{\mathrm{T}}$ 服从 d 维单位球面上的均匀分布, 则

$$(U_1^2,\cdots,U_k^2)\sim D_k\Big(\frac{1}{2},\cdots,\frac{1}{2};\frac{d-k}{2}\Big),\quad 0<k<d. \tag{6.1.13}$$

6.1.3 样本协差阵的分布

设 $\boldsymbol{X}^{[1]},\cdots,\boldsymbol{X}^{[n]}$ 为来自 d 维随机向量 $\boldsymbol{X}\sim U(\Omega_d)$ 的 i.i.d. 样本, 记

$$M_n=\frac{1}{n}\sum_{i=1}^{n}\boldsymbol{X}^{[i]}(\boldsymbol{X}^{[i]})^{\mathrm{T}}, \tag{6.1.14}$$

则 M_n 是迹为 1 的非负定阵且 $M_n\xrightarrow{P}(1/d)I_d$.

由对称性, 为得到 M_n 的渐近分布, 只需求 M_n 的 $d(d+1)/2$ 个元素的联合渐近分布. 设 $\boldsymbol{X}=(X_1,\cdots,X_d)^{\mathrm{T}}$, 现给出 $E(X_iX_jX_lX_k)$ 的值, $i,j,l,k=1,\cdots,d$.

设 $\boldsymbol{Y}\sim N(\boldsymbol{0},I_d)$, $\boldsymbol{Y}=\|\boldsymbol{Y}\|\boldsymbol{Z}$, $\boldsymbol{Z}=\boldsymbol{Y}/\|\boldsymbol{Y}\|$, 则 $\boldsymbol{Z}=(Z_1,\cdots,Z_d)^{\mathrm{T}}\sim U(\Omega_d)$ 且 $R=\|\boldsymbol{Y}\|$ 与 $\boldsymbol{Z}$ 独立. 记随机矩阵 $\boldsymbol{Z}\boldsymbol{Z}^{\mathrm{T}}\overset{d}{=}\boldsymbol{X}\boldsymbol{X}^{\mathrm{T}}$ 为 $B=(b_{kl})$, 故有 $B=(Z_kZ_l)$. 因为 $\|\boldsymbol{Y}\|$ 与 $\boldsymbol{Z}$ 独立且

$$\boldsymbol{Y}\boldsymbol{Y}^{\mathrm{T}}=\|\boldsymbol{Y}\|^2\frac{\boldsymbol{Y}\boldsymbol{Y}^{\mathrm{T}}}{\|\boldsymbol{Y}\|^2}=\|\boldsymbol{Y}\|^2\boldsymbol{Z}\boldsymbol{Z}^{\mathrm{T}},$$

故

$$E(B)=E(\boldsymbol{Y}\boldsymbol{Y}^{\mathrm{T}})/E(\|\boldsymbol{Y}\|^2).$$

同理

$$E(b_{kk}^2)=E(Z_k^4)=\frac{E(Y_k^4)}{E(\|\boldsymbol{Y}\|^4)}=\frac{3}{d(d+2)}, \tag{6.1.15}$$

$$E(b_{kl}^2)=E(Z_k^2Z_l^2)=\frac{E(Y_k^2Y_l^2)}{E(\|\boldsymbol{Y}\|^4)}=\frac{1}{d(d+2)},\quad k\neq l, \tag{6.1.16}$$

$$E(b_{kk}b_{kl})=E(Z_k^3Z_l)=\frac{E(Y_k^3Y_l)}{E(\|\boldsymbol{Y}\|^4)}=\frac{E(Y_k^3)E(Y_l)}{E(\|\boldsymbol{Y}\|^4)}=0,\quad k\neq l. \tag{6.1.17}$$

因此, B 中元素的方差, 协方差为

$$\begin{aligned}
\mathrm{Var}(b_{kk})&=E(Z_k^4)-[E(Z_k^2)]^2\\
&=\frac{3}{d(d+2)}-\frac{1}{d^2}=\frac{2(d-1)}{d^2(d+2)},\\
\mathrm{Var}(b_{kl})&=\frac{1}{d(d+2)},\quad k\neq l,\\
\mathrm{Cov}(b_{kk},b_{ll})&=E(Z_k^2Z_l^2)-E(Z_k^2)E(Z_l^2)\\
&=\frac{1}{d(d+2)}-\frac{1}{d^2}=\frac{-2}{d^2(d+2)},\quad k\neq l.
\end{aligned}$$

因为 $\boldsymbol{Y}$ 的分量相互独立, 故其他协方差均为 0, 所以

$$((b_{11},\cdots,b_{dd}),(b_{12},\cdots,b_{1d}),(b_{23},\cdots,b_{2d}),\cdots,b_{d-1d}) \tag{6.1.18}$$

的协差阵为

$$\Sigma=\begin{pmatrix} A_{11} & & & \\ & A_{22} & & \\ & & \ddots & \\ & & & A_{dd} \end{pmatrix}, \tag{6.1.19}$$

其中

$$A_{11}=\frac{2}{d(d+2)}\left(I_d-\frac{1}{d}\mathbf{1}\mathbf{1}^{\mathrm{T}}\right),\quad \mathbf{1}=(1,\cdots,1)^{\mathrm{T}},$$

$$A_{ii}=\frac{1}{d(d+2)}I_{d+1-i},\quad i=2,\cdots,d,$$

且 Σ中子块$\{A_{jj}\}_{j=1}^{d}$之外的其他元素均为0.

将 $\sqrt{n}(M_n-(1/d)I_d)$ 中元素按式 (6.1.18) 排列, 由多元中心极限定理可知, 其联合渐近分布为 $N_{d(d+1)/2}(\mathbf{0},\Sigma)$, 其中 Σ 由式 (6.1.19) 定义. 记为

$$\sqrt{n}(M_n-(1/d)I_d)\xrightarrow{d}N_{d(d+1)/2}(\mathbf{0},\Sigma). \tag{6.1.20}$$

定理 6.1.5　设 $\boldsymbol{X}^{[1]},\cdots,\boldsymbol{X}^{[n]}$ 为来自 d 维随机向量 $\boldsymbol{X}\sim U(\Omega_d)$ 的 i.i.d. 样本, M_n 由式 (6.1.14) 定义. 设 $\widehat{\lambda}_1,\cdots,\widehat{\lambda}_d$ 为 M_n 的特征值, 则

$$\frac{nd(d+2)}{2}\sum_{i=1}^{d}\left(\widehat{\lambda}_i-\frac{1}{d}\right)^2\xrightarrow{d}\chi^2_{d(d+1)/2-1}. \tag{6.1.21}$$

证明　记 $V=(v_{kl})=\sqrt{n}(M_n-(1/d)I_d)$, 则存在正交矩阵 P, 使得

$$M_n=P\begin{pmatrix} \widehat{\lambda}_1 & & & \\ & \widehat{\lambda}_2 & & \\ & & \ddots & \\ & & & \widehat{\lambda}_d \end{pmatrix}P^{\mathrm{T}}.$$

故

$$\mathrm{tr}(V^2)=n\sum_{i=1}^{d}\left(\widehat{\lambda}_i-\frac{1}{d}\right)^2=\sum_{i=1}^{d}v_{kk}^2+2\sum_{k<l}v_{kl}^2.$$

由式 (6.1.20) 知

$$2\sum_{k<l}v_{kl}^2\xrightarrow{d}\frac{2}{d(d+2)}\chi^2_{d(d-1)/2}, \tag{6.1.22}$$

且有

$$\sum_{i=1}^{d} v_{kk}^2 \xrightarrow{d} \frac{2}{d^2(d+2)} \sum_{i=1}^{d} Y_i^2, \tag{6.1.23}$$

其中 $(Y_1, \cdots, Y_d) \sim N(\mathbf{0}, \Sigma_1)$, Σ_1 是主对角线上的元素为 $d-1$, 其余元素为 -1 的非负定阵.

取 $T_i = (1/\sqrt{d})Y_i,\ i = 1, \cdots, d$, 则 $\boldsymbol{T} = (T_1, \cdots, T_d)^{\mathrm{T}} \sim N_d(\mathbf{0}, (1/d)\Sigma_1)$. 因为 Σ_1 为对称阵, 故存在正交阵 G, 使得 $\Sigma_1 = G^{\mathrm{T}} \Lambda G$, 其中 $\Lambda = \mathrm{diag}(d, \cdots, d, 0)$. 记 $\boldsymbol{W} = G\boldsymbol{T}$, 则

$$\mathrm{Cov}(\boldsymbol{W}) = G\mathrm{Cov}(\boldsymbol{T})G^{\mathrm{T}} = G\frac{1}{d}G^{\mathrm{T}}\Lambda G G^{\mathrm{T}},$$

故

$$\mathrm{Cov}(\boldsymbol{W}) = \begin{pmatrix} I_{d-1} & \mathbf{0} \\ \mathbf{0} & 0 \end{pmatrix} = \Lambda_1,$$

因此 $\boldsymbol{W} \sim N_d(\mathbf{0}, \Lambda_1)$, 进而有

$$\boldsymbol{T}^{\mathrm{T}}\boldsymbol{T} = \boldsymbol{W}^{\mathrm{T}}\boldsymbol{W} \sim \chi_{d-1}^2.$$

故

$$\sum_{i=1}^{d} v_{kk}^2 \xrightarrow{d} \frac{2}{d(d+2)} \chi_{d-1}^2. \tag{6.1.24}$$

由式 (6.1.22) 及式 (6.1.24) 可知结论成立.

6.2 球面旋转对称分布

设方向随机向量 $\boldsymbol{X}$ 的概率分布关于单位向量 $\boldsymbol{\mu}$ 旋转对称. 由 Watson(1983), $\boldsymbol{X}$ 可表示为

$$\boldsymbol{X} = T\boldsymbol{\mu} + \sqrt{1-T^2}\boldsymbol{\xi}, \tag{6.2.1}$$

其中 $T = \boldsymbol{\mu}^{\mathrm{T}}\boldsymbol{X}$, $\boldsymbol{\xi}$ 是与 $\boldsymbol{\mu}$ 垂直的单位球面上的均匀分布随机向量, T 与 $\boldsymbol{\xi}$ 独立.

设 $\boldsymbol{X}$ 与 $\boldsymbol{\mu}$ 的夹角为 θ, 则知

$$\boldsymbol{\mu}^{\mathrm{T}}\boldsymbol{x} = \|\boldsymbol{\mu}\| \cdot \|\boldsymbol{x}\| \cos\theta = \cos\theta.$$

因此, $\boldsymbol{X}$ 的密度具有形式 $f(\boldsymbol{\mu}^{\mathrm{T}}\boldsymbol{x})$. 记 d 维单位球面 Ω_d 的面积为 a_d. 因为

$$\mathrm{d}\boldsymbol{\omega}_d = (1-t^2)^{\frac{d-3}{2}}\mathrm{d}t\mathrm{d}\boldsymbol{\omega}_{d-1},$$

其中 $\mathrm{d}\boldsymbol{\omega}_d$ 为 Ω_d 上的面积元素, 故有

$$1 = \int_{\Omega_d} f(\boldsymbol{\mu}^{\mathrm{T}}\boldsymbol{x})\mathrm{d}\boldsymbol{\omega}_d.$$

进而可得随机变量 T 的密度为

$$a_{d-1}f(t)(1-t^2)^{\frac{d-3}{2}}, \quad -1<t<1. \tag{6.2.2}$$

定义 6.2.1 称 Ω_d 上的随机向量 $\boldsymbol{X}$ 服从 Langevin 分布, 若 $\boldsymbol{X}$ 具有密度

$$f_L(\boldsymbol{x})=\frac{1}{b_d(\lambda)}\exp\{\lambda\boldsymbol{\mu}^{\mathrm{T}}\boldsymbol{x}\}, \tag{6.2.3}$$

其中,

$$b_d(\lambda)=a_{d-1}\int_{-1}^{1}\exp(\lambda t)(1-t^2)^{(d-3)/2}\mathrm{d}t.$$

该分布关于 $\boldsymbol{\mu}$ 旋转对称且峰向为 $\boldsymbol{x}=\boldsymbol{\mu}$. 当 $\lambda=0$ 时, Langevin 分布成为球面上的均匀分布. 当 $\lambda>0$ 时, T 的密度为

$$g_L(t)=\frac{a_{d-1}}{b_d(\lambda)}\exp[\lambda t]\cdot(1-t^2)^{\frac{d-3}{2}}, \quad -1<t<1,$$

且有

$$g_L^{'}(t)=\frac{a_{d-1}}{b_d(\lambda)}\exp[\lambda t]\cdot(1-t^2)^{\frac{d-3}{2}-1}[\lambda(1-t^2)-(d-3)t].$$

令 $h_L(t)=\lambda(1-t^2)-(d-3)t=0$, 可得

$$t_{1,2}=\frac{-(d-3)\mp\sqrt{(d-3)^2+4\lambda^2}}{2\lambda}, \quad \lambda>0.$$

易知当 $\lambda>0$ 且 $d\geqslant 3$ 时, $t_1\leqslant -1,\ \ 0<t_2\leqslant 1$. 所以

$$g_L(t)\uparrow, \quad -1<t<t_2; \quad g_L(t)\downarrow, \quad t_2<t<1.$$

故当 $\lambda>0$ 且 $d\geqslant 3$ 时, Langevin 分布为单峰分布.

设 $\boldsymbol{X}^{[1]},\cdots,\boldsymbol{X}^{[n]}$ 为来自 $f_L(\boldsymbol{x})$ 的 i.i.d. 样本, 记 $\overline{\boldsymbol{X}}=(\boldsymbol{X}^{[1]}+\cdots+\boldsymbol{X}^{[n]})/n$, 则 $\boldsymbol{\mu}$, λ 的极大似然估计 (MLE) 为 $\widehat{\boldsymbol{\mu}}=\overline{\boldsymbol{X}}/\|\overline{\boldsymbol{X}}\|$, λ 满足方程 $b_d'(\lambda)/b_d(\lambda)=\|\overline{\boldsymbol{X}}\|$. 事实上, 基于样本的似然函数为

$$l=\prod_{i=1}^{n}f_L(\boldsymbol{X}_i)=\frac{1}{b_d^n(\lambda)}\exp\left\{\sum_{i=1}^{n}\lambda\boldsymbol{\mu}^{\mathrm{T}}\boldsymbol{X}_i\right\},$$

故有

$$\ln l=-n\ln b_d(\lambda)+\lambda\sum_{i=1}^{n}\boldsymbol{\mu}^{\mathrm{T}}\boldsymbol{X}_i=-n\ln b_d(\lambda)+\lambda n\{\mu_1\overline{X}_1+\cdots+\mu_d\overline{X}_d\},$$

其中, $\boldsymbol{\mu}=(\mu_1,\cdots,\mu_d)^{\mathrm{T}}$, $\boldsymbol{X}^{[i]}=(X_{i1},\cdots,X_{id})^{\mathrm{T}},\ i=1,\cdots,n$,

$$\overline{X}_j=\frac{1}{n}\sum_{i=1}^{n}X_{ij},\quad j=1,\cdots,d,\quad \overline{\boldsymbol{X}}=(\overline{X}_1,\cdots,\overline{X}_d)^{\mathrm{T}}.$$

因为 $\|\boldsymbol{\mu}\|=1$, 故可利用 Lagrange 乘数法. 记

$$L=\mu_1\overline{X}_1+\cdots+\mu_d\overline{X}_d-k(\mu_1^2+\cdots+\mu_d^2-1).$$

由

$$\frac{\partial L}{\partial \mu_i}=\overline{X}_i-2k\mu_i=0,\quad i=1,\cdots,d,$$

可得 $\overline{X}_1/\mu_1=\cdots=\overline{X}_d/\mu_d$, 故 $\boldsymbol{\mu}$ 的 MLE 为 $\widehat{\boldsymbol{\mu}}=\overline{\boldsymbol{X}}/\|\overline{\boldsymbol{X}}\|$. 又由

$$\frac{\partial \ln l}{\partial \lambda}=\frac{-n}{b_d(\lambda)}b_d'(\lambda)+\sum_{i=1}^{n}\boldsymbol{\mu}^{\mathrm{T}}\boldsymbol{X}_i=0$$

可得

$$\frac{b_d'(\lambda)}{b_d(\lambda)}=\boldsymbol{\mu}^{\mathrm{T}}\overline{\boldsymbol{X}}=\frac{\overline{\boldsymbol{X}}^{\mathrm{T}}}{\|\overline{\boldsymbol{X}}\|}\overline{\boldsymbol{X}}=\|\overline{\boldsymbol{X}}\|.$$

故参数 λ 的 MLE 满足似然方程

$$b_d'(\lambda)/b_d(\lambda)=\|\overline{\boldsymbol{X}}\|.$$

从参数 $\boldsymbol{\mu}$ 的 MLE 形式看, 球面上的 Langevin 分布类似于$\mathbf{R}$上的正态分布.

定义 6.2.2 设 $\boldsymbol{\mu}$ 为单位向量. 称 Ω_d 上的随机向量 $\boldsymbol{X}$ 服从 Scheidegger-Watson 分布, 若 $\boldsymbol{X}$ 具有密度

$$f_{\mathrm{SW}}(\boldsymbol{x})=\frac{1}{c_d(\lambda)}\exp\{\lambda(\boldsymbol{\mu}^{\mathrm{T}}\boldsymbol{x})^2\},\tag{6.2.4}$$

其中

$$c_d(\lambda)=a_{d-1}\int_{-1}^{1}\exp(\lambda t^2)(1-t^2)^{(d-3)/2}\mathrm{d}t.$$

参数 λ 可为为任意实数, 该分布关于 $\boldsymbol{\mu}$ 旋转对称. 当 $\lambda=0$ 时, Scheidegger-Watson 分布成为球面上的均匀分布. 当 $\lambda\neq 0$ 时, T 的密度为

$$g_{\mathrm{SW}}(t)=\frac{a_{d-1}}{c_d(\lambda)}\exp[\lambda t^2]\cdot(1-t^2)^{\frac{d-3}{2}},\quad -1<t<1,$$

且有

$$g_{\mathrm{SW}}'(t)=\frac{a_{d-1}}{c_d(\lambda)}\exp[\lambda t^2]\cdot(1-t^2)^{\frac{d-3}{2}-1}2t[\lambda(1-t^2)-(d-3)/2].$$

令 $h_{\mathrm{SW}}(t)=t[\lambda(1-t^2)-(d-3)/2]$ 且设 $d-3\geqslant 0$.

(1) 当 $\lambda < 0$ 时, $h_{\rm SW}(t) \geqslant 0,\ t \in (-1, 0]$; $h_{\rm SW}(t) \leqslant 0,\ t \in [0, 1)$. 故

$$g_{\rm SW}(t) \uparrow, \quad t \in (-1, 0]; \quad g_{\rm SW}(t) \downarrow, \quad t \in [0, 1).$$

因此, 为环状分布.

(2) 设 $\lambda > 0$. 当 $2\lambda > d - 3$ 时, 由 $\lambda(1 - t^2) - (d - 3)/2 = 0$, 可得

$$0 \leqslant t_1 = \sqrt{1 - \frac{d-3}{2\lambda}} < 1, \quad -1 < t_2 = -t_1 \leqslant 0.$$

所以

$$h_{\rm SW}(t) \geqslant 0, \quad t \in (-1, -t_1) \cup (0, t_1); \quad h_{SW}(t) \leqslant 0, \quad t \in (-t_1, 0) \cup (t_1, 1).$$

故

$$g_{\rm SW}(t) \uparrow, \quad t \in (-1, -t_1) \cup (0, t_1); \quad g_{\rm SW}(t) \downarrow, \quad t \in (-t_1, 0) \cup (t_1, 1).$$

此时, 为双峰分布. 当 $2\lambda \leqslant d - 3$ 时,

$$\begin{aligned} h_{\rm SW}(t) = & -\lambda t\left[t^2 - \left(1 - \frac{d-3}{2\lambda}\right)\right] \\ & \Rightarrow h_{\rm SW}(t) \geqslant 0,\ t \in (-1, 0];\ h_{\rm SW}(t) \leqslant 0, t \in [0, 1). \end{aligned}$$

因此, 为环状分布. 综上所述, 当 $2\lambda > d - 3$ 时, Scheidegger-Watson 分布为双峰分布. 当 $2\lambda \leqslant d - 3$ 时, Scheidegger-Watson 分布为环状分布.

设 $\boldsymbol{X}^{[1]}, \cdots, \boldsymbol{X}^{[n]}$ 为来自 d 维随机向量 $\boldsymbol{X} \sim f_{\rm SW}(\boldsymbol{x})$ 的 i.i.d. 样本, 记

$$M_n = \frac{1}{n}\sum_{i=1}^{n} \boldsymbol{X}^{[i]}(\boldsymbol{X}^{[i]})^{\rm T}. \tag{6.2.5}$$

则

$$M_n \xrightarrow{P} M = E(\boldsymbol{X}\boldsymbol{X}^{\rm T}).$$

其似然函数为

$$\begin{aligned} l = & \prod_{i=1}^{n}[c_d(\lambda)]^{-1}\exp\left\{\lambda\sum_{i=1}^{n}(\boldsymbol{\mu}^{\rm T}\boldsymbol{X}^{[i]})^2\right\} \\ = & [c_d(\lambda)]^{-n}\exp\{\lambda n\boldsymbol{\mu}^{\rm T}M_n\boldsymbol{\mu}\}, \end{aligned}$$

故 $\ln l = -n\ln c_d(\lambda) + \lambda n\boldsymbol{\mu}^{\rm T}M_n\boldsymbol{\mu}$.

设 $l_1(M_n) \geqslant \cdots \geqslant l_d(M_n)$ 为 M_n 的特征值, 设正交阵 $P = (\boldsymbol{p}_1, \cdots, \boldsymbol{p}_d)$, 使得

$$M_n = P\begin{pmatrix} l_1 & & \\ & \ddots & \\ & & l_d \end{pmatrix}P^{\rm T} = \sum_{i=1}^{n} l_i\boldsymbol{p}_i\boldsymbol{p}_i^{\rm T},$$

故 $\boldsymbol{p}_i$ 为 M_n 的与 l_i 相对应的特征向量. 设 $(\lambda, \boldsymbol{\mu})$ 的 MLE 为 $(\widehat{\lambda}, \widehat{\boldsymbol{\mu}})$. 由对称阵特征值的极值性质知, 当 $\lambda > 0$ 时,

$$\lambda \boldsymbol{\mu}^{\mathrm{T}} M_n \boldsymbol{\mu} = \lambda \sum_{i=1}^{n} l_i (\boldsymbol{\mu}^{\mathrm{T}} \boldsymbol{p}_i)^2 \leqslant \lambda l_1.$$

故 $\widehat{\boldsymbol{\mu}} = \boldsymbol{p}_1$, 即 $\widehat{\boldsymbol{\mu}}$ 为与 $l_1(M_n)$ 相对应的特征向量. 当 $\lambda < 0$ 时, $\widehat{\boldsymbol{\mu}}$ 为与 $l_d(M_n)$ 相对应的特征向量. 因为

$$\frac{\partial \ln l}{\partial \lambda} = -n \frac{c_d^{'}(\lambda)}{c_d(\lambda)} + n \boldsymbol{\mu}^{\mathrm{T}} M_n \boldsymbol{\mu} = 0,$$

故 $\widehat{\lambda}$ 由

$$l_i(M_n) = \frac{c_d(\lambda)^{'}}{c_d(\lambda)}, \quad i = 1 \text{ 或 } d \tag{6.2.6}$$

给出.

6.3 球面 Beran 分布族

设 $\boldsymbol{x} = (x_1, \cdots, x_d)^{\mathrm{T}}$, $G_m(\boldsymbol{x})$ 为 $\mathbf{R}^d$ 上的 m 阶齐次多项式. 设 $\boldsymbol{y} = \Gamma \boldsymbol{x}$ 为正交变换, 定义 $\widetilde{G}_m(\boldsymbol{y}) = G_m(\Gamma^{\mathrm{T}} \boldsymbol{y})$, 则 $\widetilde{G}_m(\boldsymbol{y})$ 为 $\mathbf{R}^d$ 上的 m 阶齐次多项式.

设 $\boldsymbol{y} = \Gamma \boldsymbol{x}$ 为正交变换, $g(\boldsymbol{x})$ 为 $\mathbf{R}^d$ 上的 d 元函数. 定义 $\widetilde{g}(\boldsymbol{y}) = g(\Gamma^{\mathrm{T}} \boldsymbol{y})$, 则

$$\frac{\partial \widetilde{g}}{\partial \boldsymbol{y}} = \Gamma \frac{\partial g}{\partial \boldsymbol{x}}. \tag{6.3.1}$$

事实上, 设

$$\Gamma = \begin{pmatrix} t_{11} & \cdots & t_{1d} \\ \vdots & & \vdots \\ t_{d1} & \cdots & t_{dd} \end{pmatrix} = \begin{pmatrix} \boldsymbol{\alpha}_1^{\mathrm{T}} \\ \vdots \\ \boldsymbol{\alpha}_d^{\mathrm{T}} \end{pmatrix}.$$

因为

$$\begin{aligned} & x_j = t_{1j} y_1 + \cdots + t_{ij} y_i + \cdots + t_{dj} y_d \\ & \Rightarrow \frac{\partial x_j}{\partial y_i} = t_{ij}, \quad i, j = 1, \cdots, d, \end{aligned}$$

故由链式法则可得

$$\frac{\partial \widetilde{g}}{\partial y_i} = \sum_{j=1}^{d} \frac{\partial g}{\partial x_j} \frac{\partial x_j}{\partial y_i} = \boldsymbol{\alpha}_i^{\mathrm{T}} \cdot \frac{\partial g}{\partial \boldsymbol{x}},$$

其中

$$\frac{\partial g}{\partial \boldsymbol{x}}=\left(\frac{\partial g}{\partial x_1},\cdots,\frac{\partial g}{\partial x_d}\right)^{\mathrm{T}},\quad \boldsymbol{\alpha}_i=(t_{i1},\cdots,t_{id})^{\mathrm{T}},\quad i=1,\cdots,d.$$

因此

$$\frac{\partial \widetilde{g}}{\partial \boldsymbol{y}}=\Gamma\frac{\partial g}{\partial \boldsymbol{x}}. \tag{6.3.2}$$

故 Laplace 算子

$$\Delta_d=\left[\frac{\partial}{\partial \boldsymbol{y}}\right]'\cdot\frac{\partial}{\partial \boldsymbol{y}}=\left[\Gamma\frac{\partial}{\partial \boldsymbol{x}}\right]'\cdot\Gamma\frac{\partial}{\partial \boldsymbol{x}}=\left[\frac{\partial}{\partial \boldsymbol{x}}\right]'\cdot\frac{\partial}{\partial \boldsymbol{x}}$$

在旋转变换下具有不变性, 球调和函数在旋转变换下为球调和函数.

定义 6.3.1 称 Ω_d 上的随机向量 $\boldsymbol{X}$ 服从 Beran 分布, 若 $\boldsymbol{X}$ 具有密度

$$f_{\mathrm{B}}(\boldsymbol{x})=[c(\beta_1,\cdots,\beta_k)]^{-1}\exp\left\{\sum_{j=1}^{k}\beta_j f_j(\boldsymbol{x})\right\}, \tag{6.3.3}$$

其中 $\{f_j(\boldsymbol{x})\}$ 为 Ω_d 上的正交球调和函数.

Langevin 分布及 Scheidegger-Watson 分布是 Beran(1979) 分布的特殊情形. 记 H 为球面上的 Borel 平方可积函数构成的 Hilbert 空间. 基于球调和函数, 可以构造 H 的规范正交基. 因此, 基于球调和函数的 Beran 分布族是一类具有广泛性的指数型球面概率分布族.

设 $\boldsymbol{X}^{[1]},\cdots,\boldsymbol{X}^{[n]}$ 为来自 $\boldsymbol{X}\sim f_{\mathrm{B}}(\boldsymbol{x})$ 的 i.i.d. 样本, 其似然函数为

$$l=c^{-n}\exp\left\{\sum_{j=1}^{k}\beta_j T_j\right\},\quad T_j=\sum_{i=1}^{n}f_j(\boldsymbol{X}^{[i]}). \tag{6.3.4}$$

因此 $\{T_1,\cdots,T_k\}$ 为充分统计量. 参数 $\beta_1,\cdots,\beta_k$ 的极大似然估计 $\widehat{\beta}_1,\cdots,\widehat{\beta}_k$ 由似然方程

$$\frac{\partial \ln c}{\partial \beta_j}=\frac{T_j}{n},\quad j=1,\cdots,k$$

给出. 因为

$$c(\beta_1,\cdots,\beta_k)=\int_{\Omega_d}\exp\left\{\sum_{j=1}^{k}\beta_j f_j(\boldsymbol{x})\right\}\mathrm{d}\boldsymbol{\omega},$$

$$\frac{\partial c}{\partial \beta_j}=\int_{\Omega_d}f_j(\boldsymbol{x})\exp\left\{\sum_{j=1}^{k}\beta_j f_j(\boldsymbol{x})\right\}\mathrm{d}\boldsymbol{\omega},$$

故

$$\frac{\partial \ln c}{\partial \beta_j}=E(f_j(\boldsymbol{X})),\quad j=1,\cdots,k.$$

因此, 由大数定律及 c 的连续性可知

$$\frac{T_j}{n} \xrightarrow{P} E(f_j(\boldsymbol{X})), \quad \widehat{\beta}_j \xrightarrow{P} \beta_j, \quad j=1,\cdots,k.$$

进一步, 由多元中心极限定理

$$\sqrt{n}\left(\frac{T_1}{n}-E(f_1(\boldsymbol{X})),\cdots,\frac{T_k}{n}-E(f_k(\boldsymbol{X}))\right) \xrightarrow{d} N(\mathbf{0},\Sigma),$$

其中

$$\Sigma=(\sigma_{ij})_{k\times k}, \quad \sigma_{ij}=E(f_i(\boldsymbol{X})f_j(\boldsymbol{X}))-E(f_i(\boldsymbol{X}))E(f_j(\boldsymbol{X})), \quad i,j=1,\cdots,k.$$

由于

$$\frac{1}{c}\cdot\frac{\partial^2 c}{\partial\beta_i\partial\beta_j}=E(f_i(\boldsymbol{X})f_j(\boldsymbol{X})),$$

$$\frac{1}{n}\sum_{l=1}^{n} f_i(\boldsymbol{X}_l)f_j(\boldsymbol{X}_l) \xrightarrow{P} E(f_i(\boldsymbol{X})f_j(\boldsymbol{X})),$$

所以

$$\widehat{\Sigma}=\left(\frac{1}{n}\sum_{l=1}^{n} f_i(\boldsymbol{X}_l)f_j(\boldsymbol{X}_l)-\frac{T_i}{n}\frac{T_j}{n}\right)_{k\times k} \xrightarrow{P} \Sigma.$$

6.4 中心相似分布的概率分布基

在第 1 章绪论中, 简单介绍了中心相似分布概念. 中心相似分布具有独立可分解结构, 它属于半参数概率分布模型, 可用来描述非对称性多元数据. 这里将给出中心相似分布的定义及其与球面非均匀分布的关系.

6.4.1 标准中心相似分布

定义 6.4.1 称 d 维随机向量 $\boldsymbol{X}$ 服从中心相似分布, 若 $\boldsymbol{X}$ 具有随机表示

$$\boldsymbol{X} \stackrel{d}{=} R\boldsymbol{U}_d, \tag{6.4.1}$$

其中 $\boldsymbol{U}_d$ 服从某 d 维可测集 D_0 上的均匀分布, $\mathbf{0}\in D_0$, R 是非负随机变量且与 $\boldsymbol{U}_d$ 独立. 称集合 D_0 为基集. 基集 D_0 包含原点的中心相似分布也称为标准中心相似分布, 记为 $\boldsymbol{X}\sim C(\mathbf{0}_d, I_d, D_0)$. 此时有

$$\boldsymbol{X} \stackrel{d}{=} \mathbf{0}_d + RI_d\boldsymbol{U}_d.$$

现结合垂直密度表示, 解释中心相似分布的含义. 设 $\boldsymbol{X}$ 的概率密度为 $p(\boldsymbol{x})$, $\boldsymbol{x} \in \mathbf{R}^d$, 记 $D_{(d,[p])}(v) = \{\boldsymbol{x} : p(\boldsymbol{x}) \geqslant v\}$. 假设 $D_{(d,[p])}(v)$ 与 D_0 相似, 即对给定的 v, 存在实数 $r = h(v)$, 使得

$$D(r) = D_{(d,[p])}(v) = \{\boldsymbol{x} : \boldsymbol{x} = r\boldsymbol{y}, \boldsymbol{y} \in D_0\} = rD_0.$$

因此, 对给定的 r,

$$\boldsymbol{X} \sim U(D(r)) = rU(D_0) = r\boldsymbol{U}_d,$$

故 $\boldsymbol{X} = R\boldsymbol{U}_d$. 因为 $\{D_{(d,[p])}(v), v > 0\}$ 为相似集合, 所以称 $\boldsymbol{X}$ 服从中心相似分布.

定义 6.4.2　称集合 D_0 为实心的, 若

$$\{\boldsymbol{x} : \boldsymbol{x} = r\boldsymbol{y}, r \in [0,1] \text{且} \boldsymbol{y} \in D_0\} \subset D_0.$$

基于放射变换, 基集 D_0 可由单位球面 Ω_d 上的点表示, 有下述引理.

引理 6.4.1　d 维实心基集 D_0 可表示为

$$D_0 = \left\{\boldsymbol{x} : \|\boldsymbol{x}\| \leqslant b\left(\frac{\boldsymbol{x}}{\|\boldsymbol{x}\|}\right)\right\}, \quad b(\boldsymbol{z}) = \sup\{r : r\boldsymbol{z} \in D_0, \boldsymbol{z} \in \Omega_d\}. \tag{6.4.2}$$

称 $b(\cdot)$ 为定义在 Ω_d 上的基集 D_0 的边界函数.

边界函数 $b(\cdot)$ 是定义在单位球面 Ω_d 上的有界正值连续函数. 特别地, 球体的边界函数是常数, 等于球体半径.

定理 6.4.1　设非负随机变量 R 的密度函数为 $g(r), r > 0$, $\boldsymbol{U} \in U(D_0)$ 且与 R 独立, D_0 由式 (6.4.2) 给出, 则 $\boldsymbol{X} = R\boldsymbol{U}$ 的密度函数为

$$p(\boldsymbol{x}) = \frac{1}{L_d(D_0)} \int_{\|\boldsymbol{x}\|/b(\boldsymbol{x}/\|\boldsymbol{x}\|)}^{\infty} \frac{g(r)}{r^d} \mathrm{d}r. \tag{6.4.3}$$

证明　给定 $R = r$, $\boldsymbol{X}$ 的条件分布为区域

$$rD_0 = \{\boldsymbol{x} : \boldsymbol{x} = r\boldsymbol{y}, \boldsymbol{y} \in D_0\}$$

上的均匀分布. 由多元极坐标变换可知, $L_d(rD_0) = r^d L_d(D_0)$. 对于给定的 $\boldsymbol{x}$, 有

$$\inf\{t : \boldsymbol{x} \in tD_0\} = \frac{\|\boldsymbol{x}\|}{b\left(\dfrac{\boldsymbol{x}}{\|\boldsymbol{x}\|}\right)} \triangleq c.$$

将 $\boldsymbol{y} = \boldsymbol{x}/r$ 带入式 (6.4.2) 知, $c \leqslant r < \infty$. 因为 $(R, \boldsymbol{X})$ 的联合密度为

$$g(r)\frac{1}{r^d L_d(D_0)},$$

关于 r 积分, 可知结论成立.

设 $\boldsymbol{X}$ 服从中心相似分布. 由式 (6.4.1) 知

$$\boldsymbol{X} \stackrel{d}{=} R\boldsymbol{U}_d = R\|\boldsymbol{U}_d\|\frac{\boldsymbol{U}_d}{\|\boldsymbol{U}_d\|} = R^*\boldsymbol{W}_d,$$

其中

$$R^* = R\|\boldsymbol{U}_d\|, \quad \boldsymbol{W}_d = \frac{\boldsymbol{U}_d}{\|\boldsymbol{U}_d\|}.$$

称 $\boldsymbol{W}_d$ 的分布为中心相似分布随机向量 $\boldsymbol{X}$ 的球面密度基. 此时 $\boldsymbol{W}_d$ 的分布不再为球面上的均匀分布.

定理 6.4.2 设 $b(\boldsymbol{x})$, $\boldsymbol{x} \in \Omega_d$ 为基集 D_0 的边界函数, $\boldsymbol{U}_d \sim U(D_0)$, 则 $\boldsymbol{W}_d = \boldsymbol{U}_d/\|\boldsymbol{U}_d\|$ 与 $\|\boldsymbol{U}_d\|$ 独立, 且 $\boldsymbol{W}_d$ 具有概率密度

$$f(\boldsymbol{w}_d) = \frac{b^d(\boldsymbol{w}_d)}{dL_d(D_0)}. \tag{6.4.4}$$

证明 设 $\mathrm{d}\omega$ 为单位球面上的面积元素, 则 D_0 的锥型体积元素为 $[b^d(\boldsymbol{w}_d)/d]\mathrm{d}\boldsymbol{\omega}$. 故 D_0 的测度为

$$L_d(D_0) = \int_{\Omega_d} \frac{b^d(\boldsymbol{w}_d)}{d}\mathrm{d}\boldsymbol{\omega}. \tag{6.4.5}$$

设 $\Delta \subset \Omega_d$ 为包含 $\boldsymbol{w}_d$ 的某邻域,

$$\{\boldsymbol{w}_d : \boldsymbol{w}_d \in \Delta\} = \{\boldsymbol{u}_d = r\boldsymbol{w}_d, \boldsymbol{w}_d \in \Delta, r \in [0, b(\boldsymbol{w}_d)]\} \equiv D_0(\Delta).$$

因此

$$P(\boldsymbol{W}_d \in \Delta) = \int_{\Delta} f(\boldsymbol{w}_d)\mathrm{d}\boldsymbol{\omega} = \frac{L_d(D_0(\Delta))}{L_d(D_0)} = \int_{\Delta} \frac{b^d(\boldsymbol{w}_d)}{dL_d(D_0)}\mathrm{d}\boldsymbol{\omega}.$$

因此, 式 (6.4.4) 成立且与 $\|\boldsymbol{U}_d\|$ 无关.

由于 $\boldsymbol{W}_d$ 的分布可为球面上的非均匀分布, 故标准中心相似分布是球对称分布的推广形式. 当 $\boldsymbol{W}_d$ 的分布为球面上的均匀分布时, 标准中心相似分布随机向量 $\boldsymbol{X}_d = R^*\boldsymbol{W}_d$ 服从球对称分布.

6.4.2 一般形式的中心相似分布

定义 6.4.3 设 $\boldsymbol{X} \sim C(\mathbf{0}_d, I_d, D_0)$. 令

$$\boldsymbol{Y} = \boldsymbol{\alpha}_d + M\boldsymbol{X}, \quad d \geqslant 3, \tag{6.4.6}$$

其中 M 为 $d \times d$ 的非奇异矩阵, $\boldsymbol{\alpha}_d \in \mathbf{R}^d$. 称 $\boldsymbol{Y}$ 服从中心为 $\boldsymbol{\alpha}_d$, 变换阵为 M 的中心相似分布, 记为 $\boldsymbol{Y} \sim C(\boldsymbol{\alpha}_d, M, D_0)$. 设 $\boldsymbol{X}$ 的概率密度为 $f_{\boldsymbol{X}}(\boldsymbol{x})$, 则 $\boldsymbol{Y}$ 的密度为

$$f_{\boldsymbol{Y}}(\boldsymbol{y}) = M^{-1}f_{\boldsymbol{X}}(M^{-1}(\boldsymbol{y} - \boldsymbol{\alpha}_d)). \tag{6.4.7}$$

当 $\boldsymbol{U}_d$ 服从 d 维单位球体上的均匀分布, 且 R^2 服从自由度为 $d+2$ 的 χ^2 分布时, 则知模型 (6.4.6) 中的 $\boldsymbol{Y}$ 服从 $N_d(\boldsymbol{\alpha}_d, MM^{\mathrm{T}})$. 又由式 (6.4.6) 可知

$$\boldsymbol{Y} = \boldsymbol{\alpha}_d + MR^*\boldsymbol{W}_d, \tag{6.4.8}$$

当 $\boldsymbol{W}_d \sim U(\Omega_d)$ 时, $\boldsymbol{Y}$ 服从参数为 $\boldsymbol{\alpha}_d$, $\Sigma = MM^{\mathrm{T}}$ 的椭球分布, 即 $\boldsymbol{Y} \sim E_d(\boldsymbol{\alpha}_d, \Sigma)$. 故一般形式的中心相似分布是椭球对称分布 (包含多元正态分布) 的推广形式.

设 $\boldsymbol{Y}^{[1]}, \cdots, \boldsymbol{Y}^{[n]}$ 是来自中心相似分布随机向量 $\boldsymbol{Y} \in C(\boldsymbol{\alpha}_d, M, D_0)$ 的样本, 如何估计参数 $\boldsymbol{\alpha}$ 和 M. 可分为下述两种情形.

情形 1 若边界函数 $b(\cdot)$ 已知, 类似多元正态分布的情形, $b(\cdot) = 1$. 问题就转化为基于样本 $\boldsymbol{Y}^{[1]}, \cdots, \boldsymbol{Y}^{[n]}$ 估计未知参数 $\boldsymbol{\alpha}$ 和 M;

情形 2 若边界函数 $b(\cdot)$ 未知, 关键是如何估计边界函数 $b(\cdot)$, 进而再估计中心参数 $\boldsymbol{\alpha}$, 变换矩阵可吸收到边界函数中.

两种情形中, $\boldsymbol{\alpha}$ 都是未知的. 在一些特定的情况下, 容易得到 $\boldsymbol{\alpha}$ 的估计. 设 $\boldsymbol{X} \sim C(\boldsymbol{0}_d, I_d, D_0)$, 且设 D_0 关于 $\boldsymbol{0} \in D_0$ 对称, 即若 $\boldsymbol{U}_d \in D_0$, 则 $-\boldsymbol{U}_d \in D_0$. 故有

$$E(\boldsymbol{X}) = E(R\boldsymbol{U}_d) = E(R)E(\boldsymbol{U}_d) = E(R) \cdot E\left[E\left(\boldsymbol{U}_d \,\middle|\, \frac{\boldsymbol{U}_d}{\|\boldsymbol{U}_d\|}\right)\right] = \boldsymbol{0}.$$

因此, $E(\boldsymbol{Y}) = \boldsymbol{\alpha}_d$. 故

$$\widehat{\boldsymbol{\alpha}_d} = \overline{\boldsymbol{Y}} = \frac{1}{n}\sum_{i=1}^{n} \boldsymbol{Y}^{[i]}$$

且 $\widehat{\boldsymbol{\alpha}_d}$ 为 $\boldsymbol{\alpha}_d$ 的无偏估计.

当边界函数 $b(\cdot)$ 已知时, 可得到未知参数 $\boldsymbol{\alpha}$ 和 M 的矩估计. 易知

$$E(\boldsymbol{Y}) = E(\boldsymbol{\alpha}_d + M\boldsymbol{X}) = \boldsymbol{\alpha}_d + E(R)ME(\boldsymbol{U}_d), \tag{6.4.9}$$

故

$$\begin{aligned}
\mathrm{Cov}(\boldsymbol{Y}) &= M[\mathrm{Cov}(R\boldsymbol{U}_d)]M^{\mathrm{T}} \\
&= M[E(R^2)E(\boldsymbol{U}_d\boldsymbol{U}_d^{\mathrm{T}}) - E^2(R)E(\boldsymbol{U}_d)[E(\boldsymbol{U}_d)]^{\mathrm{T}}]M^{\mathrm{T}} \\
&= M[E(R^2)\mathrm{Cov}(\boldsymbol{U}_d) + \mathrm{Var}(R)E(\boldsymbol{U}_d)[E(\boldsymbol{U}_d)]^{\mathrm{T}}]M^{\mathrm{T}}.
\end{aligned} \tag{6.4.10}$$

由于边界函数 $b(\cdot)$ 已知, 即基集 D_0 已知, 故可计算出 $E(\boldsymbol{U}_d)$ 和 $\mathrm{Cov}(\boldsymbol{U}_d)$. 以样本矩代替总体矩, 记 $\boldsymbol{\alpha}, M$ 的矩估计分别为 $\widehat{\boldsymbol{\alpha}}, \widehat{M}$, 得到矩估计方程组

$$\begin{cases}
\overline{\boldsymbol{Y}} = \widehat{\boldsymbol{\alpha}} + E(R)\widehat{M}E(\boldsymbol{U}_d), \\
\widehat{\Sigma} = \widehat{M}[E(R^2)\mathrm{Cov}(\boldsymbol{U}_d) + \mathrm{Var}(R)E(\boldsymbol{U}_d)[E(\boldsymbol{U}_d)]^{\mathrm{T}}][\widehat{M}]^{\mathrm{T}},
\end{cases} \tag{6.4.11}$$

其中

$$\overline{\boldsymbol{Y}} = \frac{1}{n}\sum_{i=1}^{n} \boldsymbol{Y}^{[i]}, \quad \widehat{\Sigma} = \frac{1}{n}\sum_{i=1}^{n} (\boldsymbol{Y}^{[i]} - \overline{\boldsymbol{Y}})(\boldsymbol{Y}^{[i]} - \overline{\boldsymbol{Y}})^{\mathrm{T}}.$$

令 $E(R^2)\mathrm{Cov}(\boldsymbol{U}_d)+\mathrm{Var}(R)E(\boldsymbol{U}_d)[E(\boldsymbol{U}_d)]^{\mathrm{T}}\equiv\Gamma$, 因为 $\widehat{\Sigma}$ 是正定的, 故存在可逆矩阵 L, 使得 $\widehat{\Sigma}=LL^{\mathrm{T}}=L^2=[\widehat{\Sigma}^{\frac{1}{2}}]^2$, 其中 $L^{\mathrm{T}}=L=\widehat{\Sigma}^{\frac{1}{2}}>0$. 由于

$$\Gamma=\widehat{M}^{-1}\widehat{\Sigma}[\widehat{M}^{\mathrm{T}}]^{-1}=\widehat{M}^{-1}LL^{\mathrm{T}}[\widehat{M}^{-1}]^{\mathrm{T}}=\widehat{M}^{-1}L[\widehat{M}^{-1}L]^{\mathrm{T}},$$

故 Γ 是正定的. 设 Γ 的 Cholesky 分解为 $\Gamma=L_\Gamma L_\Gamma^{\mathrm{T}}$ 且记 $Q=\widehat{M}L_\Gamma$, 则有

$$\widehat{\Sigma}=\widehat{M}\Gamma[\widehat{M}]^{\mathrm{T}}=\widehat{M}L_\Gamma L_\Gamma^{\mathrm{T}}[\widehat{M}]^{\mathrm{T}}=QQ^{\mathrm{T}}=A,$$

设 $\widehat{\Sigma},A$ 的 Cholesky 分解分别为

$$\widehat{\Sigma}=L_{\widehat{\Sigma}}L_{\widehat{\Sigma}}^{\mathrm{T}},\quad A=L_AL_A^{\mathrm{T}},$$

则由分解的唯一性可得 $L_A=L_{\widehat{\Sigma}}$, 进而可得 M 的矩估计 $\widehat{M}$ 和 $\boldsymbol{\alpha}$ 的矩估计

$$\widehat{\boldsymbol{\alpha}}=\overline{\boldsymbol{Y}}-E(R)\widehat{M}E(\boldsymbol{U}_d).$$

计算 $\boldsymbol{\alpha},M$ 的矩估计, 需要计算 Γ, 即要计算 $E(R^2),\mathrm{Var}(R),E(\boldsymbol{U}_d)$ 及 $\mathrm{Cov}(\boldsymbol{U}_d)$. 下面给出计算 $E(\boldsymbol{U}_d)$ 的一般公式.

定理 6.4.3 设 $\boldsymbol{U}_d\sim U(D_0)$. 记 $\boldsymbol{W}=\boldsymbol{U}_d/\|\boldsymbol{U}_d\|,T=\|\boldsymbol{U}_d\|$, 则

$$E(\boldsymbol{U}_d)=\frac{1}{(d+1)L_d(D_0)}\int_{\Omega_d}\boldsymbol{w}b^{d+1}(\boldsymbol{w})\mathrm{d}\boldsymbol{\omega},\tag{6.4.12}$$

其中 $\mathrm{d}\boldsymbol{\omega}$ 为球面上的面积元素.

证明 在给定方向 $\boldsymbol{W}=\boldsymbol{U}_d/\|\boldsymbol{U}_d\|$ 上, 因为

$$\boldsymbol{U}_d=\|\boldsymbol{U}_d\|\frac{\boldsymbol{U}_d}{\|\boldsymbol{U}_d\|}=T\boldsymbol{W},\quad 0\leqslant T\leqslant b(\boldsymbol{W}),$$

$$P(T\leqslant t|\boldsymbol{w})=\frac{t^d}{b^d(\boldsymbol{w})},\quad 0\leqslant t\leqslant b(\boldsymbol{w}),\tag{6.4.13}$$

故在给定 $\boldsymbol{W}=\boldsymbol{w}$ 的条件下, T 的条件概率密度为

$$f(t|\boldsymbol{w})=d\cdot t^{d-1}\frac{1}{b^d(\boldsymbol{w})}.$$

因此

$$E(T|\boldsymbol{W})=\int_0^{b(\boldsymbol{w})}td\cdot t^{d-1}\frac{1}{b^d(\boldsymbol{w})}\mathrm{d}t=\frac{d}{d+1}b(\boldsymbol{w}),\tag{6.4.14}$$

又由式 (6.4.4) 可知

$$\begin{aligned}E(\boldsymbol{U}_d)&=E(E(\boldsymbol{U}_d\mid\boldsymbol{W}))\\&=E(E(T\boldsymbol{W}\mid\boldsymbol{W}))=E(\boldsymbol{W}E(T\mid\boldsymbol{W}))\\&=\frac{1}{(d+1)L_d(D_0)}\int_{\Omega_d}\boldsymbol{w}b^{d+1}(\boldsymbol{w})\mathrm{d}\boldsymbol{\omega}.\end{aligned}\tag{6.4.15}$$

平行于多元正态分布的多元分析, 可以讨论以下问题.

(1) 基于中心相似分布, 如何做参数的假设检验:

$$H_0 : \boldsymbol{\alpha} = \mathbf{0},\ H_1 : \boldsymbol{\alpha} \neq \mathbf{0},$$

$$H_0 : M = I_d,\ H_1 : M \neq I_d;$$

(2) 基于中心相似分布的聚类, 判别分析问题;

(3) 在线性模型中, 将正态误差分布 $N(\mathbf{0}, \Sigma)$ 换为中心相似分布 $C(\mathbf{0}, I_d, D_0)$ 时, 相应会有哪些结论;

(4) 当 D_0 或 $b(\cdot)$ 未知时, 未知参数 $\boldsymbol{\alpha}$ 和边界函数 $b(\cdot)$ 的估计问题, 此时, 未知变换矩阵 M 可吸收到边界函数 $b(\cdot)$ 中;

(5) 中心相似分布的拟合优度检验问题.

对于边界函数未知情形, 上述问题可结合多元密度估计加以研究. 当 D_0 或 $b(\cdot)$ 已知时, 我们给出了实心区域 D_0 上均匀分布拟合优度检验统计量. 这部分内容将在后面的章节中予以介绍.

6.5 单位球均匀分布

类似于球面均匀分布, 单位球均匀分布也是球对称分布. 设 $\boldsymbol{X}$ 服从球心在原点的 d 维单位球上的均匀分布, 其密度为

$$p(\boldsymbol{x}) = \begin{cases} \dfrac{d\Gamma(d/2)}{2\pi^{d/2}}, & \displaystyle\sum_{i=1}^{d} x_i^2 \leqslant 1, \\ 0, & \text{其他}. \end{cases} \tag{6.5.1}$$

此时, $\boldsymbol{X}$ 具有随机分解

$$\boldsymbol{X} \stackrel{d}{=} R\boldsymbol{U}_d,$$

其中 $\boldsymbol{U}_d$ 服从球面均匀分布, R 与 $\boldsymbol{U}_d$ 独立且具有密度

$$f(r) = \begin{cases} dr^{d-1}, & 0 \leqslant r \leqslant 1, \\ 0, & \text{其他}. \end{cases} \tag{6.5.2}$$

事实上, 因为

$$P(R \leqslant r) = P\left(\left(\sum_{i=1}^{d} x_i^2 \right)^{1/2} \leqslant r \right) = \frac{L_d(\bar{S}_d^2(r))}{L_d(\bar{S}_d^2)} = r^d,$$

其中 $\bar{S}_d^2(r)$ 表示半径为 r 的球体. 因此 R 的密度为 $f(r) = dr^{d-1} I_{[0,1]}$.

利用垂直密度表示及单位球均匀分布, 可以得到球对称分布随机向量的垂直分解. 设 d 维随机向量 $\boldsymbol{X}$ 服从球对称分布, $\boldsymbol{X}$ 的密度为 $p(\boldsymbol{x}) = h(\boldsymbol{x}^{\mathrm{T}}\boldsymbol{x})$, 其中 $h(\cdot)$ 为单调减少函数. 对任意 $v \in (0, p_0]$,

$$D_{(d,[p])}(v) = \{p(\boldsymbol{x}) \geqslant v\} = \{\boldsymbol{x} : \|\boldsymbol{x}\|^2 \leqslant h^{-1}(v)\} \triangleq \bar{S}_d^2(\sqrt{h^{-1}(v)}), \tag{6.5.3}$$

其中

$$p_0 = \sup\{p(\boldsymbol{x}) : \boldsymbol{x} \in \mathbf{R}^d\}.$$

设 $(\boldsymbol{X}, X_{d+1})$ 在 $D_{(d+1,[p])}$ 上服从均匀分布, $D_{(d+1,[p])} \subset \mathbf{R}^{d+1}$ 为

$$D_{(d+1,[p])} = \{\boldsymbol{x}_{d+1} = (\boldsymbol{x}_d, x_{d+1}) : 0 \leqslant x_{d+1} \leqslant p(\boldsymbol{x}_d), \boldsymbol{x}_d \in \mathbf{R}^d\}.$$

由 II-型垂直密度表示定理, 有

(1) $\boldsymbol{X}$ 具有密度 $p(\cdot)$;

(2) X_{d+1} 的密度为

$$p_R(v) = L_d(D_{(d,[p])}(v)) = \frac{[h^{-1}(v)]^{d/2} 2\pi^{d/2}}{d\Gamma(d/2)}; \tag{6.5.4}$$

(3) 给定 $X_{d+1} = v$ 的条件下, $\boldsymbol{X}$ 服从 $\bar{S}_d^2(\sqrt{h^{-1}(v)})$ 上的均匀分布. 进一步有

$$\boldsymbol{X} = \sqrt{h^{-1}(X_{d+1})} \frac{\boldsymbol{X}}{\sqrt{h^{-1}(X_{d+1})}} \triangleq \sqrt{h^{-1}(X_{d+1})} \boldsymbol{V}_d. \tag{6.5.5}$$

由上述 (3) 知, 给定 $X_{d+1} = v$, $\boldsymbol{V}_d$ 的条件分布是单位球上的均匀分布, 因此 $\boldsymbol{V}_d$ 与 X_{d+1} 独立. 记 $R = \sqrt{h^{-1}(X_{d+1})}$, 则有

$$\boldsymbol{X} = R\boldsymbol{V}_d, \tag{6.5.6}$$

其中 R 与 $\boldsymbol{V}_d$ 独立, 且 $\boldsymbol{V}_d$ 服从单位球上的均匀分布.

记 $\boldsymbol{U}_d = \boldsymbol{V}_d / \|\boldsymbol{V}_d\|$, $R^* = R\|\boldsymbol{V}_d\|$, 则有

$$\boldsymbol{X} = R^* \boldsymbol{U}_d, \tag{6.5.7}$$

其中 R^* 与 $\boldsymbol{U}_d$ 独立, 且 $\boldsymbol{U}_d$ 服从球面均匀分布.

球对称分布随机向量具有式 (6.5.6) 和 (6.5.7) 两种垂直表示形式. 所以基于球面均匀分布或单位球均匀分布, 可以定义球对称分布及椭球对称分布.

6.6 L_α 模单位球均匀分布

设 $\boldsymbol{x} = (x_1, \cdots, x_d)^{\mathrm{T}} \in \mathbf{R}^d$, 常数 $\alpha > 0$. d 维向量 $\boldsymbol{x}$ 的 L_α 模由式 (5.2.1) 给出. 球心在原点半径为 r 的 L_α 模 d 维闭球定义为

$$\bar{S}_d^{(\alpha)}(r) = \{\boldsymbol{x} : \|\boldsymbol{x}\|_\alpha \leqslant r, \boldsymbol{x} \in \mathbf{R}^d\}, \tag{6.6.1}$$

记 $\bar{S}_d^{(\alpha)}(1)=\bar{S}_d^{(\alpha)}$ 为 L_α 模 d 维闭单位球.

设半径为 r 的 L_α 模 d 维球的体积为 $c_d^{(\alpha)}(r)$, 由式 (5.2.11) 知

$$c_d^{(\alpha)}(r)=r^d(2/\alpha)^d\frac{\Gamma^d(1/\alpha)}{\Gamma(d/\alpha+1)}. \tag{6.6.2}$$

定义 6.6.1　称 d 维随机向量 $\boldsymbol{V}_d^{(\alpha)}$ 服从 L_α 模单位球均匀分布, 若 $\boldsymbol{V}_d^{(\alpha)}$ 的密度为

$$p(\boldsymbol{x})=\begin{cases}\dfrac{1}{c_d^{(\alpha)}(1)}, & \boldsymbol{x}\in\bar{S}_d^{(\alpha)},\\ 0, & \text{其他}.\end{cases} \tag{6.6.3}$$

定义 6.6.2　设 d 维随机向量 $\boldsymbol{V}_d^{(\alpha)}$ 服从 L_α 模单位球均匀分布. 称 d 维随机向量 $\boldsymbol{X}$ 服从 L_α 模球对称分布, 若 $\boldsymbol{X}$ 具有随机表示

$$\boldsymbol{X}\overset{d}{=}R\boldsymbol{V}_d^{(\alpha)}, \tag{6.6.4}$$

其中 R 是非负随机变量且与 $\boldsymbol{V}_d^{(\alpha)}$ 独立.

在定义 6.6.2 的条件下, 有

$$\boldsymbol{X}\overset{d}{=}R\|\boldsymbol{V}_d^{(\alpha)}\|\frac{1}{\|\boldsymbol{V}_d^{(\alpha)}\|}\boldsymbol{V}_d^{(\alpha)}. \tag{6.6.5}$$

记 $R^*=R\|\boldsymbol{V}_d^{(\alpha)}\|$, $\boldsymbol{V}_d^*=(1/\|\boldsymbol{V}_d^{(\alpha)}\|)\boldsymbol{V}_d^{(\alpha)}$, 则有

$$\boldsymbol{X}\overset{d}{=}R^*\boldsymbol{V}_d^*, \tag{6.6.6}$$

故 $\boldsymbol{V}_d^*$ 服从球面非均匀分布且 R^* 与 $\boldsymbol{V}_d^*$ 独立.

注　由定义 6.6.2 可以看出, 球对称分布是 L_α 模球对称分布的特例 $(\alpha=2)$, L_α 模球对称分布是中心相似分布的特例.

设半径为 r 的 L_α 模 $^\oplus d$ 维单位球的体积为 $c_{d,+}^{(\alpha)}(r)$, 则

$$c_{d,+}^{(\alpha)}(r)=\frac{1}{2^d}[c_d^{(\alpha)}(r)]=r^d(1/\alpha)^d\frac{\Gamma^d(1/\alpha)}{\Gamma(d/\alpha+1)}. \tag{6.6.7}$$

定义 6.6.3　称 d 维随机向量 $\boldsymbol{V}_{d,+}^{(\alpha)}$ 服从 L_α 模 $^\oplus$ 单位球均匀分布, 若 $\boldsymbol{V}_{d,+}^{(\alpha)}$ 的密度为

$$p(\boldsymbol{x})=\begin{cases}\dfrac{1}{c_{d,+}^{(\alpha)}(1)}, & \boldsymbol{x}\in\bar{S}_{d,+}^{(\alpha)},\\ 0, & \text{其他},\end{cases} \tag{6.6.8}$$

其中

$$\bar{S}_{d,+}^{(\alpha)}=\left\{\boldsymbol{x}=(x_1,\cdots,x_d)^{\mathrm{T}}:\sum_{i=1}^d x_i^\alpha\leqslant r^\alpha,\boldsymbol{x}\in\mathbf{R}_+^d\right\},$$

$$\mathbf{R}_+^d=\{\boldsymbol{y}=(y_1,\cdots,y_d)^{\mathrm{T}}:y_i\geqslant 0,\ i=1,\cdots,d\}.$$

定义 6.6.4 设 d 维随机向量 $\boldsymbol{V}_{d,+}^{(\alpha)}$ 服从 L_α 模 $^\oplus$ 单位球均匀分布. 称 d 维随机向量 $\boldsymbol{X}$ 服从 L_α 模 $^\oplus$ 球对称分布, 若 $\boldsymbol{X}$ 具有随机表示

$$\boldsymbol{X} \overset{d}{=} R\boldsymbol{V}_{d,+}^{(\alpha)}, \tag{6.6.9}$$

其中 R 是非负随机变量且与 $\boldsymbol{V}_{d,+}^{(\alpha)}$ 独立.

注 L_α 模 $^\oplus$ 球对称分布是中心相似分布的特例. 当 $\alpha = 1$ 时

$$\bar{S}_{d,+}^{(1)} = \left\{ \boldsymbol{x} = (x_1, \cdots, x_d)^{\mathrm{T}} : \sum_{i=1}^{d} x_i^\alpha \leqslant r^\alpha, \boldsymbol{x} \in \mathbf{R}_+^d \right\},$$

$\boldsymbol{V}_{d,+}^{(1)}$ 服从 $\bar{S}_{d,+}^{(1)}$ 上的均匀分布, 即 $\boldsymbol{V}_{d,+}^{(1)} \sim U(\bar{S}_{d,+}^{(1)})$, $U(\bar{S}_{d,+}^{(1)})$ 即为参数均为 1 时的 Dirichlet 分布.

第 7 章　概率密度核估计

进行多元概率分布拟合优度检验, 有时需要估计未知的概率密度函数. 例如, 进行样本为来自边界函数未知时中心相似分布的拟合优度检验. 本章将介绍一元概率密度核估计、多元概率密度核估计、多元概率密度球极投影变换核估计 (KSPDE) 及球面概率密度核估计, 基于球极投影变换核估计的 Bayes 非参数判别. 将 d 维欧氏空间中的点映射到球面上, 在一定程度上可优化高维数据相对稀疏问题.

7.1　一元概率密度核估计

设 $X_1, \cdots, X_n$ 为来自 $X \sim F(x)$ 的 i.i.d. 样本, 其中未知函数 $F(x), x \in \mathbf{R}$ 为 X 的分布函数. 基于样本去估计 $F(x)$. 记

$$F_n(x) = \frac{\sharp\{X_i : X_i \leqslant x,\ i = 1, \cdots, n\}}{n} = \frac{1}{n}\sum_{i=1}^{n} I_{[X_i \leqslant x]}, \tag{7.1.1}$$

其中, $I_{[X_i \leqslant x]}$ 为关于 ω 的示性函数. 称 $F_n(x)$ 为样本 $X_1, \cdots, X_n$ 的经验分布函数.

$F_n(x)$ 是事件 $\{X \in (-\infty, x]\}$ 发生的频率, 是 X 的分布函数 $F(x)$ 在点 x 处的估计值, 即

$$\widehat{F(x)} = F_n(x),\ -\infty < x < \infty,$$

且有

$$E(F_n(x)) = F(x), \quad \mathrm{Var}(F_n(x)) = \frac{1}{n}F(x)(1 - F(x)).$$

由中心极限定理可知, 对任意给定的 $x \in \mathbf{R}$,

$$\sqrt{n}(F_n(x) - F(x)) \xrightarrow{d} N(0, F(x)(1 - F(x))).$$

下面介绍 Kolmogorov 统计量及其极限性质.

定理 7.1.1　设总体 X 的分布函数为 $F(x)$, 经验分布函数为 $F_n(x)$. 对任意 $x \in \mathbf{R}$, 记

$$D_n = \sup_{x \in \mathbf{R}} |F_n(x) - F(x)|, \tag{7.1.2}$$

则有

$$P\left(\lim_{n \to \infty} D_n = 0\right) = 1. \tag{7.1.3}$$

称 D_n 为 Kolmogorov 统计量 (也称 Kolmogorov 距离), 用以度量 F_n 与 F 之间的距离. 式 (7.1.3) 说明, 以概率 1 有 $D_n \to 0,\ n \to \infty$.

在理论研究和应用中, 经常需要估计未知的概率密度. 设总体 X 的概率密度为 $f(x)$, 基于 $F_n(x)$, 考虑 $f(x)$ 的估计为

$$f_n(x) = \frac{F_n(x+h_n) - F_n(x-h_n)}{2h_n},$$

其中常数序列 $0 < h_n \downarrow 0$. 这里, $f_n(x)$ 表示样本 $\{X_i,\ i = 1, \cdots, n\}$ 落在区间 $(x - h_n, x + h_n]$ 内的频率再除以区间长度 $2h_n$. 记

$$K_1(x) = \begin{cases} \dfrac{1}{2}, & -1 \leqslant x < 1, \\ 0, & \text{其他}. \end{cases} \tag{7.1.4}$$

概率密度估计 $f_n(x)$ 可表示为

$$f_n(x) = \frac{1}{nh_n}\sum_{i=1}^{n}\frac{1}{2}I_{[x-h<X_i\leqslant x+h]} = \frac{1}{nh_n}\sum_{i=1}^{n}K_1\Big(\frac{x-X_i}{h_n}\Big).$$

拓展 $K_1(x)$ 函数形式, 可得一元概率密度核估计的定义. 参见 Prakasa(1983) 的著作.

定义 7.1.1 设 $K(t)$ 为定义在 $\mathbf{R}$ 上的 Borel 可测函数, $h_n > 0$ 为常数. 称

$$f_n(x) = \frac{1}{nh_n}\sum_{i=1}^{n}K\Big(\frac{x-X_i}{h_n}\Big) \tag{7.1.5}$$

为总体密度函数 $f(x)$ 的一个核估计, 称 $K(\cdot)$ 为核函数.

注 一般要求 $K(\cdot)$ 为对称密度函数, 此时

$$\int_{\mathbf{R}} f_n(x)\mathrm{d}x = \int_{\mathbf{R}} K(x)\mathrm{d}x = 1.$$

称 $K_1(x) = 0.5I_{[-1,1)}(x)$ 为均匀核. 称

$$K_2(x) = \frac{1}{\sqrt{2\pi}}\exp\left(-\frac{1}{2}x^2\right)$$

为高斯核.

定理 7.1.2 设 K, g 均为 $(\mathbf{R}^d, \mathcal{B}^d) \to (\mathbf{R}, \mathcal{B})$ 的可测函数, 满足条件:

(1) $K(\boldsymbol{y})$ 在 $\mathbf{R}^d$ 上有界;

(2) $\displaystyle\int_{\mathbf{R}^d}|K(\boldsymbol{y})|\mathrm{d}\boldsymbol{y} < \infty$;

(3) $\displaystyle\lim_{\|\boldsymbol{y}\|\to\infty}\|\boldsymbol{y}\|^d|K(\boldsymbol{y})| = 0$;

(4) $\int_{\mathbf{R}^d} |g(\boldsymbol{y})|\mathrm{d}\boldsymbol{y} < \infty$.

记

$$g_n(\boldsymbol{x}) = \frac{1}{h_n^d}\int_{\mathbf{R}^d} K\left(\frac{\boldsymbol{y}}{h_n}\right) g(\boldsymbol{x}-\boldsymbol{y})\mathrm{d}\boldsymbol{y},$$

其中 $h_n > 0$ 为常数且 $h_n \to 0, n \to \infty$. 若 $g(\boldsymbol{x})$ 是连续的, 则

$$\lim_{n\to\infty} g_n(\boldsymbol{x}) = g(\boldsymbol{x})\int_{\mathbf{R}^d} K(\boldsymbol{y})\mathrm{d}\boldsymbol{y}. \tag{7.1.6}$$

又若 g 是一致连续的, 则

$$\lim_{n\to\infty}\left\{\sup_{\boldsymbol{x}}\left|g_n(\boldsymbol{x}) - g(\boldsymbol{x})\int_{\mathbf{R}^d} K(\boldsymbol{y})\mathrm{d}\boldsymbol{y}\right|\right\} = 0. \tag{7.1.7}$$

证明 在 $g_n(\boldsymbol{x})$ 中, 令 $\boldsymbol{y}/h = \boldsymbol{z}$, 则知 $\mathrm{d}\boldsymbol{y} = h^d\mathrm{d}\boldsymbol{z}$. 故

$$g_n(\boldsymbol{x}) = \int_{\mathbf{R}^d} K(\boldsymbol{z})g(\boldsymbol{x}-h\boldsymbol{z})\mathrm{d}\boldsymbol{z} = \int_{\mathbf{R}^d} K(\boldsymbol{y})g(\boldsymbol{x}-h\boldsymbol{y})\mathrm{d}\boldsymbol{y}.$$

对任意 $\delta > 0$,

$$\begin{aligned} J = &\left|g_n(\boldsymbol{x}) - g(\boldsymbol{x})\int_{\mathbf{R}^d} K(\boldsymbol{y})\mathrm{d}\boldsymbol{y}\right| \\ \leqslant &\sup_{h\|\boldsymbol{y}\|\leqslant\delta}[|g(\boldsymbol{x}-h\boldsymbol{y}) - g(\boldsymbol{x})|]\int_{\mathbf{R}^d}|K(\boldsymbol{y})|\mathrm{d}\boldsymbol{y} \\ &+\int_{\|\boldsymbol{y}\|>\delta h^{-1}}|g(\boldsymbol{x}-h\boldsymbol{y})|K(\boldsymbol{y})\mathrm{d}\boldsymbol{y} \\ &+|g(\boldsymbol{x})|\int_{\|\boldsymbol{y}\|>\delta h^{-1}}|K(\boldsymbol{y})|\mathrm{d}\boldsymbol{y} \\ \triangleq &J_{1n} + J_{2n}^* + J_{3n}. \end{aligned} \tag{7.1.8}$$

在 J_{2n}^* 中, 令 $\boldsymbol{u} = \boldsymbol{x} - h\boldsymbol{y}$, 故 $|\mathrm{d}\boldsymbol{y}| = h^{-d}|\mathrm{d}\boldsymbol{u}|$. 因此

$$\begin{aligned} |J_{2n}^*| \leqslant &\int_{\|\boldsymbol{y}\|>\delta h^{-1}}\frac{1}{h^d}|g(\boldsymbol{u})|K\left(\frac{\boldsymbol{x}-\boldsymbol{u}}{h}\right)\mathrm{d}\boldsymbol{u} \\ \leqslant &\sup_{\|\boldsymbol{y}\|>\delta h^{-1}}\frac{1}{h^d}|K(\boldsymbol{y})|\int_{\mathbf{R}^d}|g(\boldsymbol{y})|\mathrm{d}\boldsymbol{y} \\ \leqslant &\sup_{\|\boldsymbol{y}\|>\delta h^{-1}}\{\|\boldsymbol{y}\|^d\delta^{-d}|K(\boldsymbol{y})|\}\int_{\mathbf{R}^d}|g(\boldsymbol{y})|\mathrm{d}\boldsymbol{y} = J_{2n}. \end{aligned} \tag{7.1.9}$$

故

$$J \leqslant J_{1n} + J_{2n} + J_{3n}. \tag{7.1.10}$$

设 g 是一致连续的. 由条件 (4) 及 g 的一致连续性可知, g 是有界的. 因此对任意 $\delta > 0$, J_{3n} 关于 $\boldsymbol{x}$ 一致趋向 0. 由条件 (3) 可知, J_{2n} 关于 $\boldsymbol{x}$ 一致趋向 0. 由

g 的一致连续性可知, 上述结论对 J_{1n} 成立. 故式 (7.1.7) 成立. 设 g 是连续的, 由式 (7.1.10) 可知, 式 (7.1.6) 成立.

推论 7.1.1 设 $f(x)$ 是连续的. 对 $d=1$, 设 K 满足定理 7.1.2 的条件且 K 为密度函数, 则依式 (7.1.5) 定义的 $f_n(x)$ 为 $f(x)$ 的渐近无偏估计.

证明
$$\begin{aligned}E(f_n(x)) &= \int_{\mathbf{R}} \frac{1}{h_n} K\left(\frac{x-z}{h_n}\right) f(z)\mathrm{d}z \quad (\text{令} x-z=y)\\ &= \int_{\mathbf{R}} \frac{1}{h_n} K\left(\frac{y}{h_n}\right) f(x-y)\mathrm{d}y\\ &\to f(x)\int_{\mathbf{R}} K(y)\mathrm{d}y = f(x) \quad (\text{由定理7.1.2}).\end{aligned}$$

定义 7.1.2 设核估计 $f_n(x)$ 由式 (7.1.5) 定义. 称 $f_n(x)$ 为 $f(x)$ 的均方相合估计, 若对某 $x\in\mathbf{R}$,

$$\lim_{n\to\infty} E([f_n(x)-f(x)]^2)=0. \tag{7.1.11}$$

注 均方相合估计 $f_n(x)$ 必为 $f(x)$ 的弱相合估计.

定理 7.1.3 设 x 为 $f(x)$ 的连续点且核估计 $f_n(x)$ 由式 (7.1.5) 定义. 设 $K(\cdot)$ 满足定理 7.1.2 的条件且 $K(\cdot)$ 为概率密度. 设 $nh_n\to\infty, n\to\infty$, 则 $f_n(x)$ 为 $f(x)$ 的均方相合估计.

证明 因为 $X_1,\cdots,X_n$ 为 i.i.d. 随机变量, 故

$$\begin{aligned}\operatorname{Var}(f_n(x)) &= \frac{1}{n}\operatorname{Var}\left(\frac{1}{h_n}K\left(\frac{x-X_1}{h_n}\right)\right)\\ &\leqslant \frac{1}{nh_n^2}E\left(K^2\left(\frac{x-X_1}{h_n}\right)\right)\\ &= \frac{1}{nh_n}\int_{\mathbf{R}}\frac{1}{h_n}K^2\left(\frac{x-y}{h_n}\right)f(y)\mathrm{d}y\\ &\triangleq \frac{1}{nh_n}J_n.\end{aligned}$$

此时, 易知 K^2 满足定理 7.1.2 的条件. 由定理 7.1.2 知

$$J_n \to f(x)\int_{\mathbf{R}} K^2(y)\mathrm{d}y<\infty, \quad n\to\infty. \tag{7.1.12}$$

故当 $nh_n\to\infty$ 时, $\operatorname{Var}(f_n(x))\to 0$. 由推论 7.1.1 知

$$E([f_n(x)-f(x)]^2) = (E[f_n(x)-f(x)])^2+\operatorname{Var}(f_n(x))\to 0, \quad n\to\infty.$$

故定理成立.

引理 7.1.1 设 $f_n(x)$ 由式 (7.1.5) 定义, 则

$$\operatorname{Var}(f_n(x)) = \frac{1}{4nh_n^2}\{F(x+h_n)-F(x-h_n)-(F(x+h_n)-F(x-h_n))^2\}. \tag{7.1.13}$$

证明 因为

$$\begin{aligned}f_n(x) &= \frac{1}{2h_n}\left(\frac{1}{n}\sum_{i=1}^{n} I_{[X_i\leqslant x+h_n]} - \frac{1}{n}\sum_{i=1}^{n} I_{[X_i\leqslant x-h_n]}\right)\\ &= \frac{1}{2nh_n}\sum_{i=1}^{n}\left(I_{[X_i\leqslant x+h_n]} - I_{[X_i\leqslant x-h_n]}\right),\end{aligned}$$

故

$$\begin{aligned}\mathrm{Var}(f_n(x)) &= \frac{1}{4n^2h_n^2} n\mathrm{Var}\Big(I_{[X_1\leqslant x+h_n]} - I_{[X_1\leqslant x-h_n]}\Big)\\ &= \frac{1}{4nh_n^2}\mathrm{Var}\Big(I_{[X_1\leqslant x+h_n]} - I_{[X_1\leqslant x-h_n]}\Big)\\ &\triangleq \frac{1}{4nh_n^2}\mathrm{Var}(W_1 - W_2).\end{aligned}$$

又

$$E(W_1 - W_2) = F(x+h_n) - F(x-h_n),$$

$$E([W_1 - W_2]^2) = E(W_1^2 - 2W_1W_2 + W_2^2) = F(x+h_n) - F(x-h_n),$$

故知引理成立.

定理 7.1.4 取 $h_n = \beta n^{-\alpha}$, $\alpha > 0$, $\beta > 0$ 为常数. 若 f 在点 x 处具有直到 3 阶导数且 $f''(x) \neq 0$, 则使得 $E([f_n(x) - f(x)]^2)$ 主要部分达到最小的 α 为 $\alpha = 1/5$.

证明 易知

$$E(f_n(x)) = (F(x+h_n) - F(x-h_n))/(2h_n),$$

故

$$\begin{aligned}&E([f_n(x) - f(x)]^2)\\ =&\mathrm{Var}(f_n(x)) + [E(f_n(x)) - f(x)]^2\\ =&\frac{1}{4nh_n^2}\{F(x+h_n) - F(x-h_n) - (F(x+h_n) - F(x-h_n))^2\}\\ &+\left\{\frac{1}{2h_n}(F(x+h_n) - F(x-h_n)) - f(x)\right\}^2.\end{aligned}$$

因为 f 在点 x 处具有直到 3 阶导数且 $f''(x) \neq 0$, 故

$$\begin{aligned}F(x+h_n) &= F(x) + F'(x)h + \frac{F''(x)h^2}{2!} + \frac{F'''(x)h^3}{3!} + o(h^3)\\ &= F(x) + f(x)h + \frac{f'(x)h^2}{2!} + \frac{f''(x)h^3}{3!} + o(h^3),\\ F(x-h_n) &= F(x) - f(x)h + \frac{f'(x)h^2}{2!} - \frac{f''(x)h^3}{3!} + o(h^3),\end{aligned}$$

$$F(x+h_n)-F(x-h_n)=2h_nf(x)+\frac{1}{3}f^{''}(x)h_n^3+O(h_n^4). \tag{7.1.14}$$

当$h_n\to 0$时,

$$[E(f_n(x))-f(x)]^2\sim\left[\frac{h_n^2}{6}f^{''}(x)\right]^2. \tag{7.1.15}$$

$$\mathrm{Var}(f_n(x))\sim\frac{f(x)}{2nh_n}. \tag{7.1.16}$$

又 $h_n=\beta n^{-\alpha}$, 故 当$h_n\to 0$时

$$\begin{aligned}E([f_n(x)-f(x)]^2)&\sim\frac{f(x)}{2nh_n}+\frac{h_n^4}{36}(f^{''}(x))^2\\&\sim\frac{f(x)}{2\beta}n^{\alpha-1}+\frac{\beta^4(f^{''}(x))^2}{36}n^{-4\alpha}\\&\triangleq k_1n^{\alpha-1}+k_2n^{-4\alpha}=g(\alpha).\end{aligned}$$

因为

$$g^{'}(\alpha)=k_1n^{\alpha-1}\ln n+k_2n^{-4\alpha}(-4)\ln n,$$

$$g^{''}(\alpha)=(k_1n^{\alpha-1}+16k_2n^{-4\alpha})[\ln n]^2>0,$$

故当 $\alpha=1/5$ 时, $g(\alpha)$ 达到最小.

7.2 多元概率密度核估计

多元概率密度估计在模式识别、非参数判别分析中有着广泛的应用. 基于 Bayes 决策理论的分类器设计, 需利用总体条件概率分布. 当总体分布未知时, 可基于样本构造未知条件密度的核估计, 由此得到 Bayes 判别准则. 多元概率密度估计主要包括核估计和近邻估计, 这里主要介绍多元概率密度核估计.

定义 7.2.1 设 $\boldsymbol{X}_1,\cdots,\boldsymbol{X}_n$ 为来自 d 维密度函数 $f(\boldsymbol{x})$ 的 i.i.d. 样本. 设 $K(\boldsymbol{t})$ 为定义在 $\mathbf{R}^d$ 上的 Borel 可测函数, $h_n>0$ 为常数. 称

$$f_n(\boldsymbol{x})=\frac{1}{nh_n^d}\sum_{i=1}^{n}K\left(\frac{\boldsymbol{x}-\boldsymbol{X}_i}{h_n}\right) \tag{7.2.1}$$

为总体密度函数 $f(\boldsymbol{x})$ 的一个核估计 (KDE), 称 $K(\cdot)$ 为核函数.

定理 7.2.1 设 $f(\boldsymbol{x})$ 是连续的. 设 $f_n(\boldsymbol{x})$ 由式 (7.2.1) 定义且满足下述条件:

(1) $h_n\to 0,\ n\to\infty$;

(2) $\int_{\mathbf{R}^d}|K(\boldsymbol{y})|\mathrm{d}\boldsymbol{y}<\infty$且 $\int_{\mathbf{R}^d}K(\boldsymbol{y})\mathrm{d}\boldsymbol{y}=1$;

(3) $\lim\limits_{\|\boldsymbol{y}\|\to\infty}\|\boldsymbol{y}\|^d|K(\boldsymbol{y})|=0$;

(4) $K(\boldsymbol{y})$ 在 $\mathbf{R}^d$ 上有界,

则

$$\lim_{n\to\infty} E(f_n(\boldsymbol{x})) = f(\boldsymbol{x}). \tag{7.2.2}$$

证明
$$\begin{aligned} E(f_n(\boldsymbol{x})) &= \int_{\mathbf{R}^d} \frac{1}{h_n^d} K\left(\frac{\boldsymbol{x}-\boldsymbol{z}}{h_n}\right) f(\boldsymbol{z})\mathrm{d}\boldsymbol{z} \\ &= \int_{\mathbf{R}^d} \frac{1}{h_n^d} K\left(\frac{\boldsymbol{y}}{h_n}\right) f(\boldsymbol{x}-\boldsymbol{y})\mathrm{d}\boldsymbol{y} \\ &\to f(\boldsymbol{x}) \int_{\mathbf{R}^d} K(\boldsymbol{y})\mathrm{d}\boldsymbol{y} = f(\boldsymbol{x}). \end{aligned}$$

定理 7.2.2 设 $\boldsymbol{x}$ 为 $f(\boldsymbol{x})$ 的连续点且核估计 $f_n(\boldsymbol{x})$ 由式 (7.2.1) 定义, 设 $K(\cdot)$ 满足定理 7.1.2 的条件且 $K(\cdot)$ 为概率密度, 则 $f_n(\boldsymbol{x})$ 为 $f(\boldsymbol{x})$ 的均方相合估计.

证明 因为 $X_1, \cdots, X_n$ 为 i.i.d. 随机向量, 故

$$\begin{aligned} \mathrm{Var}(f_n(\boldsymbol{x})) &= \frac{1}{n}\mathrm{Var}\left(\frac{1}{h_n^d} K\left(\frac{\boldsymbol{x}-\boldsymbol{X}_1}{h_n}\right)\right) \\ &\leqslant \frac{1}{nh_n^{2d}} E\left(K^2\left(\frac{\boldsymbol{x}-\boldsymbol{X}_1}{h_n}\right)\right) \\ &= \frac{1}{nh_n^d} \int_{\mathbf{R}^d} \frac{1}{h_n^d} K^2\left(\frac{\boldsymbol{x}-\boldsymbol{y}}{h_n}\right) f(\boldsymbol{y})\mathrm{d}\boldsymbol{y} \\ &\triangleq \frac{1}{nh_n^d} J_n. \end{aligned}$$

此时, K^2 满足定理 7.1.2 的条件. 由定理 7.1.2 知

$$J_n \to f(\boldsymbol{x}) \int_{\mathbf{R}^d} K^2(\boldsymbol{y})\mathrm{d}\boldsymbol{y} < \infty, \quad n\to\infty. \tag{7.2.3}$$

故当 $nh_n^d \to \infty$ 时, $\mathrm{Var}(f_n(\boldsymbol{x})) \to 0$. 由定理 7.2.1 知

$$E([f_n(\boldsymbol{x}) - f(\boldsymbol{x})]^2) = (E(f_n(\boldsymbol{x})) - f(\boldsymbol{x}))^2 + \mathrm{Var}(f_n(\boldsymbol{x})) \to 0, \quad n\to\infty.$$

故定理成立.

设 $f_n(\boldsymbol{x})$ 由式 (7.2.1) 定义, 记

$$J_{d,n} = \int_{\mathbf{R}^d} |f_n(\boldsymbol{x}) - f(\boldsymbol{x})|\mathrm{d}\boldsymbol{x}.$$

Devroye(1983) 证明了下述条件的等价性.

定理 7.2.3 设 $K(\cdot)$ 为 $\mathbf{R}^d$ 上的非负 Borel 可测函数且 $\int_{\mathbf{R}^d} K(\boldsymbol{x})\mathrm{d}\boldsymbol{x} = 1$, 则下述条件是等价的:

(1) 对某 f, 当 $n\to\infty$ 时, $J_{d,n} \xrightarrow{P} 0$;

(2) 对任意 f, 当 $n \to \infty$ 时, $J_{d,n} \xrightarrow{P} 0$;

(3) 对任意 f, 当 $n \to \infty$ 时, $J_{d,n} \xrightarrow{\text{a.s.}} 0$;

(4) 对任意 f, 当 $n \to \infty$ 时, 依指数速度有 $J_{d,n} \to 0$(即对任意 $\varepsilon > 0$, 存在 $r, n_0 > 0$, 使得 $P(J_{d,n} \geqslant \varepsilon) \leqslant \exp(-rn), n \geqslant n_0$);

(5) $\lim\limits_{n\to\infty} h_n = 0$且 $\lim\limits_{n\to\infty} nh_n^d = \infty$.

注 (1) 定理 7.2.3 说明, 当 K 为密度函数时, L_1 模偏差 $J_{d,n}$ 依概率收敛到 0 的充要条件是条件 (5) 成立.

(2) 在条件 (5) 成立的条件下, 通过对 $\mathbf{R}^d$ 的有限划分, 用简单函数 $K^* = \sum_{i=1}^N \alpha_i I_{A_i}(\boldsymbol{x})$ 逼近核函数 K, 得到依指数速度有 $J_{d,n} \to 0$, 进而得到 $J_{d,n} \to 0$ 的几乎处处收敛性.

球极投影变换将 $\mathbf{R}^d$ 空间中的点映射到单位球面上. 通过球极投影变换, 式 (5.1.12) 给出了 $\mathbf{R}^d$ 上的概率密度与 Ω_{d+1} 上的球面概率密度之间的关系. 赵颖等 (2005) 提出了球极投影变换核估计, 见下述定义.

定义 7.2.2 设 $\boldsymbol{X}_1, \cdots, \boldsymbol{X}_n$ 为来自 d 维随机向量 $\boldsymbol{X} \sim f(\boldsymbol{x})$ 的 i.i.d. 样本, 球极投影变换 $\boldsymbol{W}_i = \mathrm{SP}(\boldsymbol{X}_i), i = 1, \cdots, n$ 具有概率密度 $g(\boldsymbol{w})$. 称

$$\widehat{f}_n(\boldsymbol{x}) = \frac{2^d}{(\|\boldsymbol{x}\|^2+1)^d} \cdot \frac{\sum\limits_{i=1}^n K[(1-\boldsymbol{w}^{\mathrm{T}}\boldsymbol{W}_i/h_n^2)]}{n\displaystyle\int_{\Omega_{d+1}} K[(1-\boldsymbol{w}^{\mathrm{T}}\boldsymbol{z})/h_n^2]\mathrm{d}\boldsymbol{\omega}(\boldsymbol{z})}, \quad \boldsymbol{w} = \mathrm{SP}(\boldsymbol{x}) \tag{7.2.4}$$

为概率密度 $f(\boldsymbol{x})$ 的球极投影变换核估计 (KSPDE).

下面给出核 K, 窗宽 h_n 及密度 $f(\boldsymbol{x})$ 满足的条件.

(1) K 是取值于 $\mathbf{R}^+ = [0, \infty)$ 上的非负核函数, 满足:

$$0 < \int_0^\infty K(t)t^{r/2}\mathrm{d}t < \infty, \quad r \geqslant d-2. \tag{7.2.5}$$

(2) $0 < h_n$ 满足

$$h_n \to 0, \quad nh_n^d \to \infty, \quad n \to \infty. \tag{7.2.6}$$

(3) K 是定义于 $\mathbf{R}^+ = [0, \infty)$ 上的有界变差函数, 满足

$$t^{\beta/2}K(t) \to 0, \quad t \to \infty, \quad \beta \geqslant d. \tag{7.2.7}$$

(4) $0 < h_n$ 满足

$$\lim_{\varepsilon\to 0}\limsup_{n\to\infty} \sup_{m:|m-n|\leqslant n\varepsilon} |h_m/h_n - 1| = 0, \tag{7.2.8}$$

(5) $(\ln n)^4/(nh_n^d \ln\ln n) \to 0$. $\quad$ (7.2.9)

(6) $f(\boldsymbol{x}) > 0$且$f(\boldsymbol{x})$在点$\boldsymbol{x}$的某个邻域内有界. (7.2.10)

(7) $f(\boldsymbol{x}) \in \mathrm{Lip}(s)(0 < s \leqslant 1)$, 即对于 $\forall \boldsymbol{x}, \boldsymbol{t} \in \mathbf{R}^d$, 存在某常数 $B > 0$, 使得

$$|f(\boldsymbol{x}) - f(\boldsymbol{t})| \leqslant B\|\boldsymbol{x} - \boldsymbol{t}\|^s. \tag{7.2.11}$$

(8) 存在某常数 $a > 0, \alpha > 0$, 使得对于充分大的 $\|\boldsymbol{x}\|$, $f(\boldsymbol{x})$ 满足

$$f(\boldsymbol{x}) \leqslant a\|\boldsymbol{x}\|^{-\alpha}, \quad \alpha \geqslant d + 1. \tag{7.2.12}$$

定理 7.2.4 设核 K, 窗宽 h_n 及密度 $f(\boldsymbol{x})$ 满足条件 (7.2.5)—(7.2.12), 则对于 $d \leqslant \beta < s + d$, $d + 1 \leqslant \alpha < 2d$, 当

$$\sqrt{nh_n^{2k_1+d}/2\ln\ln n} \to c(c < \infty), \quad k_1 = \beta - d + \frac{(\alpha - d)(s + d - \beta)}{s + d + \alpha}$$

时, 有

$$\limsup_{n\to\infty}\left(\frac{n}{\ln\ln n}\right)^{k_1/(2k_1+d)}|\widehat{f}_n(\boldsymbol{x}) - f(\boldsymbol{x})| \leqslant C. \text{ a.s.} \tag{7.2.13}$$

球极投影变换将 $\mathbf{R}^d$ 中的点一一变换到球心在原点的 $d + 1$ 维单位球面 Ω_{d+1} 上. 球极投影变换核估计的主要优点是将多元问题转化为一元问题, 利用一元核函数构造多元概率密度估计. 在随机模拟中, 对于 KSPDE, 取

$$K(t) = \sqrt{\frac{2}{\pi}}\exp\left(-\frac{1}{2}t^2\right), \quad t \geqslant 0 \quad (\text{一维函数}),$$

$$h_n = c_1(\ln\ln n/n)^{\frac{1}{1+d}}.$$

对于 KDE, 取

$$K(\boldsymbol{x}) = \frac{1}{(2\pi)^{d/2}}\exp\left(-\frac{1}{2}\boldsymbol{x}^{\mathrm{T}}\boldsymbol{x}\right) \quad (\text{多维函数}),$$

$$h_n = c_2(\ln n)^{\frac{1}{2+2d}}/n^{\frac{1}{2+d}}.$$

随机模拟表明, KSPDE 的收敛速度优于 KDE 的收敛速度.

7.3　球面概率密度核估计

Hall 等 (1987), Bai 等 (1988) 研究了球面概率密度的估计问题, 借助球面数据的特性, 构造球面概率密度核估计, 探讨其渐近性质. 这部分内容可应用于非对称性数据概率分布的拟合优度检验. 下面将介绍 Bai 等的工作.

设 $\boldsymbol{X}_1, \cdots, \boldsymbol{X}_n$ 为来自 d 维球面上总体 $\boldsymbol{X} \sim f(\boldsymbol{x})$ 的 i.i.d. 随机向量. $f(\boldsymbol{x})$ 为 Ω_d 上的球面概率密度, 满足

$$\int_{\Omega_d} f(\boldsymbol{x})\mathrm{d}\boldsymbol{\omega} = 1, \tag{7.3.1}$$

其中 $\boldsymbol{\omega}$ 为 Ω_d 上的 Lebesgue 测度. 记

$$f_n(\boldsymbol{x})=\frac{1}{nh_n^{d-1}}C(h_n)\sum_{i=1}^{n}K\left(\frac{1-\boldsymbol{x}^{\mathrm{T}}\boldsymbol{X}_i}{h_n^2}\right),\quad \boldsymbol{x}\in\Omega_d, \tag{7.3.2}$$

其中 $0<h_n$, $K(\cdot)$ 是取值于 $\mathbf{R}^+=[0,\infty)$ 上的非负核函数, 满足

$$0<\int_0^{\infty}K(v)v^{(d-3)/2}\mathrm{d}v<\infty, \tag{7.3.3}$$

$0<C(h_n)$ 满足

$$h_n^{d-1}[C(h_n)]^{-1}=\int_{\Omega_d}K[(1-\boldsymbol{x}^{\mathrm{T}}\boldsymbol{y})/h_n^2]\mathrm{d}\boldsymbol{\omega}(\boldsymbol{y}). \tag{7.3.4}$$

由定理 5.2.1 可知

$$\begin{aligned}[C(h_n)]^{-1}&=\frac{2\pi^{(d-1)/2}}{h_d^{d-1}\Gamma[(d-1)/2]}\int_{-1}^{1}K[(1-z)/h_n^2](1-z^2)^{(d-3)/2}\mathrm{d}z\\&=\frac{2\pi^{(d-1)/2}}{\Gamma[(d-1)/2]}\int_0^{2/h_n^2}K(v)v^{(v-3)/2}(2-vh_n^2)^{(d-3)/2}\mathrm{d}v.\end{aligned}$$

可以看出若 $0<h_n\to 0(n\to\infty)$, 则由控制收敛定理及式 (7.3.3) 可得

$$\lim_{n\to\infty}[C(h_n)]^{-1}=\frac{(2\pi)^{(d-1)/2}}{\Gamma[(d-1)/2]}\int_0^{\infty}K(v)v^{(v-3)/2}\mathrm{d}v\triangleq\lambda. \tag{7.3.5}$$

常用的 $[0,\infty)$ 上的非负核函数有

$$K(v)=\exp(-v),\quad v\in[0,\infty),$$

$$K(v)=1,\quad v\in[0,1];\quad K(v)=0,\quad v\in(1,\infty).$$

我们将介绍 $f_n(\boldsymbol{x})\to f(\boldsymbol{x})$ 的逐点强相合性、L_1 模强相合性等. 首先给出以下引理.

引理 7.3.1 设 $\xi_1,\cdots,\xi_n$ 为独立随机变量, 满足 $E(\xi_i)=0,\mathrm{Var}(\xi_i)=\sigma_i^2,i=1,\cdots,n$. 进一步假设存在有限常数 b, 使得 $P(|\xi_i|\leqslant b)=1,i=1,\cdots,n$, 则对任意 $\varepsilon>0$ 及所有 n, 有

$$P\left(\left|n^{-1}\sum_{i=1}^{n}\xi_i\right|\geqslant\varepsilon\right)\leqslant 2\exp[-n\varepsilon^2/(2\sigma^2+b\varepsilon)], \tag{7.3.6}$$

其中, $\sigma^2=n^{-1}(\sigma_1^2+\cdots+\sigma_n^2)$.

证明 见 Hoeffding(1963).

引理 7.3.2 (多项分布不等式) 设 k 维随机向量 $(\eta_1,\cdots,\eta_k)^{\mathrm{T}}$ 服从参数为 $(n,p_1,\cdots,p_k)$ 的多项分布. 对任意 $\varepsilon\in(0,1)$ 及所有 k 满足 $k/n\leqslant\varepsilon^2/20$, 则

$$P\left(\sum_{i=1}^{k}|\eta_i-E(\eta_i)|>n\varepsilon\right)\leqslant 3\exp(-n\varepsilon^2/25). \tag{7.3.7}$$

证明 见 Devroye(1983).

引理 7.3.3 设 $K(\cdot)$ 及 $\{h_n\}$ 满足下述条件:

(1) K 在 $\mathbf{R}^+$ 上是有界的;

(2) $0<\int_0^{\infty}K(v)v^{(d-3)/2}\mathrm{d}v<\infty$;

(3_a) $\lim\limits_{v\to\infty}v^{(d-1)/2}K(v)=0$或

(3_b) $f(\cdot)$ 在 Ω_d 上是有界的;

(4) $\lim\limits_{n\to\infty}h_n=0$,

则对于 f 的任意连续点 $\boldsymbol{x}$, 有

$$|E(f_n(\boldsymbol{x}))-f(\boldsymbol{x})|\to 0,\quad n\to\infty. \tag{7.3.8}$$

进一步, 当 f 在 Ω 上连续时, 有

$$\lim_{n\to\infty}\sup_{\boldsymbol{x}}|E(f_n(\boldsymbol{x}))-f(\boldsymbol{x})|=0. \tag{7.3.9}$$

证明 由式 (7.3.4),

$$\begin{aligned}
&|E(f_n(\boldsymbol{x}))-f(\boldsymbol{x})|\\
=&C(h)h^{1-d}\left|\int_{\Omega}K[(1-\boldsymbol{x}^{\mathrm{T}}\boldsymbol{y})/h^2][f(\boldsymbol{y})-f(\boldsymbol{x})]\mathrm{d}\boldsymbol{\omega}(\boldsymbol{y})\right|\\
\leqslant&C(h)h^{1-d}\int_{1-\boldsymbol{x}^{\mathrm{T}}\boldsymbol{y}\leqslant\delta}K[(1-\boldsymbol{x}^{\mathrm{T}}\boldsymbol{y})/h^2]|f(\boldsymbol{y})-f(\boldsymbol{x})|\mathrm{d}\boldsymbol{\omega}(\boldsymbol{y})\\
&+C(h)h^{1-d}f(\boldsymbol{x})\int_{1-\boldsymbol{x}^{\mathrm{T}}\boldsymbol{y}>\delta}K[(1-\boldsymbol{x}^{\mathrm{T}}\boldsymbol{y})/h^2]\mathrm{d}\boldsymbol{\omega}(\boldsymbol{y})\\
&+C(h)h^{1-d}\int_{1-\boldsymbol{x}^{\mathrm{T}}\boldsymbol{y}>\delta}K[(1-\boldsymbol{x}^{\mathrm{T}}\boldsymbol{y})/h^2]f(\boldsymbol{y})\mathrm{d}\boldsymbol{\omega}(\boldsymbol{y})\\
\triangleq&I_1+I_2+I_3.
\end{aligned} \tag{7.3.10}$$

因为 f 在 $\boldsymbol{x}$ 点连续, 故对任意 $\varepsilon>0$, 存在 $\delta>0$, 使得当 $1-\boldsymbol{x}^{\mathrm{T}}\boldsymbol{y}\leqslant\delta$ 时, 有

$$|f(\boldsymbol{y})-f(\boldsymbol{x})|<\varepsilon.$$

故由式 (7.3.4) 可得

$$I_1 \leqslant \varepsilon C(h)h^{1-d}\int_{\Omega} K[(1-\boldsymbol{x}^{\mathrm{T}}\boldsymbol{y})/h^2]\mathrm{d}\boldsymbol{\omega}(\boldsymbol{y}) = \varepsilon. \tag{7.3.11}$$

现设引理 7.3.3 中的条件 (3_a) 成立. 令 $v = (1-\boldsymbol{x}^{\mathrm{T}}\boldsymbol{y})/h^2$, 则 $v > \delta/h^2$, 所以

$$(\delta/h^2)^{(d-1)/2} < v^{(d-1)/2},$$

即 $h^{1-d} < \delta^{(1-d)/2}v^{(d-1)/2}$. 故由条件 (3_a) 及式 (7.3.5) 知

$$I_3 \leqslant C(h)\delta^{(1-d)/2}\sup_{v>\delta/h^2} K(v)v^{(d-1)/2}\int_{\Omega} f(\boldsymbol{y})\mathrm{d}\boldsymbol{\omega}(\boldsymbol{y}) \to 0, \quad n\to\infty. \tag{7.3.12}$$

令 $t = \boldsymbol{x}^{\mathrm{T}}\boldsymbol{y}, v = (1-t)/h^2$, 则由定理 5.2.1 及引理 7.3.3 中的条件 (2) 可得

$$\begin{aligned} I_2 &= \frac{2C(h)\pi^{(d-1)/2}}{\Gamma[(d-1)/2]}f(\boldsymbol{x})\int_{\delta/h^2}^{2/h^2} k(v)[v(2-h^2v)]^{(d-3)/2}\mathrm{d}v \\ &\leqslant \frac{(2\pi)^{(d-1)/2}C(h)}{\Gamma[(d-1)/2]}f(\boldsymbol{x})\int_{\delta/h^2}^{\infty} k(v)v^{(d-3)/2}\mathrm{d}v \to 0, \quad n\to\infty. \end{aligned} \tag{7.3.13}$$

故由式 (7.3.11)—(7.3.13) 可知结论成立.

条件 (3_b) 成立的情形及式 (7.3.9) 可类似证明.

定理 7.3.1 设引理 7.3.3 中的条件 (1)—(4) 成立, 且满足

$$\lim_{n\to\infty}\frac{nh_n^{d-1}}{\ln n} = \infty, \tag{7.3.14}$$

则在 f 的任一连续点 $\boldsymbol{x}$ 处, 有

$$\lim_{n\to\infty} f_n(\boldsymbol{x}) = f(\boldsymbol{x}), \text{ a.s.} \tag{7.3.15}$$

证明 由引理 7.3.3 可知

$$\lim_{n\to\infty} E(f_n(\boldsymbol{x})) = f(\boldsymbol{x}), \tag{7.3.16}$$

我们将证明

$$\lim_{n\to\infty}[f_n(\boldsymbol{x}) - E(f_n(\boldsymbol{x}))], \text{ a.s.}, \tag{7.3.17}$$

进而得到所证结论成立. 记

$$\xi_i = h^{1-d}C(h)\{K[(1-\boldsymbol{x}^{\mathrm{T}}\boldsymbol{X}_i)/h^2] - E(K[(1-\boldsymbol{x}^{\mathrm{T}}\boldsymbol{X}_i)/h^2])\},$$

则 $\xi_1,\cdots,\xi_n$ 为 i.i.d. 随机变量, 且有

$$\begin{aligned}
&E(\xi_1)=0, \quad |\xi_1| \leqslant 2h^{1-d}C(h)M,\\
&E(\xi_1^2)\leqslant h^{2(1-d)}C^2(h)\int_{\Omega} K^2[(1-\boldsymbol{x}^{\mathrm{T}}\boldsymbol{y})/h^2]f(\boldsymbol{y})\mathrm{d}\boldsymbol{\omega}(\boldsymbol{y})\\
&\qquad\leqslant Mh^{2(1-d)}C^2(h)\int_{\Omega} K[(1-\boldsymbol{x}^{\mathrm{T}}\boldsymbol{y})/h^2]f(\boldsymbol{y})\mathrm{d}\boldsymbol{\omega}(\boldsymbol{y}),
\end{aligned} \tag{7.3.18}$$

其中常数 M 为 K 在 $\mathbf{R}^+$ 上的界.

由式 (7.3.4) 及式 (7.3.5) 可知, 当 f 在 Ω 上有界时, 存在常数 b_1,b_2, 使得

$$|\xi_1| \leqslant b_1h^{1-d}, \quad E(\xi_1^2) \leqslant b_2h^{1-d}.$$

对于引理 7.3.3 中的条件 (3_a), 由于 f 在 $\boldsymbol{x}$ 处连续, 故对某 $\varepsilon_1>0$, 存在 $\delta_1>0$, 使得当 $1-\boldsymbol{x}^{\mathrm{T}}\boldsymbol{y}<\delta_1$ 时, $|f(\boldsymbol{y})-f(\boldsymbol{x})|<\varepsilon_1$. 故

$$\begin{aligned}
&\int_{\Omega} K[(1-\boldsymbol{x}^{\mathrm{T}}\boldsymbol{y})/h^2]f(\boldsymbol{y})\mathrm{d}\boldsymbol{\omega}(\boldsymbol{y})\\
=&\int_{\Omega} K[(1-\boldsymbol{x}^{\mathrm{T}}\boldsymbol{y})/h^2]|f(\boldsymbol{y})-f(\boldsymbol{x})+f(\boldsymbol{x})|\mathrm{d}\boldsymbol{\omega}(\boldsymbol{y})\\
\leqslant&\int_{\Omega} K[(1-\boldsymbol{x}^{\mathrm{T}}\boldsymbol{y})/h^2]|f(\boldsymbol{y})-f(\boldsymbol{x})|\mathrm{d}\boldsymbol{\omega}(\boldsymbol{y})\\
&+\int_{\Omega} K[(1-\boldsymbol{x}^{\mathrm{T}}\boldsymbol{y})/h^2]f(\boldsymbol{x})\mathrm{d}\boldsymbol{\omega}(\boldsymbol{y})\\
\triangleq& J_1+J_2,
\end{aligned} \tag{7.3.19}$$

且有

$$\begin{aligned}
J_1\leqslant&\int_{1-\boldsymbol{x}^{\mathrm{T}}\boldsymbol{y}<\delta_1} K[(1-\boldsymbol{x}^{\mathrm{T}}\boldsymbol{y})/h^2]|f(\boldsymbol{y})-f(\boldsymbol{x})|\mathrm{d}\boldsymbol{\omega}(\boldsymbol{y})\\
&+\int_{1-\boldsymbol{x}^{\mathrm{T}}\boldsymbol{y}\geqslant\delta_1} K[(1-\boldsymbol{x}^{\mathrm{T}}\boldsymbol{y})/h^2]f(\boldsymbol{x})\mathrm{d}\boldsymbol{\omega}(\boldsymbol{y})\\
&+\int_{1-\boldsymbol{x}^{\mathrm{T}}\boldsymbol{y}\geqslant\delta_1} K[(1-\boldsymbol{x}^{\mathrm{T}}\boldsymbol{y})/h^2]f(\boldsymbol{y})\mathrm{d}\boldsymbol{\omega}(\boldsymbol{y})\\
\triangleq& J_{11}+J_{12}+J_{13}.
\end{aligned} \tag{7.3.20}$$

又知

$$J_{11}+J_{12}\leqslant(\varepsilon_1+f(\boldsymbol{x}))\int_{\Omega} K[(1-\boldsymbol{x}^{\mathrm{T}}\boldsymbol{y})/h^2]\mathrm{d}\boldsymbol{\omega}(\boldsymbol{y}),$$

故由式 (7.3.12) 可知

$$C(h)h^{1-d}J_{13}\to 0, \quad n\to\infty.$$

故当引理 7.3.3 中的条件 (3_a) 成立时, 存在函数 $b_2(\boldsymbol{x})$, 使得

$$|\xi_1| \leqslant b_1 h^{1-d}, \quad E(\xi_1^2) \leqslant b_2(\boldsymbol{x}) h^{1-d}$$

成立.

由引理 7.3.1,

$$\begin{aligned} & P(|f_n(\boldsymbol{x}) - E(f_n(\boldsymbol{x}))| \geqslant \varepsilon) \\ = & P\left(n^{-1}\left|\sum_{i=1}^{n}\xi_i\right| \geqslant \varepsilon\right) \\ \leqslant & 2\exp(-n\varepsilon^2/(2b_2(\boldsymbol{x})h^{1-d} + b_1\varepsilon h^{1-d})) \\ = & 2\exp(-nh^{d-1}\varepsilon^2/(2b_2(\boldsymbol{x}) + b_1\varepsilon)). \end{aligned} \tag{7.3.21}$$

由条件 (7.3.14) 可知, 存在 $N > 2$, 使得

$$nh^{d-1} > N\ln n \Rightarrow \exp(-nh^{d-1}) < \exp(-N\ln n) = \frac{1}{n^N}.$$

所以, $\sum_n P(|f_n(\boldsymbol{x}) - E(f_n(\boldsymbol{x}))| \geqslant \varepsilon) < \infty$. 因此,

$$f_n(\boldsymbol{x}) - E(f_n(\boldsymbol{x})) \to 0, \text{ a.s.}, \quad n \to \infty.$$

故结论成立.

下面的定理说明, 在一定条件下, 估计量 $f_n(\boldsymbol{x}) \to f(\boldsymbol{x})$ 具有 L_1 模强相合性.

定理 7.3.2 设

$$\begin{aligned} & (1)\ \int_0^{\infty} v^{(d-3)/2}K(v)\mathrm{d}v < \infty, \\ & (2)\ h_n \to \infty, \text{且} nh_n^{d-1} \to \infty,\ n \to \infty, \end{aligned} \tag{7.3.22}$$

则对任给 $\varepsilon > 0$, 存在一个常数 $c > 0$, 使得

$$P\left(\int_{\Omega} |f_n(\boldsymbol{x}) - f(\boldsymbol{x})|\mathrm{d}\boldsymbol{\omega}(\boldsymbol{x}) \geqslant \varepsilon\right) \leqslant \exp(-cn). \tag{7.3.23}$$

证明 因为

$$E(f_n(\boldsymbol{x})) = h^{1-d}C(h)\int_{\Omega} K[(1-\boldsymbol{x}^{\mathrm{T}}\boldsymbol{y})/h^2]f(\boldsymbol{y})\mathrm{d}\boldsymbol{\omega}(\boldsymbol{y}),$$

$$f(\boldsymbol{x}) = h^{1-d}C(h)\int_{\Omega} K[(1-\boldsymbol{x}^{\mathrm{T}}\boldsymbol{y})/h^2]f(\boldsymbol{x})\mathrm{d}\boldsymbol{\omega}(\boldsymbol{y}),$$

故有

$$\begin{aligned} D_n = & \int_{\Omega} |E(f_n(\boldsymbol{x})) - f(\boldsymbol{x})|\mathrm{d}\boldsymbol{\omega}(\boldsymbol{x}) \\ \leqslant & h^{1-d}C(h)\int_{\Omega}\mathrm{d}\boldsymbol{\omega}(\boldsymbol{x})\int_{\Omega} K[(1-\boldsymbol{x}^{\mathrm{T}}\boldsymbol{y})/h^2]|f(\boldsymbol{y}) - f(\boldsymbol{x})|\mathrm{d}\boldsymbol{\omega}(\boldsymbol{y}). \end{aligned} \tag{7.3.24}$$

对给定的 $\varepsilon>0$, 存在 Ω 上的一个非负的连续函数 $g(\cdot)$, 使得

$$\int_{\Omega}|f(\boldsymbol{x})-g(\boldsymbol{x})|\mathrm{d}\boldsymbol{\omega}(\boldsymbol{x})<\varepsilon/6. \tag{7.3.25}$$

故有

$$\begin{aligned}D_n\leqslant&\int_{\Omega}h^{1-d}C(h)\mathrm{d}\boldsymbol{\omega}(\boldsymbol{x})\int_{\Omega}K[(1-\boldsymbol{x}^{\mathrm{T}}\boldsymbol{y})/h^2]|f(\boldsymbol{y})-g(\boldsymbol{y})|\mathrm{d}\boldsymbol{\omega}(\boldsymbol{y})\\&+\int_{\Omega}h^{1-d}C(h)\mathrm{d}\boldsymbol{\omega}(\boldsymbol{x})\int_{\Omega}K[(1-\boldsymbol{x}^{\mathrm{T}}\boldsymbol{y})/h^2]|f(\boldsymbol{x})-g(\boldsymbol{x})|\mathrm{d}\boldsymbol{\omega}(\boldsymbol{y})\\&+\int_{\Omega}h^{1-d}C(h)\mathrm{d}\boldsymbol{\omega}(\boldsymbol{x})\int_{\Omega}K[(1-\boldsymbol{x}^{\mathrm{T}}\boldsymbol{y})/h^2]|g(\boldsymbol{y})-g(\boldsymbol{x})|\mathrm{d}\boldsymbol{\omega}(\boldsymbol{y})\\\triangleq& I_{1n}+I_{2n}+I_{3n}.\end{aligned} \tag{7.3.26}$$

由式 (7.3.4) 及式 (7.3.25) 可知

$$\begin{aligned}I_{1n}=&h^{1-d}C(h)\int_{\Omega}|f(\boldsymbol{y})-g(\boldsymbol{y})|\mathrm{d}\boldsymbol{\omega}(\boldsymbol{y})\int_{\Omega}K[(1-\boldsymbol{x}^{\mathrm{T}}\boldsymbol{y})/h^2]\mathrm{d}\boldsymbol{\omega}(\boldsymbol{x})\\=&\int_{\Omega}|f(\boldsymbol{y})-g(\boldsymbol{y})|\mathrm{d}\boldsymbol{\omega}(\boldsymbol{y})<\varepsilon/6.\end{aligned} \tag{7.3.27}$$

同理可得

$$I_{2n}<\varepsilon/6. \tag{7.3.28}$$

记 $M_g=\sup\{g(\boldsymbol{x}),\boldsymbol{x}\in\Omega\}$ 且$\Omega_\rho(\boldsymbol{x})=\{\boldsymbol{y}\in\Omega:1-\boldsymbol{x}^{\mathrm{T}}\boldsymbol{y}>\rho h^2\}$. 选取充分大的 ρ, 使得

$$\begin{aligned}&\int_{\Omega}h^{1-d}C(h)\mathrm{d}\boldsymbol{\omega}(\boldsymbol{x})\int_{\Omega_\rho(\boldsymbol{x})}K[(1-\boldsymbol{x}^{\mathrm{T}}\boldsymbol{y})/h^2]|g(\boldsymbol{y})-g(\boldsymbol{x})|\mathrm{d}\boldsymbol{\omega}(\boldsymbol{y})\\\leqslant&2h^{1-d}C(h)M_g\int_{\Omega}\mathrm{d}\boldsymbol{\omega}(\boldsymbol{x})\int_{\Omega_\rho(\boldsymbol{x})}K[(1-\boldsymbol{x}^{\mathrm{T}}\boldsymbol{y})/h^2]\mathrm{d}\boldsymbol{\omega}(\boldsymbol{y})\\\leqslant&\frac{2M_gC(h)(2\pi)^{(d-1)/2}}{\Gamma[(d-1)/2]}\int_{\Omega}\mathrm{d}\boldsymbol{\omega}(\boldsymbol{x})\int_{\rho}^{\infty}v^{(d-3)/2}K(v)\mathrm{d}v<\varepsilon/12.\end{aligned} \tag{7.3.29}$$

由式 (7.3.4) 及 $g(\cdot)$ 在 Ω 上的一致连续性可知, 对充分大的 n,

$$\begin{aligned}&\int_{\Omega}h^{1-d}C(h)\mathrm{d}\boldsymbol{\omega}(\boldsymbol{x})\int_{\Omega\backslash\Omega_\rho(\boldsymbol{x})}K[(1-\boldsymbol{x}^{\mathrm{T}}\boldsymbol{y})/h^2]|g(\boldsymbol{y})-g(\boldsymbol{x})|\mathrm{d}\boldsymbol{\omega}(\boldsymbol{y})\\\leqslant&\frac{\varepsilon}{12}\int_{\Omega}\mathrm{d}\omega(\boldsymbol{x})\int_{\Omega\backslash\Omega_\rho(\boldsymbol{x})}h^{1-d}C(h)K[(1-\boldsymbol{x}^{\mathrm{T}}\boldsymbol{y})/h^2]\mathrm{d}\boldsymbol{\omega}(\boldsymbol{y})<\varepsilon/12.\end{aligned} \tag{7.3.30}$$

由式 (7.3.26)—(7.3.30) 可知

$$D_n\leqslant\varepsilon/2. \tag{7.3.31}$$

选取 $K^*(v) \geqslant 0$, 使得

$$\frac{C(h)(2\pi)^{(d-1)/2}}{\Gamma[(d-1)/2]} \int_0^{\infty} |K(v) - K^*(v)| v^{(d-3)/2} \mathrm{d}v < \varepsilon/6, \tag{7.3.32}$$

且记

$$f_n^*(\boldsymbol{x}) = n^{-1} h^{1-d} C(h) \sum_{i=1}^{n} K^*([(1 - \boldsymbol{x}^{\mathrm{T}} \boldsymbol{X}_i)/h^2]). \tag{7.3.33}$$

$$\begin{aligned}
&\int_{\Omega} |f_n(\boldsymbol{x}) - f_n^*(\boldsymbol{x})| \mathrm{d}\boldsymbol{\omega}(\boldsymbol{x}) \\
\leqslant & n^{-1} h^{1-d} C(h) \sum_{i=1}^{n} \int_{\Omega} |K([(1 - \boldsymbol{x}^{\mathrm{T}} \boldsymbol{X}_i)/h^2]) - K^*([(1 - \boldsymbol{x}^{\mathrm{T}} \boldsymbol{X}_i)/h^2])| \mathrm{d}\boldsymbol{\omega}(\boldsymbol{x}) \\
\leqslant & \frac{2C(h)(\pi)^{(d-1)/2}}{\Gamma[(d-1)/2]} \int_0^{2/h^2} |K(v) - K^*(v)| v^{(d-3)/2} (2 - h^2 v)^{(d-3)/2} \mathrm{d}v \\
\leqslant & \frac{C(h)(2\pi)^{(d-1)/2}}{\Gamma[(d-1)/2]} \int_0^{\infty} |K(v) - K^*(v)| v^{(d-3)/2} \mathrm{d}v < \varepsilon/6,
\end{aligned} \tag{7.3.34}$$

且有

$$\begin{aligned}
&\int_{\Omega} |E[f_n(\boldsymbol{x}) - f_n^*(\boldsymbol{x})]| \mathrm{d}\boldsymbol{\omega}(\boldsymbol{x}) \\
\leqslant & \int_{\Omega} E(|f_n(\boldsymbol{x}) - f_n^*(\boldsymbol{x}))| \mathrm{d}\boldsymbol{\omega}(\boldsymbol{x}) \\
= & E \int_{\Omega} |f_n(\boldsymbol{x}) - f_n^*(\boldsymbol{x})| \mathrm{d}\boldsymbol{\omega}(\boldsymbol{x}) < \varepsilon/6.
\end{aligned} \tag{7.3.35}$$

取

$$K^*(v) = \sum_{i=1}^{N} \alpha_i I_{A_i}(v), \tag{7.3.36}$$

其中 $\alpha_1, \cdots, \alpha_N$ 为常数, $A_1, \cdots, A_N$ 为 $\mathbf{R}$ 上互不相交的有限区间. 因为

$$\begin{aligned}
f_n(\boldsymbol{x}) - f(\boldsymbol{x}) = & [E(f_n(\boldsymbol{x})) - f(\boldsymbol{x})] + [E(f_n^*(\boldsymbol{x})) - E(f_n(\boldsymbol{x}))] \\
& + [f_n(\boldsymbol{x}) - f_n^*(\boldsymbol{x})] + [f_n^*(\boldsymbol{x}) - E(f_n^*(\boldsymbol{x}))],
\end{aligned} \tag{7.3.37}$$

故由式 (7.3.31), 式 (7.3.34) 及式 (7.3.35) 可知, 为证式 (7.3.23) 成立, 只需证明对任意 $\varepsilon_1 > 0$, 存在常数 c, 使得

$$P\left(\int_{\Omega} |f_n^*(\boldsymbol{x}) - E(f_n^*(\boldsymbol{x}))| \mathrm{d}\boldsymbol{\omega}(\boldsymbol{x}) \geqslant \varepsilon_1\right) \leqslant \exp(-cn). \tag{7.3.38}$$

故可取 $K^*(v) = I_{[a,b)}(v)$.

对于 $\boldsymbol{x}=(x_1,\cdots,x_d)^{\mathrm{T}}$, $\boldsymbol{x}$ 的极坐标表示为

$$\begin{aligned}x_1&=\cos\theta_1,\\x_2&=\sin\theta_1\cos\theta_2,\\&\cdots\cdots\\x_{d-1}&=\sin\theta_1\cdots\sin\theta_{d-2}\cos\theta_{d-1},\\x_d&=\sin\theta_1\cdots\sin\theta_{d-1},\end{aligned}\tag{7.3.39}$$

其中 $0\leqslant\theta_i\leqslant\pi, i=1,\cdots,d-2$ 且 $0\leqslant\theta_{d-1}\leqslant 2\pi$. 设 $L>0$, 记

$$\begin{aligned}J_{i_j}^{(j)}&=\{\boldsymbol{x}=\boldsymbol{x}(\theta_1,\cdots,\theta_{d-1})\in\Omega: L^{-1}h(i_j-1)\leqslant\theta_j<L^{-1}hi_j\},\\i_j&=1,2,\cdots,u-1=[h^{-1}L\pi],\quad j=1,\cdots,d-2,\\i_{d-1}&=1,2,\cdots,v-1=[h^{-1}2L\pi],\\J_u^{(j)}&=\{\boldsymbol{x}=\boldsymbol{x}(\theta_1,\cdots,\theta_{d-1})\in\Omega:(u-1)L^{-1}h\leqslant\theta_j\leqslant\pi\},\quad j=1,\cdots,d-2,\\J_v^{(d-1)}&=\{\boldsymbol{x}=\boldsymbol{x}(\theta_1,\cdots,\theta_{d-1})\in\Omega:(v-1)L^{-1}h\leqslant\theta_{d-1}\leqslant 2\pi\},\end{aligned}\tag{7.3.40}$$

且有

$$J_{i_1\cdots i_{d-1}}=\bigcap_{j=1}^{d-1}J_{i_j}^{(j)},\quad i_1,\cdots,i_{d-2}=1,2,\cdots,u;\quad i_{d-1}=1,2,\cdots,v.$$

所有这些 $J_{i_1\cdots i_{d-1}}$ 构成了单位球面 Ω 的一个划分, 记为 Ψ, 即 $\Psi=\{J_{i_1\cdots i_{d-1}}\}$.

选取 c 及 L, 使得

$$c>\max\{\sqrt{2b}d^{3/2},\sqrt{2a}d^{3/2}+(2L)^{-1}d^3\}\quad 且\quad 2L^{-1}c<b-a.$$

记

$$\begin{aligned}A&=[a,b),\quad B=[a+L^{-1}c,b-L^{-1}c],\\A^*(\boldsymbol{x})&=\{y\in\Omega:a\leqslant(1-\boldsymbol{x}^{\mathrm{T}}\boldsymbol{y})/h^2<b\},\quad\boldsymbol{x}\in\Omega,\\B^*(\boldsymbol{x})&=\{y\in\Omega:a+L^{-1}c\leqslant(1-\boldsymbol{x}^{\mathrm{T}}\boldsymbol{y})/h^2<b-L^{-1}c\},\quad\boldsymbol{x}\in\Omega,\\D(\boldsymbol{x})&=\bigcup_{J\in\Psi,J\subset A^*(\boldsymbol{x})}J,\quad\boldsymbol{x}\in\Omega.\end{aligned}\tag{7.3.41}$$

故有下述结论成立, 即对任意 $\boldsymbol{x}\in\Omega$,

$$G(\boldsymbol{x})\triangleq A^*(\boldsymbol{x})-D(\boldsymbol{x})\subset A^*(\boldsymbol{x})-B^*(\boldsymbol{x})\triangleq G^*(\boldsymbol{x}).\tag{7.3.42}$$

事实上, 设 $\boldsymbol{y}=\boldsymbol{y}(\theta_1',\cdots,\theta_{d-1}')^{\mathrm{T}}\in G(\boldsymbol{x})$, 则 $\boldsymbol{y}\notin D(\boldsymbol{x})$, 且存在集 $J_{i_1\cdots i_{d-1}}$ 及点 $\boldsymbol{\omega}=\boldsymbol{\omega}(\theta_1'',\cdots,\theta_{d-1}'')^{\mathrm{T}}\in J_{i_1\cdots i_{d-1}}$, 使得

$$\boldsymbol{y}\in J_{i_1\cdots i_{d-1}},\quad\boldsymbol{\omega}\in J_{i_1\cdots i_{d-1}},\quad 而\boldsymbol{\omega}\notin A^*(\boldsymbol{x}).\tag{7.3.43}$$

故 $|\theta_j' - \theta_j''| < L^{-1}h$, 且由式 (7.3.39) 知, $|y_j - \omega_j| < jhL^{-1}$, 其中 y_j, ω_j 分别为 $\boldsymbol{y}$ 及 $\boldsymbol{\omega}$ 的第 j 个分量. 因此

$$\|\boldsymbol{y} - \boldsymbol{\omega}\| < d^{3/2}hL^{-1}. \tag{7.3.44}$$

由于 $\boldsymbol{\omega} \notin A^*(\boldsymbol{x})$, 故知 $\|\boldsymbol{x} - \boldsymbol{\omega}\| \geqslant \sqrt{2b}h$ 或 $\|\boldsymbol{x} - \boldsymbol{\omega}\| < \sqrt{2a}h$, 由此可得

$$\|\boldsymbol{x} - \boldsymbol{y}\| > (\sqrt{2b} - d^{3/2}L^{-1})h \quad \text{或} \quad \|\boldsymbol{x} - \boldsymbol{y}\| < (\sqrt{2a} + d^{3/2}L^{-1})h,$$

即

$$1 - \boldsymbol{x}^{\mathrm{T}}\boldsymbol{y} > (b - cL^{-1})h^2 \quad \text{或} \quad 1 - \boldsymbol{x}^{\mathrm{T}}\boldsymbol{y} < (a + cL^{-1})h^2,$$

故 $\boldsymbol{y} \in A^*(\boldsymbol{x}) - B^*(\boldsymbol{x})$, 结论成立.

由于 $K^*(v) = I_A(v)$, 故有

$$\begin{aligned}
&\int_{\Omega} |f_n^*(\boldsymbol{x}) - Ef_n^*(\boldsymbol{x})| \mathrm{d}\boldsymbol{\omega}(\boldsymbol{x}) \\
=\ & h^{1-d}C(h)\int_{\Omega} |\boldsymbol{\mu}_n(A^*(\boldsymbol{x})) - \boldsymbol{\mu}(A^*(\boldsymbol{x}))| \mathrm{d}\boldsymbol{\omega}(\boldsymbol{x}) \\
\leqslant\ & h^{1-d}C(h)\int_{\Omega} \bigcup_{J\in\Psi, J\subset A^*(\boldsymbol{x})} |\boldsymbol{\mu}_n(J) - \boldsymbol{\mu}(J)| \mathrm{d}\boldsymbol{\omega}(\boldsymbol{x}) \\
& + h^{1-d}C(h)\int_{\Omega} |\boldsymbol{\mu}_n(G^*(\boldsymbol{x})) + \boldsymbol{\mu}(G^*(\boldsymbol{x}))| \mathrm{d}\boldsymbol{\omega}(\boldsymbol{x}) \\
=\ & Z_{1n} + Z_{2n},
\end{aligned} \tag{7.3.45}$$

其中 $\boldsymbol{\mu}, \boldsymbol{\mu}_n$ 为 Ω 上的概率测度, 即对 Ω 上的任意可测集 $\mathscr{A}$, 有

$$\boldsymbol{\mu}(\mathscr{A}) = \int_{\mathscr{A}} f(\boldsymbol{y}) \mathrm{d}\boldsymbol{\omega}(\boldsymbol{y}),$$

$$\boldsymbol{\mu}_n(\mathscr{A}) = \frac{1}{n}\sum_{i=1}^{n} I_{\mathscr{A}}(\boldsymbol{X}_i).$$

对于 Ω 上的任意概率测度 $\boldsymbol{\nu}(\cdot)$, 当 L 充分大时, 有

$$\begin{aligned}
& h^{1-d}C(h)\int_{\Omega} \boldsymbol{\nu}[G^*(\boldsymbol{x})] \mathrm{d}\boldsymbol{\omega}(\boldsymbol{x}) \\
=& \int_{\Omega} \mathrm{d}\boldsymbol{\nu}(\boldsymbol{y}) \int_{\Omega} h^{1-d}C(h) I_{A-B}[(1 - \boldsymbol{x}^{\mathrm{T}}\boldsymbol{y})/h^2] \mathrm{d}\boldsymbol{\omega}(\boldsymbol{x}) \\
\leqslant& \frac{C(h)(2\pi)^{(d-1)/2}}{\Gamma[(d-1)/2]} \int_{v\in A-B} v^{(d-3)/2} \mathrm{d}v < \varepsilon_1/3.
\end{aligned} \tag{7.3.46}$$

故

$$Z_{2n} < 2\varepsilon_1/3. \tag{7.3.47}$$

若 $J \in \Psi, \boldsymbol{y} \in J \subset A^*(\boldsymbol{x}), \boldsymbol{x} \in \Omega$, 则 $1 - \boldsymbol{x}^{\mathrm{T}}\boldsymbol{y} < bh^2$. 因此

$$\boldsymbol{\omega}\{\boldsymbol{x} \in \Omega : J \subset A^*(\boldsymbol{x})\} \leqslant \int_{\Omega} I_{[0,b]}[(1 - \boldsymbol{x}^{\mathrm{T}}\boldsymbol{y})/h^2]\mathrm{d}\boldsymbol{\omega}(\boldsymbol{x}) \leqslant ch^{d-1}, \tag{7.3.48}$$

其中 c 为一个正常数. 故由式 (7.3.47) 及式 (7.3.48) 可知

$$Z_{1n} \leqslant cC(h) \sum_{J \in \Psi} |\boldsymbol{\mu}_n(J) - \boldsymbol{\mu}(J)| \leqslant c \sum_{J \in \Psi} |\boldsymbol{\mu}_n(J) - \boldsymbol{\mu}(J)|. \tag{7.3.49}$$

由式 (7.3.22) 可得, $\sharp\{\Psi\} \leqslant ch^{1-d} = o(n)$, 应用引理 7.3.2, 故由式 (7.3.45), 式 (7.3.47) 及式 (7.3.49), 有

$$\begin{aligned} &P\left(\int_{\Omega} |f_n^*(\boldsymbol{x}) - E(f_n^*(\boldsymbol{x}))|\mathrm{d}\boldsymbol{\omega}(\boldsymbol{x}) \geqslant \varepsilon_1\right) \\ \leqslant &P\left(\sum_{J \in \Psi} |\boldsymbol{\mu}_n(J) - \boldsymbol{\mu}(J)| \geqslant (\varepsilon_1/3c)\right) < \exp(-cn), \end{aligned} \tag{7.3.50}$$

其中 c 为一个正常数. 故

$$\int_{\Omega} |f_n(\boldsymbol{x}) - f(\boldsymbol{x})|\mathrm{d}\boldsymbol{\omega}(\boldsymbol{x}) \to 0 \text{ a.s.}, \quad n \to \infty. \tag{7.3.51}$$

证毕.

7.4　非参数判别分析

多元概率密度估计可应用于非参数判别分析, 具有优良性质的概率密度估计可以降低错判概率. 判别分析是研究判断个体所属类型 (总体) 的一种统计方法. 例如, 医生根据某人的若干化验结果, 来判断就医者属于健康人还是病人. 在地质勘探中, 需要从岩石标本的多种特征来判断该地层是有矿还是无矿. 模式识别是在观测基础上制定判别标准, 把待识模式划分到各自的模式类中去. 在统计模式识别中, Bayes 决策规则从理论上解决了最优分类器的设计问题, 其实施却需首先确定多元总体的概率分布.

经典的判别分析是在总体分布服从多元正态分布的条件下进行的, 而在实际问题中, 总体分布服从多元正态分布这一假定常不能得到满足. 当多元正态分布的拟合优度检验没有通过时, 可以进行非参数判别分析, 即总体分布未知下的判别分析. 非参数判别的理论研究, 主要集中在基于核估计的判别分析及基于近邻估计的判别分析. 其主要思想是在总体分布未知的条件下, 通过训练样本构造出一判别规则, 研究该判别规则错判概率的渐近性质.

设 $(\boldsymbol{X},Y)$ 有未知的概率分布

$$p_i = P(Y=i),\quad p_i(\boldsymbol{x}) = P(Y=i|\boldsymbol{X}=\boldsymbol{x}),\quad i=1,\cdots,M. \tag{7.4.1}$$

$\boldsymbol{X}\in\mathbf{R}^d$, $Y\in\{1,\cdots,M\}$, $M\geqslant 2$ 为自然数, $(\boldsymbol{X}_1,Y_1),\cdots,(\boldsymbol{X}_n,Y_n)$ 是来自 $(\boldsymbol{X},Y)$ 的 i.i.d. 样本. 记 $Z_n=\{(\boldsymbol{X}_1,Y_1),\cdots,(\boldsymbol{X}_n,Y_n)\}$, 在非参数判别中, 常需根据 $\boldsymbol{X}$, 训练样本 Z_n, 去判别 Y 的取值.

记任一判别函数为 $\psi(\boldsymbol{x})$, 它是取值于 $\{1,\cdots,M\}$ 的 $\mathbf{R}^d$ 上的可测函数, $P(\psi(\boldsymbol{X})\neq Y)$ 为错判概率, 我们称在所有可能的判别中, 使错判概率达到最小的那一个 (记为 ψ^*) 为 Bayes 判别, 称 $R^*=P(\psi^*(\boldsymbol{X})\neq Y)$ 为 Bayes 错判概率. 由熟知的 Bayes 原则可知, $\psi^*(\boldsymbol{x})$ 可如此确定:

$$\psi^*(\boldsymbol{x})=i \iff p_i(\boldsymbol{x})=\max_{1\leqslant j\leqslant M} p_j(\boldsymbol{x}). \tag{7.4.2}$$

非参数判别的一个重要问题是希望找到一个判别规则 $\delta_n(\boldsymbol{X},Z_n)$, 使其在给定训练样本 Z_n 时的条件错判概率

$$L_n(\delta_n,Z_n)=P(\delta_n(\boldsymbol{X},Z_n)\neq Y|Z_n)$$

能在某种意义上收敛到 Bayes 判别 ψ^* 的错判概率 R^*.

非参数判别问题可以看成为非参数回归问题, 此时 Y 取值为 $i=1,\cdots,M$. Devroye 等 (1980) 研究了基于核估计的非参数回归的渐近性质, 在 d 维多元核满足非负有界具有紧支撑等若干条件下, 得到 $E(L_n)\to R^*$, $n\to\infty$.

Devroye(1983) 定义了一个由普通多元核密度估计 (KDE) 引入的判别, 得到如下优良结果. 记

$$\begin{aligned} b_{ni}(\boldsymbol{x})&=(nh^d)^{-1}\sum_{j=1}^{n}K_1\left(\frac{\boldsymbol{x}-\boldsymbol{X}_j}{h}\right)I_{[Y_j=i]},\quad 1\leqslant i\leqslant M,\\ \delta_n(\boldsymbol{x})=i&\iff b_{ni}(\boldsymbol{x})=\max_{1\leqslant j\leqslant M} b_{nj}(\boldsymbol{x}). \end{aligned} \tag{7.4.3}$$

定理 7.4.1 (Devroye) 设K_1绝对可积, $\int_{\mathbf{R}^d}K_1(\boldsymbol{x})\mathrm{d}\boldsymbol{x}<\infty$, 依式 (7.4.3) 确定 δ_n, 则当 $\lim\limits_{n\to\infty} h=0$, $\lim\limits_{n\to\infty} nh^d=\infty$ 时,

$$\sum_{n=1}^{\infty} n^q P(L_n-R^*>\varepsilon)<\infty,\quad 对每一q,\ \varepsilon>0.$$

由定理 7.4.1 尚不能得到条件错判概率 L_n 具有指数收敛速度. 理论上, 多元概率密度估计具有同一元概率密度估计的多种渐近性质, 而实际应用中, 在维数较

高样本容量较小的情况下, 较难得到多元概率密度的可用估计. 设 $\boldsymbol{u}$, $\boldsymbol{v}$ 是单位球面上的 d 维向量, 则 $\boldsymbol{u}$, $\boldsymbol{v}$ 间的距离 $\|\boldsymbol{u}-\boldsymbol{v}\|=\sqrt{2(1-\boldsymbol{u}^{\mathrm{T}}\boldsymbol{v})}$. 因此, 对球面密度函数的估计, 量 $\boldsymbol{u}-\boldsymbol{v}$ 可由 $\boldsymbol{u}^{\mathrm{T}}\boldsymbol{v}$ 替代, 从而多元核函数可由一元核函数替代. Hall 等 (1987) 给出了球面密度函数核估计的偏差、方差及损失公式, Bai 等 (1988) 给出了球面密度函数核估计的逐点强相合性、一致强相合性及 L_1 模强相合性.

球极投影变换, 将取值于 $\mathbf{R}^d$ 空间上的样本变换为取值于单位球面上的样本, 利用一元核函数替换多元核函数, 构造多元密度函数的球极投影变换核估计(KSPDE), 并给出这个新估计的逐点收敛速度. 相对于 KDE, KSPDE 简化计算, 加快核估计的收敛速度. 模拟表明在一定意义上, KSPDE 优于 KDE. 球极投影变换核估计具有降维的效果, 可以改进高维数据相对稀疏情形下的非参数统计推断.

Su 等 (2010b), 基于 KSPDE 构造了一种新的判别规则 δ_n: 基于球极投影变换核密度估计的非参数判别规则. Su 等证明了该判别规则 δ_n 的条件错判概率具有指数收敛速度及其趋向 Bayes 错判概率 R^* 的几乎处处收敛性.

球极投影变换由式 (5.1.1) 定义, 即点 $N=(0,\cdots,0,1)$ 与点 $(x_1,\cdots,x_d,0)$ 连成一条空间直线 l, 满足

$$l:\ \frac{u_1-0}{x_1-0}=\cdots=\frac{u_d-0}{x_d-0}=\frac{u_{d+1}-1}{0-1}.$$

设点 $(w_1,\cdots,w_d,w_{d+1})$ 既在直线 l 上又在球面 Ω_{d+1} 上, 则有

$$\left\{\begin{array}{l} w_1=\dfrac{2x_1}{\|\boldsymbol{x}\|^2+1}, \\ \cdots\cdots \\ w_d=\dfrac{2x_d}{\|\boldsymbol{x}\|^2+1}, \\ w_{d+1}=\dfrac{\|\boldsymbol{x}\|^2-1}{\|\boldsymbol{x}\|^2+1}, \end{array}\right. \quad \text{及} \quad \left\{\begin{array}{l} x_1=\dfrac{w_1}{1-w_{d+1}}, \\ \cdots\cdots \\ x_d=\dfrac{w_d}{1-w_{d+1}}, \end{array}\right.$$

映射 $\boldsymbol{x}\longmapsto\boldsymbol{w}$ 记为 $\mathrm{SP}:\boldsymbol{w}=(w_1,\cdots,w_{d+1})^{\mathrm{T}}=\mathrm{SP}(\boldsymbol{x})$, 逆映射 $\boldsymbol{w}\longmapsto\boldsymbol{x}$ 记为

$$\boldsymbol{x}=\mathrm{SP}^{-1}(\boldsymbol{w}).$$

定义 7.4.1 (基于 KSPDE 的判别规则)　设 $(\boldsymbol{X}_1,Y_1),\cdots,(\boldsymbol{X}_n,Y_n)$ 是来自 $(\boldsymbol{X},Y)$ 的 i.i.d. 样本, $\boldsymbol{w}=\mathrm{SP}(\boldsymbol{x})$. 记

$$a_{ni}(\boldsymbol{x})=(nh^d)^{-1}C(h)\beta(\boldsymbol{x})\sum_{j=1}^{n}K\left(\frac{1-\boldsymbol{w}^{\mathrm{T}}\boldsymbol{W}_j}{h^2}\right)I_{[Y_j=i]},\quad 1\leqslant i\leqslant M,$$

$$\beta(\boldsymbol{x})=2^d(\|\boldsymbol{x}\|^{\mathbf{2}}+\mathbf{1})^{-d},$$

$$\delta_n(\boldsymbol{x})=i\Longleftrightarrow a_{ni}(\boldsymbol{x})=\max_{1\leqslant j\leqslant M}a_{nj}(\boldsymbol{x}).\tag{7.4.4}$$

其中, $K(\cdot)$ 是 $\mathbf{R}^+ = [0, \infty)$ 上的非负可测函数, $C(h) > 0, h = h_n > 0$, 且满足

$$0 < \int_0^\infty K(v) v^{(d-2)/2} \mathrm{d}v < \infty, \tag{7.4.5}$$

$$h_n^d [C(h_n)]^{-1} = \int_{\Omega_{d+1}} K[(1 - \boldsymbol{w}^{\mathrm{T}} \boldsymbol{z})/h_n^2] \mathrm{d}\boldsymbol{\omega}(\boldsymbol{z}), \tag{7.4.6}$$

其中 $\boldsymbol{\omega}$ 是 Ω_{d+1} 上的 Lebesgue 测度. 称式 (7.4.4) 定义的 δ_n 为基于 KSPDE 的判别规则.

对式 (7.4.6) 积分可得

$$[C(h)]^{-1} = \frac{2\pi^{d/2}}{\Gamma[d/2]} \int_0^{2/h^2} K(v) v^{(d-2)/2} (2 - vh^2)^{(d-2)/2} \mathrm{d}v. \tag{7.4.7}$$

当 $n \to \infty$ 时,$h \to 0$, 故

$$[C(h)]^{-1} \to \lambda, \quad n \to \infty,$$

其中 $\lambda > 0$ 是常数.

引理 7.4.1 设 $a_{ni}(\boldsymbol{x})$ 由式 (7.4.4) 定义, 则

$$0 \leqslant L_n - \mathbf{R}^* \leqslant 2 \sum_{i=1}^M \int_{\mathbf{R}^d} |p_i f_i(\boldsymbol{x}) - a_{ni}(\boldsymbol{x})| \mathrm{d}\boldsymbol{x},$$

$$\lim_{n \to \infty} \int_{\mathbf{R}^d} |E(a_{ni}(\boldsymbol{x})) - p_i f_i(\boldsymbol{x})| \mathrm{d}\boldsymbol{x} = 0, \quad 1 \leqslant i \leqslant M,$$

其中, $f_i(\boldsymbol{x})$ 为 $\boldsymbol{X}|_{Y=i}$ 时的条件概率密度.

由此可得下述主要结论.

定理 7.4.2 设 $K(\cdot)$ 是 $\mathbf{R}$ 上绝对可积函数,$\int_{\mathbf{R}} K(v) \mathrm{d}v = 1$ 且满足式 (7.4.5) 及式 (7.4.6). 设 $p_i, f_i(\boldsymbol{x}), i = 1, \cdots, M$ 存在, 依式 (7.4.4) 确定 δ_n, 则当

$$\lim_{n \to \infty} h_n = 0, \quad \lim_{n \to \infty} n h_n^d = \infty \tag{7.4.8}$$

时, 有

$$\lim_{n \to \infty} L_n(\delta_n, Z_n) = R^*, \text{ a.s.} \tag{7.4.9}$$

参照式 (7.3.40) 对球面 Ω_d 空间的划分, 给出 $d+1$ 维单位球面 Ω_{d+1} 的一个划分 Ψ_{d+1}. Devroye 对 $\mathbf{R}^d$ 空间的划分包含有无穷可列个元素, 而单位球面 Ω_{d+1} 的划分包含有限个元素.

对 $\boldsymbol{w}=(w_1,\cdots,w_{d+1})^{\mathrm{T}}\in\Omega$, $\boldsymbol{w}$ 的极坐标表示为

$$\begin{aligned}
w_1 &= \cos\theta_1,\\
w_2 &= \sin\theta_1\cos\theta_2,\\
&\cdots\cdots\\
w_d &= \sin\theta_1\cdots\sin\theta_{d-1}\cos\theta_d,\\
w_{d+1} &= \sin\theta_1\cdots\sin\theta_d,
\end{aligned}$$

其中 $0\leqslant\theta_i\leqslant\pi$, $i=1,\cdots,d-1$ 及 $0\leqslant\theta_d\leqslant 2\pi$. 取 $L>0$,

$$\begin{aligned}
\boldsymbol{J}^j_{i_j} &= \{\boldsymbol{w}=\boldsymbol{w}(\theta_1,\cdots,\theta_d)\in\Omega:\ L^{-1}h(i_j-1)\leqslant\theta_j<L^{-1}hi_j\},\\
i_j &= 1,2,\cdots,u-1=[h^{-1}L\pi],\quad j=1,\cdots,d-1,\\
i_d &= 1,2,\cdots,v-1=[h^{-1}2L\pi],\\
\boldsymbol{J}^j_{u} &= \{\boldsymbol{w}=\boldsymbol{w}(\theta_1,\cdots,\theta_d)\in\Omega:\ L^{-1}h(u-1)\leqslant\theta_j\leqslant\pi\},\quad j=1,\cdots,d-1,\\
\boldsymbol{J}^d_{v} &= \{\boldsymbol{w}=\boldsymbol{w}(\theta_1,\cdots,\theta_d)\in\Omega:\ L^{-1}h(v-1)\leqslant\theta_d\leqslant 2\pi\},\\
\boldsymbol{\Psi} &= \left\{\boldsymbol{J}_{i_1,\cdots,i_d}=\bigcap_{j=1}^{d}\boldsymbol{J}^j_{i_j},\quad i_1,\cdots,i_{d-1}=1,2,\cdots,u,\quad i_d=1,2,\cdots,v\right\},
\end{aligned}$$

则 $\boldsymbol{\Psi}$ 为 Ω 的一个划分. 选取 c 及 L 使得

$$c>\max\{\sqrt{2b}(d+1)^{3/2},\ \sqrt{2a}(d+1)^{3/2}+(2L)^{-1}(d+1)^3\},\quad 2L^{-1}c<b-a.$$

设

$$\begin{aligned}
A &= [a,\ b),\quad B=[a+L^{-1}c,\ b-L^{-1}c),\\
A^*(\boldsymbol{w}) &= \{\boldsymbol{y}\in\Omega:\ a\leqslant(1-\boldsymbol{w}^{\mathrm{T}}\boldsymbol{y})/h^2<b\},\quad \boldsymbol{w}\in\Omega,\\
B^*(\boldsymbol{w}) &= \{\boldsymbol{y}\in\Omega:\ a+L^{-1}c\leqslant(1-\boldsymbol{w}^{\mathrm{T}}\boldsymbol{y})/h^2<b-L^{-1}c\},\quad \boldsymbol{w}\in\Omega,\\
D(\boldsymbol{w}) &= \bigcup_{\boldsymbol{J}\in\boldsymbol{\Psi},\ \boldsymbol{J}\subset A^*(\boldsymbol{w})}\boldsymbol{J},\quad \boldsymbol{w}\in\Omega.
\end{aligned}$$

在上述记号下, 有

$$G(\boldsymbol{w})=A^*(\boldsymbol{w})-D(\boldsymbol{w})\subset A^*(\boldsymbol{w})-B^*(\boldsymbol{w})=G^*(\boldsymbol{w}).\tag{7.4.10}$$

参照定理 7.3.2 的证明过程及球极投影变换的性质, 可以证明定理 7.4.2. 由单位球面的划分 Ψ_{d+1} 与引理 7.3.2(多项分布不等式), 得到条件错判概率的指数收敛速度, 再应用 Borel-Cantelli 引理, 即可得到条件错判概率 L_n 趋向 Bayes 错判概率 $\mathbf{R}^*$ 的几乎处处收敛性.

定理 7.4.2 的证明：由引理 7.4.1,

$$\begin{aligned} L_n - R^* &\leqslant 2\sum_{i=1}^{M}\int_{\mathbf{R}^d}|p_i f_i(\boldsymbol{x}) - a_{ni}(\boldsymbol{x})|\mathrm{d}\boldsymbol{x} \\ &\leqslant 2\sum_{i=1}^{M}\left\{\int_{\mathbf{R}^d}|p_i f_i(\boldsymbol{x}) - E(a_{ni}(\boldsymbol{x}))|\mathrm{d}\boldsymbol{x} + \int_{\mathbf{R}^d}|a_{ni}(\boldsymbol{x}) - E(a_{ni}(\boldsymbol{x}))|\mathrm{d}\boldsymbol{x}\right\}. \end{aligned}$$

由引理 7.4.1, 不失一般性, 取 $i=1$, 只需证

$$\int_{\mathbf{R}^d}|a_{ni}(\boldsymbol{x}) - E(a_{ni}(\boldsymbol{x}))|\mathrm{d}\boldsymbol{x}$$

以指数速度趋于 0. 设

$$\mu(A) = P(Y=1,\ \boldsymbol{W}\in A),$$

$$\mu_n(A) = \frac{1}{n}\sum_{j=1}^{n} I_{[Y_j=1,\ \boldsymbol{W}_j\in A]},\quad A\in\mathcal{B}(\Omega).$$

易证 μ, μ_n 为测度, 且 $\mu/p_1, \mu_n/s/n$ 为概率测度, 约定 $0/0=0$, 这里 $s=\sum_{i=1}^{n} I_{[Y_{j=1}]}$.

$$\begin{aligned} Ea_{n1}(\boldsymbol{x}) &= h^{-d}C(h)p_1\beta(\boldsymbol{x})\int_{\Omega}K\left(\frac{1-\boldsymbol{w}^{\mathrm{T}}\boldsymbol{z}}{h^2}\right)g_1(\boldsymbol{z})\mathrm{d}\omega(\boldsymbol{z}) \\ &= h^{-d}C(h)\beta(\boldsymbol{x})\int_{\Omega}K\left(\frac{1-\boldsymbol{w}^{\mathrm{T}}\boldsymbol{z}}{h^2}\right)\mathrm{d}\mu(\boldsymbol{z}) \\ &=: G_{h1}. \\ a_{n1} &= h^{-d}C(h)\beta(\boldsymbol{x})\int_{\Omega}K\left(\frac{1-\boldsymbol{w}^{\mathrm{T}}\boldsymbol{z}}{h^2}\right)\mathrm{d}\mu_n(\boldsymbol{z}). \end{aligned}$$

$\forall\varepsilon>0$, 存在常数 $M_0,\ L_0,\ N,\ b_1,\cdots,b_N$, $\mathbf{R}^+$ 中不交的有限区间 $A_1,\cdots,A_N$, 使得

$$K^*(v) = \sum_{i=1}^{N} b_i I_{A_i(v)}$$

满足 $|K^*|\leqslant M_0,\ K^*=0$, 当 $v\notin\ [0,\ L_0]$ 时, 且 $\int_{\mathbf{R}^+}|K(v)-K^*(v)|v^{(d-2)/2}\mathrm{d}v<\varepsilon$.

$$\begin{aligned} a_{n1}^* &= h^{-d}C(h)\beta(\boldsymbol{x})\int_{\Omega}K^*\left(\frac{1-\boldsymbol{w}^{\mathrm{T}}\boldsymbol{z}}{h^2}\right)\mathrm{d}\mu_n(\boldsymbol{z}), \\ G_{h1}^* &= h^{-d}C(h)\beta(\boldsymbol{x})\int_{\Omega}K^*\left(\frac{1-\boldsymbol{w}^{\mathrm{T}}\boldsymbol{z}}{h^2}\right)\mathrm{d}\mu(\boldsymbol{z}). \\ U_n &= \int_{\mathbf{R}^d}|a_{n1}(\boldsymbol{x}) - G_{h1}(\boldsymbol{x})|\mathrm{d}\boldsymbol{x} \end{aligned}$$

$$\begin{aligned}
&\leqslant \int_{\mathbf{R}^d} |a_{n1}(\boldsymbol{x}) - a_{n1}^*(\boldsymbol{x})|\mathrm{d}\boldsymbol{x} + \int_{\mathbf{R}^d} |a_{n1}^*(\boldsymbol{x}) - G_{h1}^*(\boldsymbol{x})|\mathrm{d}\boldsymbol{x} \\
&\quad + \int_{\mathbf{R}^d} |G_{h1}^*(\boldsymbol{x}) - G_{h1}(\boldsymbol{x})|\mathrm{d}\boldsymbol{x} \\
&\leqslant h^{-d}C(h)\left\{\int_{\Omega} \mathrm{d}\mu_n(\boldsymbol{z}) \int_{\Omega} \left|K^*\left(\frac{1-\boldsymbol{w}^{\mathrm{T}}\boldsymbol{z}}{h^2}\right) - K\left(\frac{1-\boldsymbol{w}^{\mathrm{T}}\boldsymbol{z}}{h^2}\right)\right| \mathrm{d}\omega(\boldsymbol{w})\right. \\
&\quad \left. + \int_{\Omega} \mathrm{d}\mu(\boldsymbol{z}) \int_{\Omega} \left|K^*\left(\frac{1-\boldsymbol{w}^{\mathrm{T}}\boldsymbol{z}}{h^2}\right) - K\left(\frac{1-\boldsymbol{w}^{\mathrm{T}}\boldsymbol{z}}{h^2}\right)\right| \mathrm{d}\omega(\boldsymbol{w})\right\} \\
&\quad + \int_{\mathbf{R}^d} |a_{n1}^*(\boldsymbol{x}) - G_{h1}^*(\boldsymbol{x})|\mathrm{d}\boldsymbol{x} \\
&= U_{1n} + U_{2n} + U_{3n}.
\end{aligned}$$

由式 (7.4.5), 式 (7.4.7) 可知

$$\begin{aligned}
&h^{-d}C(h)\int_{\Omega} \left|K^*\left(\frac{1-\boldsymbol{w}^{\mathrm{T}}\boldsymbol{z}}{h^2}\right) - K\left(\frac{1-\boldsymbol{w}^{\mathrm{T}}\boldsymbol{z}}{h^2}\right)\right| \mathrm{d}\omega(\boldsymbol{w}) \\
&< c_0 \int_0^{\infty} |K(v) - K^*(v)| v^{(d-2)/2} \mathrm{d}v < c_0\varepsilon,
\end{aligned}$$

c_0 表示常数, 在同一式中可表示不同的常数. 因此

$$U_{3n} \leqslant h^{-d}C(h)M_0 \sum_{j=1}^{N} \int_{\Omega} |\mu_n(A_j^*(\boldsymbol{w})) - \mu(A_j^*(\boldsymbol{w}))|\mathrm{d}\omega(\boldsymbol{w}), \tag{7.4.11}$$

$$U_n < c_0\varepsilon + U_{3n}, \tag{7.4.12}$$

其中, $A_j^*(\boldsymbol{w}) = \{\boldsymbol{y} \in \Omega:\ a_j \leqslant (1-\boldsymbol{w}^{\mathrm{T}}\boldsymbol{y})/h^2 < b_j\}, \quad \boldsymbol{w} \in \Omega.$

取 $A = [a,\ b),\ \ B = [a + L^{-1}c,\ b - L^{-1}c)$, 则由式 (7.4.10),

$$\begin{aligned}
&h^{-d}C(h)\int_{\Omega} |\mu_n(A^*(\boldsymbol{w})) - \mu(A^*(\boldsymbol{w}))|\mathrm{d}\omega(\boldsymbol{w}) \\
&\leqslant h^{-d}C(h)\int_{\Omega} \sum_{\boldsymbol{J}\in\boldsymbol{\Psi}\boldsymbol{J}\subset A^*(\boldsymbol{w})} |\mu_n(\boldsymbol{J}) - \mu(\boldsymbol{J})|\mathrm{d}\omega(\boldsymbol{w}) \\
&\quad + h^{-d}C(h)\int_{\Omega} [\mu(G^*(\boldsymbol{w})) + \mu_n(G^*(\boldsymbol{w}))]\mathrm{d}\omega(\boldsymbol{w}) \\
&= Z_{1n} + Z_{2n}.
\end{aligned}$$

因为 $\mu/p_1,\ \mu_n/s/n$ 为概率测度, 故对 $\forall\varepsilon_1$, 当 L 充分大时

$$Z_{2n} < \varepsilon_1. \tag{7.4.13}$$

又 $\int_{\Omega} I_{[a,b)}[(1-\boldsymbol{w}^{\mathrm{T}}\boldsymbol{y})/h^2]\mathrm{d}\omega(\boldsymbol{w}) \leqslant c_0 h^d$, 故

$$Z_{1n} \leqslant c_0 C(h) \sum_{\boldsymbol{J}\in\boldsymbol{\Psi}} |\mu_n(\boldsymbol{J}) - \mu(\boldsymbol{J})| \leqslant c_0 \sum_{\boldsymbol{J}\in\boldsymbol{\Psi}} |\mu_n(\boldsymbol{J}) - \mu(\boldsymbol{J})|. \tag{7.4.14}$$

因为 $\lim\limits_{n} nh_n^d = \infty$, 故 $\sharp\{\boldsymbol{\Psi}\} \leqslant c_0 h^{-d} = o(n)$. 由引理 7.3.2,

$$P\left(\sum_{\boldsymbol{J}\in\boldsymbol{\Psi}} |\mu_n(\boldsymbol{J}) - \mu(\boldsymbol{J})| \geqslant \varepsilon_1\right) < \mathrm{e}^{-c_0 n}, \tag{7.4.15}$$

故由式 (7.4.4) 定义的判别规则的条件错判概率具有指数收敛速度. 由式 (7.4.12)—(7.4.15) 及 Borel-Cantelli 引理可知式 (7.4.9) 成立, 即基于球极投影核估计的条件错判概率具有强相合性.

非参数判别规则 δ_n 的基本思想如下:

(1) 将 $\mathbf{R}^d$ 空间中的样本点, 通过球极投影变换, 映射到单位球面 Ω_{d+1} 上;

(2) 基于球面 Ω_{d+1} 上的转换样本与球面密度估计, 构造判别规则 δ_n.

当总体分布未知时, 多元概率密度估计的改进可以减少非参数判别规则的条件错判概率, 故基于 KSPDE 的判别规则较基于 KDE 的判别规则具有优良性. 在实际应用中, 一般先对多元数据进行标准化变换.

设 $(\boldsymbol{X}_1, Y_1), \cdots, (\boldsymbol{X}_n, Y_n)$ 是来自总体 $(\boldsymbol{X}, Y)$ 的 i.i.d. 样本. 记

$$\boldsymbol{X}_i = (X_{i1}, \cdots, X_{id})^{\mathrm{T}}, \quad i = 1, \cdots, n.$$

$$\overline{X}_j = \frac{1}{n}\sum_{i=1}^n X_{ij}, \quad S_j^2 = \frac{1}{n}\sum_{i=1}^n (X_{ij} - \overline{X}_j)^2, \quad S_j = \sqrt{S_j^2},$$

$$V_{ij} = \frac{X_{ij} - \overline{X}_j}{S_j}, \quad \boldsymbol{V}_i = (V_{i1}, \cdots, V_{id})^{\mathrm{T}}, \quad i = 1, \cdots, n.$$

将 $\boldsymbol{V}_i, i = 1, \cdots, n$ 映射到单位球面上, 再利用 KSPDE 的判别规则进行判别. 一般情形下, 对于不同的类别总体选择不同的窗宽, 可以降低误判率.

苏岩等 (2015) 基于 KSPDE 的判别规则, 进行上市公司 ST 预测. 由于多元数据的正态性检验没有通过, 故利用式 (7.4.4) 做 ST 股票的判别, 得到较好的判别效果.

第 8 章　一元分布的拟合优度检验

本章将在第 1 章拟合优度检验概述的基础上, 进一步介绍一元概率分布的拟合优度检验, 包括一元概率分布的光滑检验及基于经验分布函数的 EDF 型检验. 通过随机模拟, 筛选出具有较高功效的一元概率分布拟合优度检验统计量. 这些检验方法可应用于多元分布的拟合优度检验.

8.1　光 滑 检 验

在第 1 章中, 我们简述了光滑检验的基本思想. 所谓光滑检验是将假设检验中的原假设分布嵌入到某一参数分布族中, 将对分布的拟合优度检验转化为对参数的假设检验. 本章将进一步阐述一元连续型随机变量概率分布的光滑检验, 以期将一元概率分布的光滑检验推广到多元概率分布以及回归模型误差分布的光滑检验, 拓展广义多元分析及非正态回归模型的应用范围.

8.1.1　参数检验

我们首先介绍简单原假设及复合原假设下的极大似然比、Wald 和 Score 检验. 设 $X_1,\cdots,X_n$ 为来自总体概率密度为 $f(x;\boldsymbol{\theta})$ 的样本, 其中 $\boldsymbol{\theta}=(\theta_1,\cdots,\theta_k)^{\mathrm{T}}\in\Theta$ 且参数真值 $\boldsymbol{\theta}_0$ 为 Θ 的内点, Θ 为 k 维参数空间. 现欲做简单原假设的检验, 即

$$H_0:\boldsymbol{\theta}=\boldsymbol{\theta}_0\ ;\ H_1:\boldsymbol{\theta}\neq\boldsymbol{\theta}_0. \tag{8.1.1}$$

记 $l(\boldsymbol{\theta};X)$ 为其对数似然函数, 即

$$l(\boldsymbol{\theta};X)=\sum_{i=1}^{n}\ln f(X_i;\boldsymbol{\theta}),$$

$\widehat{\boldsymbol{\theta}}$ 为 $\boldsymbol{\theta}$ 的极大似然估计, 则式 (8.1.1) 的似然比检验统计量为

$$L_n=2[l(\widehat{\boldsymbol{\theta}};X)-l(\boldsymbol{\theta}_0;X)].$$

可以证明, 在一定条件下, L_n 依分布收敛到是自由度为 k 的 χ^2 分布随机变量 χ_k^2.

定义 8.1.1　(1) Score 向量 $\boldsymbol{U}$ 定义为

$$\boldsymbol{U}(\boldsymbol{\theta})=(U_1(\boldsymbol{\theta}),\cdots,U_k(\boldsymbol{\theta}))^{\mathrm{T}},$$

其中

$$U_i(\boldsymbol{\theta}) = \frac{\partial l(\boldsymbol{\theta}; X)}{\partial \theta_i}, \quad i = 1, \cdots, k.$$

(2) 信息阵 $I(\boldsymbol{\theta})$ 定义为

$$I(\boldsymbol{\theta}) = (I_{ij}(\boldsymbol{\theta})),$$

其中

$$I_{ij}(\boldsymbol{\theta}) = -E_{\boldsymbol{\theta}}\left[\frac{\partial^2 l(\boldsymbol{\theta}; X)}{\partial \theta_i \partial \theta_j}\right], \quad i, j = 1, \cdots, k.$$

信息阵 $I(\boldsymbol{\theta})$ 为协方差阵。

为了检验 $H_0 \leftrightarrow H_1$, Wald 提出了检验统计量

$$W_n = (\widehat{\boldsymbol{\theta}} - \boldsymbol{\theta}_0)^{\mathrm{T}} I(\widehat{\boldsymbol{\theta}})(\widehat{\boldsymbol{\theta}} - \boldsymbol{\theta}_0),$$

Rao 提出了检验统计量

$$R_n = (\boldsymbol{U}(\boldsymbol{\theta}_0))^{\mathrm{T}} I(\boldsymbol{\theta}_0)^{-1}(\boldsymbol{U}(\boldsymbol{\theta}_0)).$$

R_n 不需要计算参数的极大似然估计, 但要求信息阵 $I(\boldsymbol{\theta}_0)$ 为可逆矩阵. 在原假设 H_0 下, L_n, W_n, R_n 的渐近分布均为自由度为 k 的 χ^2 分布. 当检验统计量 L_n, W_n, R_n 取值偏大时, 拒绝 H_0.

例 8.1.1 设 $X_1, \cdots, X_n$ 为来自正态总体 $N(\mu, \sigma^2)$ 的样本, $\boldsymbol{\theta} = (\mu, \sigma)$. 今欲检验 $H_0 : \boldsymbol{\theta} = (\mu_0, \sigma_0)$. 其对数似然函数为

$$l = -\frac{n}{2}\ln(2\pi) - n\ln\sigma - \frac{1}{2\sigma^2}\sum_{i=1}^{n}(X_i - \mu)^2.$$

l 关于参数 (μ, σ) 的偏导数如下:

$$\frac{\partial l}{\partial \mu} = \frac{1}{\sigma^2}\sum_{i=1}^{n}(X_i - \mu) = \frac{n(\overline{X} - \mu)}{\sigma^2}, \quad \frac{\partial l}{\partial \sigma} = -\frac{n}{\sigma} + \frac{1}{\sigma^3}\sum_{i=1}^{n}(X_i - \mu)^2,$$

$$\frac{\partial^2 l}{\partial \mu^2} = -\frac{n}{\sigma^2}, \quad \frac{\partial^2 l}{\partial \mu \partial \sigma} = -\frac{2n(\overline{X} - \mu)}{\sigma^3},$$

$$\frac{\partial^2 l}{\partial \sigma^2} = \frac{n}{\sigma^2} - \frac{3}{\sigma^4}\sum_{i=1}^{n}(X_i - \mu)^2.$$

参数 (μ, σ) 的极大似然估计为

$$\widehat{\mu} = \overline{X}, \quad \widehat{\sigma} = \left[\frac{1}{n}\sum_{i=1}^{n}(X_i - \overline{X})^2\right]^{\frac{1}{2}}.$$

故 Score 向量与信息阵为

$$\boldsymbol{U}(\boldsymbol{\theta})=\left(\frac{n(\overline{X}-\mu)}{\sigma^2}.-\frac{n}{\sigma}+\frac{1}{\sigma^3}\sum_{i=1}^n(X_i-\mu)^2\right)^{\mathrm{T}}.$$

$$I(\boldsymbol{\theta})=\begin{pmatrix}\dfrac{n}{\sigma^2} & 0\\ 0 & \dfrac{2n}{\sigma^2}\end{pmatrix}. \tag{8.1.2}$$

记

$$\widetilde{\sigma}=\left[\frac{1}{n}\sum_{i=1}^n(X_i-\mu_0)^2\right]^{\frac{1}{2}},$$

故有

$$L_n=2n\ln\left(\frac{\sigma_0}{\widehat{\sigma}}\right)+n\left(\frac{\widetilde{\sigma}^2}{\sigma_0^2}-1\right).$$

$$\begin{aligned}W_n&=(\widehat{\mu}-\mu_0,\widehat{\sigma}-\sigma_0)\begin{pmatrix}\dfrac{n}{\widehat{\sigma}^2} & 0\\ 0 & \dfrac{2n}{\widehat{\sigma}^2}\end{pmatrix}\begin{pmatrix}\widehat{\mu}-\mu_0\\ \widehat{\sigma}-\sigma_0\end{pmatrix}\\&=\frac{n(\overline{X}-\mu_0)^2}{\widehat{\sigma}^2}+\frac{2n(\widehat{\sigma}-\sigma_0)^2}{\widehat{\sigma}^2}.\end{aligned}$$

$$\begin{aligned}R_n&=\left(\frac{n(\widehat{\mu}-\mu_0)}{\sigma_0^2},\frac{n(\widetilde{\sigma}^2-\sigma_0^2)}{\sigma_0^3}\right)\begin{pmatrix}\dfrac{\sigma_0^2}{n} & 0\\ 0 & \dfrac{\sigma_0^2}{2n}\end{pmatrix}\begin{pmatrix}\dfrac{n(\widehat{\mu}-\mu_0)}{\sigma_0^2}\\ \dfrac{n(\widetilde{\sigma}^2-\sigma_0^2)}{\sigma_0^3}\end{pmatrix}\\&=\frac{n(\overline{X}-\mu_0)^2}{\sigma_0^2}+\frac{n(\widetilde{\sigma}^2-\sigma_0^2)^2}{2\sigma_0^4}.\end{aligned}$$

容易得到 W_n 的渐近分布. 当 H_0 成立时, 由于 $\overline{X}\sim N(\mu_0,\sigma_0^2/n)$, $\widehat{\sigma}$ 为 σ 的相合估计, 故知

$$\frac{n(\overline{X}-\mu_0)^2}{\widehat{\sigma}^2}\xrightarrow{d}\chi_1^2,\quad n\longrightarrow\infty.$$

又知 $I(\sigma_0)=2/\sigma_0^2$, 故

$$\sqrt{n}(\widehat{\sigma}-\sigma_0)\xrightarrow{d}N(0,I^{-1}(\sigma_0))=N\left(0,\frac{\sigma_0^2}{2}\right),$$

从而,

$$\frac{2n(\widehat{\sigma}-\sigma_0)^2}{\widehat{\sigma}^2}\xrightarrow{d}\chi_1^2,\quad n\longrightarrow\infty.$$

由于 $\overline{X}$ 与 $\widehat{\sigma}$ 相互独立, 即知 $W_n\xrightarrow{d}\chi_2^2$.

现考虑复合原假设的检验. 设 $X_1, \cdots, X_n$ 为来自总体概率密度为 $f(x;\gamma)$ 的样本, 其中 $\boldsymbol{\gamma}=(\boldsymbol{\theta}^{\mathrm{T}},\boldsymbol{\beta}^{\mathrm{T}})^{\mathrm{T}}$, $\boldsymbol{\theta}\in\Theta$, $\boldsymbol{\beta}\in\Pi$, Θ, Π 分别为 k 维, q 维参数空间. $\boldsymbol{\beta}$ 为不确定 (讨厌) 参数. 现欲做复合原假设的检验, 即

$$H_0:\boldsymbol{\theta}=\boldsymbol{\theta}_0;\quad H_1:\boldsymbol{\theta}\neq\boldsymbol{\theta}_0. \tag{8.1.3}$$

其对数似然函数为

$$l(\boldsymbol{\gamma};X)=\sum_{i=1}^{n}\ln f(X_i;\boldsymbol{\gamma}).$$

相应地, 有

$$\widehat{L}_n=2[l(\widehat{\boldsymbol{\gamma}};X)-l(\widehat{\boldsymbol{\gamma}}_0;X)],$$

其中 $\widehat{\boldsymbol{\gamma}}=\left(\widehat{\boldsymbol{\theta}}^{\mathrm{T}},\widehat{\boldsymbol{\beta}}^{\mathrm{T}}\right)^{\mathrm{T}}$ 为 $\boldsymbol{\gamma}$ 的极大似然估计, $\widehat{\boldsymbol{\gamma}}_0^{\mathrm{T}}=\left(\boldsymbol{\theta}_0^{\mathrm{T}},\widehat{\boldsymbol{\beta}}_0^{\mathrm{T}}\right)^{\mathrm{T}}$ 为在原假设 H_0 下 $\boldsymbol{\gamma}$ 的极大似然估计. Score 向量 $\boldsymbol{U}$ 及信息阵 $I(\boldsymbol{\gamma})$ 为

$$\boldsymbol{U}=(\partial l(\boldsymbol{\gamma};X)/\partial\gamma_i),\quad I(\boldsymbol{\gamma})=-E_{\boldsymbol{\gamma}}[(\partial^2 l(\boldsymbol{\gamma};X)/\partial\gamma_i\partial\gamma_j)].$$

将 $\boldsymbol{U}=\boldsymbol{U}(\boldsymbol{\gamma})$ 及 $I(\boldsymbol{\gamma})$ 分块, 可得

$$\boldsymbol{U}(\boldsymbol{\gamma})=\begin{pmatrix}\boldsymbol{U}_{\boldsymbol{\theta}}(\boldsymbol{\gamma})\\ \boldsymbol{U}_{\boldsymbol{\beta}}(\boldsymbol{\gamma})\end{pmatrix},\quad I(\boldsymbol{\gamma})=\begin{pmatrix}I_{\boldsymbol{\theta\theta}} & I_{\boldsymbol{\theta\beta}}\\ I_{\boldsymbol{\beta\theta}} & I_{\boldsymbol{\beta\beta}}\end{pmatrix}.$$

定义

$$\Sigma(\boldsymbol{\gamma})=I_{\boldsymbol{\theta\theta}}(\boldsymbol{\gamma})-I_{\boldsymbol{\theta\beta}}(\boldsymbol{\gamma})I_{\boldsymbol{\beta\beta}}^{-1}(\boldsymbol{\gamma})I_{\boldsymbol{\beta\theta}}(\boldsymbol{\gamma}).$$

广义 Wald 统计量与 Score 统计量定义为

$$\widehat{W}_n=(\widehat{\boldsymbol{\theta}}-\boldsymbol{\theta}_0)^{\mathrm{T}}\Sigma(\widehat{\boldsymbol{\gamma}})(\widehat{\boldsymbol{\theta}}-\boldsymbol{\theta}_0),\quad \ddot{R}_n=(\boldsymbol{U}_{\boldsymbol{\theta}}(\widehat{\boldsymbol{\gamma}}_0))^{\mathrm{T}}\Sigma(\widehat{\boldsymbol{\gamma}}_0)^{-1}(\boldsymbol{U}_{\boldsymbol{\theta}}(\widehat{\boldsymbol{\gamma}}_0)).$$

8.1.2 $U(0,1)$ 的光滑检验

对于连续型概率分布, 光滑检验可以克服 Pearson χ^2 拟合优度检验区间分组的不确定性. 所谓 “光滑” 是指构造的备择概率分布族 “光滑” 地偏离原假设分布 (可以趋向而又不同于原假设分布), 以使光滑检验具有较高的检验功效. 对于光滑检验, 若原假设被拒绝, 则可以备择概率分布族作为分布模型. 设 $F(x)$ 为一连续的分布函数, 若一维随机变量 $X\sim F(x)$, 则有 $Y=F(X)\sim U(0,1)$. 故当原假设分布 F_0 完全已知时, 对 F_0 的拟合优度检验可以转化为转换样本服从 $U(0,1)$ 的拟合优度检验.

设 $Y_1,\cdots,Y_n$ 为来自总体 Y 的样本, 现欲基于样本做总体服从 $U(0,1)$ 的拟合优度检验. Neyman 光滑检验基本假设思想如下:

$$H_0: f(y)=1,\ y\in(0,1);\quad H_1: f(\cdot)\in\mathscr{P}(k,\Theta), \tag{8.1.4}$$

其中 k 为给定的正整数, 参数 $\boldsymbol{\eta}=(\eta_1,\cdots,\eta_k)^{\mathrm{T}}\in\Theta$. $C(\boldsymbol{\eta})$ 为规范化常数, 使得备择 (对立) 概率密度在 $(0,1)$ 上的积分为 1. $\mathscr{P}(k,\Theta)$ 为备择概率分布族, 即

$$\mathscr{P}(k,\Theta)=\left\{g_k(y,\boldsymbol{\eta})=C(\boldsymbol{\eta})\exp\left[\sum_{i=1}^{k}\eta_i h_i(y)\right],\ y\in(0,1),\ \boldsymbol{\eta}\in\Theta,\right\},\qquad(8.1.5)$$

其中 $\{h_i\}$ 为区间 $(0,1)$ 上的正交多项式, 满足

$$\int_0^1 h_s(y)h_t(y)\mathrm{d}y=\delta_{st},\qquad(8.1.6)$$

$$\delta_{st}=0,\quad s\neq t,\quad \delta_{st}=1,\quad s=t,\quad s,t=0,1,2,\cdots.$$

称 $g_k(y,\boldsymbol{\eta})$ 为 k 阶备择 (对立) 概率密度.

$h_i(y)$ 可以取为 Legendre 多项式, 前 5 个为

$$\begin{aligned}&h_0(y)=1,\quad h_1(y)=\sqrt{3}(2y-1),\\&h_2(y)=\sqrt{5}(6y^2-6y+1),\\&h_3(y)=\sqrt{7}(20y^3-30y^2+12y-1),\\&h_4(y)=3(70y^4-140y^3+90y^2-20y+1).\end{aligned}\qquad(8.1.7)$$

对于一元分布的拟合优度检验, 可以选取对立概率密度的阶 $k\leqslant 4$.

当 $\boldsymbol{\eta}$ 为零向量, 即 $\boldsymbol{\eta}=\mathbf{0}$ 时, 式 (8.1.4) 中的原假设 H_0 成立. 故对 $U(0,1)$ 的拟合优度检验可以转化为对参数 $\boldsymbol{\eta}$ 的假设检验, 即

$$H_0:\boldsymbol{\eta}=\mathbf{0};\quad H_1:\boldsymbol{\eta}\neq\mathbf{0}.\qquad(8.1.8)$$

为方便计, 选取 $h_0=1, y\in(0,1)$, 使得

$$\int_0^1 h_s(y)\cdot 1\mathrm{d}y=\delta_{s0}=0,\quad s=1,2,\cdots.$$

以 $E_0[\ ],\mathrm{Cov}_0(,)$ 记原假设下的期望与协方差. 以 $E_k[\ ],\mathrm{Cov}_k(,)$ 记对立概率密度 $g_k(y,\boldsymbol{\eta})$ 下的期望与协方差.

设 $Y_1,\cdots,Y_n$ 为来自总体 Y 的样本, $Y\sim g_k(y,\boldsymbol{\eta})$. 其似然函数为

$$\prod_{j=1}^{n}\left\{C(\boldsymbol{\eta})\exp\left[\sum_{i=1}^{k}\eta_i h_i(Y_j)\right]\right\}=C^n(\boldsymbol{\eta})\exp\left[\sum_{i=1}^{k}\sum_{j=1}^{n}\eta_i h_i(Y_j)\right],\qquad(8.1.9)$$

其对数似然函数为

$$l=n\ln C(\boldsymbol{\eta})+\sum_{i=1}^{k}\sum_{j=1}^{n}\eta_i h_i(Y_j).\qquad(8.1.10)$$

定理 8.1.1 $\ln C(\boldsymbol{\eta})$ 的偏导数满足

$$-\frac{\partial \ln C(\boldsymbol{\eta})}{\partial \eta_i}=E_k[h_i(Y)]$$

且有

$$-\frac{\partial^2 \ln C(\boldsymbol{\eta})}{\partial \eta_i \partial \eta_j}=\mathrm{Cov}_k(h_i(Y),h_j(Y)),\quad i,j=1,\cdots,k. \tag{8.1.11}$$

证明 $\{g_k(y,\boldsymbol{\eta})\}$ 为指数分布族, 概率密度 $g_k(y,\boldsymbol{\eta})$ 在 $(0,1)$ 上的积分为 1, 即

$$1=\int_0^1 g_k(y,\boldsymbol{\eta})\mathrm{d}y.$$

上式两边关于 η_i 求偏导, 可得

$$\begin{aligned}0&=\int_0^1\left\{\frac{\partial C(\boldsymbol{\eta})}{\partial \eta_i}\exp\left[\sum_{i=1}^k \eta_i h_i(y)\right]+h_i(y)C(\boldsymbol{\eta})\exp\left[\sum_{i=1}^k \eta_i h_i(y)\right]\right\}\mathrm{d}y\\&=\int_0^1\left\{\frac{\partial \ln C(\boldsymbol{\eta})}{\partial \eta_i}+h_i(y)\right\}g_k(y,\boldsymbol{\eta})\mathrm{d}y\\&=\frac{\partial \ln C(\boldsymbol{\eta})}{\partial \eta_i}+E_k[h_i(Y)],\end{aligned}$$

故知第一式成立. 再对 η_j 求偏导, 可得

$$\begin{aligned}0&=\frac{\partial^2 \ln C(\boldsymbol{\eta})}{\partial \eta_i \partial \eta_j}+\int_0^1 h_i(y)\frac{\partial g_k(y,\boldsymbol{\eta})}{\partial \eta_j}\mathrm{d}y\\&=\frac{\partial^2 \ln C(\boldsymbol{\eta})}{\partial \eta_i \partial \eta_j}+\int_0^1 h_i(y)\left\{\frac{\partial \ln C(\boldsymbol{\eta})}{\partial \eta_j}+h_j(y)\right\}g_k(y,\boldsymbol{\eta})\mathrm{d}y\\&=\frac{\partial^2 \ln C(\boldsymbol{\eta})}{\partial \eta_i \partial \eta_j}+E_k[h_i(Y)\{h_j(Y)-E_k[h_j(Y)]\}].\end{aligned}$$

由此可知第二式成立.

定理 8.1.2 设 $Y_1,\cdots,Y_n$ 为来自 $g_k(y,\boldsymbol{\eta})$ 的样本, 则

(1) 简单原假设 H_0(即式 (8.1.4)) 的 Score 检验统计量为

$$S_k=\sum_{i=1}^k Z_i^2,\quad 其中\ Z_i=\sum_{j=1}^n\frac{h_i(Y_j)}{\sqrt{n}}. \tag{8.1.12}$$

(2) 在 H_0 下, S_k 渐近分布是自由度为 k 的 χ^2 分布.

证明 (1) 对数似然函数 l 关于 η_i 求偏导, 可得

$$\frac{\partial l}{\partial \eta_i}=n\frac{\partial \ln C(\boldsymbol{\eta})}{\partial \eta_i}+\sum_{j=1}^n h_i(Y_j),$$

再关于 η_j 求偏导, 可得

$$\frac{\partial^2 l}{\partial\eta_i\partial\eta_j}=n\frac{\partial^2\ln C(\boldsymbol{\eta})}{\partial\eta_i\partial\eta_j}.$$

当原假设成立时, 由定理 8.1.1 及 $E_0[h_t(Y)]=0,\ t=1,2,\cdots,k$, 可知

$$\frac{\partial l}{\partial\eta_i}=\sum_{j=1}^n h_i(Y_j).$$

Score 向量 $\boldsymbol{U}$ 为

$$\boldsymbol{U}=\left(\sum_{j=1}^n h_1(Y_j),\cdots,\sum_{j=1}^n h_k(Y_j)\right)^{\mathrm{T}},$$

当 $\boldsymbol{\eta}=\mathbf{0}$ 时, 信息阵 $I(\mathbf{0})$ 为

$$-E_0\left[\left(\frac{\partial^2 l}{\partial\eta_i\partial\eta_j}\right)\right]=n(\mathrm{Cov}_0(h_i(Y),h_j(Y)))=nI_k,$$

其中 I_k 为 k 阶单位阵. 故式 (8.1.12) 成立.

(2) 记

$$H(Y)=(h_1(Y),\cdots,h_k(Y))^{\mathrm{T}},$$

则知

$$E_0(H(Y))=0,\quad \mathrm{Cov}_0(H(Y))=I_k.$$

由多元中心极限定理, 可知

$$\frac{1}{\sqrt{n}}\sum_{i=1}^n H(Y_i)\xrightarrow{d}N_k(\mathbf{0},I_k),\quad n\to\infty.$$

故知 S_k 渐近收敛到自由度为 k 的 χ^2 分布随机变量 χ^2_k, 且知 $Z_i,\ i=1,\cdots,k$ 是渐近独立的.

推论 8.1.1 设 $Y_1,\cdots,Y_n$ 为来自 $g_{[i]}(y,\boldsymbol{\eta})$ 的样本, 其中

$$g_{[i]}(y,\boldsymbol{\eta})=C(\eta_i)\exp[\eta_i h_i(y)],\quad y\in(0,1),\quad i=1,\cdots,k,$$

则假设检验 $H_0:\eta_i=0;H_1:\eta_i\neq 0$ 的 Score 检验统计量为

$$S_{[i]}=Z_i^2,\quad 其中\ Z_i=\sum_{j=1}^n\frac{h_i(Y_j)}{\sqrt{n}}. \tag{8.1.13}$$

由此可知, $Z_i^2\xrightarrow{d}\chi^2_1$. 因为 $Z_i,\ i=1,\cdots,k$ 是渐近独立的, 故 Z_i^2 可用于探测分量参数 $\eta_i,i=1,\cdots,k$. 模拟表明, 在实际检验中, $k\leqslant 6$ 已具有较高的检验功效.

定理 8.1.3 设有局部对立假设序列

$$H_0:\boldsymbol{\eta}=\mathbf{0};\quad H_{1n}:\boldsymbol{\eta}=\mathbf{0}+\frac{\boldsymbol{\delta}}{\sqrt{n}}.\tag{8.1.14}$$

若假设序列 H_{1n} 成立, 则 S_k 的渐近分布是自由度为 k, 非中心参数为 γ 的 χ^2 分布 $\chi_k^2(\gamma)$, 其中 S_k 由式 (8.1.12) 定义, $\boldsymbol{\delta}=(\delta_1,\cdots,\delta_k)$, $\gamma=\boldsymbol{\delta}^{\mathrm{T}}\boldsymbol{\delta}$.

证明 由泰勒展开及多元中心极限定理可知结论成立.

由定理 8.1.3 可知, 基于 Score 检验统计量 S_k 的 $U(0,1)$ 光滑检验具有相合性.

下面给出光滑检验有效阶的定义. 设 $k=1,\cdots,m$. 称某一对立分布具有 S_k 检验有效阶 k^*, 若对于显著性水平 α, 当 $k=k^*$ 时, S_k 具有最高的检验功效.

8.1.3 概率密度复合原假设下的光滑检验

设 $Y_1,\cdots,Y_n$ 为来自总体概率密度为 $f(y;\boldsymbol{\beta})$ 的样本, 其中 $\boldsymbol{\beta}=(\beta_1,\cdots,\beta_q)^{\mathrm{T}}$ 是多余 (讨厌) 参数. Neyman k 阶对立概率密度定义为

$$g_k(y,\boldsymbol{\eta},\boldsymbol{\beta})=C(\boldsymbol{\eta},\boldsymbol{\beta})\exp\left[\sum_{i=1}^{k}\eta_i h_i(y,\boldsymbol{\beta})\right]f(y;\boldsymbol{\beta}),\quad y\in\mathbf{R},\quad \boldsymbol{\eta}\in\Theta,\quad \boldsymbol{\beta}\in\Xi,\tag{8.1.15}$$

其中 $C(\boldsymbol{\eta},\boldsymbol{\beta})$ 为规范化常数, 使得对立概率密度在 $\mathbf{R}$ 上的积分为 1. $\{h_i(y,\boldsymbol{\beta})\}$ 是关于 $f(y;\boldsymbol{\beta})$ 的正交函数系, $h_0(y,\boldsymbol{\beta})\equiv 1$ 且满足

$$\int_{\mathbf{R}}h_s(y,\boldsymbol{\beta})h_t(y,\boldsymbol{\beta})f(y;\boldsymbol{\beta})\mathrm{d}y=\delta_{st},\quad \boldsymbol{\beta}\in\Xi;\tag{8.1.16}$$

$$\delta_{st}=0,\quad s\neq t,\quad \delta_{st}=1,\quad s=t,\quad s,t=0,1,2\cdots.$$

对 $f(y;\boldsymbol{\beta})$ 的拟合优度检验, 等价于假设检验

$$H_0:\boldsymbol{\eta}=\mathbf{0};\quad H_1:\boldsymbol{\eta}\neq\mathbf{0}.\tag{8.1.17}$$

以 $E_0[\,],\mathrm{Cov}_0(,)$ 记原假设下的期望与协方差. 以 $E_k[\,],\mathrm{Cov}_k(,)$ 记对立概率密度 $g_k(y,\boldsymbol{\eta},\boldsymbol{\beta})$ 下的期望与协方差. 易知

$$E_0[h_s(y,\boldsymbol{\beta})]=\delta_{s0}=0,\quad s=1,2,\cdots,$$

$$E_0[h_s(y,\boldsymbol{\beta})h_t(y,\boldsymbol{\beta})]=\delta_{st},\quad s,t=0,1,2,\cdots.$$

设 $Y_1,\cdots,Y_n$ 为来自总体 Y 的样本, $Y\sim g_k(y,\boldsymbol{\eta},\boldsymbol{\beta})$. 其似然函数为

$$\begin{aligned}&\prod_{j=1}^{n}\left\{C(\boldsymbol{\eta},\boldsymbol{\beta})\exp\left[\sum_{i=1}^{k}\eta_i h_i(Y_j,\boldsymbol{\beta})\right]\right\}f(Y_j;\boldsymbol{\beta})\\&=C^n(\boldsymbol{\eta},\boldsymbol{\beta})\exp\left[\sum_{i=1}^{k}\sum_{j=1}^{n}\eta_i h_i(Y_j,\boldsymbol{\beta})\right]\prod_{j=1}^{n}f(Y_j;\boldsymbol{\beta}).\end{aligned}\tag{8.1.18}$$

其对数似然函数为

$$l = n\ln C(\boldsymbol{\eta},\boldsymbol{\beta}) + \sum_{i=1}^{k}\sum_{j=1}^{n}\eta_i h_i(Y_j,\boldsymbol{\beta}) + \sum_{j=1}^{n}\ln f(Y_j;\boldsymbol{\beta}). \tag{8.1.19}$$

定理 8.1.4 $\ln C(\boldsymbol{\eta},\boldsymbol{\beta})$ 关于 η_i,β_t 的偏导数满足

$$-\frac{\partial \ln C(\boldsymbol{\eta},\boldsymbol{\beta})}{\partial \eta_i} = E_k[h_i(Y,\boldsymbol{\beta})], \quad i=1,\cdots,k. \tag{8.1.20}$$

$$-\frac{\partial \ln C(\boldsymbol{\eta},\boldsymbol{\beta})}{\partial \beta_t} = \sum_{i=1}^{k}\eta_i E_k\left[\frac{\partial h_i(Y,\boldsymbol{\beta})}{\partial \beta_t}\right] + E_k\left[\frac{\partial \ln f(Y,\boldsymbol{\beta})}{\partial \beta_t}\right], \quad t=1,\cdots,q. \tag{8.1.21}$$

证明 将等式

$$\int_{\mathbf{R}} g_k(y,\boldsymbol{\eta},\boldsymbol{\beta})\mathrm{d}y = 1$$

两边分别关于 η_i,β_t 微分, 可得式 (8.1.20), 式 (8.3.7).

现将对数似然函数 l 关于 η_i,β_t 微分, 则有

$$\frac{\partial l}{\partial \eta_i} = \sum_{j=1}^{n} h_i(Y_j,\boldsymbol{\beta}) + n\frac{\partial \ln C(\boldsymbol{\eta},\boldsymbol{\beta})}{\partial \eta_i} = \sum_{j=1}^{n}(h_i(Y_j,\boldsymbol{\beta}) - E_k[h_i(Y,\boldsymbol{\beta})]), \tag{8.1.22}$$

$$\begin{aligned}\frac{\partial l}{\partial \beta_t} =& \sum_{i=1}^{k}\sum_{j=1}^{n}\eta_i\frac{\partial h_i(Y_j,\boldsymbol{\beta})}{\partial \beta_t} + \sum_{j=1}^{n}\frac{\partial \ln f(Y_j,\boldsymbol{\beta}))}{\partial \beta_t} + n\frac{\partial \ln C(\boldsymbol{\eta},\boldsymbol{\beta})}{\partial \beta_t}\\ =& \sum_{j=1}^{n}\left\{\frac{\partial \ln f(Y_j,\boldsymbol{\beta})}{\partial \beta_t} - E_k\left[\frac{\partial \ln f(Y,\boldsymbol{\beta})}{\partial \beta_t}\right]\right\}\\ &+ \sum_{i=1}^{k}\sum_{j=1}^{n}\eta_i\left\{\frac{\partial h_i(Y_j,\boldsymbol{\beta})}{\partial \beta_t} - E_k\left[\frac{\partial h_i(Y,\boldsymbol{\beta})}{\partial \beta_t}\right]\right\}.\end{aligned} \tag{8.1.23}$$

定理 8.1.5 设函数 $D = D(Y;\boldsymbol{\beta})$ 且相应运算的量存在, 则

$$\frac{\partial E_k[D]}{\partial \eta_i} = \mathrm{Cov}(D, h_i(Y,\boldsymbol{\beta})),$$

$$\frac{\partial E_k[D]}{\partial \beta_t} = E_k\left[\frac{\partial D}{\partial \beta_t}\right] + \sum_{i=1}^{k}\eta_i \mathrm{Cov}_k\left(D, \frac{\partial h_i(Y,\boldsymbol{\beta})}{\partial \beta_t}\right) + \mathrm{Cov}_k\left(D, \frac{\partial \ln f(Y,\boldsymbol{\beta})}{\partial \beta_t}\right).$$

证明 因为

$$\begin{aligned}\frac{\partial E_k[D]}{\partial \eta_i} =& \frac{1}{C}\frac{\partial C}{\partial \eta_i}E_k(D) + E_k(Dh_i)\\ =& -E_k(h_i)E_k(D) + E_k(Dh_i),\end{aligned}$$

由式 (8.1.20) 知第一结论成立.

$$
\begin{aligned}
\frac{\partial E_k[D]}{\partial \beta_t} &= E_k\left[\frac{\partial D}{\partial \beta_t}\right] + \frac{1}{C}\frac{\partial C}{\partial \beta_t}E_k(D) \\
&\quad + E_k\left[D\sum_{i=1}^{k}\eta_i\frac{\partial h_i}{\partial \beta_t}\right] + E_k\left[\frac{\partial \ln f}{\partial \beta_t}D\right] \\
&= E_k\left[\frac{\partial D}{\partial \beta_t}\right] + E_k\left[D\sum_{i=1}^{k}\eta_i\frac{\partial h_i}{\partial \beta_t}\right] + E_k\left[D\frac{\partial \ln f}{\partial \beta_t}\right] \\
&\quad - E_k[D]\left\{\sum_{i=1}^{k}\eta_i E_k\left[\frac{\partial h_i}{\partial \beta_t}\right] + E_k\left[\frac{\partial \ln f}{\partial \beta_t}\right]\right\},
\end{aligned}
$$

其中后一等式由式 (8.3.7) 得到. 由随机变量协方差定义知第二结论成立.

应用式 (8.3.8) 及定理 8.1.5, 可得对数似然函数的二阶偏导

$$
\begin{aligned}
\frac{\partial^2 l}{\partial \eta_r \partial \eta_s} &= n\frac{\partial^2 \ln C}{\partial \eta_r \partial \eta_s} = -n\mathrm{Cov}_k(h_r, h_s), \\
\frac{\partial^2 l}{\partial \eta_r \partial \beta_s} &= -n\mathrm{Cov}_k\left\{h_r, \frac{\partial \ln f}{\partial \beta_s}\right\} + \sum_{j=1}^{n}\left\{\frac{\partial h_r(Y_j,\boldsymbol{\beta})}{\partial \beta_s} - E_k\left[\frac{\partial h_r(Y,\boldsymbol{\beta})}{\partial \beta_s}\right]\right\} \\
&\quad - n\sum_{i=1}^{k}\eta_i \mathrm{Cov}_k\left(h_r, \frac{\partial h_i(Y,\boldsymbol{\beta})}{\partial \beta_s}\right),
\end{aligned}
$$

且有

$$
\begin{aligned}
\frac{\partial^2 l}{\partial \beta_s \partial \beta_t} &= \sum_{j=1}^{n}\frac{\partial^2 \ln f(Y_j,\boldsymbol{\beta})}{\partial \beta_s \partial \beta_t} - n\mathrm{Cov}_k\left(\frac{\partial \ln f}{\partial \beta_s}, \frac{\partial \ln f}{\partial \beta_t}\right) - nE_k\left[\frac{\partial^2 \ln f}{\partial \beta_s \partial \beta_t}\right] \\
&\quad - n\sum_{i=1}^{k}\eta_i \mathrm{Cov}_k\left(\frac{\partial \ln f(Y,\beta)}{\partial \beta_s}, \frac{\partial h_i(Y,\beta)}{\partial \beta_t}\right) \\
&\quad + \sum_{i=1}^{k}\sum_{j=1}^{n}\eta_i\frac{\partial}{\partial \beta_t}\left\{\frac{\partial h_i(Y_j,\boldsymbol{\beta})}{\partial \beta_s} - E_k\left[\frac{\partial h_i(Y,\boldsymbol{\beta})}{\partial \beta_s}\right]\right\}.
\end{aligned}
$$

由此可得

$$
-E_k\left[\frac{\partial^2 l}{\partial \eta_r \partial \eta_s}\right]\bigg|_{\boldsymbol{\eta}=\mathbf{0}} = n\delta_{rs} = (I_{\boldsymbol{\eta}\boldsymbol{\eta}})_{rs}.
$$

由正交性可得

$$
-E_k\left[\frac{\partial^2 l}{\partial \eta_r \partial \beta_s}\right]\bigg|_{\boldsymbol{\eta}=\mathbf{0}} = n\mathrm{Cov}_0\left(h_r, \frac{\partial \ln f}{\partial \beta_s}\right) = (I_{\boldsymbol{\eta}\boldsymbol{\beta}})_{rs},
$$

且有

$$
-E_k\left[\frac{\partial^2 l}{\partial \beta_r \partial \beta_s}\right]\bigg|_{\boldsymbol{\eta}=\mathbf{0}} = n\mathrm{Cov}_0\left(\frac{\partial \ln f}{\partial \beta_r}, \frac{\partial \ln f}{\partial \beta_s}\right) = (I_{\boldsymbol{\beta}\boldsymbol{\beta}})_{rs}.
$$

记

$$H(Y,\boldsymbol{\beta})=(h_1(Y,\boldsymbol{\beta}),\cdots,h_k(Y,\boldsymbol{\beta}))^{\mathrm{T}}.$$

Score 统计量具有形式 $R_n(\boldsymbol{\beta})=U_{\boldsymbol{\eta}}^{\mathrm{T}}\Sigma^{-1}U_{\boldsymbol{\eta}}$, 其中

$$U_{\boldsymbol{\eta}}=(h_i(Y_1,\boldsymbol{\beta})+\cdots+h_i(Y_n,\boldsymbol{\beta})),$$

这里, Σ 为渐近协差阵, 即

$$\Sigma=I_{\boldsymbol{\eta}\boldsymbol{\eta}}-I_{\boldsymbol{\eta}\boldsymbol{\beta}}I_{\boldsymbol{\beta}\boldsymbol{\beta}}^{-1}I_{\boldsymbol{\beta}\boldsymbol{\eta}}=nM,$$

其中

$$\begin{aligned}M=&I_k-\mathrm{Cov}_0\left(H(Y,\boldsymbol{\beta}),\frac{\partial\ln f}{\partial\boldsymbol{\beta}}\right)\\&\cdot\left\{\mathrm{Cov}_0\Big(\frac{\partial\ln f}{\partial\boldsymbol{\beta}},\frac{\partial\ln f}{\partial\boldsymbol{\beta}}\Big)\right\}^{-1}\mathrm{Cov}_0\left(\frac{\partial\ln f}{\partial\boldsymbol{\beta}},H(Y,\boldsymbol{\beta})\right).\end{aligned}$$

Score 统计量的可用形式为 $R_n(\hat{\boldsymbol{\beta}})$, 其中 $\hat{\boldsymbol{\beta}}$ 为 $\boldsymbol{\beta}$ 的极大似然估计. 以 $\hat{\boldsymbol{\beta}}$ 替代 M 中的 $\boldsymbol{\beta}$, 相应矩阵记为 $\widehat{M}$. 有下述定理.

定理 8.1.6　设 $g_k(y,\boldsymbol{\eta},\boldsymbol{\beta})$ 由式 (8.1.15) 定义且 $\widehat{M}$ 非奇异, 则原假设 $H_0:\boldsymbol{\eta}=\mathbf{0}$ 对应的 Score 检验统计量为

$$R_n(\hat{\boldsymbol{\beta}})=\left(\sum_{j=1}^{n}H(Y_j,\widehat{\boldsymbol{\beta}})\Big/\sqrt{n}\right)^{\mathrm{T}}\widehat{M}^{-1}\left(\sum_{j=1}^{n}H(Y_j,\widehat{\boldsymbol{\beta}})\Big/\sqrt{n}\right).$$

为避免 $\widehat{M}$ 奇异, 可定义 $\boldsymbol{\eta}=B\boldsymbol{\varphi}$, 其中 $B=(b_{ij}(\boldsymbol{\beta}))$ 为 $k\times p$ 矩阵. 选择 $\widehat{B}=(b_{ij}(\widehat{\boldsymbol{\beta}}))$, 使得 $\widehat{B}^{\mathrm{T}}\widehat{M}\widehat{B}$ 非奇异. 重复定理 8.1.6 的证明过程, 可得下述定理.

定理 8.1.7　设 $g_k(y,\boldsymbol{\eta},\boldsymbol{\beta})$ 由式 (8.1.15) 定义且 $\widehat{B}^{\mathrm{T}}\widehat{M}\widehat{B}$ 非奇异, 则原假设 $H_0:\boldsymbol{\varphi}=\mathbf{0}$ 对应的 Score 检验统计量为

$$R_n(\hat{\boldsymbol{\beta}})=\left(\sum_{j=1}^{n}H(Y_j,\widehat{\boldsymbol{\beta}})\Big/\sqrt{n}\right)^{\mathrm{T}}\widehat{B}(\widehat{B}^{\mathrm{T}}\widehat{M}\widehat{B})^{-1}\widehat{B}^{\mathrm{T}}\left(\sum_{j=1}^{n}H(Y_j,\widehat{\boldsymbol{\beta}})\Big/\sqrt{n}\right).$$

8.2　EDF 型检验

EDF 型检验是基于经验分布函数 (empirical distribution function, EDF) 构造的检验统计量, 它不涉及光滑检验中以待检验概率密度为权的正交函数系的选取. 故在一元分布的拟合优度检验中, EDF 型检验易于实施且具有较高的检验功效. 基于特征的多元分布的拟合优度检验, 可以转换为基于 EDF 型检验统计量的一元分布的拟合优度检验.

8.2.1 EDF 型检验统计量

设 $X_1, \cdots, X_n$ 为来自总体 F 的样本, 欲检验

$$H_0: F = F_0; \quad H_1: F \neq F_0.$$

基于分布函数 F_0 与其经验分布函数 F_n 之间的差异, 得到各种类型的 EDF 型检验. 主要包括下述检验:

(1) Kolmogorov-Smirnov(KS) 检验

$$\mathrm{KS} = \sup_{x \in \mathbf{R}} |F_n(x) - F_0(x)|;$$

(2) Cramér-von Mises(CV) 检验

$$\mathrm{CV} = n \int_{-\infty}^{\infty} (F_n(x) - F_0(x))^2 \mathrm{d}F_0(x);$$

(3) Anderson-Darling(AD) 检验

$$\mathrm{AD} = n \int_{-\infty}^{\infty} \frac{(F_n(x) - F_0(x))^2}{F_0(x)(1 - F_0(x))} \mathrm{d}F_0(x);$$

检验统计量 KS, CV 和 AD 等的的计算公式见表 8.2.1.

表 8.2.1 EDF 型检验统计量计算公式

KS	$D^+ = \max\limits_i \{i/n - t_{(i)}\}, D^- = \max\limits_i \{t_{(i)} - (i-1)/n\}$ $D_n = \max\{D^+, D^-\}$
CV	$W_n^2 = \frac{1}{12n} + \sum\limits_{i=1}^{n} \left(t_{(i)} - \frac{i-1/2}{n}\right)^2$
AD	$A_n^2 = -n - \frac{1}{n} \sum\limits_{i=1}^{n} [(2i-1) \ln t_{(i)} + (2n+1-2i) \ln(1 - t_{(i)})]$ A_n^2的另一计算公式为 $A_n^2 = -n - \frac{1}{n} \sum\limits_{i=1}^{n} (2i-1)[\ln t_{(i)} + \ln(1 - t_{(n+1-i)})]$
W	$\mathrm{W} = \mathrm{CV} - n \left[\frac{1}{n} \sum\limits_{i=1}^{n} F_0(X_i) - \frac{1}{2}\right]^2$

(4) Watson(W) 检验, 即修改的 CV 检验

$$\mathrm{W} = n \int_{-\infty}^{\infty} \left\{F_n(x) - F_0(x) - \int_{-\infty}^{\infty} (F_n(x) - F_0(x))^2 \mathrm{d}F_0(x)\right\}^2 \mathrm{d}F_0(x),$$

记 $t_i = F_0(X_i), i = 1, \cdots, n$. $t_{(i)}, i = 1, \cdots, n$ 为顺序统计量.

下面为 EDF 型检验统计量的计算公式.

假设 $F_0(x)$ 完全已知 (确定) 的, 我们有下述结论:

(1) EDF 型检验通常较 Pearson χ^2 检验有着更高的检验功效;

(2) CV 检验和 AD 检验通常较 KS 检验有着更高的检验功效;

(3) 当 $F(x)$ 在尾部偏离真实分布 $F_0(x)$ 时, AD 检验通常较 CV 检验有着更高的检验功效. 这是由于权重因子

$$\frac{1}{F_0(x)(1-F_0(x))} \to +\infty, \quad x \to \mp\infty;$$

(4) KS, CV 和 AD 检验侧重于检验对均值的偏离, W 检验侧重对方差的偏离更为敏感.

假设 $F_0(x) = F_0(x, \boldsymbol{\theta})$, 其中 $\boldsymbol{\theta}$ 为未知参数向量. 设 $\widehat{\boldsymbol{\theta}}$ 为 $\boldsymbol{\theta}$ 的估计 (如 MLE 估计). 将 $F_0(x, \widehat{\boldsymbol{\theta}})$ 替换表 8.2.1 中的 $F_0(x)$, 可以计算相应的 EDF 型检验统计量 KS, CV 和 AD. 对有限的样本容量 n, 可以通过随机模拟估计检验临界值. 模拟显示, 不同的 EDF 型检验的检验功效差异趋于偏小.

下面考虑正态分布与指数分布的 EDF 型检验. 首先介绍一些定义与定理.

定义 8.2.1 若连续型随机变量 X 具有概率密度

$$f_X(x) = \frac{1}{\sigma}\exp\left(-\frac{x-\mu}{\sigma}\right), \quad x > \mu, \quad \sigma > 0,$$

则称 X 服从参数为 $\theta = (\mu, \sigma)$ 的指数分布, 记为 $X \sim \text{Exp}(\mu, \sigma)$.

引理 8.2.1 设 $X_1, \cdots, X_n$ 为来自 $X \sim \text{Exp}(\mu, \sigma)$ 的样本. 记

$$\widehat{\sigma} = \frac{n}{n-1}(\overline{X} - X_{(1)}), \quad X_{(1)} = \min\{X_1, \cdots, X_n\},$$

$$\widehat{\mu} = X_{(1)} - \frac{\widehat{\sigma}}{n}, \quad \overline{X} = \frac{1}{n}\sum_{i=1}^{n} X_i.$$

则 $(\widehat{\mu}, \widehat{\sigma})$ 为 (μ, σ) 的无偏, 相合估计.

证明 X_1 的概率密度为

$$f_1(x) = n f_X(x) \cdot [1 - F_X(x)]^{n-1}, \quad F_X(x) = 1 - \exp[-(x-\mu)/\sigma],$$

其中 $F_X(x)$ 为总体 X 的分布函数. 因此

$$E(X_{(1)}) = n\int_{\mu}^{\infty} x\frac{1}{\sigma}\exp\left[-\frac{x-\mu}{\sigma}\cdot n\right]\mathrm{d}x = \mu + \frac{\sigma}{n},$$

$$E(\widehat{\sigma}) = \frac{n}{n-1}\left[(\mu+\sigma) - \left(\mu + \frac{\sigma}{n}\right)\right] = \sigma,$$

$$E(\widehat{\mu}) = \left(\mu + \frac{\sigma}{n}\right) - \frac{1}{n}\sigma = \mu.$$

又对任意 $\varepsilon > 0$,

$$P(|X_{(1)} - \mu| > \varepsilon) = \int_{x-\mu>\varepsilon} \frac{n}{\sigma} \exp\left(-\frac{x-\mu}{\sigma} n\right) \mathrm{d}x$$
$$= \exp\left(-\varepsilon \frac{n}{\sigma}\right) \to 0, \quad n \to \infty,$$

故

$$X_{(1)} \xrightarrow{P} \mu, \quad (\widehat{\mu}, \widehat{\sigma}) \xrightarrow{P} (\mu, \sigma), \quad n \to \infty.$$

定理 8.2.1 设 $X_1, \cdots, X_n$ 为来自 $X \sim N(\mu, \sigma^2)$ 的样本且 $F_0(\cdot)$ 为标准正态分布的分布函数. 设

$$\widehat{\mu} = \overline{X} = \frac{1}{n} \sum_{i=1}^{n} X_i, \quad \widehat{\sigma}^2 = \frac{1}{n} \sum_{i=1}^{n} (X_i - \overline{X})^2$$

分别为参数 μ, σ^2 的极大似然估计. 记

$$\widehat{\sigma} = \sqrt{\widehat{\sigma}^2}, \quad \widetilde{Y}_{(i)} = (X_{(i)} - \widehat{\mu})/\widehat{\sigma}, \quad \widetilde{t}_{(i)} = F_0(\widetilde{Y}_{(i)}), \quad i = 1, \cdots, n.$$

以 $\widetilde{t}_{(i)}$ 替代表 8.2.1 中 EDF 型检验统计量计算公式中的 $t_{(i)}$, 则基于 $\widetilde{t}_{(i)}$ 的相应 EDF 型检验统计量独立于未知参数 μ, σ(记此陈述为 $\varPsi_0$).

证明 设 $Z_i = (X_i - \mu)/\sigma$, $i = 1, \cdots, n$, 则

$$X_i = \mu + \sigma Z_i, \quad Z_i \sim N(0, 1), \quad i = 1, \cdots, n.$$

设 $Z_{(1)}, \cdots, Z_{(n)}$ 为 $Z_1, \cdots, Z_n$ 的顺序统计量且

$$Z = \frac{1}{n} \sum_{i=1}^{n} Z_i, \quad S_Z^2 = \frac{1}{n} \sum_{i=1}^{n} (Z_i - \overline{Z})^2, \quad S_Z = \sqrt{S_Z^2},$$

则

$$\widetilde{Y}_{(i)} = \frac{X_{(i)} - \widehat{\mu}}{\widehat{\sigma}} = \frac{Z_{(i)} - \overline{Z}}{S_Z}, \quad i = 1, \cdots, n.$$

故知结论成立.

定理 8.2.2 $X_1, \cdots, X_n$ 为来自 $\mathrm{Exp}(\mu, \sigma)$ 的样本且 $F_0(\cdot)$ 为 $\mathrm{Exp}(0, 1)$ 的分布函数. 设 $\widehat{\mu}, \widehat{\sigma}$ 由引理 8.2.1 定义. 记

$$\widetilde{Y}_{(i)} = (X_{(i)} - \widehat{\mu})/\widehat{\sigma}, \quad \widetilde{t}_{(i)} = F_0(\widetilde{Y}_{(i)}), \quad i = 1, \cdots, n.$$

以 $\widetilde{t}_{(i)}$ 替代表 8.2.1 中 EDF 型检验统计量计算公式中的 $t_{(i)}$, 则陈述 $\varPsi_0$ 成立.

证明 设 $Z_i = (X_i - \mu)/\sigma$, $i = 1, \cdots, n$, 则

$$X_i = \mu + \sigma Z_i, \quad Z_i \sim \mathrm{Exp}(0, 1), \quad i = 1, \cdots, n.$$

设 $Z_{(1)},\cdots,Z_{(n)}$ 为 $Z_1,\cdots,Z_n$ 的顺序统计量且 $\overline{Z}=(1/n)\sum_{i=1}^{n}Z_i$, 则有

$$\widehat{\mu}=\mu+\sigma Z_{(1)}-\frac{\sigma}{n-1}(\overline{Z}-Z_{(1)}),\quad \widehat{\sigma}=\frac{n\sigma}{n-1}(\overline{Z}-Z_{(1)}),$$

$$\widetilde{Y}_{(i)}=\frac{X_{(i)}-\widehat{\mu}}{\widehat{\sigma}}=\left(\frac{n-1}{n}\right)\left(\frac{Z_{(i)}-Z_{(1)}}{\overline{Z}-Z_{(1)}}\right)+\frac{1}{n}.$$

故知结论成立.

定理 8.2.3　$X_1,\cdots,X_n$ 为来自 $\mathrm{Exp}(0,\sigma)$ 的样本且 $F_0(\cdot)$ 为 $\mathrm{Exp}(0,1)$ 的分布函数. 设

$$\widetilde{Y}_{(i)}=\frac{X_{(i)}}{\widehat{\sigma}},\quad \widetilde{t}_{(i)}=F_0(\widetilde{Y}_{(i)}),\quad i=1,\cdots,n,$$

其中

$$\widehat{\sigma}=\overline{X}=\frac{1}{n}\sum_{i=1}^{n}X_i$$

为 σ 的极大似然估计. 以 $\widetilde{t}_{(i)}$ 替代表 8.2.1 中 EDF 型检验统计量计算公式中的 $t_{(i)}$, 则陈述 Ψ_0 成立.

证明　设 $Z_i=X_i/\sigma,\ i=1,\cdots,n$, 则

$$X_i=\sigma Z_i,\quad Z_i\sim \mathrm{Exp}(0,1),\quad i=1,\cdots,n.$$

故

$$\widetilde{Y}_{(i)}=\frac{X_{(i)}}{\widehat{\sigma}}=\frac{Z_{(i)}}{\overline{Z}},\quad \overline{Z}=\frac{1}{n}\sum_{i=1}^{n}Z_i.$$

因此, $\widetilde{t}_{(i)}=F_0(\widetilde{Y}_{(i)}),\ i=1,\cdots,n$ 与 σ 独立. 结论得证.

当概率分布中的参数已知时, 称之为情形 0; 当概率分布中含有未知参数时, 称之为情形 1. 对于情形 0 与情形 1, Su Y 等 (2014b) 进行了正态分布与指数分布的 EDF 型检验的功效模拟比较研究. 对立分布包括 t 分布, Beta 分布, 指数分布, 非标准正态分布, Laplace 分布及 Logistic 分布等.

设 $X_1,X_2,\cdots,X_n$ 为来自概率分布 $F(x,\theta)$ 的样本. 检验功效是正确拒绝错误原假设的概率. 样本容量 $n=10,50$, 对于给定的 n, 均生成 20000 组. 我们使用经验临界值, 显著性水平 $\alpha=0.05$. 由上述定理知, 对于情形 1, 改进的 EDF 型检验统计量不依赖于分布中的未知参数. 故对于情形 0 与情形 1, 临界值均由来自 $N(0,1)$ 或 Exp(0,1) 的 20000 组样本容量为 n 的 Monte Carlo 模拟生成.

表 8.2.2 显示, 当对立分布 (例如, t 分布, 正态分布 $N(\mu,\sigma^2)$, Laplace 及 Logistic 分布) 与原假设 $N(0,1)$ 分布形状相似时, AD 检验有着最高的检验功效. 当对立分布为 Beta 分布与指数分布时, KS 检验有着更高的检验功效. 表 8.2.3 显示, 对

于多数不同的对立分布, AD 检验有着更高的检验功效. 当对立分布为 Be(1,3) 与 Exp(0,2) 时, CV 检验有着最高的检验功效. 当对立分布为 Exp(0,1) 时, AD, CV, W 及 KS 的检验功效均为 0.05 左右, 这与显著性水平 $\alpha = 0.05$ 相一致.

表 8.2.2 EDF 检验的功效模拟 ($H_0 : F = N(0,1),\ n = 10$)

对立分布	AD	CV	W	KS
$T(1)$	0.8075	0.1385	0.2345	0.1315
$T(2)$	0.4460	0.0840	0.1020	0.0780
$T(3)$	0.2645	0.0745	0.0750	0.0740
Be(0.5,0.5)	0.8340	0.9940	1	1
Be(1,3)	0.9805	1	1	1
Exp(0,2)	0.8270	0.9980	0.9710	1
Exp(0,1)	0.9885	1	0.7315	1
Exp(0,0.5)	1	1	0.8370	1
N(1,1)	0.8820	0.8510	0.4770	0.7670
N(0,2)	0.7010	0.7010	0.4900	0.2340
Laplace(0,1)	0.2180	0.0625	0.0685	0.0510
Logistic(0,1)	0.5330	0.1720	0.2755	0.1590

表 8.2.3 EDF 检验的功效模拟 ($H_0 : F = \mathrm{Exp}(0,1),\ n = 10$)

对立分布	AD	CV	W	KS
$T(1)$	0.9990	0.7445	0.8035	0.7275
$T(2)$	0.9995	0.7475	0.6995	0.7360
$T(3)$	0.9985	0.7445	0.6335	0.7400
Be(0.5,0.5)	0.3690	0.2830	0.2075	0.1815
Be(1,3)	0.9935	0.9985	0.9160	0.9970
Exp(0,2)	0.4315	0.4570	0.2320	0.3810
Exp(0,1)	0.0515	0.0465	0.0535	0.0445
Exp(0,0.5)	0.5815	0.4660	0.2510	0.4165
N(1,1)	0.8760	0.1515	0.2665	0.1475
N(0,2)	0.9990	0.6505	0.8170	0.6865
Laplace(0,1)	0.9980	0.7880	0.3355	0.7065
Logistic(0,1)	1	1	0.7305	0.6965

下述表 8.2.4 及表 8.2.5 显示:

(1) 当对立分布为 $N(1,1)$ 与 $N(0,2)$ 时, EDF 型检验功效均为 0.05 左右, 这与显著性水平 $\alpha = 0.05$ 相一致. 这是由于 $N(1,1)$ 与 $N(0,2)$ 均属于 $N(\mu,\sigma^2)$ 正态分布族.

(2) EDF 型检验功效随着样本容量的增加 ($n = 10 \to 50$) 而增加, 这表明 EDF 型检验具有相合性.

(3) 表 8.2.4 表明, 当对立分布为 Exp(0,1) 与 Exp(0,0.05) 及 Be(1,3) 时, W 检

验有着最高的检验功效; 当对立分布为 $T(1)$ 时, CV 检验有着最高的检验功效; AD 检验对其余的对立分布有着更高的检验功效.

(4) 表 8.2.5 表明, AD 检验对除去正态分布的所有对立分布有着最高的检验功效.

表 8.2.4　EDF 检验的功效模拟 ($H_0 : F = N(\mu, \sigma^2)$, $n = 10$)

对立分布	AD	CV	W	KS
$T(1)$	0.6010	0.6075	0.6040	0.5805
$T(2)$	0.2950	0.2910	0.2700	0.1625
$T(3)$	0.1790	0.1710	0.1675	0.1580
Be(0.5,0.5)	0.2560	0.2210	0.2540	0.1610
Be(1,3)	0.0265	0.0275	0.1545	0.1300
Exp(0,2)	0.4155	0.3890	0.3600	0.3085
Exp(0,1)	0.0585	0.0555	0.6160	0.1070
Exp(0,0.5)	0.1435	0.1210	0.5980	0.0370
$N(1,1)$	0.0420	0.0420	0.0495	0.0485
$N(0,2)$	0.0575	0.0570	0.0470	0.0460
Laplace(0,1)	0.1625	0.1585	0.1600	0.1445
Logistic(0,1)	0.0830	0.0815	0.0735	0.0710

表 8.2.5　EDF 检验的功效模拟 ($H_0 : F = N(\mu, \sigma^2)$, $n = 50$)

对立分布	AD	CV	W	KS
$T(1)$	0.9960	0.9955	0.9960	0.9945
$T(2)$	0.8575	0.8400	0.8315	0.7615
$T(3)$	0.6170	0.5815	0.5920	0.5185
Be(0.5,0.5)	0.9905	0.9600	0.9705	0.8055
Be(1,3)	0.8940	0.8090	0.7580	0.6460
Exp(0,2)	0.9970	0.9905	0.9805	0.9595
Exp(0,1)	0.9980	0.9930	0.9875	0.9730
Exp(0,0.5)	0.9980	0.9905	0.9845	0.9575
$N(1,1)$	0.0500	0.0505	0.0520	0.0525
$N(0,2)$	0.0650	0.0595	0.0450	0.0585
Laplace(0,1)	0.5590	0.5435	0.5550	0.4390
Logistic(0,1)	0.1565	0.1430	0.1345	0.1140

表 8.2.6 及表 8.2.7 显示:

(1) 当对立分布为 $\mathrm{Exp}(0,2)$, $\mathrm{Exp}(0,1)$ 与 $\mathrm{Exp}(0,0.05)$ 时, EDF 型检验功效均为 0.05 左右, 这与显著性水平 $\alpha = 0.05$ 相一致. 这是由于 $\mathrm{Exp}(0,\tau), \tau = 0.05, 1, 2$ 均属于 $\mathrm{Exp}(0,\sigma)$ 指数分布族.

(2) EDF 型检验功效随着样本容量的增加 ($n = 10 \to 50$) 而增加, 这表明 EDF 型检验具有相合性.

(3) AD 检验对除去 Beta 分布 Be(1,3) 及指数分布族的所有对立分布有着最高的检验功效.

正态分布与指数分布的 EDF 型检验的功效模拟显示, 总体上 AD 检验较其他 EDF 检验有着更高的检验功效. AD 检验可应用于椭球对称分布及回归模型 (包括 ARMA 与 GARCH 模型) 误差分布的拟合优度检验.

表 8.2.6 EDF 检验的功效模拟 ($H_0: F = \mathrm{Exp}(0,\sigma)$, $n = 10$)

对立分布	AD	CV	W	KS
$T(1)$	0.9995	0.9160	0.8875	0.8690
$T(2)$	0.9990	0.8710	0.8915	0.8275
$T(3)$	0.9975	0.8595	0.8905	0.8210
Be(0.5,0.5)	0.3140	0.2290	0.3020	0.1815
Be(1,3)	0.0600	0.0905	0.0880	0.0900
Exp(0,2)	0.0505	0.0540	0.0400	0.0435
Exp(0,1)	0.0520	0.0495	0.0510	0.0400
Exp(0,0.5)	0.0555	0.0585	0.0525	0.0455
$N(1,1)$	0.8490	0.3145	0.4185	0.2645
$N(0,2)$	0.9975	0.9010	0.9325	0.8440
Laplace(0,1)	0.9995	0.9245	0.9095	0.8230
Logistic(0,1)	0.9995	0.8755	0.9165	0.8220

表 8.2.7 EDF 检验的功效模拟 ($H_0: F = \mathrm{Exp}(0,\sigma)$, $n = 50$)

对立分布	AD	CV	W	KS
$T(1)$	1	1	1	1
$T(2)$	1	1	1	1
$T(3)$	1	1	1	1
Be(0.5,0.5)	0.9720	0.9205	0.9625	0.8125
Be(1,3)	0.2645	0.2855	0.2310	0.2620
Exp(0,2)	0.0450	0.0430	0.0525	0.0525
Exp(0,1)	0.0450	0.0495	0.0420	0.0470
Exp(0,0.5)	0.0535	0.0555	0.0530	0.0530
$N(1,1)$	1	0.9685	0.9765	0.9170
$N(0,2)$	1	1	1	1
Laplace(0,1)	1	1	1	1
Logistic(0,1)	1	1	1	1

8.2.2 逆高斯分布的拟合优度检验

Gunes 等 (1997) 基于 EDF 型检验, 研究了逆高斯分布 (inverse Gaussian distribution) 的拟合优度检验.

称 X 服从参数为 μ,λ 的逆高斯分布, 若 X 具有概率密度

$$f(x)=\sqrt{\frac{\lambda}{2\pi}}x^{-3/2}\exp[-\lambda(x-\mu)^2/(2\mu^2x)], \tag{8.2.1}$$

其中, $x>0,\mu>0$, 且 $\lambda>0$. 记为 $X\sim \mathrm{IG}(\mu,\lambda)$.

逆高斯分布的分布函数为

$$F(x)=\Phi\left[\sqrt{\frac{\lambda}{x}}\left(\frac{x}{\mu}-1\right)\right]+\exp(2\lambda/\mu)\Phi\left[-\sqrt{\frac{\lambda}{x}}\left(\frac{x}{\mu}+1\right)\right], \tag{8.2.2}$$

其中, Φ 为 $N(0,1)$ 的分布函数.

逆高斯分布的概率密度是单峰的且峰向偏左, 其形状参数为 $\phi=\lambda/\mu$. 逆高斯分布具有下述优良性质:

(1) 设 $c>0$ 为常数且 $X\sim \mathrm{IG}(\mu,\lambda)$, 则 $cX\sim \mathrm{IG}(c\mu,c\lambda)$;

(2) 设 $X_i\sim \mathrm{IG}(\mu_i,\lambda_i)$, c_i为正常数, $i=1,\cdots,k$, 则

$$Y=\sum_{i=1}^{k}c_iX_i\sim \mathrm{IG}(\mu,\lambda),$$

其中, $\mu=\sum_{i=1}^{k}c_i\mu_i$, $\lambda=\tau\left[\sum_{i=1}^{k}c_i\mu_i\right]^2$, 若 $\lambda_i/[\mu_i^2c_i]=\tau\forall i$;

(3) 逆高斯分布的样本均值 $\overline{X}$ 服从逆高斯分布;

(4) 若 $X\sim \mathrm{IG}(\mu,\lambda)$, 则 $E(X)=\mu,\mathrm{Var}(X)=\mu^3/\lambda$.

这里给出 (1) 的证明. 事实上, 设 $Y=cX$. 设 X 的密度为 $f_X(x)$, Y 的密度为 $f_Y(y)$, 则

$$\begin{aligned}f_Y(y)&=f_X\left(\frac{1}{c}y\right)\frac{1}{c}\\&=\frac{1}{c}\sqrt{\frac{\lambda}{2\pi}}\left[\frac{y}{c}\right]^{-3/2}\exp\left[-\frac{\lambda(y/c-\mu)^2}{2\mu^2y/c}\right]\\&=\sqrt{\frac{c\lambda}{2\pi}}y^{-3/2}\exp\left[-\frac{c\lambda(y-c\mu)^2}{2(c\mu)^2y}\right],\end{aligned}$$

故 $Y\sim \mathrm{IG}(c\mu,c\lambda)$.

引理 8.2.2　设 $X_1,\cdots,X_n$ 为来自 $\mathrm{IG}(\mu,\lambda)$ 的样本, 则参数 μ,λ 的极大似然估计为

$$\widehat{\mu}=\overline{X},\quad \widehat{\lambda}=\frac{n}{\displaystyle\sum_{i=1}^{n}[X_i^{-1}-(\overline{X})^{-1}]}. \tag{8.2.3}$$

证明 其似然函数为

$$
\begin{aligned}
L &= \prod_{i=1}^{n}\left(\frac{\lambda}{2\pi}\right)^{1/2} X_i^{-3/2}\exp\left[-\frac{\lambda(X_i-\mu)^2}{2\mu^2X_i}\right] \\
&= \left(\frac{\lambda}{2\pi}\right)^{n/2}\left[\prod_{i=1}^{n}X_i^{-3/2}\right]\exp\left[\left(-\frac{\lambda}{2}\right)\sum_{i=1}^{n}\frac{(X_i-\mu)^2}{\mu^2X_i}\right],
\end{aligned}
$$

故其对数似然函数为

$$
l=\ln L=\frac{n}{2}\ln\lambda-\frac{n}{2}\ln 2\pi-\frac{3}{2}\sum_{i=1}^{n}\ln X_i-\frac{\lambda}{2}\sum_{i=1}^{n}\frac{(X_i-\mu)^2}{\mu^2X_i}.
$$

令

$$
\frac{\partial l}{\partial\mu}=0,\quad \frac{\partial l}{\partial\lambda}=0,
$$

解此方程组可知结论成立.

将样本 $X_i(i\leqslant n)$ 及 μ,λ 的极大似然估计式 (8.2.3) 代入式 (8.2.2) 给出的 $F(x)$ 公式. 易知 $F(X_i,\widehat{\mu},\widehat{\lambda})$ 具有尺度不变性, 即若 $Y_i=cX_i, i=1,\cdots,n$, 则

$$
F(Y_i,\widehat{\mu},\widehat{\lambda})=F(X_i,\widehat{\mu},\widehat{\lambda}),\quad i=1,\cdots,n. \tag{8.2.4}
$$

设 $\phi=\lambda/\mu$. 由逆高斯分布的性质 (1) 可知, 若 $X\sim \mathrm{IG}(1,\phi)$, 则

$$
Y=\mu X\sim \mathrm{IG}(\mu,\lambda).
$$

因此, $F(X_i,\widehat{\mu},\widehat{\lambda})$ 在 $\mathrm{IG}(1,\phi)$ 分布下的值与在 $\mathrm{IG}(\mu,\lambda)$ 分布下的值相同. 故可由 $\mathrm{IG}(1,\phi)$ 分布抽样, 得到 $\phi=\lambda/\mu$ 条件下的 $G(\mu,\lambda)$ 分布的模拟分位点.

例 8.2.1 (见 Gunes 等 (1997)) 设有机载收发器的修理时间数据 ($n=46$), 见表 8.2.8. 现欲检验数据是否服从逆高斯分布 $\mathrm{IG}(\mu,\lambda)$.

表 8.2.8 机载收发器的修理时间 (单位: 小时)

0.2	0.3	0.5	0.5	0.5	0.5	0.6	0.6	0.7	0.7	0.7	0.8	0.8	1.0	1.0	1.0
1.0	1.1	1.3	1.5	1.5	1.5	1.5	2.0	2.0	2.2	2.5	2.7	3.0	3.0	3.3	3.3
4.0	4.0	4.5	4.7	5.0	5.4	5.4	7.0	7.5	8.8	9.0	10.3	22.0	24.5		

由式 (8.2.3) 可得 $\widehat{\mu}=3.607, \widehat{\lambda}=1.659$, 因此 $\phi=\widehat{\lambda}/\widehat{\mu}=0.460$. 由表 8.2.1 可得 AD=0.2195. 对于 $\alpha=0.10$, AD 检验统计量的临界值模拟公式为

$$
7.53\times 10^{-5}n^2-\frac{1.4841}{\sqrt{n}}-\frac{0.0031}{\phi^2}+\frac{4.1883}{\sqrt{n\phi}}+\frac{0.6544}{\sqrt{n/\phi}}, \tag{8.2.5}
$$

其中

$$n=5,\cdots,100;\quad 0.001\leqslant\phi\leqslant 1000,\quad \text{拟合系数}R^2=0.9821.$$

由式 (8.2.5) 计算可得临界值为 7.381, 故接受原假设, 认为修理时间数据服从逆高斯分布.

下面进行功效比较. 设原假设 H_0 为形状参数 ϕ 确定的逆高斯分布, 对立假设为下述各种分布:

(1) H_{11}: Gamma 分布, 形状参数=0.8, 尺度形状参数=2.0;

(2) H_{12}: Weibull 分布, 形状参数=1.15, 尺度形状参数=0.75;

(3) H_{13}: 对数正态分布, 均值=e, 方差=$\mathrm{e}^3-\mathrm{e}^2$;

(4) H_{14}: 指数分布, 均值=1.0;

(5) H_{15}: 均匀分布 $U(0,1)$.

模拟表明, 四种检验统计量对 Gamma 分布、指数分布和均匀分布有着较高的检验功效, 对 Weibull 分布的检验功效适中, 对对数正态分布的检验功效较低. 特别地, 当对立分布与逆高斯分布的形状相近且较偏斜时, W 检验有着最高的检验功效. 总的来说, AD 检验有着高的检验功效.

8.3　基于间隔的 $U(0,1)$ 的拟合优度检验

考虑 (0,1) 区间均匀分布的拟合优度检验

$$H_0: F(u)=u;\ 0<u<1;\quad H_1: F(u)\neq u,\ 0<u<1.$$

设 $\{U_i\}_{i=1}^n$ 为来自 $U(0,1)$ 的样本, $\{U_{(i)}\}_{i=1}^n$ 为其顺序统计量. 记

$$D_i=U_{(i)}-U_{(i-1)},\quad i=1,\cdots,n+1,\quad U_{(0)}\equiv 0,\quad U_{(n+1)}\equiv 1, \tag{8.3.1}$$

称 $\{D_i\}$ 为一步间隔. 特别地, 有 $D_1=U_{(1)}, D_{n+1}=1-U_{(n)}$. Greenwood(1946) 提出了检验均匀分布 $U(0,1)$ 的 G_n 统计量

$$G_n=\sum_{i=1}^{n+1}D_i^2. \tag{8.3.2}$$

注意到 $\{D_i\}_{i=1}^{n+1}$ 的算数平均 $\overline{D}=1/(n+1)$. $U_{(i)}$ 服从参数为 $i, n-i+1$ 的 Beta 分布 (茆诗松等,1998), 即 $U_{(i)}\sim$Be$(i,n-i+1)$. 因此

$$E(U_{(i)})=\frac{i}{n+1},\quad E(D_i)=\frac{1}{n+1}.$$

一个改进的 G_n 统计量定义为

$$V_n = \sum_{i=1}^{n+1}\left(D_i - \frac{1}{n+1}\right)^2. \tag{8.3.3}$$

由 $\sum_{i=1}^{n+1} D_i = 1$, 可知 $V_n = G_n - 1/(n+1)$, 这说明 V_n 与 G_n 是等价的. 因此 G_n 是检验 $\{D_i\}$ 与其均值偏离的的统计量.

由于 $E(D_{(i)}) \approx i/(n+1)^2$, 可以定义另一间隔检验统计量

$$T_n = \sum_{i=1}^{n+1}\left(D_{(i)} - \frac{i}{(n+1)^2}\right)^2. \tag{8.3.4}$$

设有间隔排序的 L_n^* 统计量定义为

$$L_n^* = \sum_{i=1}^{n+1} iD_i. \tag{8.3.5}$$

Jammalamadaka 等 (2004) 定义刻画间隔离差的 Gini 统计量:

$$G_n^* = \sum_{i=1}^{n+1}\sum_{j=1}^{n+1}|D_i - D_j|,$$

得到 G_n^* 的渐近分布 (引理 8.3.1). Gini 指标是观察到的一步间隔对 (pair) 所有绝对偏差和, 其统计意义较 Greenwood 检验统计量 G_n 更为合理.

引理 8.3.1 记 $S_n = \sum_{i=1}^n U_i$, $U_1, \cdots, U_n$ 为来自 $U(0,1)$ 的样本, 则

$$G_n^* \sim 2(n - S_n), \quad H_n = (3/n)^{1/2}(G_n^* - n) \xrightarrow{d} N(0,1) \quad (n \to \infty). \tag{8.3.6}$$

证明 G_n^* 可以表示为顺序间隔和, 即

$$\begin{aligned} G_n^* &= \sum_{i=1}^{n+1}\sum_{j=1}^{n+1}|D_{(i)} - D_{(j)}| \\ &= 2\sum_{i=1}^{n+1}\sum_{j>i}^{n+1}|D_{(j)} - D_{(i)}| \\ &= 2\sum_{i=1}^{n+1}\left[\left(\sum_{j=i+1}^{n+1} D_{(j)}\right) - (n-i+1)D_{(i)}\right]. \end{aligned}$$

化简可得

$$G_n^* = 2\sum_{i=1}^{n+1}(2i - n - 2)D_{(i)}$$

$$
\begin{aligned}
&= 4\sum_{i=1}^{n+1} iD_{(i)} - 2(n+2) \\
&= 4L_n - 2(n+2),
\end{aligned} \tag{8.3.7}
$$

其中, $L_n = \sum_{i=1}^{n+1} iD_{(i)}$. 定义 $D_{(0)} = 0$,

$$
E_i = (n-i+2)[D_{(i)} - D_{(i-1)}], \quad i = 1, 2, \cdots, n+1,
$$

$$
D_{(i)} = \sum_{j=1}^{i} E_j/(n-j+2),
$$

则有

$$
\begin{aligned}
L_n &= \sum_{i=1}^{n+1} i \sum_{j=1}^{i} E_j/(n-j+2) \\
&= \sum_{i=1}^{n+1} \left[\frac{(n+1)(n+2)}{2} - \frac{(i-1)i}{2}\right] E_i \Big/ (n-i+2).
\end{aligned}
$$

注意到 $\sum_{i=1}^{n+1} E_i = 1$, 故有

$$
L_n = \frac{1}{2}\sum_{i=1}^{n+1}(n+i+1)E_i = \frac{n+1}{2} + \frac{1}{2}\sum_{i=1}^{n+1} iE_i.
$$

在原假设为均匀分布的条件下, $(E_1, \cdots, E_{n+1})$ 与 $(D_1, \cdots, D_{n+1})$ 同分布, 故

$$
L_n \sim \frac{n+1}{2} + \frac{1}{2}\sum_{i=1}^{n+1} iD_i = \frac{n+1}{2} + \frac{L_n^*}{2}, \tag{8.3.8}
$$

其中 $L_n^* = \sum_{i=1}^{n+1} iD_i$. 又

$$
S_n = \sum_{i=1}^{n} U_i = \sum_{i=1}^{n} U_{(i)} \tag{8.3.9}
$$

$$
= \sum_{i=1}^{n}\sum_{j=1}^{i} D_j = \sum_{i=1}^{n+1}(n-i+1)D_i \tag{8.3.10}
$$

$$
= (n+1) - \sum_{i=1}^{n+1} iD_i = (n+1) - L_n^*. \tag{8.3.11}
$$

由式 (8.3.7), 式 (8.3.8), 式 (8.3.11) 可得 $G_n^* \sim 2(n - S_n)$.

引理 8.3.1 说明, 在原假设下 $G_n^* \sim 2S_n$, 而 S_n 可用来快速生成正态分布随机数, 故检验统计量 G_n^* 具有简洁实用性. Jammalamadaka 等对 L_n^*, G_n^*, V_n, T_n 等

各 (0,1) 上均匀性检验统计量的功效进行了随机模拟, 零假设取为标准正态分布, 备择假设分别取为厚尾的学生 t_ν 分布, $\nu=1$, 2, 3, 细长尾的 Laplace 分布, 短尾的 Logistic 分布. 显著水平 $\alpha=0.05$, 样本容量为 10, 20, 50, 100, 重复进行 1000 次. 模拟结果表明, G_n^* 有着更高的检验功效.

Su 等 (2013) 进行了 (0,1) 上均匀分布的光滑检验和基于间隔的 Gini 检验的功效模拟比较研究. 对立分布包括 t 分布, Beta 分布, 指数分布, 非标准正态分布, Laplace 分布及 Logistic 分布等.

模拟结果表明, 对于各种不同的对立分布, (0,1) 上的光滑检验不存在某一相同的检验有效阶. 而对于某一特定的对立分布, 通过逐一进行光滑检验, 可以得到 (估计出) 光滑检验的有效阶. 对于各种不同的对立分布, Gini 检验总具有一定的检验功效. 而对于某一特定的对立分布, 光滑有效阶检验功效总是高于 Gini 检验功效. 当对立分布与原假设分布形状相似时，光滑检验最初的两个分量 $S_{[1]}, S_{[2]}$ 可分别用以探测均值和方差的偏离.

设 $X_1, X_2, \cdots, X_n$ 为来自一个完全确定的概率分布 $F^*(x)$ 的样本. 检验功效是正确拒绝错误原假设的概率.

设样本容量 $n=10, 20, 50, 100$, 对于给定的 n, 均生成 20000 组. 我们使用经验临界值, 显著性水平 $\alpha=0.05$. 临界值由来自 $U(0,1)$ 的 20000 组样本容量为 n 的 Monte Carlo 模拟生成.

考虑原假设 $H_0: F^*=N(0,1)$. 表 8.3.1 功效模拟显示，对于 t 分布, Beta 分布及指数分布，光滑检验的有效阶分别为 $k^*\geqslant 6$, $k^*=2,3,4$ 及 $k^*=1,2$.

表 8.3.1 光滑检验的功效模拟 ($H_0: F^*=N(0,1)\to U(0,1)$, $n=10$)

对立分布	k=1	k=2	k=3	k=4	k=5	k=6	k^*
$T(1)$	0.1198	0.4378	0.4638	0.6635	0.6847	0.7496	⩾6
$T(2)$	0.0834	0.2240	0.2450	0.3674	0.3898	0.4499	⩾6
$T(3)$	0.0751	0.1586	0.1680	0.2485	0.2526	0.2980	⩾6
Be(0.5,0.5)	0.5405	0.9562	0.9906	0.9227	0.7731	0.5707	3
Be(1,3)	0.0004	1	1	1	0.9999	0.9999	2,3,4
Exp(0,2)	0.4065	0.8065	0.7602	0.7089	0.6941	0.5992	2
Exp(0,1)	0.9507	0.8971	0.7852	0.7382	0.7506	0.6937	1
Exp(0,0.5)	0.9990	0.9941	0.9817	0.9819	0.9861	0.9796	1
N(1,1)	0.8543	0.8111	0.7666	0.7372	0.7226	0.6993	1
N(0,2)	0.1514	0.7017	0.6808	0.7736	0.7794	0.8095	⩾6
Laplace	0.0643	0.1227	0.1391	0.2377	0.2640	0.2788	⩾6
Logistic	0.1213	0.4843	0.4839	0.5664	0.5870	0.6220	⩾6

考虑原假设 $H_0: F^*=\mathrm{Exp}(1)$. 表 8.3.2 功效模拟显示，对于对数正态分布, χ^2 分布及 Beta 分布，光滑检验的有效阶分别为 $k^*=1,3$，$k^*\geqslant 6$, $k^*=1,2,4$.

表 8.3.2　光滑检验的功效模拟 ($H_0 : F^* = \mathrm{Exp}(1) \to U(0,1)$, $n = 10$)

对立分布	k=1	k=2	k=3	k=4	k=5	k=6	k^*
LN(0,0.25)	0.0519	0.9993	0.9995	0.9962	0.9892	0.9688	3
LN(0,1)	0.2501	0.1858	0.2180	0.2354	0.2318	0.2492	1
χ2(1)	0.1899	0.3842	0.3895	0.4248	0.4287	0.4527	⩾6
Be(0.5,0.5)	0.3266	0.2284	0.2460	0.4230	0.3756	0.3560	4
Be(5,1)	0	1	0.9994	0.9996	0.9992	0.9983	2
Be(1,3)	0.9915	0.9808	0.9323	0.8562	0.7952	0.7015	1

LN 分布为对数正态分布.

考虑原假设 $H_0 : F^* = U(0,1)$. 表 8.3.3 功效模拟显示，对于具有不同参数的 Beta 分布，光滑检验的有效阶分别为 $k^* = 1, 2$ 及 $k^* \geqslant 6$.

表 8.3.3　光滑检验的功效模拟 ($H_0 : F^* = U(0,1)$, $n = 10$)

对立分布	k=1	k=2	k=3	k=4	k=5	k=6	k^*
Be(0.5,0.5)	0.1099	0.4179	0.4016	0.4591	0.4624	0.4929	⩾6
Be(5,1)	0.9990	0.9917	0.9798	0.9556	0.9312	0.8995	1
Be(1,3)	0.8734	0.7474	0.6502	0.5706	0.4962	0.4605	1
Be(2,2)	0.0091	0.1022	0.0643	0.0519	0.0410	0.0322	2

在表 8.3.4, 表 8.3.5 及表 8.3.6 中，原假设分别为 $N(0,1), \mathrm{Exp}(1)$ 及 $U(0,1)$. 每表的第一列均为各种不同的对立分布. 随机模拟表明, 对应的拟合优度检验具有相合性, Gini 检验易于计算且总有一定的检验功效.

表 8.3.4　Gini 检验的功效模拟 ($H_0 : F^* = N(0,1) \to U(0,1)$)

对立分布	n=10	n=20	n=50	n=100
$T(1)$	0.3320	0.5176	0.8259	0.9725
$T(2)$	0.1520	0.2142	0.3613	0.5553
$T(3)$	0.1081	0.1306	0.1905	0.2882
Be(0.5,0.5)	0.2359	0.3082	0.4863	0.7123
Be(1,3)	0.3720	0.7085	0.9877	1.0000
Exp(0,2)	0.7733	0.9998	1.0000	1.0000
Exp(0,1)	0.8309	0.9998	1.0000	1.0000
Exp(0,0.5)	0.9780	1.0000	1.0000	1.0000
$N(1,1)$	0.4451	0.7176	0.9733	0.9998
$N(0,2)$	0.4874	0.6795	0.9246	0.9942
Laplace	0.2000	0.3805	0.7127	0.9272
Logistic	0.3002	0.4160	0.6496	0.8884

表 8.3.5 Gini 检验的功效模拟 ($H_0: F^* = \mathrm{Exp}(1) \to U(0,1)$)

对立分布	n=10	n=20	n=50	n=100
LN(0,0.25)	0.8756	0.9998	1.0000	1.0000
LN(0,1)	0.0794	0.1298	0.3233	0.6031
$\chi^2(1)$	0.2006	0.2693	0.4360	0.6448
Be(0.5,0.5)	0.3140	0.9230	1.0000	1.0000
Be(5,1)	0.9935	1.0000	1.0000	1.0000
Be(1,3)	0.7480	0.9933	1.0000	1.0000

表 8.3.6 Gini 检验的功效模拟 ($H_0: F^* = U(0,1)$)

对立分布	n=10	n=20	n=50	n=100
Be(0.5,0.5)	0.2291	0.3070	0.5006	0.7161
Be(5,1)	0.8586	0.9950	1.0000	1.0000
Be(1,3)	0.3713	0.7037	0.9863	1.0000
Be(2,2)	0.0454	0.0565	0.1746	0.4064

功效模拟表明, 在各种基于间隔的 (0,1) 上均匀分布拟合优度检验中, Gini 检验具有最高功效.

8.4 概率积分变换

著名的概率积分变换由引理 8.4.1 给出, 可应用于一元概率分布的拟合优度检验.

引理 8.4.1 设一维随机变量 X 有连续的分布函数 $F(x)$, 则 $U = F(X)$ 服从 $(0,1)$ 上的均匀分布, 即 $U \sim U(0,1)$.

对于多元分布, 有引理 8.4.2.

引理 8.4.2 若 $(Y_1,\cdots,Y_d)^{\mathrm{T}}$ 有绝对连续的联合分布函数 $F(y_1,\cdots,y_d)$, 则 $U_i = F(Y_i|Y_1,\cdots,Y_{i-1})$, $i=1,\cdots,d$ 为 i.i.d. $U(0,1)$ 随机变量, 其中 $F(\cdot|\cdot)$ 为条件分布函数, $Y_0 \equiv 0$, $F(Y_1|Y_0)$ 为 Y_1 的边缘分布函数.

证明 因为

$$
\begin{aligned}
& P(U_1 \leqslant t_1,\cdots,U_d \leqslant t_d) \\
=& \int_{\{u_1\leqslant t_1,\cdots,u_d\leqslant t_d\}} \mathrm{d}F(y_1,\cdots,y_d) \\
=& \int_{-\infty}^{F^{-1}(t_1)} \mathrm{d}F(y_1) \int_{-\infty}^{F^{-1}(t_2|t_1)} \mathrm{d}F(y_2|y_1) \cdots \int_{-\infty}^{F^{-1}(t_d|t_1,\cdots,t_{d-1})} \mathrm{d}F(y_d|y_1,\cdots,y_{d-1}) \\
=& \prod_{i=1}^d t_i.
\end{aligned}
$$

所以, $U_1, \cdots, U_d$ 为 i.i.d. $U(0,1)$ 随机变量.

条件积分变换由引理 8.4.2 给出, 可应用于多元分布的拟合优度检验. 对于随机向量的一般变换, 有下面的引理 8.4.3, 概率积分变换是其特例.

引理 8.4.3 设 d 维随机向量 $\boldsymbol{X}$ 的联合密度为 $P(\boldsymbol{x})$, $P(\boldsymbol{x})$ 在区域 D 上不为 0, 在 D 以外均为 0. $\boldsymbol{y}=g(\boldsymbol{x})$, $\boldsymbol{y}$ 的取值范围是 $\tilde{D}$, $g(\boldsymbol{x})$ 是 D 到 $\tilde{D}$ 上的 1-1 变换, 具有反函数 $\boldsymbol{x}=h(\boldsymbol{y})$. 设 g, h 具有一阶连续偏导数, 则 $\boldsymbol{Y}$ 的联合密度 $f(\boldsymbol{y})$ 为

$$f(\boldsymbol{y})=P(h(\boldsymbol{y}))|J(\boldsymbol{x}|\boldsymbol{y})|, \quad \boldsymbol{y} \in \tilde{D}, \tag{8.4.1}$$

其中 $J(\boldsymbol{x}|\boldsymbol{y})$ 为 $\boldsymbol{x}$ 对 $\boldsymbol{y}$ 的 Jacobi 行列式, $|J(\boldsymbol{x}|\boldsymbol{y})|$ 表示行列式的绝对值. $f(\boldsymbol{y})$ 在 $\tilde{D}$ 外为 0.

证明 设 $I(\boldsymbol{y})=1$, $\boldsymbol{y}<\boldsymbol{a}$, $I(\boldsymbol{y})=0$, $\boldsymbol{y} \geqslant \boldsymbol{a}$. 即 $I(\boldsymbol{y})$ 为集合 $\{\boldsymbol{y}: \boldsymbol{y}<\boldsymbol{a}\}$ 的示性函数, $\boldsymbol{y}$, $\boldsymbol{a}$ 均为 d 维向量.

$$\begin{aligned}
P(y_1<a_1, \cdots, y_d<a_d) &= P(\boldsymbol{Y}<\boldsymbol{a}) \\
&= P(g(\boldsymbol{X})<\boldsymbol{a}) \\
&= \underset{g(\boldsymbol{x})<\boldsymbol{a},\ \boldsymbol{x} \in D}{\int \cdots \int} p(x_1, \cdots, x_d) \mathrm{d}x_1 \cdots \mathrm{d}x_d \\
&= \underset{D}{\int \cdots \int} I(g(\boldsymbol{x})) p(\boldsymbol{x}) \mathrm{d}\boldsymbol{x},
\end{aligned}$$

其中 $\mathrm{d}\boldsymbol{x}=\mathrm{d}x_1 \cdots \mathrm{d}x_d$. 由变换 $\boldsymbol{x}=h(\boldsymbol{y})$, $\boldsymbol{y} \in \tilde{D}$, 上式右端积分变成对 $\boldsymbol{y}$ 在 $\tilde{D}$ 上的积分, 即有

$$\begin{aligned}
\underset{D}{\int \cdots \int} I(g(\boldsymbol{x})) p(\boldsymbol{x}) \mathrm{d}\boldsymbol{x} &= \underset{\tilde{D}}{\int \cdots \int} I(\boldsymbol{y}) p(h(\boldsymbol{y}))|J(\boldsymbol{x} \mid \boldsymbol{y})| \mathrm{d}\boldsymbol{y} \\
&= \underset{\boldsymbol{y}<\boldsymbol{a},\ \boldsymbol{y} \in \tilde{D}}{\int \cdots \int} p(h(\boldsymbol{y}))|J(\boldsymbol{x} \mid \boldsymbol{y})| \mathrm{d}y_1 \cdots \mathrm{d}y_d,
\end{aligned}$$

引理得证.

例 8.4.1 设 $\boldsymbol{Y}=(Y_1, Y_2)^{\mathrm{T}}$ 的联合密度为

$$f(y_1, y_2)=\mathrm{e}^{-y_2}, \quad 0<y_1<y_2<\infty,$$

则 Y_1 的边缘分布函数为 $F(y_1)=1-\mathrm{e}^{-y_1}$, $y_1>0$. 给定 Y_1 条件下, Y_2 的条件分布函数为

$$F(y_2 \mid y_1)=1-\mathrm{e}^{y_1-y_2}, \quad 0<y_1<y_2<\infty,$$

则由引理 8.4.2,

$$U_1 = F(Y_1), \quad U_2 = F(Y_2 \mid Y_1), \quad 0 < Y_1 < Y_2 < \infty$$

为 i.i.d.$U(0,1)$ 随机变量. 上述结论也可由引理 8.4.3 得到.

例 8.4.2 在例 8.4.1 的条件下,

$$U_1 = F(Y_1) = 1 - \mathrm{e}^{-Y_1}, \quad U_2 = F(Y_2 \mid Y_1) = 1 - \mathrm{e}^{Y_1 - Y_2},$$

其中 $0 < Y_1 < Y_2 < \infty$. 因此

$$Y_1 = -\ln(1 - U_1), \quad Y_2 = -\ln(1 - U_1)(1 - U_2),$$

其中 $0 < U_1, U_2 < 1$. 因此

$$|J(\boldsymbol{y} \mid \boldsymbol{u})| = \frac{1}{(1-u_1)(1-u_2)},$$

由引理 8.4.3 可得 (U_1, U_2) 的联合密度为 $f(u_1, u_2) = 1,\ 0 < u_1, u_2 < 1$. 所以 U_1, U_2 为 i.i.d. $U(0,1)$ 随机变量.

8.5 线性模型误差分布的正态性检验

基于修正 AD 型检验, Su 等 (2014a, 2014c) 研究了线性模型的误差项分布和带有一阶自回归误差项分布的正态性检验并做功效模拟. 以下做一介绍.

8.5.1 经典线性模型误差分布的正态性检验

线性模型的一般形式为

$$E(Y \mid X_1, \cdots, X_p) = \beta_1 X_1 + \cdots + \beta_p X_p, \tag{8.5.1}$$

其中, Y 为相应变量, $X_1, \cdots, X_p$ 为解释变量, $\beta_1, \cdots, \beta_p$ 为未知参数. $E(Y|X_1, \cdots, X_p)$ 为条件期望. 设 $x_{i1}, \cdots, x_{ip}, y_i, i = 1, \cdots, n$ 为来自模型 (8.5.1) 的样本, 则

$$y_i = \beta_1 x_{i1} + \cdots + \beta_p x_{ip} + \varepsilon_i, \quad i = 1, \cdots, n. \tag{8.5.2}$$

记

$$\boldsymbol{Y} = \begin{pmatrix} y_1 \\ y_2 \\ \vdots \\ y_n \end{pmatrix}, \quad X = \begin{pmatrix} x_{11} & x_{12} & \dots & x_{1p} \\ x_{21} & x_{22} & \dots & x_{2p} \\ \vdots & \vdots & & \vdots \\ x_{n1} & x_{n2} & \dots & x_{np} \end{pmatrix} = \begin{pmatrix} \boldsymbol{x}_1^{\mathrm{T}} \\ \boldsymbol{x}_2^{\mathrm{T}} \\ \vdots \\ \boldsymbol{x}_n^{\mathrm{T}} \end{pmatrix},$$

$$\boldsymbol{\beta}=\begin{pmatrix}\beta_1\\ \beta_2\\ \vdots\\ \beta_p\end{pmatrix},\quad \boldsymbol{\varepsilon}=\begin{pmatrix}\varepsilon_1\\ \varepsilon_2\\ \vdots\\ \varepsilon_n\end{pmatrix},$$

式 (8.5.2) 的矩阵形式为

$$\boldsymbol{Y}=X\boldsymbol{\beta}+\boldsymbol{\varepsilon}. \tag{8.5.3}$$

引理 8.5.1 设模型 $\boldsymbol{Y}=X\boldsymbol{\beta}+\boldsymbol{\varepsilon}$ 由式 (8.5.3) 定义. 设 $\mathrm{rank}(X)=p$ 且设

$$\boldsymbol{\varepsilon}\sim N(\boldsymbol{0},\sigma^2 I_n),\quad P_X=X(X^{\mathrm{T}}X)^{-1}X^{\mathrm{T}}. \tag{8.5.4}$$

$\hat{\boldsymbol{\beta}}=(X^{\mathrm{T}}X)^{-1}X^{\mathrm{T}}\boldsymbol{Y}$ 为 $\boldsymbol{\beta}$ 的 LS 估计. 设

$$\hat{\boldsymbol{\varepsilon}}=(\hat{\varepsilon}_1,\cdots,\hat{\varepsilon}_n)^{\mathrm{T}}=\boldsymbol{Y}-X\hat{\boldsymbol{\beta}},\quad Q=(\hat{\boldsymbol{\varepsilon}})^{\mathrm{T}}\hat{\boldsymbol{\varepsilon}}, \tag{8.5.5}$$

则 $\hat{\boldsymbol{\beta}}$ 与 Q 相互独立且

$$\hat{\boldsymbol{\varepsilon}}=(I_n-P_X)\boldsymbol{\varepsilon},\quad \hat{\boldsymbol{\varepsilon}}\sim N(\boldsymbol{0},\sigma^2)(I_n-P_X),\quad Q/\sigma^2\sim\chi^2_{n-p}. \tag{8.5.6}$$

引理 8.5.2 设引理 8.5.1 的条件成立. 设 M 为一正定阵且

$$\hat{\sigma}^2=\frac{Q}{n-p},\quad \frac{1}{n}X^{\mathrm{T}}X\to M,\quad n\to\infty. \tag{8.5.7}$$

则 $\hat{\boldsymbol{\beta}}$ 依概率收敛到 $\boldsymbol{\beta}$, 且 $\hat{\sigma}^2$ 依概率收敛到 σ^2.

定理 8.5.1 设引理 8.5.1 和引理 8.5.2 的条件成立, 且

$$e_i=\frac{\hat{\varepsilon}_i}{[\hat{\sigma}^2(1-h_{ii})]^{1/2}},\quad e=(e_1,\cdots,e_n)^{\mathrm{T}}, \tag{8.5.8}$$

其中 h_{ii} 为 P_X 的主对角线上第 i 个元素, 则

(1) $e_i, i=1,\cdots,n$ 的渐近分布为 $N(0,1)$.

(2) $e_i, i=1,\cdots,n$ 是渐近独立的.

(3) e 的分布不依赖于 σ^2.

设 ε_i 由式 (8.5.2) 定义且 F 为 ε_i 的分布函数. 考虑假设检验

$$H_0: F=F_0, \tag{8.5.9}$$

其中, F_0 为 $N(0,\sigma^2)$ 的分布函数且参数 σ^2 未知. 设 $e_{(1)},\cdots,e_{(n)}$ 为 $e_1,\cdots,e_n$ 的次序统计量. 修正 AD 型检验统计量的计算公式为

$$\lambda(e)=-n-\frac{1}{n}\sum_{i=1}^{n}(2i-1)[\ln\Phi(e_{(i)})+\ln(1-\Phi(e_{(n+1-i)})], \tag{8.5.10}$$

其中, $\Phi(\cdot)$ 为 $N(0,1)$ 的分布函数.

证明 (1) 由引理 8.5.1 和引理 8.5.2,

$$\frac{\hat{\varepsilon}_i}{[\sigma^2(1-h_{ii})]^{1/2}} \sim N(0,1), \quad \hat{\sigma}^2 \xrightarrow{P} \sigma^2, \quad n \to \infty.$$

结论得证.

(2) 由引理 8.5.2, $\hat{\boldsymbol{\beta}} \xrightarrow{P} \boldsymbol{\beta}, n \to \infty$. 因此, $\hat{\varepsilon}_i \xrightarrow{P} \varepsilon_i$, $n \to \infty$. 又由于 $\boldsymbol{\varepsilon} \sim N(\mathbf{0}, \sigma^2 I_n)$, $\varepsilon_1, \cdots, \varepsilon_n$ 是相互独立的. 故 $e_1, \cdots, e_n$ 是渐近独立的.

(3) 由引理 8.5.1, $\boldsymbol{\varepsilon} \sim N(\mathbf{0}, \sigma^2 I_n)$. 设

$$\boldsymbol{\eta} = (\eta_1, \cdots, \eta_n)^{\mathrm{T}} \sim N(\mathbf{0}, I_n), \quad \boldsymbol{\varepsilon} = \sigma \boldsymbol{\eta},$$

则 $\boldsymbol{\varepsilon} = \sigma\boldsymbol{\eta} \sim N(\mathbf{0}, \sigma^2 I_n)$. 故

$$\hat{\varepsilon}_i = \sqrt{1-h_{ii}} \cdot \sigma \eta_i \sim \sqrt{1-h_{ii}} \cdot \sigma N(0,1), \quad i = 1, \cdots, n,$$

$$\hat{\sigma}^2 = \boldsymbol{\varepsilon}^{\mathrm{T}}(I_n - P_X)\boldsymbol{\varepsilon}/(n-p) = \sigma^2 \boldsymbol{\eta}^{\mathrm{T}}(I_n - P_X)\boldsymbol{\eta}/(n-p).$$

因此,

$$e_i = \frac{\sqrt{1-h_{ii}} \cdot \sigma \eta_i}{[\sigma^2 \boldsymbol{\eta}^{\mathrm{T}}(I_n - P_X)\boldsymbol{\eta}(1-h_{ii})/(n-p)]^{1/2}} = \frac{\eta_i}{[\boldsymbol{\eta}^{\mathrm{T}}(I_n - P_X)\boldsymbol{\eta}/(n-p)]}.$$

结论得证.

检验统计量 $\lambda(c)$ 的临界值的估计步骤如下:

(1) 生成随机数 $\boldsymbol{\varepsilon}^* = (\varepsilon_1^*, \cdots, \varepsilon_n^*)^{\mathrm{T}} \sim N(\mathbf{0}, I_n)$.

(2) 计算 $\hat{\boldsymbol{\varepsilon}}^* = (I_n - P_X)\boldsymbol{\varepsilon}^*$ 和 $Q^* = [\hat{\boldsymbol{\varepsilon}}^*]^{\mathrm{T}}\hat{\boldsymbol{\varepsilon}}^*$.

(3) 计算

$$\hat{\sigma_*^2} = \frac{Q^*}{n-p}, \quad e_i^* = \frac{\hat{\varepsilon}_i^*}{[\hat{\sigma}_*^2(1-h_{ii})]^{1/2}}, \quad \boldsymbol{e}^* = (e_1^*, \cdots, e_n^*)^{\mathrm{T}}.$$

(4) 计算 $\lambda^* = \lambda(e)^*$.

重复上述步骤 N 次得到 $\boldsymbol{e}_1^*, \cdots, \boldsymbol{e}_n^*$. 记 $\boldsymbol{e}_{(1)}^*, \cdots, \boldsymbol{e}_{(n)}^*$ 为其次序统计量, 由此得到 $\lambda(e)$ 的临界值估计.

我们使用 Forbes 数据进行检验统计量 $\lambda(e)$ 的功效模拟. 响应变量为气压 (Inches Hg) 的对数 Lpres= $100 \times \log_{10}$(Pressure), 解释变量为沸点 Temp(^{0}F). 数据由表 8.5.1 给出.

表 8.5.1　大气压与沸点的 Forbes 数据

n	1	2	3	4	5	6	7	8	9
Temp	194.5	194.3	197.9	198.4	199.4	199.9	200.9	201.1	201.4
Lpres	131.79	131.79	135.02	135.55	136.46	136.83	137.82	138.00	138.06
n	10	11	12	13	14	15	16	17	
Temp	201.3	203.6	204.6	209.5	208.6	210.7	211.9	212.2	
Lpres	138.04	140.04	142.44	145.47	144.34	146.30	147.54	147.80	

线性模型为

$$\text{Lpres} = \beta_1 + \beta_2 \cdot \text{Temp} + v, \quad v \sim N(0, \sigma^2). \tag{8.5.11}$$

由于案例 12 的残差绝对值较大, 除去案例 12, 利用其余 16 组数据建模. 设显著性水平为 $\alpha = 0.05$. 考虑假设检验

$$H_0 : v \sim N(0, \sigma^2). \tag{8.5.12}$$

通过抽取 20000 组 $v \sim N(0,1)$, 估计检验统计量 $\lambda(e)$ 的临界值. 计算可得, 对于全部 17 组数据, 拒绝原假设. 对于 16 组数据, 接受原假设. 基于 16 组数据的 $\lambda(e)$ 检验功效模拟由表 8.5.2 给出. 对立分布包括 t 分布 $T(s)$, Beta 分布, 指数分布, Laplace 分布及 χ^2 分布等. 生成 20000 组样本容量 $n = 16$ 的随机数.

表 8.5.2　线性模型误差分布正态性 $\boldsymbol{\lambda(e)}$ 检验功效

对立分布	$T(1)$	$T(2)$	$T(3)$	Be(0.5, 0.5)	Be(1, 3)	N(0,1)
	0.7208	0.3660	0.2255	0.3276	0.2514	0.0493
对立分布	Exp(0.5)	Exp(1)	Exp(2)	Laplace(0, 1)	$\chi^2(1)$	N(0,2)
	0.5181	0.5171	0.5111	0.1782	0.7549	0.0503

$N(0,1), N(0,2)$ 属于正态分布族 $N(0,\sigma^2)$, 其对应的检验功效大约为 0.05, 这与显著性水平为 $\alpha = 0.05$ 具有一致性. 表 8.5.2 表明, $\lambda(e)$ 对于 $T(1)$ 分布, $\chi^2(1)$ 分布等具有较高的检验功效. 对于与 $N(0,\sigma^2)$ 形态相似的 Laplace 分布具有一定的检验功效.

8.5.2　线性模型 AR(1) 误差分布的正态性检验

带有 AR(1) 误差分布的线性模型的一般形式为

$$y_i = x_{i1}\beta_1 + \cdots + x_{ip}\beta_p + \varepsilon_i, \quad i = 1, \cdots, n, \tag{8.5.13}$$

$$\varepsilon_i = \rho\varepsilon_{i-1} + v_i, \quad i = 1, \cdots, n, \tag{8.5.14}$$

$$E(v_i) = 0, \quad E(v_i^2) = \sigma_v^2, \quad \text{Cov}(v_i, v_j) = 0, \quad i \neq j. \tag{8.5.15}$$

通过替代运算可得

$$\varepsilon_t = v_t + \rho v_{t-1} + \rho^2 v_{t-2} + \cdots .$$

当 $|\rho| < 1$ 时, 一阶自回归过程 ε_i 是平稳的. 由于 $\{v_i\}_{i=1}^{\infty}$ 是不相关的, 故

$$\begin{aligned}
\mathrm{Var}(\varepsilon_t) &= \sigma_v^2 + \rho^2\sigma_v^2 + \rho^4\sigma_v^2 + \cdots = \frac{\sigma_v^2}{1-\rho^2}, \\
\mathrm{Cov}(\varepsilon_t, \varepsilon_{t-s}) &= \frac{\sigma_v^2}{1-\rho^2}\rho^s = \sigma_\varepsilon^2 \rho^s.
\end{aligned}$$

误差协方差阵为

$$\sigma_\varepsilon^2 \Sigma = \frac{\sigma_v^2}{1-\rho^2}\begin{pmatrix} 1 & \rho & \rho^2 & \ldots & \rho^{n-1} \\ \rho & 1 & \rho & \ldots & \rho^{n-2} \\ \rho^2 & \rho & 1 & \ldots & \rho^{n-3} \\ \vdots & \vdots & \vdots & & \vdots \\ \rho^{n-1} & \rho^{n-2} & \rho^{n-3} & \ldots & 1 \end{pmatrix}.$$

$$\Sigma^{-1} = \frac{1}{1-\rho^2}\begin{pmatrix} 1 & -\rho & 0 & \ldots & 0 & 0 \\ -\rho & 1+\rho^2 & -\rho & \ldots & 0 & 0 \\ 0 & -\rho & 1+\rho^2 & \ldots & 0 & 0 \\ \vdots & \vdots & \vdots & & \vdots & \vdots \\ 0 & 0 & 0 & \ldots & 1+\rho^2 & -\rho \\ 0 & 0 & 0 & \ldots & -\rho & 1 \end{pmatrix},$$

对于 Σ^{-1}, 存在矩阵分解, $\Gamma^{\mathrm{T}}\Gamma = (1-\rho^2)\Sigma^{-1}$,

$$\Gamma = \Gamma(\rho) = \begin{pmatrix} \sqrt{1-\rho^2} & 0 & 0 & \ldots & 0 & 0 \\ -\rho & 1 & 0 & \ldots & 0 & 0 \\ 0 & -\rho & 1 & \ldots & 0 & 0 \\ \vdots & \vdots & \vdots & & \vdots & \vdots \\ 0 & 0 & 0 & \ldots & 1 & 0 \\ 0 & 0 & 0 & \ldots & -\rho & 1 \end{pmatrix}.$$

做线性变换

$$\tilde{\boldsymbol{Y}} = \Gamma\boldsymbol{Y}, \quad \tilde{X} = \Gamma X, \quad \tilde{\boldsymbol{\varepsilon}} = \Gamma\boldsymbol{\varepsilon},$$

模型 (8.5.13)—(8.5.15) 成为

$$\tilde{\boldsymbol{Y}} = \tilde{X}\boldsymbol{\beta} + \tilde{\boldsymbol{\varepsilon}}, \tag{8.5.16}$$

$$E(\tilde{\boldsymbol{Y}}) = 0, \quad \mathrm{Cov}(\tilde{\boldsymbol{Y}}) = \sigma_v^2 I_n. \tag{8.5.17}$$

模型 (8.5.16)—(8.5.17) 为经典线性回归模型, 误差分布为球误差分布, 即

$$E(\tilde{\boldsymbol{\varepsilon}})=0,\quad \operatorname{Cov}(\tilde{\boldsymbol{\varepsilon}})=\sigma_v^2 I_n.$$

设 $\boldsymbol{v}=(v_1,v_2,\cdots,v_n)^{\mathrm{T}}$ 且 $\varepsilon_1=(1/\sqrt{1-\rho^2})v_1$, 其中 v_i 由式 (8.5.14) 定义, 则

$$\tilde{\boldsymbol{\varepsilon}}(\rho)=\boldsymbol{v}. \tag{8.5.18}$$

引理 8.5.3 考虑模型 (8.5.16)—(8.5.17). 设 $\operatorname{rank}(X)=p$ 且 $\boldsymbol{\theta}=(\rho,\beta,\sigma_v^2)$. 设 v 由式 (8.5.18) 定义且 $v\sim N(\mathbf{0},\sigma_v^2 I_n)$, 则

(1) $\tilde{\boldsymbol{Y}}$ 的似然函数为

$$\ln L=-\frac{n}{2}[\ln(2\pi)+\ln\sigma_v^2]-\frac{1}{2\sigma_v^2}[\tilde{\boldsymbol{\varepsilon}}(\rho)]^{\mathrm{T}}\tilde{\boldsymbol{\varepsilon}}(\rho), \tag{8.5.19}$$

其中 $\tilde{\boldsymbol{Y}}(\rho),\tilde{\boldsymbol{X}}(\rho)$ 及 $\tilde{\varepsilon}(\rho)$ 由式 (8.5.16) 定义.

(2) 当 $n\to\infty$ 时, 以概率 1 存在似然方程的解 $\hat{\boldsymbol{\theta}}_n$ 为参数 $\boldsymbol{\theta}$ 的相合估计.

引理 8.5.4 考虑模型 (8.5.16)—(8.5.17). 假设引理 8.5.3 的条件成立. 设 $f_{y_n,y_{n-1},\cdots,y_2|y_1}$ 表示给定 y_1 下 $(y_n,y_{n-1},\cdots,y_2)^{\mathrm{T}}$ 的条件概率密度. 设

$$\begin{aligned}
&\widetilde{\boldsymbol{Y}}=\begin{pmatrix}\widetilde{y}_1\\ \widetilde{y}_2\\ \vdots\\ \widetilde{y}_n\end{pmatrix}=\begin{pmatrix}\widetilde{y}_1\\ \widetilde{\boldsymbol{Y}}_2\end{pmatrix},\quad \widetilde{X}=\begin{pmatrix}\widetilde{\boldsymbol{x}}_1'\\ \widetilde{\boldsymbol{x}}_2'\\ \vdots\\ \widetilde{\boldsymbol{x}}_n'\end{pmatrix}=\begin{pmatrix}\widetilde{\boldsymbol{x}}_1'\\ \widetilde{X}_2\end{pmatrix},\\
&\widetilde{\boldsymbol{\varepsilon}}=\begin{pmatrix}\widetilde{\varepsilon}_1\\ \widetilde{\varepsilon}_2\\ \vdots\\ \widetilde{\varepsilon}_n\end{pmatrix}=\begin{pmatrix}\widetilde{\varepsilon}_1\\ \widetilde{\boldsymbol{E}}_2\end{pmatrix},
\end{aligned} \tag{8.5.20}$$

其中 $\widetilde{X}_2$ 是 $(n-1)\times p$ 矩阵, $\widetilde{\boldsymbol{Y}}_2,\widetilde{\boldsymbol{E}}_2$ 为 $n-1$ 维向量, 则

(1) 给定 y_1 下 $(y_n,y_{n-1},\cdots,y_2)^{\mathrm{T}}$ 的条件似然函数为

$$\begin{aligned}
\ln L_1=&-\frac{n-1}{2}[\ln(2\pi)+\ln\sigma_v^2]\\
&-\frac{1}{2\sigma_v^2}\sum_{i=2}^{n}[(y_i-\rho y_{i-1})-(x_i-\rho x_{i-1})^{\mathrm{T}}\boldsymbol{\beta}]^2 \qquad (8.5.21)\\
=&-\frac{n-1}{2}[\ln(2\pi)+\ln\sigma_v^2]-\frac{1}{2\sigma_v^2}\widetilde{\boldsymbol{E}}_2^{\mathrm{T}}\widetilde{\boldsymbol{E}}_2. \qquad (8.5.22)
\end{aligned}$$

(2) 设 $\hat{\rho}$ 表示 ρ 的条件极大似然估计. 对于给定的 ρ 值, $\boldsymbol{\beta}$ 和 σ_v^2 的条件极大似然估计即为普通最小二乘估计

$$\hat{\boldsymbol{\beta}}(\rho)=\left(\widetilde{X}_2^{\mathrm{T}}\widetilde{X}_2\right)^{-1}\widetilde{X}_2^{\mathrm{T}}\widetilde{\boldsymbol{Y}}_2,\quad \hat{\sigma}_v^2=\widetilde{Q}(\rho)/(n-p-1), \tag{8.5.23}$$

$$\widetilde{Q}(\rho)=\left[\hat{\widetilde{\boldsymbol{E}}}_2(\rho)\right]^{\mathrm{T}}\hat{\widetilde{\boldsymbol{E}}}_2(\rho),\quad \hat{\widetilde{\boldsymbol{E}}}_2(\rho)=\widetilde{\boldsymbol{Y}}_2-\widetilde{X}_2\hat{\boldsymbol{\beta}}(\rho). \tag{8.5.24}$$

参数 ρ 和 $\boldsymbol{\beta}$ 的条件 MLE 可由最小化 $\widetilde{\boldsymbol{E}}_2^{\mathrm{T}}\widetilde{\boldsymbol{E}}_2$ 获得. 因此, ρ 和 $\boldsymbol{\beta}$ 的条件 MLE 不依赖于参数 σ_v^2.

定理 8.5.2 设 $\widetilde{\varepsilon}(\rho)=\boldsymbol{v}$ 由式 (8.5.18) 定义且 $\boldsymbol{v}\sim N(\boldsymbol{0},\sigma_v^2)$. 设 $\hat{\rho},\hat{\boldsymbol{\beta}}(\cdot)$ 和 $\hat{\sigma}_v^2(\cdot)$ 由引理 8.5.4 定义. 记

$$\hat{\boldsymbol{v}}=(\hat{v}_1,\cdots,\hat{v}_n)^{\mathrm{T}}=(\hat{v}_1,\hat{\boldsymbol{V}}_2)^{\mathrm{T}}=\widetilde{\boldsymbol{Y}}(\hat{\rho})-\widetilde{X}(\hat{\rho})\hat{\boldsymbol{\beta}}(\hat{\rho}), \tag{8.5.25}$$

$$\hat{\sigma}_v^2=[\hat{\boldsymbol{V}}_2]^{\mathrm{T}}\hat{\boldsymbol{V}}_2/(n-p-1),\quad \hat{\sigma}_v=\sqrt{\hat{\sigma}_v^2}, \tag{8.5.26}$$

$$\boldsymbol{Z}=(z_1,\cdots,z_n)^{\mathrm{T}}=\hat{\boldsymbol{v}}/\hat{\sigma}_v(\hat{\rho}). \tag{8.5.27}$$

则

(1) $z_1,\cdots,z_n$ 的渐近分布为 $N(0,1)$, 记为 $z_i\overset{a}{\sim}N(0,1),\ i=1,\cdots,n$.

(2) $z_1,\cdots,z_n$ 是渐近独立的.

证明 (1) 设 $\hat{\boldsymbol{\theta}}_{n-1}=(\hat{\rho},\hat{\boldsymbol{\beta}}(\hat{\rho}),\hat{\sigma}_v^2(\hat{\rho}))$ 表示 $\boldsymbol{\theta}=(\rho,\boldsymbol{\beta},\sigma_v^2)$ 的条件极大似然估计. 由引理 8.5.3, $\hat{\boldsymbol{\theta}}_{n-1}\overset{P}{\to}\boldsymbol{\theta},n\to\infty$. 因此

$$\hat{v}_i=\widetilde{y}_i(\hat{\rho})-[\widetilde{\boldsymbol{x}}_i(\hat{\rho})]^{\mathrm{T}}\hat{\boldsymbol{\beta}}(\hat{\rho})\to\widetilde{y}_i(\rho)-[\widetilde{\boldsymbol{x}}_i(\rho)]^{\mathrm{T}}\boldsymbol{\beta}(\rho),\quad n\to\infty, \tag{8.5.28}$$

其中 $\widetilde{\boldsymbol{x}}_i,\widetilde{y}_i$ 由式 (8.5.20) 定义. 因为

$$\boldsymbol{v}/\sigma_v\sim N(\boldsymbol{0},I_n),\quad \hat{\sigma}_v(\hat{\rho})\to\sigma_v,\quad n\to\infty, \tag{8.5.29}$$

因此, $z_i=\hat{v}_i/\hat{\sigma}_v(\hat{\rho})\overset{d}{\to}v_i/\sigma_v\sim N(0,1),\ n\to\infty$.

(2) 由式 (8.5.29), $v_1,\cdots,v_n$ 是独立的, 故 $z_1,\cdots,z_n$ 是渐近独立的.

设 $\widetilde{\varepsilon}$ 由式 (8.5.16) 定义且设其分布函数为 $\widetilde{F}$. 考虑假设检验

$$H_0:\widetilde{F}=\widetilde{F}_0, \tag{8.5.30}$$

其中 $\widetilde{F}_0$ 为 $N(\boldsymbol{0},\sigma_v^2I_n)$ 的分布函数. 由定理 8.5.2, 对 $N(\boldsymbol{0},\sigma_v^2I_n)$ 的拟合优度检验, 可以转化为对 $z_i\overset{a}{\sim}N(0,1),\ i=1,\cdots,n$ 的拟合优度检验.

$\boldsymbol{Z}=(z_1,\cdots,z_n)^{\mathrm{T}}$ 由式 (8.5.27) 定义, $z_{(1)},\cdots,z_{(n)}$ 为 $z_1,\cdots,z_n$ 的次序统计量. 检验 $z_i\overset{a}{\sim}N(0,1)$ 的修正 AD 型统计量的计算公式为

$$\varsigma(\boldsymbol{Z})=-n-\frac{1}{n}\sum_{i=1}^{n}(2i-1)[\ln\varPhi(z_{(i)})+\ln(1-\varPhi(z_{(n+1-i)}))], \tag{8.5.31}$$

其中 $\varPhi(\cdot)$ 为 $N(0,1)$ 的分布函数.

设 $-1<\rho<1$. 选取 $\rho=-1(\Delta)1$, 使得 $\widetilde{\boldsymbol{E}}_2^{\mathrm{T}}\widetilde{\boldsymbol{E}}_2$ 达到最小. 将由此得到的 ρ 值记为 $\breve{\rho}$, 则有 $\breve{\rho}\to\hat{\rho}$, 当 $\Delta\to 0$. 检验统计量 $\varsigma(\boldsymbol{Z})$ 的临界值的估计步骤如下:

(1) 生成随机数 $\widetilde{\boldsymbol{\varepsilon}}_*=(\widetilde{\varepsilon}_{1*},\widetilde{\boldsymbol{E}}_{2*})^{\mathrm{T}}=(\widetilde{\varepsilon}_{1*},\cdots,\widetilde{\varepsilon}_{n*})^{\mathrm{T}}\sim N(\boldsymbol{0},I_n)$.

(2) 设 $P_{\widetilde{X}_2}(\breve{\rho})=\widetilde{X}_2\left(\widetilde{X}_2^{\mathrm{T}}\widetilde{X}_2\right)^{-1}\widetilde{X}_2^{\mathrm{T}}$, $\widetilde{X}_2=\widetilde{X}_2(\breve{\rho})$. 计算

$$\hat{\boldsymbol{V}}_{2*}=[I_{n-1}-P_{\widetilde{X}_2}(\breve{\rho})]\widetilde{\boldsymbol{E}}_{2*}. \tag{8.5.32}$$

(3) 计算

$$\hat{\sigma}_{v*}^2(\breve{\rho})=\frac{1}{n-p-1}\hat{\boldsymbol{V}}_{2*}^{\mathrm{T}}\hat{\boldsymbol{V}}_{2*},\quad \hat{\sigma}_{v*}(\breve{\rho})=\sqrt{\hat{\sigma}_{v*}^2(\breve{\rho})}. \tag{8.5.33}$$

(4) 计算

$$\begin{aligned}\hat{v}_{1*}=\widetilde{y}_1(\breve{\rho})-[\widetilde{\boldsymbol{x}}_1(\breve{\rho})]^{\mathrm{T}}\hat{\boldsymbol{\beta}}(\breve{\rho})=\widetilde{\varepsilon}_{1*}-\widetilde{\boldsymbol{x}}_1^{\mathrm{T}}(\widetilde{X}_2^{\mathrm{T}}\widetilde{X}_2)^{-1}\widetilde{X}_2^{\mathrm{T}}\widetilde{\boldsymbol{E}}_2,\\ \widetilde{\boldsymbol{x}}_1=\widetilde{\boldsymbol{x}}_1(\breve{\rho}),\quad \widetilde{X}_2=\widetilde{X}_2(\breve{\rho}).\end{aligned} \tag{8.5.34}$$

(5) 设 $\hat{\boldsymbol{v}}_*=\left(\hat{v}_{1*},\hat{\boldsymbol{V}}_{2*}^{\mathrm{T}}\right)^{\mathrm{T}}$. 计算

$$\boldsymbol{Z}_*=(z_{1*},\cdots,z_{n*})^{\mathrm{T}}=\hat{\boldsymbol{v}}_*/\hat{\sigma}_{v*}(\breve{\rho}). \tag{8.5.35}$$

(6) 计算 $\varsigma_*=\varsigma(\boldsymbol{Z}_*(\widetilde{\boldsymbol{\varepsilon}}_*))$.

重复上述步骤 N 次, 得到 $\varsigma_{1*},\cdots,\varsigma_{N*}$. 设 $\varsigma_{(1*)},\cdots,\varsigma_{(N*)}$ 为其次序统计量, 由此得到检验统计量 ς 的临界值估计. 因为

$$\varsigma_*=\varsigma(\boldsymbol{Z}_*(\widetilde{\boldsymbol{\varepsilon}}_*))=\varsigma(\boldsymbol{Z}_*(\sigma_v\widetilde{\boldsymbol{\varepsilon}}_*)), \tag{8.5.36}$$

故在步骤 (1) 中取 $\sigma_v=1$.

式 (8.5.34) 的证明:

$$\hat{v}_{1*}=\widetilde{y}_1(\breve{\rho})-[\widetilde{\boldsymbol{x}}_1(\breve{\rho})]^{\mathrm{T}}\hat{\boldsymbol{\beta}}(\breve{\rho}) \tag{8.5.37}$$

$$=(\widetilde{\boldsymbol{x}}_1^{\mathrm{T}}\boldsymbol{\beta}+\widetilde{\varepsilon}_{1*})-\widetilde{\boldsymbol{x}}_1^{\mathrm{T}}(\widetilde{X}_2^{\mathrm{T}}\widetilde{X}_2)^{-1}\widetilde{X}_2^{\mathrm{T}}(\widetilde{X}_2\boldsymbol{\beta}+\widetilde{\boldsymbol{E}}_2) \tag{8.5.38}$$

$$=\widetilde{\varepsilon}_{1*}-\widetilde{\boldsymbol{x}}_1^{\mathrm{T}}(\widetilde{X}_2^{\mathrm{T}}\widetilde{X}_2)^{-1}\widetilde{X}_2^{\mathrm{T}}\widetilde{\boldsymbol{E}}_2. \tag{8.5.39}$$

式 (8.5.36) 的证明: 因为

$$\hat{\boldsymbol{v}}_*(\sigma_v\widetilde{\boldsymbol{\varepsilon}}_*)=\sigma_v\hat{\boldsymbol{v}}_*(\widetilde{\boldsymbol{\varepsilon}}_*),\quad \hat{\boldsymbol{V}}_{2*}(\sigma_v\widetilde{\boldsymbol{\varepsilon}}_*)=\sigma_v\hat{\boldsymbol{V}}_{2*}(\widetilde{\boldsymbol{\varepsilon}}_*),$$

$$\hat{\sigma}_{v*}^2(\sigma_v\widetilde{\boldsymbol{\varepsilon}}_*)=\sigma_v^2\hat{\sigma}_{v*}^2(\widetilde{\boldsymbol{\varepsilon}}_*),\quad \boldsymbol{Z}_*(\sigma_v\widetilde{\boldsymbol{\varepsilon}}_*)=\boldsymbol{Z}_*(\widetilde{\boldsymbol{\varepsilon}}_*).$$

故知结论成立.

我们使用某地区商品与国民生产总值的年度时间序列数据进行检验统计量 $\varsigma(\boldsymbol{Z})$ 的功效模拟. 响应变量为出口总值 y, 解释变量为国民生产总值 x_2. 设 $x_1 \equiv 1$. 数据由表 8.5.3 给出.

表 8.5.3 某地区出口 A 类商品总值与国民生产总值

n	1	2	3	4	5	6	7
y	4010	3711	4004	4151	4569	4582	4697
x_2	22418	22308	23319	24180	24893	25310	25799
n	8	9	10	11	12	13	14
y	4753	5062	5669	5628	5736	5946	6501
x_2	25866	26868	28134	29091	29450	30705	32372
n	15	16	17	18	19		
y	6549	6705	7104	7609	8100		
x_2	33152	33764	34411	35429	36200		

设显著性水平为 $\alpha = 0.05$. 考虑假设检验

$$H_0 : \boldsymbol{v} \sim N(\boldsymbol{0}, \sigma_v^2 I_n). \tag{8.5.40}$$

通过抽取 20000 组 $\widetilde{\varepsilon}_* \sim N(\boldsymbol{0}, I_n)$, 估计检验统计量 $\varsigma(\boldsymbol{Z})$ 的临界值. 计算可得, 使用参数 $\boldsymbol{\beta} = (\beta_1, \beta_2)^{\mathrm{T}}$ 普通最小二乘估计, 可得样本决定系数 $R^2 = 0.9816$. 而 Durbin-Watson 检验表明误差 ε_i 为 AR(1) 扰动项. 因此, 考虑拟合模型为 (8.5.13)—(8.5.15), 其中 $p = 2, n = 19$. 式 (8.5.32) 中 ρ 的条件 MLE 为 $\check{\rho} = 0.6$. 使用检验统计量 $\varsigma(\boldsymbol{Z})$ 及其临界值估计, 接受原假设 (8.5.40), 即 $v_1, \cdots, v_n$ 为 i.i.d.$\sim N(0, \sigma_v^2)$.

基于 19 组数据的 $\varsigma(\boldsymbol{Z})$ 检验功效模拟由表 8.5.4 给出. 对立分布包括 t 分布 $T(s)$, Beta 分布, 指数分布, Laplace 分布, 正态分布及 χ^2 分布等. 生成 20000 组样本容量 $n = 19$ 的随机数. 由表 8.5.4 可知:

表 8.5.4 线性模型 AR(1) 误差分布正态性 $\varsigma(Z)$ 检验功效

对立分布	$T(1)$	$T(2)$	$T(3)$	Be(0.5,0.5)	Be(1,3)	$N(1,1)$	$N(10,1)$
	0.7679	0.4133	0.2468	0.3928	0.2979	0.0751	0.9998
对立分布	Exp(0.5)	Exp(1)	Exp(2)	Laplace(0,1)	$\chi^2(1)$	$N(0,2)$	$N(0,9)$
	0.5809	0.5770	0.5796	0.1894	0.8121	0.0485	0.0512

(1) $N(0,2), N(0,9)$ 属于正态分布族 $N(0, \sigma_v^2)$, 其对应的模拟检验功效大约为 0.05, 这与显著性水平为 $\alpha = 0.05$ 具有一致性.

(2) $\varsigma(\boldsymbol{Z})$ 对于 $N(1,1)$ 和 $N(10,1)$ 分布的检验功效分别为 0.0751 和 0.9998. 这是由于 $N(1,1), N(10,1)$ 不属于正态分布族 $N(0, \sigma_v^2)$, 随着均值参数 $\mu = 1 \to 10$, $\varsigma(\boldsymbol{Z})$ 的检验功效增大.

(3) $\varsigma(\boldsymbol{Z})$ 对 $T(1)$, $\chi^2(1)$ 分布等具有较高的检验功效.

第 9 章　球面均匀分布的拟合优度检验

在广义多元分析中, 椭球对称分布是基础性概率分布, 包括球对称分布、多元正态分布、多元 t 分布、多元柯西分布等. 多元正态分布是经典多元分析中的基本假设, 椭球对称分布有许多类似于多元正态分布的性质, 经典多元分析中的一些研究方法同样适用于广义多元分析中的数据分析. 基于球面均匀分布, 可以构造椭球对称分布. 因此, 在多元分布拟合优度检验问题研究中, 单位球面均匀分布的拟合优度检验起着非常重要的作用.

设 $\boldsymbol{X}_1, \cdots, \boldsymbol{X}_n$ 是来自椭球对称分布的样本, $\overline{\boldsymbol{X}}, \boldsymbol{S}$ 为样本均值和协方差阵. 记 $\boldsymbol{Y}_i = \boldsymbol{S}^{-1/2}(\boldsymbol{X}_i - \overline{\boldsymbol{X}})$, $\boldsymbol{W}_i = \boldsymbol{Y}_i/\|\boldsymbol{Y}_i\|$, $i \leqslant n$. $\boldsymbol{W}_i$ 将 $\boldsymbol{Y}_i$ 映射到了单位球面上, $\boldsymbol{W}_i(i \leqslant n)$ 应渐近服从球面上的均匀分布. Manzotti 等 (2002) 基于阶大于 2 的球调和函数, 构造关于 $\boldsymbol{W}_i$ 的条件平均检验统计量. 检验 $\boldsymbol{W}_i, i \leqslant n$ 是否服从球面均匀分布, 进而得到椭球对称分布的拟合优度检验.

方向数据的统计分析起因于地质科学及动物行为等方面的研究, 现已发展为一个独立的统计学分支. 方开泰等 (1990) 利用转动惯量及特征根研究球面上分布特性, 判断球面上样本点的分布特点, 指出三维球面上样本点惯量矩对应矩阵的特征根近似相等时, 样本转动惯量关于任一方向几乎保持不变. 据此判断样本点是否服从球面均匀分布.

基于 L_α 模球面均匀分布及垂直密度表示理论, 可以构造新的多元概率分布. 我们提出一条多元概率分布拟合优度检验主线:

球面均匀分布 $\Rightarrow$ 球对称分布 $\Rightarrow$ 椭球对称分布 $\Rightarrow$ 中心相似分布.

9.1　球面均匀分布的特征检验

苏岩等 (2009) 推广方开泰等基于惯量矩的三维球面上样本服从均匀分布的拟合优度检验到 d 维球面上, 得到下述结论:

(1) 证明了基于惯量矩的 d 维单位球面上样本服从均匀分布的基本特征, 得到球面均匀分布协差阵特征根估计的强相合性及渐近多元正态性.

(2) 给出球面上随机变量 $\boldsymbol{X}$ 的期望惯量矩对任意方向恒相等的充要条件.

(3) 提出了检验球面上样本均匀性的渐近 χ^2 统计量, 证明了拟合优度检验的相合性.

(4) 通过产生 d 维球面上均匀概率分布的随机数, 给出了球面上均匀性检验的模拟分位数. 做基于质心和惯量矩的相应渐近 χ^2 统计量 (λ^2 及 χ^2) 的检验功效的随机模拟, 结果显示球面均匀性 λ^2 及 χ^2 联合检验的必要性.

(5) 基于 Yang 等 (1996) 提出的多元正态分布的样本转换变量服从 Pearson II 型分布理论, 对 iris 数据利用模拟分位数及渐近 χ^2 分布, 进行了多元正态分布的拟合优度检验. 即通过变量变换, 消去 $N(\mu,\Sigma)$ 中的未知参数 μ,Σ, 基于转换样本服从球对称分布的结论, 转换对多元正态分布的拟合优度检验为球面均匀分布的拟合优度检验.

9.1.1 检验统计量的渐近分布

设连续型随机变量 $(d\times 1)$ $\boldsymbol{X}_1,\cdots,\boldsymbol{X}_n$ 是独立同分布 (i.i.d.) 随机变量, 总体概率密度函数 (p.d.f) 为 $f(\boldsymbol{x}),\boldsymbol{x}\in\mathbf{R}^d$, 即 $\boldsymbol{X}_1,\cdots,\boldsymbol{X}_n\sim f(\boldsymbol{x})$. 假设 $f(\boldsymbol{x})$ 具有零均值和有限二阶矩, 设

$$\boldsymbol{S}_k=\sum_{i=1}^{k}\boldsymbol{X}_{\boldsymbol{i}}\boldsymbol{X}_{\boldsymbol{i}}^{\mathbf{T}},\quad \boldsymbol{Y}_k=\boldsymbol{S}_k^{-1/2}\boldsymbol{X}_k. \tag{9.1.1}$$

$k=d+1,\cdots,n$, $\boldsymbol{S}_k^{-1/2}=(\boldsymbol{S}_k^{1/2})^{-1}$, $\boldsymbol{S}_k^{1/2}$ 是 $\boldsymbol{S}_k$ 的正定平方根. Yang 等 (1996) 给出了多元正态分布 $\boldsymbol{N}_d(\mathbf{0},\Sigma)$ 的特征表示引理.

引理 9.1.1 设 $\boldsymbol{X}_1,\cdots,\boldsymbol{X}_n$ 是独立同分布随机变量, 且服从 $N_d(\mathbf{0},\Sigma)$, 依式 (9.1.1) 定义 $\boldsymbol{Y}_k$, 则 $\boldsymbol{Y}_{d+1},\cdots,\boldsymbol{Y}_n$ 相互独立且 $\boldsymbol{Y}_k(k\geqslant d+1)$ 服从 Pearson II 型分布, 其概率密度为

$$f_k(\boldsymbol{y})=\frac{\Gamma(k/2)}{\pi^{d/2}\Gamma((k-d)/2)}(1-\boldsymbol{y}^{\mathbf{T}}\boldsymbol{y})^{(k-d-2)/2},\quad \boldsymbol{y}\in\mathbf{R}^d,\quad \boldsymbol{y}^{\mathrm{T}}\boldsymbol{y}<1. \tag{9.1.2}$$

命题 9.1.1 设 $\boldsymbol{Z}_1,\cdots,\boldsymbol{Z}_n$ 是 i.i.d.$\sim\boldsymbol{N}_d(\boldsymbol{\mu},\Sigma)$. 定义随机变量

$$\boldsymbol{V}_i=\frac{\boldsymbol{Z}_1+\cdots+\boldsymbol{Z}_i-i\boldsymbol{Z}_{i+1}}{\sqrt{i(i+1)}},\quad i=1,\cdots,n-1, \tag{9.1.3}$$

则 $\boldsymbol{V}_i$ 是 i.i.d.$\sim\boldsymbol{N}_d(\mathbf{0},\Sigma)$, $i=1,\cdots,n-1$.

命题 9.1.2 设 $\boldsymbol{U}_d$ 服从 d 维单位球面上均匀分布, 则 $\boldsymbol{U}_d$ 的边际分布存在, $(U_1,\cdots,U_k)$ 的边际密度为

$$\frac{\Gamma(d/2)}{\Gamma((d-k)/2)\pi^{k/2}}\left(1-\sum_{i=1}^{k}u_i^2\right)^{(d-k)/2-1}, \tag{9.1.4}$$

其中 $\sum_{i=1}^{k}u_i^2<1$, $1\leqslant k<d$.

命题 9.1.3 设 $\boldsymbol{U}_d=(U_1,\cdots,U_d)^{\mathrm{T}}$ 服从 d 维单位球面上均匀分布, 则 $(U_1^2,\cdots,U_k^2)^{\mathrm{T}}$ 服从 Dirichlet 分布, 即

$$(U_1^2,\cdots,U_k^2)^{\mathrm{T}}\sim D_k(1/2,\cdots,1/2;(d-k)/2),\quad 0<k<d.$$

设 $\boldsymbol{X}_i=(X_{1i},\cdots,X_{di})^{\mathrm{T}},i=1,\cdots,n$ 为 n 个单位质量的单位球面上质点, $\boldsymbol{H}=(w_1,\cdots,w_d)^{\mathrm{T}}$ 是空间任一固定方向, n 个样本点关于 $\boldsymbol{H}$ 的惯量矩 M 定义为这些点到方向 $\boldsymbol{H}$ 的垂直距离平方之和

$$\sum_{i=1}^{n}(X_{1i}^2+\cdots+X_{di}^2)-\sum_{i=1}^{n}(X_{1i}w_1+\cdots+X_{di}w_d)^2,$$

故有

$$M=\boldsymbol{H}^{\mathrm{T}}B\boldsymbol{H},\quad B=nI-T,\quad T=\sum_{i=1}^{n}\boldsymbol{X}_i\boldsymbol{X}_i^{\mathrm{T}}. \tag{9.1.5}$$

以下考察样本点惯量矩 M 与矩阵 B 的特征根之间的关系.

定理 9.1.1 设 $\boldsymbol{X}_i=(X_{1i},\cdots,X_{di})^{\mathrm{T}},i=1,\cdots,n$ 为 n 个单位球面上样本点, $\boldsymbol{H}$ 是空间任一单位长度的固定方向, n 个样本点关于 $\boldsymbol{H}$ 的惯量矩 M 由式 (9.1.5) 给出, 则当矩阵 B 的特征根 $\beta_1,\cdots,\beta_d$ 相等时, 球面上 n 个样本点对任意方向 $\boldsymbol{H}$ 的惯量矩 M 恒相等, 且 $\beta_1+\cdots+\beta_d=(d-1)n$.

证明 设 $\beta_1\leqslant\cdots\leqslant\beta_d,B\geqslant 0$, 故存在正交阵 Γ, 使得

$$\Gamma B\Gamma^{\mathrm{T}}=\Lambda=\begin{pmatrix}\beta_1 & 0 & \cdots & 0\\ 0 & \beta_2 & \cdots & 0\\ \vdots & \vdots & & \vdots\\ 0 & 0 & \cdots & \beta_d\end{pmatrix},$$

所以

$$B=\Gamma^{\mathrm{T}}\Lambda\Gamma,$$

故

$$\begin{aligned}M&=\boldsymbol{H}^{\mathrm{T}}B\boldsymbol{H}=\boldsymbol{H}^{\mathrm{T}}\Gamma^{\mathrm{T}}\Lambda\Gamma\boldsymbol{H}=(\Gamma\boldsymbol{H})^{\mathrm{T}}\Lambda(\Gamma\boldsymbol{H})\\&=\boldsymbol{H}_1^{\mathrm{T}}\Lambda\boldsymbol{H}_1=\beta_1v_1^2+\cdots+\beta_dv_d^2.\\ \boldsymbol{H}_1&=\Gamma\boldsymbol{H}=(v_1.\cdots,v_d)^{\mathrm{T}},\quad \|\boldsymbol{H}_1\|=1.\end{aligned}$$

因此 $\beta_1\leqslant M\leqslant\beta_d$, 当 $\beta_1=\beta_2=\cdots=\beta_d$ 时, 惯量矩 M 对任意方向 $\boldsymbol{H}$ 恒相等.

$$\begin{aligned}\beta_1+\beta_2+\cdots+\beta_d&=\mathrm{tr}(\Lambda)=\mathrm{tr}(\Gamma B\Gamma^{\mathrm{T}})\\&=\mathrm{tr}(B)=\mathrm{tr}(nI-T)\\&=nd-n=(d-1)n,\end{aligned}$$

推论 9.1.1 设 T 的特征根为 $\alpha_1 \leqslant \alpha_2 \leqslant \cdots \leqslant \alpha_d$, 则

$$\alpha_i = n - \beta_i, \quad \alpha_1 + \alpha_2 + \cdots + \alpha_d = n, \quad \alpha_i \geqslant 0.$$

证明 由 $B = nI - T$ 为实对称阵可得.

由推论 9.1.1 知, 当 $\alpha_1 = \alpha_2 = \cdots = \alpha_d$ 时, 单位球面上样本点对任意方向的惯量矩恒相等. 设 $\boldsymbol{X} \sim U(\Omega_d)$. 因为 $(1/n)T \xrightarrow{p} \mathrm{Cov}(\boldsymbol{X})$, 故球面均匀分布二阶矩检验对应着惯量矩检验.

定理 9.1.2 设 $\boldsymbol{X} = (X_1, \cdots, X_d)^{\mathrm{T}}$ 是 d 维随机变量, $\|\boldsymbol{X}\| = 1, \mathrm{Cov}(\boldsymbol{X})$ 存在, 则 $\boldsymbol{X}$ 对任意方向 $\boldsymbol{H} = (w_1, \cdots, w_d)^{\mathrm{T}}$ 的期望惯量矩与 $\boldsymbol{H}$ 无关的充要条件是

$$E(X_i^2) = \frac{1}{d}, \quad i = 1, \cdots, d; \quad E(X_i X_j) = 0, \quad i \neq j, \quad i, j = 1, \cdots, d. \tag{9.1.6}$$

证明 $\boldsymbol{X} = (X_1, \cdots, X_d)^{\mathrm{T}}$ 关于 $\boldsymbol{H} = (w_1, \cdots, w_d)^{\mathrm{T}}$ 的惯量矩 M 为

$$(X_1^2 + \cdots + X_d^2) - (X_1 w_1 + \cdots + X_d w_d)^2,$$

$$E(M) = \sum_{i=1}^{d} (1 - w_i^2) E(X_i^2) - 2 \sum_{i \neq j} w_i w_j E(X_i X_j).$$

欲使 $E(M)$ 与 $\boldsymbol{H}$ 无关, 取 $\boldsymbol{H}$ 的第 i 个分量为 1, 其余分量为 0, 则

$$E(M) = -E(X_i^2) + \sum_{j=1}^{d} E(X_j^2)\ , \quad i = 1, \cdots, d,$$

所以 $E(X_i^?)$ 相等, $i = 1, \cdots, d$. 又 $\|\boldsymbol{X}\| = 1$, 故

$$E(X_i^2) = \frac{1}{d}, \quad i = 1, \cdots, d.$$

对 $i \neq j$, 当 $\boldsymbol{H}$ 的第 i 个分量及第 j 个分量为 $\dfrac{1}{\sqrt{2}}$, 其余分量为 0 时,

$$E(M) = 1 - \frac{1}{d} - E(X_i X_j).$$

当 $\boldsymbol{H}$ 的第 i 个分量为 $\dfrac{1}{\sqrt{2}}$, 第 j 个分量为 $-\dfrac{1}{\sqrt{2}}$, 其余分量为 0 时,

$$E(M) = 1 - \frac{1}{d} + E(X_i X_j).$$

因此, $E(X_i X_j) = 0, i \neq j,\ i, j = 1, \cdots, d$. 此时 $E(M) = 1 - \dfrac{1}{d}$.

例 9.1.1　设 $\boldsymbol{X}=(X_1,X_2)^{\mathrm{T}}$ 服从上半圆周 $(\|\boldsymbol{X}\|=1, X_2>0)$ 均匀分布的随机变量, 则

$$(E(X_1^2),E(X_2^2))^{\mathrm{T}}=\left(\frac{1}{2},\frac{1}{2}\right)^{\mathrm{T}}, \quad E(X_1X_2)=0.$$

$\boldsymbol{X}$ 期望惯量矩 $E(M)$ 与方向 $\boldsymbol{H}$ 无关, 但是 $\boldsymbol{X}$ 不是整个单位圆周上均匀分布的随机变量, 故应考虑质心和惯量矩两个球面均匀性物理特性.

定理 9.1.3　设 $(X_1,\cdots,X_d)^{\mathrm{T}}$ 是 d 维单位球面上均匀分布随机变量, $\boldsymbol{X}_i=(X_{1i},\cdots,X_{di})^{\mathrm{T}}$, $i=1,\cdots,n$ 为样本,

$$\overline{X}_k=\frac{1}{n}\sum_{i=1}^{n}X_{ki}, \quad k=1,\cdots,d,$$

则

$$\sqrt{n}(\overline{X}_1,\cdots,\overline{X}_d)^{\mathrm{T}}\xrightarrow{d}N_d\left(\boldsymbol{0},\frac{1}{d}I_d\right), \quad n\to\infty. \tag{9.1.7}$$

证明　因为

$$E(\boldsymbol{X})=\boldsymbol{0}, \quad \mathrm{Cov}(\boldsymbol{X})=\frac{1}{d}I_d,$$

故由多元中心极限定理可知结论成立.

推论 9.1.2　在定理 9.1.3 的条件下, 当 n 充分大时, 近似地, 有

$$\lambda^2=nd(\overline{X}_1^2+\cdots+\overline{X}_d^2)\sim\chi_d^2. \tag{9.1.8}$$

定理 9.1.4　设 $(X_1,\cdots,X_d)^{\mathrm{T}}$ 是 d 维单位球面上均匀分布随机变量,

$$\boldsymbol{V}=(X_1^2,\cdots,X_d^2)^{\mathrm{T}}, \quad \boldsymbol{\mu}=\left(\frac{1}{d},\cdots,\frac{1}{d}\right)^{\mathrm{T}},$$

$\boldsymbol{X}_i=(X_{1i},\cdots,X_{di})^{\mathrm{T}}, i=1,\cdots,n$ 为样本, $Y_{kn}=\dfrac{1}{n}\sum_{i=1}^{n}X_{ki}^2$, $k=1,\cdots,d$, 则

(1) $E(\boldsymbol{V})=\boldsymbol{\mu}, \mathrm{Cov}(\boldsymbol{V})=\dfrac{2}{d^2(d+2)}\varSigma_{d\times d}$, $\varSigma_{d\times d}$ 是主对角元素为 $d-1$, 其余元素为 -1 的 d 阶对称矩阵.

(2) $E(Y_{kn})=\dfrac{1}{d}, Y_{kn}\to\dfrac{1}{d}$ a.s., $k=1,\cdots,d$, $n\to\infty$.

(3) 记 $\boldsymbol{Z}_n^{(d-1)}=(Y_{1n},\cdots,Y_{(d-1)n})^{\mathrm{T}}$, $\boldsymbol{\mu}^{(d-1)}=\left(\dfrac{1}{d},\cdots,\dfrac{1}{d}\right)^{\mathrm{T}}$, 有

$$\sqrt{n}(\boldsymbol{Z}_n^{(d-1)}-\boldsymbol{\mu}^{(d-1)})\xrightarrow{d}N_{d-1}(\boldsymbol{0},\sigma_0^2\varSigma_0), \quad n\to\infty, \tag{9.1.9}$$

其中 $\sigma_0^2=\dfrac{2}{d^2(d+2)}$, $\varSigma_0$ 是主对角元素为 $d-1$,其余元素为 -1 的 $d-1$ 阶对称矩阵.

证明 由命题 9.1.3, 推论 6.1.4, 当 $\alpha_i = \dfrac{1}{2}, i = 1, \cdots, d$ 时,

$$\alpha = \frac{d}{2}, \quad E(X_1^2) = \frac{1}{d},$$

$$\mathrm{Var}(X_1^2) = \frac{2(d-1)}{d^2(d+2)}, \quad \mathrm{Cov}(X_1^2, X_2^2) = \frac{-2}{d^2(d+2)},$$

可得 (1). 因为 $E(\boldsymbol{V}) = \boldsymbol{\mu}$, 由强大数定律知 (2) 成立. 由 (1) 及多元中心极限定理可得 (3).

推论 9.1.3 在定理 9.1.4 的条件下, 当 n 充分大时, 近似地, 有

$$\chi^2 = n(\boldsymbol{Z}_n^{(d-1)} - \boldsymbol{\mu}^{(d-1)})^{\mathrm{T}} \sigma_0^{-2} \Sigma_0^{-1} (\boldsymbol{Z}_n^{(d-1)} - \boldsymbol{\mu}^{(d-1)}) \sim \chi_{d-1}^2. \tag{9.1.10}$$

9.1.2 拟合优度检验的相合性

命题 9.1.4 设有 d 元函数 $g_d(\boldsymbol{x}), \boldsymbol{x} \in \mathbf{R}^d$, 满足 $\displaystyle\int_{\|\boldsymbol{x}\|=1} g_d(x_1, \cdots, x_d)\mathrm{d}\boldsymbol{\omega} = 0$, 则

$$\int_{x_1^2+\cdots+x_k^2<1} g_{[1,\cdots,k]}(x_1, \cdots, x_k)\mathrm{d}x_1 \cdots \mathrm{d}x_k = 0,$$

其中, $g_{[1,\cdots,k]}(x_1, \cdots, x_k)$ 为 $g_d(x_1, \cdots, x_d)$ 在区域 $\|\boldsymbol{x}\| = 1$ 对 $x_d, \cdots, x_{k+1}$ 变量进行积分运算后的得到的被积函数, $k = 1, \cdots, d-1$.

定理 9.1.5 设有局部对立假设序列:

$$H_0 : f(\boldsymbol{x}) = \frac{1}{s}, \quad \|\boldsymbol{x}\| = 1; \quad H_{1n} : f(\boldsymbol{x}) = \frac{1}{s} + \frac{g_d(\boldsymbol{x})}{\sqrt{n}}, \quad \|\boldsymbol{x}\| = 1,$$

其中, s 为 d 维单位球面的面积且

$$\int_{\|\boldsymbol{x}\|=1} g_d(x_1, \cdots, x_d)\mathrm{d}\boldsymbol{\omega} = 0, \quad \frac{1}{s} + \frac{g_d(\boldsymbol{x})}{\sqrt{n}} > 0, \quad \|\boldsymbol{x}\| = 1, \quad \boldsymbol{x} \in \mathbf{R}^d,$$

则当对立假设 $\{H_{1n}\}_{n=1}^{\infty}$ 成立时,

(1) 式 (9.1.8) 中 λ^2 的极限分布是自由度为 d, 非中心参数为 δ_1 的非中心 χ^2 分布.

(2) 式 (9.1.10) 中 χ^2 的极限分布是自由度为 $d-1$, 非中心参数为 δ_2 的非中心 χ^2 分布.

证明 (1) 由式 (9.1.4) 及命题 9.1.4 可知, 当对立假设 $\{H_{1n}\}_{n=1}^{\infty}$ 成立时, $\boldsymbol{X}$ 的分量 $X_i, i = 1, \cdots, d$ 的概率密度为

$$f_{[i]}(x_i) = \frac{\Gamma(d/2)}{\Gamma((d-1)/2)\pi^{1/2}}(1 - x_i^2)^{(d-3)/2} + \frac{g_{[i]}(x_i)}{\sqrt{n}}, \quad x_i^2 < 1.$$

$(X_i, X_j),\ i \neq j,\ i, j = 1, \cdots, d$ 的概率密度为

$$f_{[i,j]}(x_i, x_j) = \frac{\Gamma(d/2)}{\Gamma((d-2)/2)\pi}(1-(x_i^2+x_j^2))^{(d-4)/2} + \frac{g_{[i,j]}(x_i, x_j)}{\sqrt{n}}, \quad x_i^2 + x_j^2 < 1.$$

因此可得

$$E(X_i) = \int\limits_{|x_i|<1} \frac{x_i g_{[i]}(x_i)}{\sqrt{n}} \mathrm{d}x_i = \frac{\mu_i}{\sqrt{n}},$$

$$E(X_i^2) = \frac{1}{d} + \int\limits_{|x_i|<1} \frac{x_i^2 g_{[i]}(x_i)}{\sqrt{n}} \mathrm{d}x_i = \frac{1}{d} + \frac{\nu_i}{\sqrt{n}},$$

$$\mathrm{Var}(X_i) = \frac{1}{d} + \frac{1}{\sqrt{n}}\left(\nu_i - \frac{\mu_i^2}{\sqrt{n}}\right) = \frac{1}{d} + \frac{\xi_{in}}{\sqrt{n}},$$

$$E(X_i X_j) = \int\limits_{x_i^2+x_j^2<1} \frac{x_i x_j g_{[i,j]}(x_i, x_j)}{\sqrt{n}} \mathrm{d}x_i \mathrm{d}x_i = \frac{\eta_{ij}}{\sqrt{n}}, \quad i \neq j.$$

设 $\boldsymbol{X}_i, i = 1, \cdots, n$ 为来自 $\boldsymbol{X}$ 的样本, $\overline{\boldsymbol{X}} = \frac{1}{n}\sum_{i=1}^n \boldsymbol{X}_i$ 为样本均值.

$$\boldsymbol{\mu}_{01} = (\mu_1, \cdots, \mu_d)^{\mathrm{T}}, \quad E(\boldsymbol{X}) = \boldsymbol{\mu}_{01}/\sqrt{n}, \quad \mathrm{Cov}(\boldsymbol{X}) = B_1,$$

$$B_1 = \frac{1}{d} I_d + \frac{1}{\sqrt{n}} \Sigma_1, \quad \Sigma_1 = (\eta_{ijn})_{d\times d}, \quad \eta_{iin} = \xi_{in}, \quad i = 1, \cdots, d.$$

$$\boldsymbol{Y}_i = B_1^{-\frac{1}{2}}\left(\boldsymbol{X}_i - \frac{1}{\sqrt{n}}\boldsymbol{\mu}_{01}\right), \quad i = 1, \cdots, n, \quad \overline{\boldsymbol{Y}} = \frac{1}{n}\sum_{i=1}^n \boldsymbol{Y}_i,$$

则 $\boldsymbol{Y}_1, \cdots, \boldsymbol{Y}_n$ i.i.d. 且 $E(\boldsymbol{Y}_1) = \boldsymbol{0}, \mathrm{Cov}(\boldsymbol{Y}_1) = I_d$. 由多元中心极限定理可得

$$\sqrt{n}\,\frac{1}{n}\sum_{i=1}^n B_1^{-\frac{1}{2}}\left(\boldsymbol{X}_i - \frac{1}{\sqrt{n}}\boldsymbol{\mu}_{01}\right) \xrightarrow{d} N_d(\boldsymbol{0}, I_d), \quad n \to \infty.$$

因此

$$B_1^{-\frac{1}{2}}\sqrt{n}\,\overline{\boldsymbol{X}} - B_1^{-\frac{1}{2}}\boldsymbol{\mu}_{01} \xrightarrow{d} N_d(\boldsymbol{0}, I_d), \quad n \to \infty. \tag{9.1.11}$$

又

$$B_1^{\frac{1}{2}} \to \frac{1}{\sqrt{d}}\, I_d,$$

故 $B_1^{-\frac{1}{2}} \to \sqrt{d}\, I_d$.

$$\sqrt{nd}\,\overline{\boldsymbol{X}} \xrightarrow{d} N_d(\sqrt{d}\boldsymbol{\mu}_{01}, I_d), \quad n \to \infty.$$

n 充分大时, λ^2 近似地服从自由度为 d, 非中心参数为 δ_1 的非中心 χ^2 分布

$$\lambda^2 = nd(\overline{X}_1^2 + \cdots + \overline{X}_d^2) \sim \chi^2_{d,\ \delta_1},\ \delta_1 = d(\mu_1^2 + \cdots + \mu_d^2). \tag{9.1.12}$$

(2) 当对立假设 $\{H_{1n}\}_{n=1}^{\infty}$ 成立时,

$$\begin{aligned}E(X_i^4) &= \int\limits_{|x_i|<1} x_i^4 f_{[i]}(x_i)\mathrm{d}x_i \\ &= \frac{3}{d(d+2)} + \frac{1}{\sqrt{n}}\int\limits_{|x_i|<1} x_i^4 g_{[i]}(x_i)\mathrm{d}x_i \\ &= \frac{3}{d(d+2)} + \frac{1}{\sqrt{n}}\tau_i.\end{aligned}$$

$$\begin{aligned}\mathrm{Var}(X_i^2) &= \frac{3}{d(d+2)} + \frac{1}{\sqrt{n}}\tau_i - \left(\frac{1}{d} + \frac{\nu_i}{\sqrt{n}}\right)^2 \\ &= \frac{2(d-1)}{d^2(d+2)} + \frac{1}{\sqrt{n}}\gamma_{in}.\end{aligned}$$

$$\begin{aligned}E(X_i^2X_j^2) &= \frac{1}{d(d+2)} + \frac{1}{\sqrt{n}}\int\limits_{x_i^2+x_j^2<1} x_i^2x_j^2\ g_{[i,j]}(x_i,x_j)\mathrm{d}x_i\mathrm{d}x_j \\ &= \frac{1}{d(d+2)} + \frac{1}{\sqrt{n}}\varphi_{ij}.\end{aligned}$$

$$\begin{aligned}\mathrm{Cov}(X_i^2, X_j^2) &= E(X_i^2X_j^2) - E(X_i^2)E(X_j^2) \\ &= \frac{-2}{d^2(d+2)} + \frac{1}{\sqrt{n}}\phi_{ijn}, \quad i \neq j.\end{aligned}$$

设 $\boldsymbol{X} = (X_1, \cdots, X_d)^{\mathrm{T}}$, $\boldsymbol{V}^{(d-1)} = (X_1^2, \cdots, X_{d-1}^2)^{\mathrm{T}}$. $\boldsymbol{X}_i = (X_{1i}, \cdots, X_{di})^{\mathrm{T}}$, $i = 1, \cdots, n$ 为来自 $\boldsymbol{X}$ 的样本, $\boldsymbol{V}_i^{(d-1)} = (X_{1i}^2, \cdots, X_{(d-1)i}^2)^{\mathrm{T}}$, $i = 1, \cdots, n$, $\overline{\boldsymbol{V}}^{(d-1)} = \frac{1}{n}\sum_{i=1}^n \boldsymbol{V}_i^{(d-1)}$.

$$\boldsymbol{\mu}^{(d-1)} = \left(\frac{1}{d}, \cdots, \frac{1}{d}\right)^{\mathrm{T}}, \quad \boldsymbol{\nu}^{(d-1)} = (\nu_1, \cdots, \nu_{(d-1)}).$$

$$\boldsymbol{\mu}_{02} = \boldsymbol{\mu}^{(d-1)} + \frac{1}{\sqrt{n}}\boldsymbol{\nu}^{(d-1)}, \quad E(\boldsymbol{V}^{(d-1)}) = \boldsymbol{\mu}_{02}, \quad \mathrm{Cov}(\boldsymbol{V}^{(d-1)}) = B_2,$$

$$B_2 = \sigma_0^2\varSigma_0 + \frac{1}{\sqrt{n}}\varSigma_2, \quad \varSigma_2 = (\phi_{ijn}), \quad \phi_{iin} = \gamma_{in}, \quad i = 1, \cdots, d-1.$$

σ_0^2, $\varSigma_0$ 的定义见式 (9.1.9).

$$\boldsymbol{q}_i = B_2^{-\frac{1}{2}}(\boldsymbol{V}_i^{(d-1)} - \boldsymbol{\mu}_{02}), \quad i = 1, \cdots, n, \quad \overline{\boldsymbol{q}} = \frac{1}{n}\sum_{i=1}^n \boldsymbol{q}_i,$$

则 $\boldsymbol{q}_1, \cdots, \boldsymbol{q}_n$ i.i.d. 且 $E(\boldsymbol{q}_1) = \mathbf{0}, \mathrm{Cov}(\boldsymbol{q}_1) = I_{d-1}$. 由多元中心极限定理可得

$$\sqrt{n}\ \frac{1}{n}\sum_{i=1}^{n} B_2^{-\frac{1}{2}}\left(\boldsymbol{V}_i^{(d-1)} - \boldsymbol{\mu}_{02}\right) \xrightarrow{d} N_{d-1}(\mathbf{0}, I_{d-1}), \quad n \to \infty.$$

因为 $B_2 \to \sigma_0^2 \Sigma_0,\ n \to \infty$, 所以

$$B_2^{-\frac{1}{2}} \to \sigma_0^{-1}\Sigma_0^{-\frac{1}{2}}, \quad n \to \infty,$$

$$\sqrt{n}\sigma_0^{-1}\Sigma_0^{-\frac{1}{2}}\left(\overline{\boldsymbol{V}}^{(d-1)} - \boldsymbol{\mu}^{(d-1)}\right) \xrightarrow{d} N_{d-1}\left(\sigma_0^{-1}\Sigma_0^{-\frac{1}{2}}\boldsymbol{\nu}^{(d-1)}, I_{d-1}\right), \quad n \to \infty.$$

n 充分大时, χ^2 近似地服从自由度为 $d-1$,非中心参数为 δ_2 的非中心 χ^2 分布

$$\chi^2 = n\left(\overline{\boldsymbol{V}}^{(d-1)} - \boldsymbol{\mu}^{(d-1)}\right)^{\mathrm{T}} \sigma_0^{-2}\Sigma_0^{-1}\left(\overline{\boldsymbol{V}}^{(d-1)} - \boldsymbol{\mu}^{(d-1)}\right) \sim \chi^2_{d-1,\ \delta_2}. \tag{9.1.13}$$

$$\sigma_0^{-1}\Sigma_0^{-\frac{1}{2}}\boldsymbol{\nu}^{(d-1)} = (\xi_1, \cdots, \xi_{(d-1)})^{\mathrm{T}}, \quad \delta_2 = \xi_1^2 + \cdots + \xi_{(d-1)}^2.$$

推论 9.1.4 (拟合优度检验的相合性)　设

$$H_0: f(\boldsymbol{x}) = \frac{1}{s}, \|\boldsymbol{x}\| = 1; \quad H_1: f(\boldsymbol{x}) = \frac{1}{s} + g_d(\boldsymbol{x}),\ g_d(\boldsymbol{x}) \neq 0,\ \|\boldsymbol{x}\| = 1. \tag{9.1.14}$$

$\boldsymbol{x} = (X_1, \cdots, X_d)^{\mathrm{T}}$, s 为 d 维单位球面的面积且

$$\int\limits_{\|\boldsymbol{x}\|=1} g_d(x_1, \cdots, x_d)\mathrm{d}\boldsymbol{\omega} = 0, \quad \frac{1}{s} + g_d(\boldsymbol{x}) > 0, \quad \|\boldsymbol{x}\| = 1, \quad \boldsymbol{x} \in \mathbf{R}^d.$$

给定显著性水平 $0 < \alpha < 1$, $\chi_d^2(\alpha)$ 是自由度为 d 的 χ^2 分布的上 α 分位点, 则

$$\lim_{n\to\infty} P(\lambda^2 > \chi_d^2(\alpha)|H_1) = 1, \quad \lim_{n\to\infty} P(\chi^2 > \chi_{d-1}^2(\alpha)|H_1) = 1.$$

证明

$$E(X_i) = \int\limits_{|x_i|<1} x_i g_{[i]}(x_i)\mathrm{d}x_i = \mu_i, \quad i = 1, \cdots, d, \quad \boldsymbol{\mu}_{01} = (\mu_1, \cdots, \mu_d)^{\mathrm{T}} \neq \mathbf{0}. \tag{9.1.15}$$

因为

$$\overline{X}_i \to \mu_i \text{ a.s.}, \quad i = 1, \cdots, d, \quad n \to \infty.$$

所以

$$\lambda^2 = nd(\overline{X}_1^2 + \cdots + \overline{X}_d^2) \to +\infty, \quad n \to \infty.$$

故

$$\lim_{n\to\infty} P(\lambda^2 > \chi_d^2(\alpha)|H_1) = 1.$$

同理可证 $\lim\limits_{n\to\infty} P(\chi^2 > \chi_{d-1}^2(\alpha)|H_1) = 1$.

定理 9.1.4 说明 λ^2 及 χ^2 拟合优度检验统计量区别概率密度 $f(\boldsymbol{x})$, $\|\boldsymbol{x}\| = 1$ 的能力是 $\dfrac{1}{\sqrt{n}}$ 量级, 当 $f(\boldsymbol{x}) - \dfrac{1}{s} = o\left(\dfrac{1}{\sqrt{n}}\right)$ 时, 将无力区分两者.

9.1.3 随机模拟

1. 渐近 χ^2 分布的收敛速度

模拟显示, 对 $d=2,\cdots,10$, 式 (9.1.10) 中的 χ^2 以概率 1 落在 [0, 35] 上, 故离散化 $h_{nd}=\sup\limits_{x\in\mathbf{R}}|P(\chi^2<x)-F_{\chi^2_{d-1}}(x)|$, 计算其在 $x=0(0.01)35$① 点上的最大值.

表 9.1.1 的第一行表示当维数 $d=2,\cdots,10$ 时, 检验统计量 χ^2 分布的极限分布的自由度为 $d-1=1,\cdots,9$. 第一列表示样本容量 n 的不同取值, 对 $n=6$, 10, 20, 30, 40, 50, 100 均做 20000 次重复模拟.

表 9.1.1 渐近 χ^2 分布统计量 χ^2 的收敛速度

	1	2	3	4	5	6	7	8	9
6	0.0134	0.0195	0.0185	0.0136	0.0148	0.0137	0.0123	0.0141	0.0187
10	0.0098	0.0143	0.0102	0.0076	0.0095	0.0094	0.0124	0.0075	0.0097
20	0.0096	0.0075	0.0062	0.0094	0.0075	0.0078	0.0095	0.0085	0.0098
30	0.0063	0.0032	0.0057	0.00703	0.0042	0.0053	0.0042	0.0072	0.0067
40	0.0062	0.0056	0.0063	0.0073	0.0046	0.0041	0.0052	0.0042	0.0093
50	0.0041	0.0054	0.0042	0.0088	0.0071	0.0032	0.0077	0.0068	0.0087
100	0.0046	0.0034	0.0048	0.0042	0.0052	0.0043	0.0049	0.0073	0.0065

表 9.1.1 表明, 当 $n\geqslant 20$ 时, χ^2 的经验分布函数与 χ^2 分布函数的最大偏差小于 0.01. 式 (9.1.8) 中 λ^2 趋向 χ^2 分布的模拟收敛速度类似表 9.1.1.

2. 距离统计量模拟分位点

(1) 产生来自 d 维单位球面上均匀分布随机变量的 n 个随机向量数 $\boldsymbol{X}_1,\cdots,\boldsymbol{X}_n$.

(2) 定义两个距离检验统计量 h_1, χ^2(由式 (10.1.10) 给出).

$$h_1=\left(Y_{1n}-\frac{1}{d},\cdots,Y_{dn}-\frac{1}{d}\right)^{\mathrm{T}}\cdot\left(Y_{1n}-\frac{1}{d},\cdots,Y_{dn}-\frac{1}{d}\right). \tag{9.1.16}$$

对给定的 n 及 d, 重复产生 10000 组样本容量为 n 的随机向量数, 得到 h_1 的模拟上 α 分位点.

3. 拟合优度检验相合性的随机模拟

1) 基于式 (9.1.8) 中 λ^2 检验的随机模拟 (对比 χ^2 统计量)

在式 (9.1.14) 中, 对 $0<\varepsilon<1$, 取

$$f(\boldsymbol{x})=\frac{1}{s}+g_d(\boldsymbol{x})=\begin{cases}(1+\varepsilon)\dfrac{1}{s}, & \|\boldsymbol{x}\|=1, \quad x_d\geqslant 0,\\ (1-\varepsilon)\dfrac{1}{s}, & \|\boldsymbol{x}\|=1, \quad x_d<0,\end{cases} \tag{9.1.17}$$

① $x=0(0.01)35$ 表示在 [0, 35] 上按间隔 0.01 取点.

则

$$\int\limits_{\|\boldsymbol{x}\|=1} g_d(x_1,\cdots,x_d)\mathrm{d}\boldsymbol{\omega}=0,\quad 0<\varepsilon<1,\quad \|\boldsymbol{x}\|=1,\quad \boldsymbol{x}\in\mathbf{R}^d,$$

$$P(\boldsymbol{x}\in S^{\Uparrow})=\frac{1}{2}(1+\varepsilon),\quad P(\boldsymbol{x}\in S^{\Downarrow})=\frac{1}{2}(1-\varepsilon),\quad \|\boldsymbol{x}\|=1,\quad \boldsymbol{x}\in\mathbf{R}^d.$$

$S^{\Uparrow}$ 表示上半球面 $(x_d\geqslant 0)$, $S^{\Downarrow}$ 表示下半球面 $(x_d<0)$.

模拟设计:

(1) 产生二项分布随机数 $k_1\sim B_i\left(n,\dfrac{1}{2}(1+\varepsilon)\right)$, $k_2=n-k_1$.

(2) 产生 k_1 个 d 维上半单位球面上均匀分布随机向量数 $\boldsymbol{X}_1,\cdots,\boldsymbol{X}_{k_1}$; 产生 k_2 个 d 维下半单位球面上均匀分布随机向量数 $\boldsymbol{X}_{k_1+1},\cdots,\boldsymbol{X}_n$.

(3) 依 (1) (2) 重复产生 5000 组样本容量为 $k_1+k_2=n$ 的随机向量数. m_1 为 $\lambda^2>\lambda^2_{d[n]}(\alpha)$ 的个数, $P_{m_1}=m_1/5000$. 计算对应 λ^2 值:

$$\lambda^2=nd(\overline{X}_1^2+\cdots+\overline{X}_d^2).$$

计算对应 χ^2 值:

$$\chi^2=n(\boldsymbol{Z}_n^{(d-1)}-\boldsymbol{\mu}^{(d-1)})^{\mathrm{T}}\sigma_0^{-2}\Sigma_0^{-1}(\boldsymbol{Z}_n^{(d-1)}-\boldsymbol{\mu}^{(d-1)}),$$

m_2 为 $\chi^2>\chi^2_{d[n]}(\alpha)$ 的个数, $P_{m_2}=m_2/5000$. $\lambda^2_{d[n]}(\alpha)$, $\chi^2_{d[n]}(\alpha)$ 分别是样本容量为 n 的 λ^2 及 χ^2 的模拟上 α 分位点, $0<\alpha<1$. $\alpha=0.05$, $\varepsilon=0.3$, $d=3$, 4, 10, $d-1=2$, 3, 9.

对样本容量 n= 25, 50, 100, 200, 300 均做 5000 次重复模拟 (表 9.1.2). 随机数的质心位于 X_d 轴原点偏上方处, λ^2 的检验功效随着 n 的增加而变大. χ^2 值不受 $\boldsymbol{X}$ 分量符号的影响, 故 χ^2 检验不出质心对原点的微小偏离.

表 9.1.2　λ^2 检验的功效 (对比 χ^2 统计量)

n	λ^2			χ^2		
	3	4	10	2	3	9
25	0.1670	0.1524	0.0916	0.0480	0.0548	0.0526
50	0.3056	0.2652	0.1596	0.0522	0.0565	0.0478
100	0.5674	0.5108	0.3336	0.0476	0.0488	0.0492
200	0.8812	0.8653	0.6598	0.0460	0.0466	0.0474
300	0.9824	0.9665	0.8536	0.0484	0.0512	0.0472

2) 基于式 (9.1.10) 中 χ^2 检验的随机模拟 (对比 λ^2 统计量)

设 $\boldsymbol{Y} \sim N(\boldsymbol{0}, I_d)$, $\Sigma > 0$, 则 $\boldsymbol{W} = \Sigma^{\frac{1}{2}}\boldsymbol{Y} \sim N(\boldsymbol{0}, \Sigma)$. $\boldsymbol{X} = \boldsymbol{W}/\|\boldsymbol{W}\|$ 的概率密度记为 $h_d(\boldsymbol{x})$. 在式 (9.1.14) 中, 取 $g_d(\boldsymbol{x}) = h_d(\boldsymbol{x}) - 1/s$, $f(\boldsymbol{x}) = 1/s + g_d(\boldsymbol{x})$, $\|\boldsymbol{x}\| = 1$, 则

$$\int_{\|\boldsymbol{x}\|=1} g_d(x_1, \cdots, x_d)\mathrm{d}\boldsymbol{\omega} = 0, \quad 0 < \varepsilon < 1, \quad \|\boldsymbol{x}\| = 1, \quad \boldsymbol{x} \in \mathbf{R}^d.$$

对给定的 Σ, 生成 n 个随机向量数 $\boldsymbol{X}_1 = \boldsymbol{W}_1/\|\boldsymbol{W}_1\|, \cdots, \boldsymbol{X}_n = \boldsymbol{W}_n/\|\boldsymbol{W}_n\|$. P_{m_1}, P_{m_2} 的定义同 1) 中的模拟设计.

表 9.1.3 中, $\alpha = 0.05$, $d = 3, 4, 10$, $d-1 = 2, 3, 9$. $\Sigma^{\frac{1}{2}} = (b_{ij})_{d\times d}$, $b_{11} = 1.3$, $b_{ii} = 1$, $i = 1, \cdots, d$; $b_{ij} = 0$, $i \neq j$, $i, j = 1, \cdots, d$. 对样本容量 $n=$ 25, 50, 100, 200, 300 均做 5000 次重复模拟. 生成的球面随机数具有对称性及非均匀性. χ^2 检验功效随着 n 的增加而变大, 而 λ^2 检验不出微小偏离球面均匀性的球面非均匀性.

表 9.1.2、表 9.1.3 说明, 基于 λ^2 及 χ^2 的球面均匀性的联合检验是必要的.

表 9.1.3 χ^2 检验的功效 (对比 λ^2 统计量)

n	λ^2			χ^2		
	3	4	10	2	3	9
25	0.0468	0.0512	0.0504	0.1774	0.1862	0.2144
50	0.0540	0.0588	0.0516	0.3136	0.3472	0.3618
100	0.0468	0.0460	0.0500	0.5722	0.6106	0.6538
200	0.0514	0.0530	0.0546	0.8556	0.8984	0.9424
300	0.0542	0.0498	0.0506	0.9630	0.9822	0.9920

9.1.4 实际多元数据的正态性检验

Iris 数据包括 setosa, versicolor 和 virginica 三组数据, 每组包括 50 个 4 维向量值, Iris 数据的 4 项测量指标即花瓣的长 X_1、花瓣的宽 X_2、花萼的长 X_3、花萼的宽 X_4.

Liang 等 (2004) 利用 Q–Q 图检验数据的正态性, 得出 $\Delta_1 =$"setosa+versicolor" ($n = 100$), $\Delta_2 =$"setosa+virginica" ($n = 100$), $\Delta_3 =$"versicolor+virginica" ($n = 100$), 均具有显著的非正态性.

由引理 9.1.1 知, $\boldsymbol{Y}_k (k = d+1, \cdots, n)$ 相互独立且服从 Pearson II 型分布 (球对称分布), 故 $\boldsymbol{Y}_i/\|\boldsymbol{Y}_i\|_2 \stackrel{d}{=} \boldsymbol{U}^{(d)}, i = 1, \cdots, n$. 由命题 9.1.1 知, 样本容量为 100 的数据集的实际检验样本容量为 95. 记

$$P_{\chi^2}(x) = P(\chi^2 > x), \quad P_{\chi^2_{d-1}}(x) = P(\chi^2_{d-1} > x),$$

则

$$\sup_{x\in\mathbf{R}} |P_{\chi^2}(x) - P_{\chi^2_{d-1}}(x)| = \sup_{x\in\mathbf{R}} |P(\chi^2 < x) - F_{\chi^2_{d-1}}(x)| = h_{nd}.$$

故

$$P_{\chi^2_{d-1}}(x) - h_{nd} \leqslant P_{\chi^2}(x) \leqslant P_{\chi^2_{d-1}}(x) + h_{nd}.$$

由表 9.1.4, 表 9.1.5 可得, 依 h_1 值:

$\alpha = 0.01$ 时, 拒绝 "setosa+virginica" 和 "versicolor+virginica" 的正态性; $\alpha = 0.05$ 时, 拒绝 "setosa+versicolor" 的正态性.

对 χ^2 值, $P_{\chi^2_3}(8.8792) = 0.0309$, $P_{\chi^2_3}(12.9213) = 0.0048$, $P_{\chi^2_3}(16.7585) = 0.0008$, $h_{nd} = 0.0043$. 故有

$$P_{\chi^2}(8.8792) \leqslant 0.0352, \quad P_{\chi^2}(12.9213) \leqslant 0.0091, \quad P_{\chi^2}(16.7585) \leqslant 0.0052.$$

故依 χ^2 值:

$\alpha = 0.01$ 时, 拒绝 "setosa+virginica" 和 "versicolor+virginica" 的正态性;
$\alpha = 0.05$ 时, 拒绝 "setosa+versicolor" 的正态性.

表 9.1.4　h_1 的模拟上 α 分位点 ($d = 4$)

	$h_1(0.1)$	$h_1(0.05)$	$h_1(0.01)$
95	0.00547	0.00693	0.01017

表 9.1.5　Iris 数据的 h_1, χ^2 值

	setosa+versicolor	setosa+virginica	virginica+versicolor
h_1	0.00957	0.01481	0.01461
χ^2	8.8792	12.9213	16.7585

基于惯量矩的球面均匀性检验, 用于 Iris 组合数据的非正态性检验时, 得到了很好的检验效果. h_1 体现了球面均匀性的基本特征, 样本容量较小时, 利用 h_1 模拟分位点进行球面均匀性的拟合优度检验. λ^2 及 χ^2 分别对应着球面均匀分布的一阶矩、二阶矩. 表 9.1.1 表明, 对 d=2—10 的 d 维样本, 当样本容量 $n \geqslant 20$ 时, χ^2 的经验分布函数与 χ^2_{d-1} 分布函数的最大偏差不超过 0.01. 可利用 λ^2 及 χ^2 的渐近 χ^2 分布, 基于 P 值做球面均匀性的拟合优度检验.

9.2　基于广义逆的球面均匀性检验

9.1 节介绍了球面均匀分布联合检验统计量 λ^2 及 χ^2. 随机模拟表明检验统计量能够较快地收敛到其极限分布, 功效模拟表明联合检验具有较高的检验功效. 由于 χ^2 检验统计量关于服从球面均匀分布随机向量的分量不具对称性, Su 等 (2011b) 对基于惯量矩球面均匀性检验进行改进, 提出了基于广义逆的球面均匀性检验.

9.2.1 基于广义逆的球面均匀性特征检验统计量

定理 9.2.1 在定理 9.1.4 的假设下, 记 $\boldsymbol{Z}_n^{(d)} = (Y_{1n}, \cdots, Y_{dn})^{\mathrm{T}}$, 则

$$\sqrt{n}(\boldsymbol{Z}_n^{(d)} - \boldsymbol{\mu}) \xrightarrow{d} N_d(\mathbf{0}, \sigma_0^2 \Sigma), \quad n \to \infty, \tag{9.2.1}$$

其中, $\sigma_0^2 = \dfrac{2}{d^2(d+2)}$, Σ 是主对角元素为 $d-1$, 其余元素为 -1 的 d 阶对称矩阵.

证明 由定理 9.1.4 的结论 (1) 及多元中心定理可知式 (9.2.1) 成立.

推论 9.2.1 在定理 9.1.4 的假设下, 记 $\boldsymbol{\xi}_n = \sqrt{n}(\boldsymbol{Z}_n^{(d)} - \boldsymbol{\mu})$. 若 $\mathrm{rank}(\Sigma) = r$, 则

$$\boldsymbol{\xi}_n^{\mathrm{T}} \sigma_0^{-2} \Sigma^{-} \boldsymbol{\xi}_n \xrightarrow{d} \chi_r^2, \tag{9.2.2}$$

其中 σ_0^2, Σ 由式 (9.2.1) 定义.

证明 可测函数 $g(t_1, \cdots, t_d) = (t_1, \cdots, t_d)\sigma_0^{-2}\Sigma^{-}(t_1, \cdots, t_d)^{\mathrm{T}}$ 是连续的. 由定理 3.3.7, 定理 3.2.3 及式 (9.2.1) 可知结论成立.

定理 9.2.2 设 Σ 由式 (9.2.1) 定义. 设 $\lambda_1 \geqslant \cdots \geqslant \lambda_{d-1} \geqslant \lambda_d$ 为 Σ 的特征值, $p_1, \cdots, p_{d-1}, p_d$ 为与特征值相对应的单位正交特征向量. 记

$$\lambda^+ = \begin{cases} \lambda^{-1}, & \lambda \neq 0, \\ 0, & \lambda = 0, \end{cases}$$

则

(1) $\mathrm{rank}(\Sigma) = d-1, \lambda_1 = d, \cdots, \lambda_{d-1} = d, \lambda_d = 0$.

(2) Σ 的 Moore-Penrose 广义逆为

$$\Sigma^+ = \sum_{i=1}^{d} \lambda_i^+ p_i p_i^{\mathrm{T}}. \tag{9.2.3}$$

(3) $\Sigma^2 = d\Sigma, \Sigma^+ = d^{-2}\Sigma$.

证明 (1) 因为

$$\det(\Sigma) = 0, \quad \det(\Sigma_{1,\cdots,d-1}) = d^{d-2} \neq 0,$$

其中, $\Sigma_{1,\cdots,d-1}$ 是 Σ 的最初前 $d-1$ 行及最初前 $d-1$ 列构成的 $d-1$ 阶矩阵, 故 $\mathrm{rank}(\Sigma) = d-1$. 又 Σ 的特征多项式为

$$\det(\Sigma - \lambda I_d) = (d-\lambda)^{d-1}(-\lambda),$$

其中 I_d 为 d 阶单位阵. 故 Σ 的特征值为

$$\lambda_1 = d, \quad \cdots, \quad \lambda_{d-1} = d, \quad \lambda_d = 0.$$

(2) 因为 Σ 为对称阵且 $\operatorname{rank}(\Sigma) = d-1$, 故由推论 2.4.3 知存在正交阵 P, 使得式 (9.2.3) 成立.

(3) 易知 $\Sigma^2 = d\Sigma$. 由 (1) 及 (2) 知

$$\sum_{i=1}^{d-1} p_i p_i^{\mathrm{T}} = d\Sigma^+. \tag{9.2.4}$$

因为 Σ 的谱分解为

$$\Sigma = \sum_{i=1}^{d} \lambda_i p_i p_i^{\mathrm{T}} = d\sum_{i=1}^{d-1} p_i p_i^{\mathrm{T}},$$

故有

$$\sum_{i=1}^{d-1} p_i p_i^{\mathrm{T}} = d^{-1}\Sigma. \tag{9.2.5}$$

由式 (9.2.4), 式 (9.2.5) 知结论成立.

推论 9.2.2　在推论 9.2.1 的假设下, 用 Σ^+ 替换 Σ^-, 则

$$\nu(\boldsymbol{\xi}_n) = \frac{1}{\sigma_0^2 d^2}\boldsymbol{\xi}_n^{\mathrm{T}}\Sigma\boldsymbol{\xi}_n \xrightarrow{d} \chi^2_{d-1}. \tag{9.2.6}$$

利用 $\nu(\boldsymbol{\xi}_n)$ 进行总体 $\boldsymbol{X} = (X_1,\cdots,X_d)^{\mathrm{T}} \sim U(\Omega_d)$ 的拟合优度检验. 由 $\nu(\boldsymbol{\xi}_n)$ 的构造知, 检验统计量 $\nu(\boldsymbol{\xi}_n)$ 关于 $\boldsymbol{X} = (X_1,\cdots,X_d)^{\mathrm{T}}$ 的各分量具有对称性. 随机模拟表明, $\nu(\boldsymbol{\xi}_n)$ 比上节介绍的 χ^2 检验统计量的检验功效略高, 且 $\nu(\boldsymbol{\xi}_n)$ 能够快速收敛到其极限分布.

9.2.2　特征检验统计量的收敛速度模拟

模拟显示, 对 $d = 2,\cdots,40$, 式 (10.1.2) 中的 ν 以概率 1 落在 [0, 100] 上, 故离散化 $h_{nd} = \sup\limits_{x\in\mathbf{R}} |P(\nu < x) - F_{\chi^2_{d-1}}(x)|$, 计算其在 $x = 0(0.01)100$ 点上的最大值.

表 9.2.1 的第一列表示样本容量 n 的不同取值, 对 n=10, 20, 30, 50, 100, 200, 300 均做 20000 次重复模拟. 表 9.2.1 表明, 对于 $2 \leqslant d \leqslant 40$, 当 $n \geqslant 30$ 时, ν 的经验分布函数与 χ^2 分布函数的最大偏差小于 0.01.

表 9.2.1　渐近 χ^2 分布统计量 ν 的收敛速度

	$d=2$	$d=6$	$d=10$	$d=15$	$d=20$	$d=30$	$d=40$
n=10	0.0072	0.0122	0.0093	0.0140	0.0187	0.0208	0.0256
n=20	0.0071	0.0061	0.0045	0.0092	0.0062	0.0094	0.0151
n=30	0.0080	0.0062	0.0083	0.0040	0.0082	0.0052	0.0093
n=50	0.0046	0.0041	0.0065	0.0060	0.0052	0.0066	0.0072
n=100	0.0033	0.0089	0.0041	0.0069	0.0084	0.0098	0.0043
n=200	0.0048	0.0040	0.0041	0.0060	0.0074	0.0089	0.0062
n=300	0.0088	0.0036	0.0073	0.0037	0.0057	0.0034	0.0062

9.3 球面均匀性的光滑检验

基于广义逆的球面均匀性检验是特征性检验. Su 等 (2011a) 提出了基于球调和函数的球面均匀性的光滑检验, 该检验具有普适性. 由此, 可将一元分布的 Neyman 光滑检验推广至多元分布的光滑检验.

9.3.1 对立分布构造

设 $\boldsymbol{X}_1,\cdots,\boldsymbol{X}_n$ 为来自 $U(\Omega_d)$ 的样本. 欲检验

$$H_0: f(\boldsymbol{x}) = f_0(\boldsymbol{x}), \tag{9.3.1}$$

其中, $f_0(\boldsymbol{x}) = a_d^{-1}$, a_d 为 Ω_d 的面积.

构造对立概率密度为

$$g_k(\boldsymbol{x},\boldsymbol{\eta}) = C(\boldsymbol{\eta})\exp\left[\sum_{i=1}^{k}\eta_i h_i(\boldsymbol{x})\right], \quad \boldsymbol{x}\in\Omega_d, \quad \boldsymbol{\eta}\in\Theta, \tag{9.3.2}$$

其中 $\{h_i\}$ 为 Ω_d 上的正交多项式, 满足

$$\int_{\Omega_d} h_s(\boldsymbol{x})h_t(\boldsymbol{x})\mathrm{d}\boldsymbol{\omega} = \delta_{st}; \tag{9.3.3}$$

$$\delta_{st}=0,\ s\neq t,\ \delta_{st}=1,\ s=t,\ s,t=0,1,2,\cdots.$$

当 $\boldsymbol{\eta}$ 为零向量, 即 $\boldsymbol{\eta}=\boldsymbol{0}$ 时, 式 (9.3.1) 中的原假设 H_0 成立. 故对 $U(\Omega_d)$ 的拟合优度检验可以转化为对参数 $\boldsymbol{\eta}$ 的假设检验, 即

$$H_0: \boldsymbol{\eta}=\boldsymbol{0}; \quad H_1: \boldsymbol{\eta}\neq\boldsymbol{0}. \tag{9.3.4}$$

为方便计, 选取 $h_0=1, \boldsymbol{x}\in\Omega_d$, 使得

$$\int_{\Omega_d} h_s(\boldsymbol{x})\cdot 1\mathrm{d}\boldsymbol{\omega} = \delta_{s0} = 0, \quad s=1,2,\cdots.$$

由定理 5.5.5, 可以得到线性空间 $\mathcal{H}_k(\Omega_d)$ 的一个基. 利用 Schmidt 正交化方法, 可以得到 $\mathcal{H}_k(\Omega_d)$ 的一个规范正交基 (a complete orthonormal basis, CONB).

引理 9.3.1 设 $N_{k,d}=\dim[H_k(\Omega_d)]$. 设

$$B_k = \{V_{k,j}(\boldsymbol{x})\in H_k(\Omega), j=1,2,\cdots,N_{k,d}\}$$

为 $H_k(\Omega)$ 的一个 CONB 且 $B=\{B_k: k=0,1,\cdots,m\}$, 则集合 B 为一个关于 $f_0(x)=a_d^{-1}$ 的规范正交函数集.

引理 9.3.2　设 $\boldsymbol{U}_d=(U_1,\cdots,U_d)^{\mathrm{T}}\sim U(\Omega_d)$, $\Psi(\boldsymbol{t})$ 为 $\boldsymbol{U}_d$ 的特征函数, 则

$$\Psi(\boldsymbol{t})=E_{U_j}(\exp(\mathrm{i}\|\boldsymbol{t}\|U_j)),$$

其中, $\boldsymbol{t}\in\mathbf{R}^d$, $j=1,\cdots,d$.

引理 9.3.2 说明, $\Psi(\boldsymbol{t})$ 由 $\boldsymbol{U}_d$ 的分量的分布决定. $E(\boldsymbol{U}_d)=\boldsymbol{0}$ 对应着 $\boldsymbol{U}_d$ 的一阶矩 (质心), $\mathrm{Cov}(\boldsymbol{U}_d)=d^{-1}I_d$ 对应着 $\boldsymbol{U}_d$ 的二阶矩 (转动惯量). 定理 9.1.2 说明, Ω_d 上的 d 维随机变量 $\boldsymbol{X}=(X_1,\cdots,X_d)^{\mathrm{T}}$ 对任意方向 $\boldsymbol{H}$ 的期望惯量矩与 $\boldsymbol{H}$ 无关的充要条件是

$$E(X_i^2)=\frac{1}{d},\quad i=1,\cdots,d;\quad E(X_iX_j)=0,\quad i\neq j,\quad i,j=1,\cdots,d.$$

上述分析说明 $\boldsymbol{U}_d$ 几乎由 $\boldsymbol{U}_d,\mathrm{Cov}(\boldsymbol{U}_d)$ 决定, 即 $\boldsymbol{U}_d$ 的一阶矩、二阶矩决定.

设 $\Lambda=B-B_0$ 且记 $N=\sharp(\Lambda)$, 则

$$N=d+\sum_{k=2}^{m}N_{k,d},\tag{9.3.5}$$

其中 $\sharp$ 表示 Λ 中的元素个数. 依 $k=1,\cdots,m$, 排列 Λ 中的元素, 则有

$$\Lambda=\{h_i(\boldsymbol{x}):i=1,\cdots,N\},$$

其中 $h_1(\boldsymbol{x})=V_{1,1}(\boldsymbol{x}),\cdots,h_N(\boldsymbol{x})=V_{m,N_{m,d}}(\boldsymbol{x})$.

依 Λ 构造对立概率密度为

$$g_N(\boldsymbol{x},\boldsymbol{\eta})=C(\boldsymbol{\eta})\exp\left[\sum_{i=1}^{N}\eta_ih_i(\boldsymbol{x})\right],\quad \boldsymbol{x}\in\Omega_d,\tag{9.3.6}$$

其中 $\boldsymbol{\eta}=(\eta_1,\cdots,\eta_N)^{\mathrm{T}}$. 称 m 为多元对立密度 $g_N(\boldsymbol{x},\boldsymbol{\eta})$ 的阶.

在应用中, 实际的对立分布密度可能不具有 $g_N(\boldsymbol{x},\boldsymbol{\eta})$ 形式. 当 $H_1:f(\boldsymbol{x})=f_1(\boldsymbol{x})$ 时, 可利用 $g_N(\boldsymbol{x},\boldsymbol{\eta})$ 近似替代 $f_1(\boldsymbol{x})$. $f_1(\boldsymbol{x})$ 与 $g_N(\boldsymbol{x},\boldsymbol{\eta})$ 的鉴别信息定义为

$$I(f_1(\boldsymbol{x}),g_N(\boldsymbol{x},\boldsymbol{\eta}))=\int_{\Omega}f_1(\boldsymbol{x})\log\frac{f_1(\boldsymbol{x})}{g_N(\boldsymbol{x},\boldsymbol{\eta})}\mathrm{d}\boldsymbol{\omega}.\tag{9.3.7}$$

选择 $\boldsymbol{\eta}$ 使得 $I(f_1,g_N)$ 达到最小.

引理 9.3.3　$\log C(\boldsymbol{\eta})$ 满足:

$$-\frac{\partial\log C(\boldsymbol{\eta})}{\partial\eta_i}=E_N(h_i(\boldsymbol{X})),$$

$$-\frac{\partial^2\log C(\boldsymbol{\eta})}{\partial\eta_i\partial\eta_j}=\mathrm{Cov}_N(h_i(\boldsymbol{X}),h_j(\boldsymbol{X})).$$

证明　引理 9.3.3 的证明与定理 8.1.1 类似.

引理 9.3.4

$$\frac{\partial I(f_1,g_N)}{\partial \eta_i}=0,\quad i=1,\cdots,N \quad \text{iff}$$

$$E_{g_N}(h_i(\boldsymbol{X}))=E_{f_1}(h_i(\boldsymbol{X})),\quad i=1,\cdots N.$$

证明 对 $I(f_1,g_N)$ 关于 η_i 求偏导及引理 9.3.3 知结论成立.

推论 9.3.1 设 $\boldsymbol{X}=(X_1,X_2,\cdots,X_d)^{\mathrm{T}}$ 且 $\|\boldsymbol{X}\|=1$, 则

$$E_{g_N}(h_i(\boldsymbol{X}))=E_{f_1}(h_i(\boldsymbol{X})),\quad i=1,\cdots,N \quad \text{iff}$$

$$E_{g_N}(X_1^{\alpha_1}\cdots X_d^{\alpha_d})=E_{f_1}(X_1^{\alpha_1}\cdots X_d^{\alpha_d}),$$

$$|\alpha|=1,\cdots,m,$$

其中 $|\alpha|=\alpha_1+\alpha_2+\cdots+\alpha_d$ 且 $\alpha_i\geqslant 0, i=1,\cdots,d$.

证明 由引理 5.5.2 知, 若 $m\geqslant 2$, 则对任一 $p\in P_m(\mathbf{R}^d)$, 有

$$p|_\Omega=p_m+p_{m-2}+\cdots+p_{m-2k}, \tag{9.3.8}$$

其中, $k=[m/2]$ 且每一 $p_j\in H_j(\Omega)$. 因此, 引理 9.3.1 中的 B 张成的空间等于 $\{x_1^{\alpha_1}\cdots x_d^{\alpha_d}\}_{|\alpha|=0}^m$ 张成的空间. 故知结论成立.

Ω_d 上的 Langevin 分布,Scheidegger–Watson 分布及 Beran 分布均为式 (9.3.6) 定义的 $g_N(\boldsymbol{x},\boldsymbol{\eta})$ 的特殊情形, 故构造的对立密度 $g_N(\boldsymbol{x},\boldsymbol{\eta})$ 具有广泛性.

9.3.2 球面均匀性的 score 检验

设 $\boldsymbol{X}_1,\cdots,\boldsymbol{X}_n$ 是来自 $g_N(\boldsymbol{x},\boldsymbol{\eta})$ 的样本. 球面均匀性的 score 检验等价于假设检验 $H_0:\boldsymbol{\eta}=\mathbf{0}$; $H_1:\boldsymbol{\eta}\neq\mathbf{0}$. 其似然函数为

$$\prod_{j=1}^n\left\{C(\boldsymbol{\eta})\exp\left\{\sum_{i=1}^N\eta_i h_i(\boldsymbol{X}_j)\right\}\right\}=\{C(\boldsymbol{\eta})\}^n\exp\left\{\sum_i\sum_j\eta_i h_i(\boldsymbol{X}_j)\right\},$$

对数似然函数为

$$\ell(\boldsymbol{\eta})=n\log C(\boldsymbol{\eta})+\sum_i\sum_j\eta_i h_i(\boldsymbol{X}_j).$$

定义 score 向量 $\boldsymbol{U}(\boldsymbol{\eta})=(U_i(\boldsymbol{\eta}))$, 其中 $U_i(\boldsymbol{\eta})=\partial\ell(\boldsymbol{\eta})/\partial\eta_i$. 信息阵 $I(\boldsymbol{\eta})=(I_{ij}(\boldsymbol{\eta}))$, 其中

$$I_{ij}(\boldsymbol{\eta})=-E_{\boldsymbol{\eta}}(\partial^2\ell(\boldsymbol{\eta})/\partial\eta_i\partial\eta_j).$$

简单原假设 H_0 的 score 检验为

$$S_N=(\boldsymbol{U}(\mathbf{0}))^{\mathrm{T}}I(\mathbf{0})^{-1}(\boldsymbol{U}(\mathbf{0})). \tag{9.3.9}$$

使用 S_N, 无需计算极大似然估计, 但需信息阵是可逆的. 当 S_N 取值偏大时, 拒绝原假设.

定理 9.3.1　设 S_N 由式 (9.3.9) 定义, 则

(1) 设 $\boldsymbol{X}_1, \cdots, \boldsymbol{X}_n$ 是来自 $g_N(\boldsymbol{x}, \boldsymbol{\eta})$ 的样本. $H_0 : \boldsymbol{\eta} = \mathbf{0}$; $H_1 : \boldsymbol{\eta} \neq \mathbf{0}$ 的对应 score 检验统计量为

$$S_N = \sum_{i=1}^{N} W_i^2, \quad W_i = \sum_{j=1}^{n} h_i(\boldsymbol{X}_j) \Big/ \sqrt{n}. \tag{9.3.10}$$

称 W_i 为 S_N 的分量.

(2) 当 H_0 成立时, S_N 的渐近分布为 χ_N^2(自由度为 N 的 χ^2 分布).

证明　(1) ℓ 关于 η_i 求偏导, 得到

$$\frac{\partial \ell}{\partial \eta_i} = n \frac{\partial \log C(\boldsymbol{\eta})}{\partial \eta_i} + \sum_{j=1}^{n} h_i(\boldsymbol{X}_j),$$

再关于 η_j 求偏导, 可得

$$\frac{\partial^2 \ell}{\partial \eta_i \partial \eta_j} = n \frac{\partial^2 \log C(\boldsymbol{\eta})}{\partial \eta_i \partial \eta_j}.$$

由引理 9.3.3 及 $E_0(h_r(\boldsymbol{X})) = 0,\ r = 1, 2, \cdots$, 有

$$\frac{\partial \ell}{\partial \eta_i} = \sum_j h_i(\boldsymbol{X}_j).$$

记 $W_i = \sum_j h_i(\boldsymbol{X}_j)/\sqrt{n}$, 则 score 向量为

$$U = \left(\sum_j h_1(\boldsymbol{X}_j), \cdots, \sum_j h_N(\boldsymbol{X}_j) \right)^{\mathrm{T}}.$$

信息阵在 $\boldsymbol{\eta} = \mathbf{0}$ 处的取值为

$$\left(-E_0 \left(\frac{\partial^2 \ell}{\partial \eta_i \partial \eta_j} \right) \right) = n(\mathrm{Cov}_0(h_i(\boldsymbol{X}), h_j(\boldsymbol{X}))) = nI_N,$$

其中 I_N 为 N 阶单位阵. 故 (1) 成立.

(2) 记 $H(\boldsymbol{X}) = (h_1(X), \cdots, h_N(X))^{\mathrm{T}}$, 则

$$E_0(H(\boldsymbol{X})) = \mathbf{0}, \quad \mathrm{Cov}_0(H(\boldsymbol{X})) = I_N.$$

由多元中心极限定理,

$$\frac{1}{\sqrt{n}} \sum_{i=1}^{n} H(\boldsymbol{X}_i) \xrightarrow{d} N_N(\mathbf{0}, I_N), \quad n \to \infty.$$

因此 $W_1, \cdots, W_N$ 是渐近独立的且 (2) 成立.

当局部对立假设序列成立时, 可以证明 S_N 的渐近分布是非中心 χ^2 分布. 因此, 基于 S_N 的球面均匀性光滑检验具有相合性. 下面由式 (9.3.5) 计算 $N+1$.

由表 9.3.1 知, 随着维数 d, 阶数 m 取值的增大, N 的取值快速增大.

表 9.3.1　不同维数, 阶数下的 $N+1$ 值

	$m=2$	$m=3$	$m=4$	$m=5$	$m=6$	$m=10$
$d=2$	5	7	9	11	13	21
$d=3$	9	16	25	36	49	121
$d=4$	14	30	55	91	140	506
$d=5$	20	50	105	196	336	1716
$d=6$	27	77	182	378	714	5005
$d=7$	35	112	294	672	1386	13013
$d=8$	44	156	450	1122	2508	30888
$d=9$	54	210	660	1782	4290	68068
d=10	65	275	935	2717	7007	140998

推论 9.3.2　设 S_N 由式 (9.3.10) 定义, 则

$$\tau_N = \frac{S_N - N}{\sqrt{2N}} \xrightarrow{d} N(0,1), \quad n \to \infty, \quad N \to \infty.$$

由推论 9.3.2 知, 渐近地有 $\tau_N \sim N(0,1)$. 记为

$$\tau_N \overset{a}{\sim} N(0,1), \tag{9.3.11}$$

当 n 与 N 较大时, 此渐近标准正态分布 $N(0,1)$ 可应用于球面均匀性的光滑检验.

若以 $g_N(\boldsymbol{x}, \eta_j)$ 替换 $g_N(\boldsymbol{x}, \boldsymbol{\eta})$, 其中

$$g_N(\boldsymbol{x}, \eta_j) = C(\eta_j) \exp\{\eta_j h_j(\boldsymbol{x})\},$$

则与 $H_{j0}: \eta_j = 0$; $H_{j1}: \eta_j \neq 0$ 对应的 score 统计量为 W_j^2. 因此, 可用 W_j^2 进行分量 η_j 的探测. 对立分布分量的光滑检验, 是一种有效的方向性检验.

由于 $U(\Omega_d)$ 几乎由 $\boldsymbol{U}_d$ 的二阶矩决定, 故为探测对立分布与 $U(\Omega_d)$ 的光滑偏离, 取 $m=2$ 即可. 若在应用中需要采用高阶的对立分布, 即 m 较大或 N 较大, 可利用式 (9.3.11) 进行球面均匀性检验. 当对立分布的阶不为 m 而使用检验统计量 S_N 时, 可视 $g_N(\boldsymbol{x}, \boldsymbol{\eta})$ 为对立分布向 N 维空间 $\pounds(h_1(\boldsymbol{x}), \cdots, h_N(\boldsymbol{x}))$ 的投影. $g_N(\boldsymbol{x}, \boldsymbol{\eta})$ 构造的一个优势是, 通过对正交函数集 $\{h(\boldsymbol{x})\}$ 的选取, 达到对特殊对立分布的较高的检验功效.

9.3.3 光滑检验统计量的收敛速度模拟

模拟显示, 对 $d=3$, 式 (9.3.10) 中的 S_N 以概率 1 落在 [0, 35] 上, 故离散化 $h_{nd}=\sup\limits_{x\in\mathbf{R}}|P(S_N<x)-F_{\chi^2_N}(x)|$, 计算其在 $x=0(0.01)100$ 点上的最大值.

下述表 9.3.2 的第一行表示样本容量 n 的不同取值, 对 n=10, 20, 30, 40, 50, 100 均做 20000 次重复模拟. m 为球调和函数的阶, 由式 (9.3.5) 定义. 表 9.3.2 表明, 对于 $d=3$, 当 $n\geqslant 40$ 时, S_N 的经验分布函数与 χ^2 分布函数的最大偏差小于 0.01.

表 9.3.2 渐近 χ^2 分布统计量 S_N 的收敛速度 ($d=3$)

	$n=10$	$n=20$	$n=30$	$n=40$	$n=50$	$n=100$
m=2	0.0236	0.0120	0.0087	0.0084	0.0075	0.0064
m=3	0.0240	0.0183	0.0128	0.0079	0.0075	0.0086
m=4	0.0299	0.0135	0.0133	0.0070	0.0053	0.0051

9.3.4 球面均匀分布检验功效模拟

设 d 维方向随机变量 $\boldsymbol{X}$ 的密度函数为 $f(\boldsymbol{x})$. 当 $f(\boldsymbol{x})$ 由式 (9.1.17) 定义时, 称 $\boldsymbol{X}$ 服从球面质心上移分布. 记

$$\Sigma_1=\begin{pmatrix}1.0&0.7&0.6\\0.7&2.0&0.9\\0.6&0.9&3.0\end{pmatrix},\quad \Sigma_2=\begin{pmatrix}1.0&0.7&0.6\\0.7&4.0&0.9\\0.6&0.9&8.0\end{pmatrix},\quad \Sigma_3=\begin{pmatrix}1.0&0.0&0.0\\0.0&4.0&0.0\\0.0&0.0&8.0\end{pmatrix},$$

则 $\Sigma_i>0, i=1,2,3$. 设 $\boldsymbol{W}_i\sim N(\boldsymbol{0},\Sigma_i)$, $\boldsymbol{U}_i=\boldsymbol{W}_i/\|\boldsymbol{W}_i\|$, $i=1,2,3$. 称 $\boldsymbol{U}_i, i=1,2,3$ 为由多元正态分布生成的球面非均匀分布随机变量. 以下我们给出不同对立分布下三维球面均匀分布检验的功效模拟结果.

对于 $d=3$, 记 B_1,B_2 及 B_3 分别表示 $H_1(\Omega_3)$, $H_2(\Omega_3)$ 及 $H_3(\Omega_3)$ 的标准正交基. S_3,S_5,S_8 及 S_{15} 分别表示基于 B_1,B_2, $B_1\cup B_2$ 及 $B_1\cup B_2\cup B_3$ 构造的球面均匀分布光滑检验统计量. 基于广义逆的球面均匀分布特征 (惯量矩) 检验统计量 ν 由式 (10.1.2) 定义, 球面均匀分布质心偏移检验统计量 λ^2 由式 (9.1.8) 定义. 单峰分布由 Langevin 分布定义, 双峰分布及环状分布由 Scheidegger–Watson 分布定义.

球面单峰分布类似质心上移的球面非均匀分布. 由表 9.3.3 和表 9.3.4 可得下述结论: ①对于质心向上偏移分布或单峰分布, 检验统计量 S_3 与 λ^2 比其他检验统计量有着更高的检验功效. λ^2 是关于质心 (一阶矩) 的球面均匀性检验统计量. S_3 由一阶球调和函数构成, 对应着质心检验, λ^2 的检验功效与 S_3 接近. 故可以认为光滑检验统计量包含 λ^2 检验统计量. ②ν 是关于惯量矩 (二阶矩) 的球面均匀性检验统计量, S_5 由二阶球调和函数构成, 故 ν 与 S_5 关于质心偏移球面分布类的检验

功效较低.

表 9.3.3 对立分布为单峰分布的功效模拟 ($d=3,\lambda=2$)

	S_3	S_5	S_8	S_{15}	ν	λ^2
n=10	0.7500	0.1397	0.5818	0.4374	0.2064	0.7591
n=20	0.9837	0.2703	0.9271	0.8227	0.3928	0.9810
n=30	0.9992	0.4056	0.9926	0.9697	0.5294	0.9991
n=40	1.0000	0.5240	0.9995	0.9957	0.6703	1.0000
n=50	1.0000	0.6258	1.0000	0.9998	0.7768	1.0000

表 9.3.4 对立分布为球面质心上移分布的功效模拟 ($d=3,\varepsilon=0.5$)

	S_3	S_5	S_8	S_{15}	ν	λ^2
n=10	0.1870	0.0494	0.1214	0.1138	0.0518	0.1808
n=15	0.2514	0.0514	0.1664	0.1429	0.0490	0.2505
n=20	0.3402	0.0506	0.2081	0.1844	0.0490	0.3404
n=50	0.7579	0.0478	0.5566	0.4874	0.0519	0.7546
n=100	0.9751	0.0542	0.9134	0.8864	0.0508	0.9777

对于具有不同协差阵多元正态分布生成的球面非均匀分布随机数, 由表 9.3.5、表 9.3.6 和表 9.3.7 可得下述结论: ①表 9.3.5 中 ν 的检验功效较表 9.3.6 中 ν 的检验功效高, 这是由于 Σ_2 与 Σ_1 相比, 前者的球面非均匀性惯量矩特征更明显, 更偏离球面均匀分布. ②由于 Σ_3 与 Σ_2 相比, 更接近球面均匀性特征, 故表 9.3.7 中每个统计量的检验功效较表 9.3.6 中对应统计量的检验功效低 (λ^2 除外). ③质心检验统计量 λ^2 对上述三种对立分布均较低, 接近 0.05. 这是由于协差阵 Σ 的变换主要对应着二阶矩.

表 9.3.5 对立分布为球面非均匀分布的功效模拟 ($d=3,\Sigma=\Sigma_1$)

	S_3	S_5	S_8	S_{15}	ν	λ^2
n=10	0.0591	0.2922	0.2420	0.1802	0.1938	0.0640
n=20	0.0590	0.6106	0.5150	0.3833	0.3863	0.0559
n=30	0.0580	0.8107	0.7282	0.5845	0.5676	0.0611
n=50	0.0580	0.9754	0.9430	0.8000	0.8172	0.0556
n=80	0.0599	0.9991	0.9972	0.9869	0.9618	0.0540

表 9.3.6 对立分布为球面非均匀分布的功效模拟 ($d=3,\Sigma=\Sigma_2$)

	S_3	S_5	S_8	S_{15}	ν	λ^2
n=10	0.0664	0.4182	0.3221	0.2414	0.5806	0.0676
n=15	0.0609	0.6562	0.5314	0.3787	0.7793	0.0649
n=20	0.0585	0.8091	0.7145	0.5474	0.8984	0.0617
n=30	0.0597	0.9602	0.9193	0.7978	0.9829	0.0603
n=40	0.0585	0.9938	0.9802	0.9286	0.9972	0.0619

表 9.3.7　对立分布为球面非均匀分布的功效模拟 ($d = 3, \Sigma = \Sigma_3$)

	S_3	S_5	S_8	S_{15}	ν	λ^2
n=10	0.0565	0.3567	0.2730	0.1916	0.5585	0.0612
n=15	0.0628	0.5586	0.4526	0.3200	0.7589	0.0599
n=20	0.0587	0.7249	0.6174	0.4518	0.8793	0.0594
n=30	0.0610	0.9111	0.8476	0.6904	0.9726	0.0659
n=40	0.0625	0.9762	0.9523	0.8595	0.9960	0.0592

表 9.3.8　对立分布为单峰分布的功效模拟 ($d = 6, \lambda = 2$)

	S_6	S_{20}	S_{26}	S_{76}	ν	λ^2
n=10	0.3738	0.0736	0.2293	0.1473	0.0984	0.3817
n=20	0.7391	0.1051	0.4537	0.2858	0.1719	0.7336
n=50	0.9950	0.2181	0.9250	0.7134	0.3842	0.9947
n=80	1.0000	0.3315	0.9974	0.9446	0.5627	1.0000
n=100	1.0000	0.4351	0.9999	0.9851	0.6793	1.0000

表 9.3.9　对立分布为双峰分布的功效模拟 ($d = 6, \lambda = 4$)

	S_6	S_{20}	S_{26}	S_{76}	ν	λ^2
n=10	0.0654	0.4944	0.4492	0.2677	0.7239	0.0740
n=20	0.0677	0.8458	0.8049	0.5612	0.9545	0.0683
n=50	0.0673	0.9987	0.9982	0.9728	0.9999	0.0683
n=80	0.0694	1.0000	1.0000	0.9991	1.0000	0.0695
n=100	0.0694	1.0000	1.0000	1.0000	1.0000	0.0676

对于 $d = 6$, 记 B_1, B_2 及 B_3 分别表示 $H_1(\Omega_6)$, $H_2(\Omega_6)$ 及 $H_3(\Omega_6)$ 的标准正交基. S_6, S_{20}, S_{26} 及 S_{76} 分别表示基于 B_1, B_2, $B_1 \cup B_2$ 及 $B_1 \cup B_2 \cup B_3$ 构造的球面均匀分布光滑检验统计量.

质心 (一阶矩) 对应单峰分布检验. 表 9.3.8 显示, S_6 与 λ^2 具有更高的检验功效.

惯量矩 (二阶矩) 对应双峰分布或环状分布检验. 表 9.3.9 及表 9.3.10 显示, S_{20} 与 ν 具有更高的检验功效.

表 9.3.10　对立分布为环状分布的功效模拟 ($d = 6, \lambda = -4$)

	S_6	S_{20}	S_{26}	S_{76}	ν	λ^2
n=10	0.0549	0.0881	0.0790	0.0775	0.1347	0.0503
n=20	0.0533	0.1371	0.1195	0.0962	0.2950	0.0578
n=50	0.0528	0.4039	0.3510	0.1940	0.8050	0.0500
n=80	0.0518	0.7219	0.6417	0.3419	0.9776	0.0549
n=100	0.0503	0.8681	0.7978	0.4518	0.9950	0.0523

对于 $d=10$, 记 B_1, B_2 及 B_3 分别表示 $H_1(\Omega_{10})$, $H_2(\Omega_{10})$ 及 $H_3(\Omega_{10})$ 的标准正交基. S_{10}, S_{54}, S_{64} 及 S_{274} 分别表示基于 B_1, B_2, $B_1 \cup B_2$ 及 $B_1 \cup B_2 \cup B_3$ 构造的球面均匀分布光滑检验统计量.

表 9.3.11、表 9.3.12 及表 9.3.13 的模拟结果与表 9.3.8、表 9.3.9 及表 9.3.10 的模拟结果相类似. 以下我们做一小结: 对于阶 $m=1,2,3$, 我们进行了球面均匀分布光滑检验的功效模拟. 选取的对立分布有球面质心上移分布, 由非标准多元正态分布生成的球面非均匀分布, 球面单峰分布 (Langevin 分布), 球面双峰分布及球面环状分布 (Scheidegger–Watson 分布) 等. 随机模拟显示, 当选取球调和函数的阶小于或等于 2 时, 光滑检验有着更高的检验功效.

表 9.3.11 对立分布为单峰分布的功效模拟 ($d=10, \lambda=2$)

	S_{10}	S_{54}	S_{64}	S_{274}	ν	λ^2
n=10	0.1998	0.0592	0.1064	0.0769	0.0677	0.1858
n=20	0.3982	0.0636	0.1795	0.1152	0.0875	0.4118
n=50	0.8790	0.0901	0.4952	0.2380	0.1617	0.8719
n=80	0.9865	0.1186	0.7584	0.4128	0.2438	0.9868
n=150	1.0000	0.1965	0.9890	0.7836	0.4464	1.0000
n=200	1.0000	0.2598	0.9993	0.9229	0.5758	1.0000

表 9.3.12 对立分布为双峰分布的功效模拟 ($d=10, \lambda=4$)

	S_{10}	S_{54}	S_{64}	S_{274}	ν	λ^2
n=10	0.0600	0.1530	0.1497	0.0987	0.3327	0.0584
n=20	0.0539	0.3075	0.2768	0.1452	0.5845	0.0561
n=50	0.0602	0.7232	0.6821	0.3686	0.9446	0.0566
n=80	0.0534	0.9267	0.9115	0.6079	0.9954	0.0587
n=150	0.0534	0.9984	0.9977	0.9270	1.0000	0.0554
n=200	0.0566	0.9999	0.9998	0.9865	1.0000	0.0560

表 9.3.13 对立分布为环状分布的功效模拟 ($d=10, \lambda=-4$)

	S_{10}	S_{54}	S_{64}	S_{274}	ν	λ^2
n=10	0.0490	0.0595	0.0601	0.0581	0.0826	0.0523
n=20	0.0534	0.0696	0.0677	0.0630	0.1154	0.0527
n=50	0.0528	0.1201	0.1129	0.0825	0.2846	0.0549
n=80	0.0532	0.1802	0.1782	0.1007	0.5146	0.0500
n=150	0.0520	0.4036	0.3635	0.1680	0.8895	0.0495
n=200	0.0514	0.5768	0.5239	0.2286	0.9756	0.0515

基于 B_1 的光滑检验可用于探测质心的偏离 (一阶矩), 基于 B_2 的光滑检验可用于探测对任意方向惯量矩的不等性 (二阶矩). 前述随机模拟 (上一节) 说明, 基于 λ^2 和 χ^2 的球面均匀性的联合检验是必要的, 而对于质心偏离原点的检验, S_N(由

B_1 生成) 与 λ^2 几乎有着相同的检验功效. 故当 $m = 2$ 时, 基于 $B_1 \cup B_2$ 构造的光滑检验统计量 S_N, 将对质心的检验 (B_1) 和对惯量矩的检验 (B_2) 综合为一体, 可用于进行球面均匀分布的光滑检验.

当对立分布与球面均匀分布的特征 (惯量矩) 有较大偏离时, 基于广义逆的特征检验表现出较高的检验功效. 当对立分布与球面均匀分布的特征 (惯量矩) 偏离不明显时, 光滑检验有着更高的检验功效. 在某种意义上说, 球面均匀分布的光滑检验与基于广义逆的特征检验具有互补性.

第 10 章　实心区域均匀分布的拟合优度检验

曲面积分与实心区域上的重积分是多元函数积分的两种主要表现形式, 球面均匀分布与球体均匀分布均可用于椭球对称分布的构造. 本章研究单位球体均匀分布拟合优度检验, 将所得结果应用于多元正态分布的拟合优度检验. 将单位球体均匀分布拟合优度检验推广至有界实心区域均匀分布的拟合优度检验, 探讨中心相似分布的拟合优度检验.

10.1　单位球均匀分布的拟合优度检验

杨振海等 (2007) 提出了单位球均匀分布拟合优度检验统计量 χ^2. 证明了单位球均匀分布的充要条件表示定理, 得到 χ^2 的渐近 χ^2 分布, 证明了拟合优度检验的相合性. 做 χ^2 经验分布函数收敛速度及检验功效的随机模拟, 模拟结果保证了样本容量 $n \geqslant 10$ 时, 高维数据单位球均匀分布检验的有效性

10.1.1　单位球均匀分布的充要条件表示

首先, 给出以下记号

$$\boldsymbol{x}_d := (\boldsymbol{x}_k, \boldsymbol{x}_{[k]}) = ((x_1, \cdots, x_k), (x_{k+1}, \cdots, x_d)),$$

$$\overline{S}_d^{(2)}(r) := \left\{ \boldsymbol{x}_d = (x_1, \cdots, x_d) : \sum_{i=1}^{d} x_i^2 \leqslant r^2 \right\},$$

$$\overline{S}_d^{(2)} := \overline{S}_d^{(2)}(1), \quad c_k := L_k(\overline{S}_k^{(2)}) = \frac{2\pi^{\frac{k}{2}}}{k\Gamma\left(\dfrac{k}{2}\right)}. \tag{10.1.1}$$

定理 10.1.1　随机向量 $\boldsymbol{X}_d$ 在 $\overline{S}_d^{(2)}$ 上服从均匀分布的充要条件是

$$p(\boldsymbol{x}_d) = p(x_d|\boldsymbol{x}_{d-1}) \cdot p(x_{d-1}|\boldsymbol{x}_{d-2}) \cdots p(x_2|x_1) \cdot p(x_1),$$

$$p(x_{d-k+1}|\boldsymbol{x}_{d-k}) = \frac{c_{k-1}\left(1 - \displaystyle\sum_{i=1}^{d-k+1} x_i^2\right)^{\frac{k-1}{2}}}{c_k\left(1 - \displaystyle\sum_{i=1}^{d-k} x_i^2\right)^{\frac{k}{2}}}, \tag{10.1.2}$$

$$p(x_1|x_0) := p(x_1) = \frac{c_{d-1}}{c_d}(1-x_1^2)^{\frac{d-1}{2}},$$
$$\boldsymbol{x}_0 \equiv 0, \quad \|\boldsymbol{x}_{d-k}\| \leqslant 1, \quad \|\boldsymbol{x}_{d-k+1}\| \leqslant 1, \quad 1 \leqslant k \leqslant d.$$

证明　因为

$$\begin{aligned}
&\int_{\|\boldsymbol{x}_d\|\leqslant 1} \frac{1}{c_d}\mathrm{d}x_1\cdots\mathrm{d}x_d \\
=&\int_{\|\boldsymbol{x}_{d-k}\|\leqslant 1} \frac{1}{c_d}\mathrm{d}x_1\cdots\mathrm{d}x_{d-k}\int_{\|\boldsymbol{x}_{[d-k]}\|\leqslant r_{d-k}} \mathrm{d}x_{d-k+1}\cdots\mathrm{d}x_d \\
=&\int_{\|\boldsymbol{x}_{d-k}\|\leqslant 1} \frac{1}{c_d}c_k\left(1-\sum_{i=1}^{d-k}x_i^2\right)^{\frac{k}{2}}\mathrm{d}x_1\cdots\mathrm{d}x_{d-k} = 1,
\end{aligned}$$

所以, $\boldsymbol{X}_{d-k}$ 的概率密度为

$$p(\boldsymbol{x}_{d-k}) = \frac{c_k}{c_d}r_{d-k}^k, \quad r_{d-k} = \left(1-\sum_{i=1}^{d-k}x_i^2\right)^{\frac{1}{2}}, \qquad (10.1.3)$$
$$\|\boldsymbol{x}_{d-k}\| \leqslant 1, \quad 1 \leqslant k < d.$$

因为

$$p(x_{d-k+1}|\boldsymbol{x}_{d-k}) = \frac{p(\boldsymbol{x}_{d-k+1})}{p(\boldsymbol{x}_{d-k})} = \frac{c_{k-1}r_{d-k+1}^{k-1}}{c_k r_{d-k}^k},$$

故式 (10.1.2) 成立.

为了做模拟说明, 考虑 $d=10$ 时的具体公式.

推论 10.1.1　设 $\boldsymbol{X}_d=(X_1,\cdots,X_d)$ 在 $\overline{S}_d^{(2)}$ 上服从均匀分布, $F_{Y_{d-k+1}|\boldsymbol{X}_{d-k}}(y)$ 为 Y_{d-k+1} 的条件分布函数, $Y_{d-k+1}=X_{d-k+1}/r_{d-k}$, $|y|\leqslant 1$, $1\leqslant k\leqslant d$, 则 $d=10$ 时,

$$F_{Y_2|\boldsymbol{X}_1}(y) = \frac{c_8}{c_9}\left(y-\frac{4}{3}y^3+\frac{6}{5}y^5-\frac{4}{7}y^7+\frac{1}{9}y^9+\frac{128}{315}\right),$$

$$F_{Y_4|\boldsymbol{X}_3}(y) = \frac{c_6}{c_7}\left(y-y^3+\frac{3}{5}y^5-\frac{1}{7}y^7+\frac{16}{35}\right),$$

$$F_{Y_6|\boldsymbol{X}_5}(y) = \frac{c_4}{c_5}\left(y-\frac{2}{3}y^3+\frac{1}{5}y^5+\frac{8}{15}\right),$$

$$F_{Y_8|\boldsymbol{X}_7}(y) = \frac{c_2}{c_3}\left(y-\frac{1}{3}y^3+\frac{2}{3}\right),$$
$$F_{Y_{10}|\boldsymbol{X}_9}(y) = \frac{y+1}{2}.$$

证明 给定 $\boldsymbol{X}_{d-k}=\boldsymbol{x}_{d-k}, Y_{d-k+1}$ 的条件分布函数为

$$F_{Y_{d-k+1}|\boldsymbol{X}_{d-k}}(y)=\frac{c_{k-1}}{c_k}\int_{-1}^{y}(1-t^2)^{\frac{k-1}{2}}\mathrm{d}t,\quad 1\leqslant k<d. \tag{10.1.4}$$

由式 (10.1.4) 积分可知结论成立.

推论 10.1.2 设 $\boldsymbol{X}_d^{[1]},\cdots,\boldsymbol{X}_d^{[n]}$ 为来自总体 $\boldsymbol{X}_d\sim U_{\overline{S}_d^{(2)}}$ 的样本, $\boldsymbol{X}_d^{[i]}=(X_1^{[i]},\cdots,X_d^{[i]})$.

$$Z_{d,k}^{[i]}=F_{Y_{d-k+1}|\boldsymbol{X}_{d-k}}\left(Y_{d-k+1}^{[i]}\right),\quad Y_{d-k+1}^{[i]}=X_{d-k+1}^{[i]}/r_{d-k}^{[i]}, \tag{10.1.5}$$

$$r_{d-k}^{[i]}=\left(1-\sum_{j=1}^{d-k}(X_j^{[i]})^2\right)^{\frac{1}{2}},\quad 1\leqslant k<d,\quad Z_{d,d}^{[i]}=F_{X_1}\left(X_d^{[i]}\right),\quad i=1,\cdots,n.$$

$F_{X_1}(\cdot)$ 为 X_1 的分布函数, 则 $\left\{Z_{d,k}^{[i]}\right\}_{i=1}^{n}$ 为独立同 $U(0,1)$ 分布的样本, 对 $1\leqslant k\leqslant d$,

$$\chi_{[k]}^2=12n\left(\frac{1}{n}\sum_{i=1}^{n}Z_{d,k}^{[i]}-\frac{1}{2}\right)^2\xrightarrow{d}\chi_1^2,\quad n\to\infty. \tag{10.1.6}$$

证明 由中心极限定理可得.

推论 10.1.3 在推论 10.1.2 的条件下, $\chi^2:=\sum_{k=1}^{d}\chi_{[k]}^2$, 则

$$\chi^2\xrightarrow{d}\chi_d^2,\quad n\to\infty. \tag{10.1.7}$$

证明 由引理 8.4.2 知 $\{\chi_{[k]}^2\}_{k=1}^{d}$ 为 i.i.d. 随机变量, 由推论 10.1.2 知式 (10.1.7) 成立.

为做等价的功效模拟, 现给出定理 10.1.2, 其证明同定理 10.1.1.

定理 10.1.2 随机向量 $\boldsymbol{X}_d$ 在 $\overline{S}_d^{(2)}$ 上服从均匀分布的充要条件是:

(1) $\boldsymbol{X}_{d-1}$ 的概率密度为 $p(\boldsymbol{x}_{d-1})=\dfrac{2}{c_d}r_{d-1}\cdot I_{\overline{S}_{d-1}^{(2)}}(\boldsymbol{x}_{d-1})$;

(2) 给定 $\boldsymbol{X}_{d-1}=\boldsymbol{x}_{d-1}$, X_d 的条件分布是

$$U(-r_{d-1},r_{d-1}),\quad r_{d-1}:=\left(1-\sum_{i=1}^{d-1}x_i^2\right)^{\frac{1}{2}}.$$

设 $S_n=\sum_{i=1}^{n}U_i$, $U_1,\cdots,U_n$ 为来自 $U(0,1)$ 的样本. 由式 (8.3.6) 可知, $G_n^*\sim 2S_n$, 而对较小的 $n(n=6,12)$, $\overline{U}=S_n/n$ 可用作生成正态分布随机数, 即

$\sqrt{12n}\left(\overline{U}-\dfrac{1}{2}\right)$ 趋向 $N(0,1)$, 故知 $12n\left(\overline{U}-\dfrac{1}{2}\right)^2$ 趋向 χ^2 分布 χ_1^2, 具有较快的收敛速度. 对单位球均匀分布的拟合优度检验, 转化为利用 χ^2 分布, 做转化样本 $\left\{Z_{d,k}^{[i]}\right\}_{i=1}^n$ 服从 $U(0,1)$ 的拟合优度检验.

10.1.2 拟合优度检验的相合性

命题 10.1.1 设有 d 元函数 $g_d(\boldsymbol{x}),\boldsymbol{x}\in\mathbf{R}^d$, 满足

$$\int_{\|\boldsymbol{x}\|\leqslant 1} g_d(x_1,\cdots,x_d)\mathrm{d}x_1\cdots\mathrm{d}x_d=0,$$

则

$$\int_{x_1^2+\cdots+x_k^2\leqslant 1} g_{[k]}(x_1,\cdots,x_k)\mathrm{d}x_1\cdots\mathrm{d}x_k=0,$$

其中, $g_{[k]}(x_1,\cdots,x_k)$ 为 $g_d(x_1,\cdots,x_d)$ 在区域 $\|\boldsymbol{x}\|\leqslant 1$ 对 $x_{k+1},\cdots,x_d$ 变量积分 $d-k$ 次后的得到的被积函数, $k=1,\cdots,d-1$.

证明 由题意知

$$\begin{aligned}&\int_{\|\boldsymbol{x}\|\leqslant 1} g_d(x_1,\cdots,x_d)\mathrm{d}x_1\cdots\mathrm{d}x_d\\ =&\int_{x_1^2+\cdots+x_{d-1}^2\leqslant 1} g_{[d-1]}(x_1,\cdots,x_{d-1})\mathrm{d}x_1\cdots\mathrm{d}x_{d-1}=0,\end{aligned}$$

$$g_{[d-1]}(x_1,\cdots,x_{d-1})=\int_{-r_{d-1}}^{r_{d-1}} g_d(x_1,\cdots,x_d)\mathrm{d}x_d,$$

$$r_{d-1}=\left(1-\sum_{i=1}^{d-1}x_i^2\right)^{\frac{1}{2}},\quad x_1^2+\cdots+x_{d-1}^2\leqslant 1.$$

依此可知命题成立.

定理 10.1.3 设有局部对立假设序列:

$$H_0: f(\boldsymbol{x})=\frac{1}{c_d},\ \|\boldsymbol{x}\|\leqslant 1;\quad H_{1n}: f(\boldsymbol{x})=\frac{1}{c_d}+\frac{g_d(\boldsymbol{x})}{\sqrt{n}},\ \|\boldsymbol{x}\|\leqslant 1.$$

$$\int_{\|\boldsymbol{x}\|\leqslant 1} g_d(x_1,\cdots,x_d)\mathrm{d}x_1\cdots\mathrm{d}x_d=0,\quad \frac{1}{c_d}+\frac{g_d(\boldsymbol{x})}{\sqrt{n}}>0,\quad \|\boldsymbol{x}\|\leqslant 1,\ \boldsymbol{x}\in\mathbf{R}^d,$$

则当对立假设 $\{H_{1n}\}_{n=1}^{\infty}$ 成立时, 式 (10.1.6)$\chi_{[k]}^2$ 的极限分布是自由度为 1, 非中心参数为 δ_k 的非中心 χ^2 分布,$1\leqslant k<d$.

证明 当对立假设 $\{H_{1n}\}_{n=1}^{\infty}$ 成立时,

$$
\begin{cases}
f(\boldsymbol{x}_{d-k}) = p(\boldsymbol{x}_{d-k}) + \dfrac{1}{\sqrt{n}} g_{[d-k]}(\boldsymbol{x}_{d-k}), \\
f_{X_{d-k+1}|\boldsymbol{x}_{d-k}}(x_{d-k+1}) = \dfrac{p(\boldsymbol{x}_{d-k+1}) + \dfrac{1}{\sqrt{n}} g_{[d-k+1]}(\boldsymbol{x}_{d-k+1})}{p(\boldsymbol{x}_{d-k})} \\
\qquad \cdot \dfrac{p(\boldsymbol{x}_{d-k})}{p(\boldsymbol{x}_{d-k}) + \dfrac{1}{\sqrt{n}} g_{[d-k]}(\boldsymbol{x}_{d-k})} \\
\qquad = \left(p(x_{d-k+1}|\boldsymbol{x}_{d-k}) + \dfrac{1}{\sqrt{n}} h_{[d-k+1]}(\boldsymbol{x}_{d-k+1}) \right) w(\boldsymbol{x}_{d-k}), \\
q_{[d-k]}(\boldsymbol{x}_{d-k}) = \dfrac{g_{[d-k]}(\boldsymbol{x}_{d-k})}{p(\boldsymbol{x}_{d-k}) + \dfrac{1}{\sqrt{n}} g_{[d-k]}(\boldsymbol{x}_{d-k})}, \\
w(\boldsymbol{x}_{d-k}) = 1 - \dfrac{1}{\sqrt{n}} q_{[d-k]}(\boldsymbol{x}_{d-k}).
\end{cases}
\tag{10.1.8}
$$

给定 $\boldsymbol{X}_{d-k} = \boldsymbol{x}_{d-k}$, Y_{d-k+1} 的条件概率密度为

$$
\widetilde{f}_{Y_{d-k+1}|\boldsymbol{x}_{d-k}}(y) = \left(\frac{c_{k-1}}{c_k} (1-y^2)^{\frac{k-1}{2}} + \frac{r_{d-k}}{\sqrt{n}} h_{[d-k+1]} r_{d-k} y) \right) w(\boldsymbol{x}_{d-k}).
$$

在 H_{1n} 成立时, 设 $\boldsymbol{X}_d^{[1]}, \cdots, \boldsymbol{X}_d^{[n]}$ 为来自总体 $\boldsymbol{X}_d = (X_1, \cdots, X_d)^{\mathrm{T}}$ 的样本, $\boldsymbol{X}_d^{[i]} = \left(X_1^{[i]}, \cdots, X_d^{[i]} \right)$. $F_{Y_{d-k+1}|\boldsymbol{X}_{d-k}}(y)$ 为式 (10.1.4) 给出的条件分布函数

$$
Z_{d,k}^{[i]} = F_{Y_{d-k+1}|\boldsymbol{X}_{d-k}} \left(Y_{d-k+1}^{[i]} \right), \quad Y_{d-k+1}^{[i]} = X_{d-k+1}^{[i]} \Big/ r_{d-k}^{[i]},
$$

则 $\left\{ Z_{d,k}^{[i]} \right\}_{i=1}^{n}$ 为 i.i.d. 样本, 对 $1 \leqslant k < d$,

$$
\begin{aligned}
E(Z_{d,k}) &= E(F_{Y_{d-k+1}|\boldsymbol{X}_{d-k}}(Y_{d-k+1})) = w\left(\frac{1}{2} + \frac{1}{\sqrt{n}} \widetilde{h} \right), \\
\widetilde{h}(\boldsymbol{X}_{d-k}) &= \int_{-1}^{1} F_{Y_{d-k+1}|\boldsymbol{X}_{d-k}}(y) r_{d-k} h_{[d-k+1]}(r_{d-k} y) \mathrm{d}y. \\
E((Z_{d,k})^2) &= E((F_{Y_{d-k+1}|\boldsymbol{X}_{d-k}}(Y_{d-k+1}))^2) = w\left(\frac{1}{3} + \frac{1}{\sqrt{n}} \widetilde{\widetilde{h}} \right), \\
\widetilde{\widetilde{h}}(\boldsymbol{X}_{d-k}) &= \int_{-1}^{1} (F_{Y_{d-k+1}|\boldsymbol{X}_{d-k}}(y))^2 r_{d-k} h_{[d-k+1]}(r_{d-k} y) \mathrm{d}y. \\
\mathrm{Var}(Z_{d,k}) &= E((Z_{d,k})^2) - (E(Z_{d,k}))^2 \to \frac{1}{12}, \quad n \to \infty,
\end{aligned}
$$

$$
w = E(w(\boldsymbol{X}_{d-k})), \quad \widetilde{h} = E(\widetilde{h}(\boldsymbol{X}_{d-k})), \quad \widetilde{\widetilde{h}} = E(\widetilde{\widetilde{h}}(\boldsymbol{X}_{d-k})).
$$

记 $\overline{Z}_{d,k} = \dfrac{1}{n}\sum_{i=1}^{n} Z_{d,k}^{[i]}$, 由中心极限定理知

$$\frac{\sqrt{n}(\overline{Z}_{d,k} - E(Z_{d,k}))}{\sqrt{\mathrm{Var}(Z_{d,k})}} \to N(0,1), \quad n \to \infty.$$

所以

$$\sqrt{12n}\left(\overline{Z}_{d,k} - \frac{1}{2}\right) - \eta_k + O\left(\frac{1}{\sqrt{n}}\right) \to N(0,1), \quad n \to \infty.$$

故

$$\sqrt{12n}\left(\overline{Z}_{d,k} - \frac{1}{2}\right) \to N(\eta_k, 1), \quad n \to \infty.$$

$$\eta_k = \sqrt{12}\left(\widetilde{h} - \frac{q_{[d-k]}}{2}\right), \quad \delta_k = \eta_k^2,$$

其中, $q_{[d-k]} = E(q_{[d-k]}(\boldsymbol{X}_{d-k}))$. 故有

$$\chi_{[k]}^2 = 12n\left(\frac{1}{n}\sum_{i=1}^{n} Z_{d,k}^{[i]} - \frac{1}{2}\right)^2 \xrightarrow{d} \chi_{1,\delta_k}^2, \quad n \to \infty. \tag{10.1.9}$$

证毕.

同理可证, 在定理 10.1.3 的条件下, 式 (10.1.6) 中 $\chi_{[d]}^2$ 的极限分布是自由度为 1, 非中心参数为 δ_d 的非中心 χ^2 分布.

推论 10.1.4　在定理 10.1.3 的条件下, 式 (10.1.7) 中 χ^2 的极限分布是自由度为 d, 非中心参数为 Δ 的非中心 χ^2 分布, 其中 $\Delta = \sum_{k=1}^{d} \delta_k$.

定理 10.1.4 (拟合优度检验的相合性)　设 $\boldsymbol{X}_d^{[1]}, \cdots, \boldsymbol{X}_d^{[n]}$ 为来自总体 $\boldsymbol{X}_d = (X_1, \cdots, X_d)^{\mathrm{T}} \sim f(\boldsymbol{x})$ 的样本.

$$H_0: f(\boldsymbol{x}) = \frac{1}{c_d},\ \|\boldsymbol{x}\| \leqslant 1; \quad H_1: f(\boldsymbol{x}) = \frac{1}{c_d} + g_d(\boldsymbol{x}),\ g_d(\boldsymbol{x}) \neq 0,\ \|\boldsymbol{x}\| \leqslant 1. \tag{10.1.10}$$

$$\int_{\|\boldsymbol{x}\|=1} g_d(x_1, \cdots, x_d)\mathrm{d}x_1 \cdots \mathrm{d}x_d = 0, \quad \frac{1}{c_d} + g_d(\boldsymbol{x}) > 0, \quad \|\boldsymbol{x}\| \leqslant 1, \quad \boldsymbol{x} \in \mathbf{R}^d.$$

给定显著性水平 $0 < \alpha < 1$, $W = \{(\boldsymbol{x}_1, \cdots, \boldsymbol{x}_n) : \chi_{[k]}^2 > \chi_1^2(\alpha)\}$ 是假设 H_0 的检验统计量 $\chi_{[k]}^2$ 给出的拒绝域, $\chi_1^2(\alpha)$ 是自由度为 1 的 χ^2 分布的上 α 分位点, 则

$$\lim_{n\to\infty} P(\chi_{[k]}^2 > \chi_1^2(\alpha) | H_1) = 1.$$

证明　当 H_1 成立时,

$$E(Z_{d,k}) = \left(\frac{1}{2} + \widetilde{h}\right)(1 - q_{[d-k]}) = \frac{1}{2} + t_k,$$

$$t_k = \widetilde{h} - \left(\frac{1}{2} + \widetilde{h}\right)q_{[d-k]}.$$

因此,

$$\overline{Z}_{d,k}-\frac{1}{2}\to t_k \text{ a.s.},\quad \chi^2_{[k]}\to+\infty,\quad n\to\infty.$$

故结论成立.

推论 10.1.5 在定理 10.1.4 的条件下, $\lim\limits_{n\to\infty}P(\chi^2>\chi^2_d(\alpha)|H_1)=1$.

推论 10.1.4, 推论 10.1.5 说明, χ^2 拟合优度检验统计量区别概率密度 $f(\boldsymbol{x})$, $\|\boldsymbol{x}\|\leqslant 1$ 的能力是 $1/\sqrt{n}$ 量级, 当 n 充分大时, 倾向拒绝原假设.

命题 10.1.2 设 $\boldsymbol{X}_d$ 的概率密度为

$$f(\boldsymbol{x}_d)=\frac{1}{c_d}+g_d(\boldsymbol{x}_d),\quad \int_{\|\boldsymbol{x}_d\|\leqslant 1}g_d(\boldsymbol{x}_d)\mathrm{d}\boldsymbol{x}_d=0,\quad \|\boldsymbol{x}_d\|\leqslant 1,$$

则 $\boldsymbol{X}_{d-1}$ 的概率密度为

$$p(\boldsymbol{x}_{d-1})=\frac{2}{c_d}r_{d-1}\cdot I_{\overline{S}^{(2)}_{d-1}}(\boldsymbol{x}_{d-1}),\quad r_{d-1}=\left(1-\sum_{i=1}^{d-1}x_i^2\right)^{\frac{1}{2}}.$$

证明

$$\begin{aligned}\int_{\|\boldsymbol{x}_d\|\leqslant 1}f(\boldsymbol{x}_d)\mathrm{d}\boldsymbol{x}_d&=\int_{\|\boldsymbol{x}_d\|\leqslant 1}\left(\frac{1}{c_d}+g_d(\boldsymbol{x}_d)\right)\mathrm{d}\boldsymbol{x}_d\\&=\int_{\|\boldsymbol{x}_d\|\leqslant 1}\frac{1}{c_d}\mathrm{d}\boldsymbol{x}_d\\&=\int_{\|\boldsymbol{x}_{d-1}\|\leqslant 1}\frac{2}{c_d}r_{d-1}\mathrm{d}\boldsymbol{x}_{d-1}=1.\end{aligned}$$

故结论成立, 其中 $\mathrm{d}\boldsymbol{x}_d:=\mathrm{d}x_1\cdots\mathrm{d}x_d$.

10.1.3 随机模拟

设 $\boldsymbol{X}_d$ 服从均匀分布 $U_{\boldsymbol{S}_d^{(2)}}$. 因为 $\boldsymbol{X}_d=R\boldsymbol{U}_d$, 当 $0\leqslant r\leqslant 1$ 时, R 的分布函数 $F_R(r)=r^d$, 故 d 维单位球上均匀分布随机数的生成步骤为:

(1) $u\sim U(0,1)$, $r=u^{\frac{1}{d}}$, r 为概率密度是 $p_R(r)$ 的随机数;

(2) 生成 d 维单位球面均匀分布随机数 $\boldsymbol{u}_d$,

则 $\boldsymbol{x}_d=r\boldsymbol{u}_d$ 为 d 维单位球上均匀分布随机数.

1. 收敛速度随机模拟

依推论 10.1.1, 对 $d=10$, $\chi^2_*:=\sum_{m=0}^4\chi^2_{[2m+1]}$. 随机模拟显示 χ^2_* 基本上以概率 1 落在 $[0,30]$ 上, 故离散化 $h_{nd}=\sup\limits_{x\in\mathbf{R}}|P(\chi^2_*<x)-F_{\chi^2_5}(x)|$, 计算其在 $x=\ 0(0.01)30$ 点上的最大值. 在表 10.1.1 中, 对样本容量 n= 10, 20, 30, 40, 50 均做 10000 次重复模拟.

表 10.1.1　χ_*^2 趋向 χ^2 分布的收敛速度

n	10	20	30	40	50
h_{nd}	0.0012965	0.0095682	0.0072807	0.0048491	0.0056796

事实上对 $d=10$, 可以进行等价形式的随机模拟. 生成随机矩阵 $B=(u_{i,j})_{n\times d}$, $u_{i,j},\ i=1,\cdots,n,\ j=1,\cdots,d$ 为 i.i.d. 的 $U(0,1)$ 随机数.

$$\chi^2:=\sum_{k=1}^{d}\chi_{[k]}^2,\quad \chi_{[k]}^2:=12n\left(\bar{u}_k-\frac{1}{2}\right)^2,\quad \bar{u}_k:=\frac{1}{n}\sum_{i=1}^{n}u_{ik}. \tag{10.1.11}$$

χ^2 基本上以概率 1 落在 [0, 40] 上, 故离散化 $h_{nd}=\sup\limits_{x\in\mathbf{R}}|P(\chi^2<x)-F_{\chi_{10}^2}(x)|$, 计算其在 $x=$ 0(0.01)40 点上的最大值, 依式 (10.1.11) 给出表 10.1.2, 对样本容量 $n=$ 10, 20, 30, 40, 50 均做 20000 次重复模拟.

表 10.1.2　χ^2 趋向 χ^2 分布的收敛速度 ($d=10$)

n	10	20	30	40	50
h_{nd}	0.008454	0.003543	0.0058943	0.0089206	0.0034028

表 10.1.1 及表 10.1.2 的模拟显示, 式 (10.1.7) 中的检验统计量 χ^2 收敛到 χ^2 分布 χ_d^2 的速度较快, 其经验分布函数与 χ_d^2 分布函数的最大绝对偏差基本上不超过 0.01. 当 $d=2,3,\cdots,10$, $n\geqslant 10$ 时, $P_{\chi^2}(x):=P(\chi^2>x)$, $P_{\chi_d^2}(x):=P(\chi_d^2>x)$, 则

$$\sup_{x\in\mathbf{R}}\left|P_{\chi^2}(x)-P_{\chi_d^2}(x)\right|=\sup_{x\in\mathbf{R}}|P(\chi^2<x)-F_{\chi_d^2}(x)|=h_{nd},$$

即对任意 x 值, $|P_{\chi^2}(x)-P_{\chi_d^2}(x)|\leqslant h_{nd}$, 故

$$P_{\chi_d^2}(x)-h_{nd}\leqslant P_{\chi^2}(x)\leqslant P_{\chi_d^2}(x)+h_{nd}.$$

依此 $P_{\chi^2}(x)$ 值不等式, 对显著水平 α 做假设检验.

2. 拟合优度检验相合性的随机模拟

在式 (10.1.10) 中, 对 $0<\varepsilon<1$, 取

$$f(\boldsymbol{x})=\frac{1}{c_d}+g_d(\boldsymbol{x})=\begin{cases}(1+\varepsilon)/c_d, & \|\boldsymbol{x}\|\leqslant 1,\quad x_d\geqslant 0,\\(1-\varepsilon)/c_d, & \|\boldsymbol{x}\|\leqslant 1,\quad x_d<0,\end{cases} \tag{10.1.12}$$

则

$$\int_{\|\boldsymbol{x}\|\leqslant 1}g_d(x_1,\cdots,x_d)\mathrm{d}x_1\cdots\mathrm{d}x_d=0,\quad 0<\varepsilon<1,\quad \|\boldsymbol{x}\|\leqslant 1,\quad \boldsymbol{x}\in\mathbf{R}^d,$$

$$P(\boldsymbol{x}\in C^{\Uparrow})=\frac{1}{2}(1+\varepsilon),\quad P(\boldsymbol{x}\in C^{\Downarrow})=\frac{1}{2}(1-\varepsilon),\quad \|\boldsymbol{x}\|\leqslant 1,\quad \boldsymbol{x}\in\mathbf{R}^d.$$

$C^{\Uparrow}$ 表示上半球 $(x_d \geqslant 0)$, $C^{\Downarrow}$ 表示下半球 $(x_d < 0)$.

设 $f(\boldsymbol{x}_d)$ 由式 (10.1.12) 给出, 由命题 10.1.2 及式 (10.1.2) 可知

$$f(\boldsymbol{x}_d) = p(\boldsymbol{x}_{d-1})p_\varepsilon(x_d|\boldsymbol{x}_{d-1}), \quad p(\boldsymbol{x}_d) = p(\boldsymbol{x}_{d-1})p(x_d|\boldsymbol{x}_{d-1}). \tag{10.1.13}$$

依式 (10.1.13) 可做等效的功效模拟. 模拟设计如下:

(1) 产生二项分布随机数 $k_1 \sim B_i\left(n, \frac{1}{2}(1+\varepsilon)\right)$, $k_2 = n - k_1$;

(2) 产生 k_1 个 d 维上半单位球上均匀分布随机向量数 $\boldsymbol{x}_1, \cdots, \boldsymbol{x}_{k_1}$; 产生 k_2 个 d 维下半单位球上均匀分布随机向量数 $\boldsymbol{x}_{k_1+1}, \cdots, \boldsymbol{x}_n$.

(3) 依 (1) (2) 重复产生 10000 组样本容量为 $k_1 + k_2 = n$ 的随机向量数, $I_1 := \sum_{k=2}^{d} \chi^2_{[k]}$ 由式 (10.1.11) 定义, $I_2 := \chi^2_{[1]}$ 由式 (10.1.6) 定义. 计算 $\eta^2 = I_1 + I_2$ 值. m 为 $\eta^2 > \chi^2_{(n)}(\alpha)$ 的个数, $P_m^{(d)} = m/10000$. $\chi^2_{(n)}(\alpha)$是样本容量为 n 的由式 (10.1.7) 定义 χ^2 的模拟上 α 分位点,$0 < \alpha < 1$. $\alpha = 0.05$, $\varepsilon = 0.3$. 当 d=3, 5, 10 时, 对 n= 25, 50, 100, 200, 300 均做 10000 次重复模拟.

基于 χ^2 的 $P_m^{(d)}$ 值随着 n 的增加而趋向 1, 这说明 χ^2 统计量检验球均匀性的功效随着 n 的增加而变大.

定理 10.1.1 及式 (10.1.7) 给出了 d 维单位球均匀性的渐近 χ^2 分布检验方法, 即对给定的单位球均匀性拟合优度检验的显著水平 α, 依 $P_{\chi^2}(x)$ 值 (P-value), 做球均匀性检验. 有以下结论:

(1) 式 (10.1.7), 表 10.1.1 和表 10.1.2 为 $n \geqslant 10$ 时高维数据单位球均匀分布的拟合优度检验提供理论依据及模拟保证 (维数 $d = 2, \cdots, 10$).

(2) 引理 8.3.1 定义的 $G_n^* \sim 2S_n$. 故直接基于式 (10.1.7) 给出的 χ^2 做均匀性检验, 具有同 G_n^* 的检验优效性.

(3) 推论 10.1.4, 推论 10.1.5 说明, 基于 χ^2 的球均匀性拟合优度检验具有相合性. 随机模拟显示 (表 10.1.3), χ^2 的检验功效随着样本容量的增大而增强.

表 10.1.3 χ^2 检验的功效

n	25	50	100	200	300
$P_m^{(3)}$	0.1635	0.3096	0.5867	0.9012	0.9798
$P_m^{(5)}$	0.1376	0.2526	0.5021	0.8329	0.9573
$P_m^{(10)}$	0.1267	0.1979	0.3788	0.7156	0.9217

样本容量 $n \geqslant 10$ 时, χ^2 检验统计量的渐近 χ^2 分布, 可用于单位球均匀性的拟合优度检验.

10.2　$\boldsymbol{D}_1$ 上均匀分布的拟合优度检验

Su 等 (2010a) 将单位球均匀分布拟合优度检验推广至有界实心区域 D_1 上均匀分布的拟合优度检验, 得到了类似的理论及模拟结论, 并讨论了单纯形上均匀分布的拟合优度检验.

设 $\boldsymbol{X}$ 服从标准中心相似分布, 即 $\boldsymbol{X} \sim C(\mathbf{0}_d, I_d, D_0)$. 此时有 $\boldsymbol{X} = R\boldsymbol{U}_d$, 其中 $\boldsymbol{U}_d$ 服从 d 维可测集 D_0 上的均匀分布. 故实心区域上均匀分布的拟合优度检验, 可应用于中心相似分布的拟合优度检验.

10.2.1　$\boldsymbol{D}_1$ 上均匀分布的充要条件表示

称区域 D_1 为实心的: 若

$$a_d \in D_1,$$

则 $\{x_d = ra_d : 0 \leqslant r \leqslant 1\} \subset D_1$.

定理 10.2.1　随机向量 $\boldsymbol{X}_d$ 在实心域 D_1 上服从均匀分布的充要条件是

$$p(\boldsymbol{x}_d) = p(x_d|\boldsymbol{x}_{d-1})p(x_{d-1}|\boldsymbol{x}_{d-2})\cdots p(x_2|x_1)p(x_1), \tag{10.2.1}$$

$$p(x_{d-k+1}|\boldsymbol{x}_{d-k}) = \frac{p(\boldsymbol{x}_{d-k+1})}{p(\boldsymbol{x}_{d-k})},$$

$$p(\boldsymbol{x}_{d-k}) = \int_{D_1} p(\boldsymbol{x}_d)\mathrm{d}x_{d-k+1}\cdots \mathrm{d}x_d,$$

$$p(x_1|x_0) := p(x_1), \quad \boldsymbol{x}_0 \equiv 0, \quad 1 \leqslant k \leqslant d,$$

其中, $p(\boldsymbol{x}_{d-k})$ 为 $\boldsymbol{X}_{d-k}$ 的概率密度, $p(x_{d-k+1}|\boldsymbol{x}_{d-k})$ 为给定 $\boldsymbol{X}_{d-k}$ 下 X_{d-k+1} 的条件概率密度.

推论 10.2.1　设 $\boldsymbol{X}_d^{[1]}, \cdots, \boldsymbol{X}_d^{[n]}$ 为来自实心域 D_1 上均匀分布 U_{D_1} 的样本, $\boldsymbol{X}_d^{[i]} = \left(X_1^{[i]}, \cdots, X_d^{[i]}\right), i = 1, \cdots, n$. 记

$$U_{d,k}^{[i]} = F_{X_{d-k+1}|\boldsymbol{X}_{d-k}}\left(X_{d-k+1}^{[i]}\right), \quad U_{d,d}^{[i]} = F_{X_1}\left(X_d^{[i]}\right), \quad 1 \leqslant k < d, \tag{10.2.2}$$

其中, $F_{X_{d-k+1}|\boldsymbol{X}_{d-k}}(\cdot)$ 为给定 $\boldsymbol{X}_{d-k}$ 下 X_{d-k+1} 的条件分布函数, 则对 $1 \leqslant k \leqslant d$,

$$\chi_{[k]}^2 = 12n\left(\frac{1}{n}\sum_{i=1}^{n} U_{d,k}^{[i]} - \frac{1}{2}\right)^2 \xrightarrow{d} \chi_1^2, \quad n \to \infty. \tag{10.2.3}$$

推论 10.2.2　设引理 10.2.1 的条件成立. 记 $\chi^2 = \sum_{k=1}^{d} \chi_{[k]}^2$, 则

$$\chi^2 \xrightarrow{d} \chi_d^2, \quad n \to \infty. \tag{10.2.4}$$

式 (10.2.4) 中的 χ^2 可用作 D_1 上的均匀性检验. 下面给出实心域 D_1 上均匀性检验的相合性定理.

命题 10.2.1 设 $g_d(\boldsymbol{x})$ 为 $\mathbf{R}^d$ 上的 Borel 可测函数, 满足

$$\int_{D_1} g_d(x_1,\cdots,x_d)\mathrm{d}x_1\cdots\mathrm{d}x_d=0,$$

则

$$\int_{D_{[k]}} g_{[k]}(x_1,\cdots,x_k)\mathrm{d}x_1\cdots\mathrm{d}x_k=0,$$

其中, $D_{[k]}=\{(x_1,\cdots,x_k):\boldsymbol{x}_d\in D_1\}$, 关于 $\mathrm{d}x_{k+1}\cdots\mathrm{d}x_d$ 积分后, 得到 $g_{[k]}(x_1,\cdots,x_k)$. 对于 $k=1,\cdots,d-1$, $g_{[k]}(\boldsymbol{x}_k)$ 为 $\mathbf{R}^k$ 上的 Borel 可测函数.

定理 10.2.2 设有假设检验

$$H_0: f(\boldsymbol{x})=\frac{1}{c_d};\quad H_{1n}: f(\boldsymbol{x})=\frac{1}{c_d}+\frac{g_d(\boldsymbol{x})}{\sqrt{n}},\ n=1,2,\cdots,$$

$$\int_{D_1} g_d(x_1,\cdots,x_d)\mathrm{d}x_1\cdots\mathrm{d}x_d=0,\quad \boldsymbol{x}\in D_1,$$

其中 c_d 表示 D_1 的测度. 如果局部对立假设 $\{H_{1n}\}_{n=1}^{\infty}$ 成立, 则对于 $1\leqslant k<d$, 式 (10.2.3) 中 $\chi^2_{[k]}$ 的极限分布为自由度为 1 的非中心参数为 δ_k 的非中心 χ^2 分布.

推论 10.2.3 设定理 10.2.2 的条件成立, 则式 (10.2.4) 中 χ^2 的极限分布为自由度为 d 的非中心参数为 Δ 的非中心 χ^2 分布, 其中, $\Delta=\sum_{k=1}^d\delta_k$.

定理 10.2.3 (拟合优度检验的相合性) 设 $\boldsymbol{X}_d^{[1]},\cdots,\boldsymbol{X}_d^{[n]}$ 为来自 U_{D_1} 的样本.

$$H_0: f(\boldsymbol{x})=\frac{1}{c_d};\quad H_1: f(\boldsymbol{x})=\frac{1}{c_d}+g_d(\boldsymbol{x}),\ g_d(\boldsymbol{x})\neq 0,$$

$$\int_{D_1} g_d(x_1,\cdots,x_d)\mathrm{d}x_1\cdots\mathrm{d}x_d=0,\quad \frac{1}{c_d}+g_d(\boldsymbol{x})>0,\quad \boldsymbol{x}\in D_1.$$

对于给定的显著水平 $\alpha\in(0,1)$, 记 $W=\{(\boldsymbol{x}_1,\cdots,\boldsymbol{x}_n):\chi^2_{[k]}>\chi^2_1(\alpha)\}$, 其中 $\chi^2_1(\alpha)$ 是 χ^2_1 的上 α 分位点, 则

$$\lim_{n\to\infty}P(\chi^2_{[k]}>\chi^2_1(\alpha)|H_1)=1.$$

推论 10.2.4 设定理 10.2.3 的条件成立, 则

$$\lim_{n\to\infty}P(\chi^2>\chi^2_d(\alpha)|H_1)=1.$$

本小节定理和推论的证明与单位球均匀性相应结论的证明类似.

对于 $d=50$, 可以进行等价形式的随机模拟, 由此得到 χ^2 检验统计量的收敛速度. 生成随机矩阵 $B=(u_{i,j})_{n\times d}$, $u_{i,j}$, $i=1,\cdots,n$, $j=1,\cdots,d$ 为 i.i.d. 的 $U(0,1)$

随机数. h_{nd} 由式 (10.1.11) 定义. χ^2 基本上以概率 1 落在 [0, 150] 上, 故离散化 $h_{nd}=\sup\limits_{x\in\mathbf{R}}|P(\chi^2<x)-F_{\chi^2_{50}}(x)|$, 计算其在 $x=\ 0(0.01)150$ 点上的最大值, 得到表 10.2.1, 对样本容量 $n=$ 10, 20, 30, 40, 50 均做 65000 次重复模拟.

表 10.2.1　χ^2 趋向卡方分布的收敛速度 ($d=50$)

n	10	20	30	40	50
h_{nd}	0.0077584	0.0037683	0.0035145	0.0034326	0.0035835

表 10.2.1 表明, 当 $n\geqslant 10$ 且 $d\leqslant 50$ 时, 均有 $h_{nd}\leqslant 1$. 故此时渐近 χ^2 分布可应用于已知有界实心区域 D_1 上均匀分布的拟合优度检验.

10.2.2　单纯形均匀性检验

D_1 上均匀分布检验可应用于 L_α 模单位球均匀分布检验. 单纯形均匀分布是成分数据分析中的基础性分布. 这里, 我们仅介绍单纯形均匀性检验.

引理 10.2.1　记 $\overline{S}^1_{d,+}=\{\boldsymbol{x}_d=(x_1,\cdots,x_d):\sum_{i=1}^d x_i\leqslant 1,\boldsymbol{x}_d\in\mathbf{R}^d_+\}$. 随机向量 $X_d\sim U_{\overline{S}^1_{d,+}}$ 的充要条件是

$$
\begin{aligned}
p(\boldsymbol{x}_d)&=p(x_d|\boldsymbol{x}_{d-1})p(x_{d-1}|\boldsymbol{x}_{d-2})\cdots p(x_2|x_1)p(x_1),\\
p(x_{d-k+1}|\boldsymbol{x}_{d-k})&=\frac{c_{k-1}r^{k-1}_{d-k+1}}{c_k r^k_{d-k}},\quad 1\leqslant k<d,\\
p(x_1|x_0)=p(x_1)&=\frac{c_{d-1}}{c_d}(1-x_1)^{d-1},
\end{aligned}
\tag{10.2.5}
$$

其中 $c_k=L_k(S^1_{k,+})=1/k!$, $r_{d-k}=1-\sum_{i=1}^{d-k}x_i$.

证明　$\boldsymbol{X}_{d-k}$ 的密度为

$$
p(\boldsymbol{x}_{d-k})=\frac{c_k}{c_d}r^k_{d-k}.
$$

故知式 (10.2.5) 成立.

引理 10.2.2　设 $F_{Y_{d-k+1}|\boldsymbol{X}_{d-k}}(y)$ 为给定 $\boldsymbol{X}_{d-k}$ 下 Y_{d-k+1} 的条件分布函数. 若 $\boldsymbol{X}_d\sim U_{\overline{S}^1_{d,+}}$, 则

$$
F_{Y_{d-k+1}|\boldsymbol{X}_{d-k}}(y)=\frac{c_{k-1}}{c_k}\int_{-1}^{y}(1-t)^{k-1}\mathrm{d}t,\quad 1\leqslant k<d,
$$

其中 $Y_{d-k+1}=X_{d-k+1}/r_{d-k}$.

证明　由式 (10.2.5) 可知

$$
\begin{aligned}
p(Y_{d-k+1}\leqslant y\mid \boldsymbol{X}_{d-k})&=p(X_{d-k+1}\leqslant r_{d-k}y\mid \boldsymbol{X}_{d-k})\\
&=\int_0^{r_{d-k}y}\frac{c_{k-1}}{c_k}\frac{r^{k-1}_{d-k+1}}{r^k_{d-k}}\mathrm{d}x_{d-k+1}.
\end{aligned}
$$

记 $x_{d-k+1} = r_{d-k}t$, 可知结论成立.

推论 10.2.5 设 $\boldsymbol{X}_d^{[1]}, \cdots, \boldsymbol{X}_d^{[n]}$ 为来自 $U_{\overline{S}_{d,+}^1}$ 的样本. $\boldsymbol{X}_d^{[i]} = (X_1^{[i]}, \cdots, X_d^{[i]})$,

$$Z_{d,k}^{[i]} = F_{Y_{d-k+1}|\boldsymbol{x}_{d-k}}(Y_{d-k+1}^{[i]}), \quad Y_{d-k+1}^{[i]} = X_{d-k+1}^{[i]}/r_{d-k}^{[i]},$$

$$r_{d-k}^{[i]} = \left(1 - \sum_{j=1}^{d-k} x_j^{[i]}\right), \quad 1 \leqslant k < d, \quad Z_{d,d}^{[i]} = F_{X_1}(X_1^{[i]}), \quad i = 1, \cdots, n,$$

则对 $1 \leqslant k \leqslant d$,

$$\chi_{[k]}^2 = 12n\left(\frac{1}{n}\sum_{i=1}^{n} Z_{d,k}^{[i]} - \frac{1}{2}\right)^2 \xrightarrow{d} \chi_1^2, \quad n \to \infty. \tag{10.2.6}$$

推论 10.2.6 设 $\chi^2 = \sum_{k=1}^{d} \chi_{[k]}^2$. 若引理 10.2.5 的条件成立, 则

$$\chi^2 \xrightarrow{d} \chi_d^2, \quad n \to \infty. \tag{10.2.7}$$

10.3 多元正态分布的 VDR 条件检验

单位球均匀分布的拟合优度检验, 可应用于多元正态分布的拟合优度检验.

苏岩等 (2009) 提出多元正态性 χ^2 检验统计量. 多元正态分布转换样本 $\boldsymbol{Y}_d = R\boldsymbol{V}_d$ 服从 Pearson II 型分布, 证明了 R^2 服从 Beta 分布. 基于 Beta 分布和单位球均匀分布, 得到多元正态性检验统计量 χ^2 的渐近 χ^2 分布. 功效模拟显示, χ^2 统计量优于已有主要多元正态性检验统计量. 做 Iris 数据多元正态性的拟合优度检验.

多元正态分布的拟合优度检验在多元数据分析中有着重要意义. Mardia 提出了多元正态性偏度, 峰度检验统计量 $b_{1,d}$, $b_{2,d}$. Székely 等 (2005) 提出了多元正态性检验统计量 $\widehat{\varepsilon}_{n,d}$. 在原假设下, 通过随机模拟得到 $\widehat{\varepsilon}_{n,d}$ 的有限样本经验分位数. 当 $\widehat{\varepsilon}_{n,d}$ 取值偏大时, 拒绝数据的多元正态性. 功效模拟表明, 多元正态性的 $\widehat{\varepsilon}_{n,d}$ 检验, 优于偏度、峰度检验, 基于经验特征函数的 BHEP 检验等多元正态性检验.

上述多元正态性检验统计量 $b_{1,d}$, $b_{2,d}$, $\widehat{\varepsilon}_{n,d}$ 及 BHEP 检验统计量的一个共同特点是, 均需利用样本估计多元正态分布中的未知参数 $\boldsymbol{\mu}$, Σ. 当样本容量较小时, 会降低检验功效. 为此我们首先通过样本变换消去未知参数 $\boldsymbol{\mu}$, Σ, 得到转换样本服从 Pearson II 型分布, 利用 VDR 分解 Pearson II 型分布随机变量, 基于单位球均匀分布检验统计量, 构造多元正态性 χ^2 检验统计量. 得到 χ^2 检验统计量的渐近 χ^2 分布. 功效模拟显示, 我们提出的 χ^2 检验统计量优于多元正态性的偏度, 峰度检验统计量, $\widehat{\varepsilon}_{n,d}$ 检验统计量.

实际做多元数据的正态性检验需考虑三方面的问题:

(1) 检验统计量的充分性, 接近多元正态分布完整性的检验;

(2) 检验统计量渐近分布的收敛速度模拟, 以决定与检验统计量相适应的样本容量;

(3) 检验统计量的检验功效及计算的可行性.

10.3.1 多元正态性检验统计量的渐近分布

设 $\boldsymbol{X}_d^{[1]},\cdots,\boldsymbol{X}_d^{[n]}$ 是来自总体概率密度函数为 $f(\boldsymbol{x}_d),\boldsymbol{x}_d\in\mathbf{R}^d$ 的样本, 假设 $f(\boldsymbol{x}_d)$ 具有零均值和有限二阶矩, 设

$$S_k=\sum_{i=1}^{k}\boldsymbol{X}_d^{[i]}\boldsymbol{X}_d^{\mathrm{T}[i]},\quad \boldsymbol{Y}_d^{[k]}=S_k^{-1/2}\boldsymbol{X}_d^{[k]},\tag{10.3.1}$$

$k=d+1,\cdots,n$, $S_k^{-1/2}=(S_k^{1/2})^{-1}$, $S_k^{1/2}$ 是 S_k 的正定平方根.

引理 10.3.1 设 $\boldsymbol{X}_d^{[1]},\cdots,\boldsymbol{X}_d^{[n]}$ 是来自 $\boldsymbol{N}_d(\boldsymbol{0},\Sigma)$ 的样本, 依式 (10.3.1) 定义 $\boldsymbol{Y}_d^{[k]}$, 则 $\boldsymbol{Y}_d^{[d+1]},\cdots,\boldsymbol{Y}_d^{[n]}$ 相互独立且 $\boldsymbol{Y}_d^{[k]}(k\geqslant d+1)$ 服从 Pearson II 型分布, 其概率密度为

$$f_k(\boldsymbol{y}_d)=\frac{\Gamma(k/2)}{\pi^{d/2}\Gamma((k-d)/2)}(1-\boldsymbol{y}_d^{\mathbf{T}}\boldsymbol{y}_d)^{(k-d-2)/2},\quad \boldsymbol{y}_d\in\mathbf{R}^d,\quad \boldsymbol{y}_d^{\mathrm{T}}\boldsymbol{y}_d<1.\tag{10.3.2}$$

命题 10.3.1 设 $\boldsymbol{Z}_1,\cdots,\boldsymbol{Z}_n$ 是 i.i.d.$\sim\boldsymbol{N}_d(\boldsymbol{\mu},\Sigma)$. 定义随机变量

$$\boldsymbol{W}_i=\frac{\boldsymbol{Z}_1+\cdots+\boldsymbol{Z}_i-i\boldsymbol{Z}_{i+1}}{\sqrt{i(i+1)}},\quad i=1,\cdots,n-1,\tag{10.3.3}$$

则 $\boldsymbol{W}_i$ 是 i.i.d.$\sim\boldsymbol{N}_d(\boldsymbol{0},\Sigma)$, $i=1,\cdots,n-1$.

设 $\boldsymbol{X}_d$ 具有密度函数 $f(\cdot)$, 定义

$$D_{(d+1,[f])}=\{\boldsymbol{x}_{d+1}=(\boldsymbol{x}_d,x_{d+1}):0\leqslant x_{d+1}\leqslant f(\boldsymbol{x}_d),\boldsymbol{x}_d\in\mathbf{R}^d\},$$

$$D_{(d,[f])}(x)=\{\boldsymbol{x}_d\in\mathbf{R}^d,\ f(\boldsymbol{x}_d)\geqslant x\},$$

其中 $L_d(A)$ 为 A 的 Lebesgue 测度, $A\in\mathbf{R}^d$.

引理 10.3.2 设 $\boldsymbol{X}_d$ 具有球对称密度 $f(\boldsymbol{x}_d)=h(\boldsymbol{x}_d^{\mathrm{T}}\boldsymbol{x}_d)$, $h(\cdot)$ 为单调减少实值函数,$S_d^{(2)}(r)$ 是半径为 r 的球,$(\boldsymbol{X}_d,X_{d+1})$ 在 $D_{(d+1,[f])}$ 上服从均匀分布, 则

(1) $\boldsymbol{X}_d$ 的密度函数是 $f(\cdot)$;

(2) X_{d+1} 的密度函数为

$$f_{X_{d+1}}(v)=L_d(D_{(d,[f])}(x))=\frac{[h^{-1}(v)]^{\frac{d}{2}}\left[\Gamma\left(\dfrac{1}{2}\right)\right]^d}{\Gamma\left(\dfrac{d+2}{2}\right)}.$$

(3) $\boldsymbol{X}_d = R\boldsymbol{V}_d$, $\boldsymbol{V}_d$ 服从单位球上均匀分布, R 与 $\boldsymbol{V}_d$ 独立且

$$R = \sqrt{h^{-1}(X_{d+1})}, \quad \boldsymbol{V}_d = \frac{\boldsymbol{X}_d}{\sqrt{h^{-1}(X_{d+1})}}.$$

命题 10.3.2 在推论 10.1.1 的条件下, 由式 (10.1.4) 知, 当 $d=4$ 时,

$$F_{V_1}(t) = \frac{c_3}{c_4}\left\{\frac{t}{8}(5-2t^2)\sqrt{1-t^2} + \frac{3}{8}\arcsin(t) + \frac{3\pi}{16}\right\};$$

$$F_{Q_2|V_1}(t) = \frac{c_2}{c_3}\left(t - \frac{1}{3}t^3 + \frac{2}{3}\right);$$

$$F_{Q_3|\boldsymbol{V}_2}(t) = \frac{c_1}{c_2}\left\{\frac{t}{2}\sqrt{1-t^2} + \frac{1}{2}\arcsin(t) + \frac{\pi}{4}\right\};$$

$$F_{Q_4|\boldsymbol{V}_3}(t) = \frac{1+t}{2}, \quad |t| \leqslant 1.$$

定理 10.3.1 设 $\boldsymbol{Y}_d^{[d+3]}, \cdots, \boldsymbol{Y}_d^{[n-1]}$ 相互独立且 $\boldsymbol{Y}_d^{[k]}(k=d+3,\cdots,n-1)$ 服从 Pearson II 型分布, 其概率密度为

$$f_k(\boldsymbol{y}_d) = h_k(\boldsymbol{y}_d^{\mathrm{T}}\boldsymbol{y}_d) = \beta_k(1-\boldsymbol{y}_d^{\mathrm{T}}\boldsymbol{y}_d)^{m_k}, \quad \boldsymbol{y}_d \in \mathbf{R}^d, \quad \boldsymbol{y}_d^{\mathrm{T}}\boldsymbol{y}_d < 1,$$

$$m_k = \frac{k-d-2}{2}, \quad \beta_k = \frac{\Gamma(k/2)}{\pi^{d/2}\Gamma((k-d)/2)}.$$

$(\boldsymbol{Y}_d^{[k]}, Y_{d+1})$ 在 $D_{(d+1,[f_k])}$ 上服从均匀分布,$Z_k = h_k^{-1}(Y_{d+1})$, $\boldsymbol{V}_d^{[k]} = \boldsymbol{Y}_d^{[k]}/\sqrt{Z_k}$, 则

(1) $p_k(\boldsymbol{y}_d, y_{d+1}) = f_k(\boldsymbol{y}_d)p_k(y_{d+1}|\boldsymbol{y}_d)$, 其中

$$p_k(y_{d+1}|\boldsymbol{y}_d) = \frac{1}{f_k(\boldsymbol{y}_d)}I_{(0,f_k(\boldsymbol{y}_d))}(y_{d+1});$$

(2) $Z_k \sim \mathrm{Be}\left(\dfrac{d}{2}+1,\ m_k\right)$, $\boldsymbol{V}_d^{[k]} \sim U_{\overline{S}_d^{(2)}}$, $k=d+3,\cdots,n-1$;

(3) $I_1 := \{Z_k\}_{k=d+3}^{n-1}$ 相互独立, $I_2 := \{\boldsymbol{V}_d^{[k]}\}_{k=d+3}^{n-1}$ 相互独立, I_1 与 I_2 独立.

证明 由条件分布易知 (1) 成立. 现证 (2), 因 $h(t) = \beta_k(1-t)^{m_k}$, $m_k > 0$ 为单调减函数, 由引理 10.3.2, Y_{d+1} 的密度函数 $f_{Y_{d+1}}(v) = c_d[h^{-1}(v)]^{\frac{d}{2}}$, $0 < v \leqslant f_{k0} = \sup\{f_k(\boldsymbol{x}_d):\ \boldsymbol{x}_d \in \mathbf{R}^d\}$. 故 Z_k 的密度函数

$$\begin{aligned}
f_{Z_k}(z) &= c_d[h^{-1}(h(z))]^{\frac{d}{2}}\beta_k m_k(1-z)^{m_k-1} \\
&= \frac{2\pi^{\frac{d}{2}}}{d\Gamma\left(\dfrac{d}{2}\right)}\frac{\Gamma(k/2)}{\pi^{d/2}\Gamma((k-d)/2)}\frac{k-d-2}{2}z^{\frac{d}{2}}(1-z)^{m_k-1} \\
&= \frac{\Gamma\left(\dfrac{k}{2}\right)}{\Gamma\left(\dfrac{d}{2}+1\right)\Gamma\left(\dfrac{k-d-2}{2}\right)}z^{\frac{d}{2}}(1-z)^{m_k-1}.
\end{aligned}$$

Z_k 服从 Beta 分布, 结论 (2) 成立.

因为 Z_k 及 $\boldsymbol{V}_d^{[k]}$ 的随机性由 $\boldsymbol{Y}_d^{[k]}$ 决定, $\{\boldsymbol{Y}_d^{[k]}\}_{k=d+3}^{n-1}$ 相互独立; 且由引理 10.3.2 可知 Z_k 与 $\boldsymbol{V}_d^{[k]}$ 独立, $k=d+3,\cdots,n-1$, 故结论 (3) 成立.

命题 10.3.3 在定理 10.3.1 中, 设 Z_k 的分布函数为 $F_{Z_k}(t)$, 则

$$U_{Z_k}=F_{Z_k}(Z_k)\ \text{i.i.d.}\sim U(0,1),\quad k=d+3,\cdots,n-1.$$

定理 10.3.2 设定理 10.3.1 的条件成立, $\boldsymbol{V}_d=(V_1,\cdots,V_d)^{\mathrm{T}}$, $m=n-d-3$. 记

$$\chi_{[0]}^2=12m\left(\frac{1}{m}\sum_{i=d+3}^{n-1}U_{Z_i}-\frac{1}{2}\right)^2, \tag{10.3.4}$$

$$\chi_{[a]}^2=12m\left(\frac{1}{m}\sum_{i=d+3}^{n-1}B_{d,a}^{[i]}-\frac{1}{2}\right)^2,\quad 1\leqslant a\leqslant d,$$

则

$$\chi^2=\sum_{a=0}^{d}\chi_{[a]}^2\xrightarrow{d}\chi_{d+1}^2,\quad n\to\infty, \tag{10.3.5}$$

其中

$$B_{d,a}^{[i]}=F_{Q_{d-k+1}|\boldsymbol{V}_{d-k}}\left(Q_{d-k+1}^{[i]}\right),\quad Q_{d-k+1}^{[i]}=V_{d-k+1}^{[i]}\Big/r_{d-k}^{[i]}.$$

证明 定理 10.3.1 可知, $\chi_{[0]}^2$ 与 $\chi_{[a]}^2$, $a=1,\cdots,d$ 独立, 由中心极限定理可得

$$\chi_{[0]}^2\longrightarrow\chi_1^2,\quad n\to\infty.$$

故由推论 10.2.6 知, 结论成立.

依 $\sum_{a=1}^{d}\chi_{[a]}^2$ 做单位球均匀分布的拟合优度检验具有相合性, 依 $\chi_{[0]}^2$ 做 $U(0,1)$ 的拟合优度检验亦具有相合性. 故依式 (10.3.5) 做 $N(\boldsymbol{\mu},\Sigma)$ 的拟合优度检验具有相合性. 随机模拟表明, 当 $d=2,\cdots,10$, 样本容量大于 10 时, 对式 (10.3.5), $\sup\limits_{x\in\mathbf{R}}|P(\chi^2<x)-F_{\chi_{d+1}^2}(x)|<0.01$; 故对 $d=2,\cdots,10$, 样本容量大于 10, 近似地, 有式 (10.3.5) 中的 $\chi^2\sim\chi_{d+1}^2$.

10.3.2 功效模拟

设 $\boldsymbol{X}=\boldsymbol{Y}+\boldsymbol{Z}$, $\boldsymbol{Y}\sim N(\boldsymbol{0},I_d)$, $\boldsymbol{Y}$ 与 $\boldsymbol{Z}$ 独立, $\boldsymbol{Z}$ 的分量独立, $\boldsymbol{Z}$ 的每个分量服从自由度参数为 k, 非中心参数为 δ 的非中心 t 分布 $t_{k,\delta}$. 产生总体为 $\boldsymbol{X}=\boldsymbol{Y}+\boldsymbol{Z}$ 的随机向量 $\boldsymbol{X}_d^{[1]},\cdots,\boldsymbol{X}_d^{[n]}$, 依式 (10.3.5) 中的 χ^2 做多元正态性检验的功效模拟, 对给定的 $0<\alpha<1$, $\chi_{d+1}^2(\alpha)$ 是自由度为 $d+1$ 的 χ^2 分布上 α 分位点. 重复产生 2000 组样本容量为 n 的随机向量, $p=l/2000$, l 为 $\chi^2>\chi_{d+1}^2(\alpha)$ 的个数.

表 10.3.1 χ^2 检验的功效模拟

	n=50				n=100			
	$k=1$	$k=2$	$k=3$	$k=30$	$k=1$	$k=2$	$k=3$	$k=30$
$\delta=0$	0.6305	0.2157	0.1162	0.0581	0.9665	0.5062	0.2065	0.056
$\delta=1$	0.7482	0.3285	0.1579	0.063	0.9915	0.7039	0.3195	0.067
$\delta=2$	0.8278	0.4368	0.2245	0.067	0.9992	0.8853	0.5436	0.072

其中, $\alpha=0.05$, $d=4$, 表 10.3.1 中的数据为 $p=l/2000$. $n=100$ 时的 p 值大于 $n=50$ 时对应的 p 值. 表 10.3.1 说明基于 χ^2 的多元正态性检验具有相合性, 当 $k=30$, $\delta=0,\ 1,\ 2$ 时,$t_{k,\delta}$ 接近正态分布, 故对应的 p 取值范围为 (0.056, 0.072).

以下做多元正态性检验统计量 $b_{1,d}$, $b_{2,d}$, $\widehat{\varepsilon}_{n,d}$ 及 χ^2 的功效模拟. 设 $\boldsymbol{X}_d^{[1]},\cdots,\boldsymbol{X}_d^{[n]}$ 为来自待检验总体的样本

$$\overline{\boldsymbol{X}}=\frac{1}{n}\sum_{j=1}^{n}\boldsymbol{X}_d^{[j]},\quad \widehat{\Sigma}=\frac{1}{n}\sum_{j=1}^{n}(\boldsymbol{X}_d^{[j]}-\overline{\boldsymbol{X}})(\boldsymbol{X}_d^{[j]}-\overline{\boldsymbol{X}})^{\mathrm{T}}.$$

偏度, 峰度检验:

Mardia 的偏度检验统计量定义为

$$b_{1,d}=\frac{1}{n^2}\sum_{j,k=1}^{n}\left((\boldsymbol{X}_d^{[j]}-\overline{\boldsymbol{X}})^{\mathrm{T}}\widehat{\Sigma}^{-1}(\boldsymbol{X}_d^{[k]}-\overline{\boldsymbol{X}})\right)^3,$$

当 $|b_{1,d}|$ 偏大时, 拒绝多元正态性.

峰度检验统计量定义为

$$b_{2,d}=\frac{1}{n}\sum_{j=1}^{n}\left((\boldsymbol{X}_d^{[j]}-\overline{\boldsymbol{X}})^{\mathrm{T}}\widehat{\Sigma}^{-1}(\boldsymbol{X}_d^{[k]}-\overline{\boldsymbol{X}})\right)^2,$$

当 $|b_{2,d}-d(d+2)|$ 偏大时, 拒绝多元正态性.

$\widehat{\varepsilon}_{n,d}$ 检验统计量:

记 $\boldsymbol{Z}\sim N_d(\boldsymbol{0},I)$, $S=\dfrac{n}{n-1}\widehat{\Sigma}$, $\boldsymbol{Y}_j=S^{-1/2}(\boldsymbol{X}_d^{[j]}-\overline{\boldsymbol{X}})$, $\boldsymbol{y}_j$ 为 $\boldsymbol{Y}_j$ 的观察值, $j=1,\cdots,n$. $\widehat{\varepsilon}_{n,d}$ 检验统计量定义为

$$\widehat{\varepsilon}_{n,d}=n\left(\frac{2}{n}\sum_{j=1}^{n}E(\|\boldsymbol{y}_j-\boldsymbol{Z}\|)-2\frac{\Gamma\left(\dfrac{d+1}{2}\right)}{\Gamma\left(\dfrac{d}{2}\right)}-\frac{1}{n^2}\sum_{j,k=1}^{n}\|\boldsymbol{y}_j-\boldsymbol{y}_k\|\right),$$

其中

$$E(\|\boldsymbol{a}-\boldsymbol{Z}\|)=\frac{\sqrt{2}\,\Gamma\left(\dfrac{d+1}{2}\right)}{\Gamma\left(\dfrac{d}{2}\right)}+\sqrt{\frac{2}{\pi}}\sum_{k=0}^{\infty}\frac{(-1)^k}{k!\,2^k}\frac{\|\boldsymbol{a}\|^{2k+2}}{(2k+1)(2k+2)}\frac{\Gamma\left(\dfrac{d+1}{2}\right)\Gamma\left(k+\dfrac{3}{2}\right)}{\Gamma\left(k+\dfrac{d}{2}+1\right)}.$$

当 $\widehat{\varepsilon}_{n,d}$ 偏大时, 拒绝多元正态性.

称 $\varepsilon N_d(\boldsymbol{\mu}_1,\Sigma_1)+(1-\varepsilon)N_d(\boldsymbol{\mu}_2,\Sigma_2)$ 为混合正态分布, 即以概率 ε 服从 $N_d(\boldsymbol{\mu}_1,\Sigma_1)$, 以概率 $1-\varepsilon$ 服从 $N_d(\boldsymbol{\mu}_2,\Sigma_2)$. 当 ε 取值较小时, 混合正态分布也称为受污染的正态分布.

产生 20000 组样本容量为 n, 总体为 $N_d(\mathbf{0},I)$ 的样本, 得到多元正态性检验统计量的模拟上 α 分位点. 产生来自混合正态分布总体的随机向量 $\boldsymbol{X}_d^{[1]},\cdots,\boldsymbol{X}_d^{[n]}$, 计算相应的 $b_{1,d}$, $b_{2,d}$, $\widehat{\varepsilon}_{n,d}$ 及 χ^2 值, 做多元正态性检验的功效模拟. 例如, 给定 $0<\alpha<1$, 记 $\chi^2(\alpha)$ 为 χ^2 的模拟上 α 分位点. 重复产生 2000 组样本容量为 n, 来自混合正态分布总体的随机向量, $p=l/2000$, l 为 $\chi^2>\chi^2(\alpha)$ 的个数.

在表 10.3.2、表 10.3.3 及表 10.3.4 中, $d=4$, $\boldsymbol{\mu}_1=(3,3,3,3)^{\mathrm{T}}$, Σ_1 主对角线元素为 1, 其余元素为 0.9; $\boldsymbol{\mu}_2=(1,1,1,1)^{\mathrm{T}}$, Σ_2 主对角线元素为 1, 其余元素为 0.5. 表中数为 $p=l/2000$.

表 10.3.2 检验功效模拟 ($\alpha=0.05$, $n=25$)

	χ^2	$b_{1,d}$	$b_{2,d}$	$\widehat{\varepsilon}_{n,d}$
$\varepsilon=0.0$	0.0455	0.0555	0.0553	0.0445
$\varepsilon=0.1$	0.1235	0.1060	0.0390	0.0825
$\varepsilon=0.3$	0.6190	0.2245	0.0185	0.2675
$\varepsilon=0.5$	0.7355	0.4520	0.0170	0.5660

表 10.3.3 检验功效模拟 ($\alpha=0.05$, $n=50$)

	χ^2	$b_{1,d}$	$b_{2,d}$	$\widehat{\varepsilon}_{n,d}$
$\varepsilon=0.0$	0.0505	0.0550	0.0505	0.0520
$\varepsilon=0.1$	0.4015	0.1875	0.0310	0.1260
$\varepsilon=0.3$	0.9590	0.4775	0.032	0.5690
$\varepsilon=0.5$	0.9665	0.8185	0.2295	0.9105

表 10.3.4 检验功效模拟 ($\alpha=0.05$, $n=100$)

	χ^2	$b_{1,d}$	$b_{2,d}$	$\widehat{\varepsilon}_{n,d}$
$\varepsilon=0.0$	0.0517	0.0435	0.0603	0.0435
$\varepsilon=0.1$	0.8050	0.4245	0.0450	0.2490
$\varepsilon=0.3$	1.0000	0.8855	0.0985	0.9410
$\varepsilon=0.5$	1.0000	0.9940	0.6915	0.9980

表 10.3.2、表 10.3.3 及表 10.3.4 显示, 多元正态性 χ^2 检验统计量具有相合性, χ^2 检验统计量具有最大的检验功效.

10.3.3 实际数据多元正态性的拟合优度检验

VDR 条件拟合优度检验步骤如下:

(1) 设 $\boldsymbol{X}_d^{[1]},\cdots,\boldsymbol{X}_d^{[n]}$ 是来自 $\boldsymbol{N}_d(\boldsymbol{\mu},\Sigma)$ 的样本, 依式 (10.3.1), 式 (10.3.3) 作样本变换, 则 $\boldsymbol{Y}_d^{[d+3]},\cdots,\boldsymbol{Y}_d^{[n-1]}$ 相互独立, $\boldsymbol{Y}_d^{[k]}(k=d+3,\cdots,n-1)$ 服从 Pearson II 型分布;

(2) 由定理 10.3.1 结论 (1) 知, 给定 $\boldsymbol{Y}_d^{[k]}=\boldsymbol{y}_d^{[k]}$, 生成 $U_{(0,f_k(\boldsymbol{y}_d^{[k]}))}$ 随机数 y_{d+1}, 则 $(\boldsymbol{y}_d^{[k]},y_{d+1})$ 是 $D_{(d+1,[f_k])}$ 上均匀分布随机数 ,$k=d+3,\cdots,n-1$;

(3) 计算 $Z_k=h_k^{-1}(Y_{d+1})$, $\boldsymbol{V}_d^{[k]}=\boldsymbol{Y}_d^{[k]}/\sqrt{Z_k}$, $k=d+3,\cdots,n-1$;

(4) 由式 (10.3.5) 计算 χ^2 值;

(5) 重复步骤 (2), (3), (4) m 次, 得到 m 个 χ^2 值 $\chi^2_{[j]}$, $j=1,\cdots,m$. m_0 为 $\chi^2_{[j]}>\chi^2_{[1]}(\alpha)$ 的个数, $j=1,\cdots,m$, $P_{\alpha,m}=m_0/m$. $\chi^2_{[1]}(\alpha)$ 为 $\chi^2_{[1]}$ 的上 α 分位点. 当 $P_{\alpha,m}$ 偏大时, 拒绝原假设.

(6) 对有限的样本容量 n, 记 $\boldsymbol{B}_n=\left\{\boldsymbol{X}_d^{[1]},\cdots,\boldsymbol{X}_d^{[n]}\right\}$, 抽取来自 $N_d(\boldsymbol{0},I)$ 的 $\boldsymbol{B}_n$, 重复 ℓ 次, 得到 $P_{\alpha,m}$ 的模拟上 α 分位点 $P_{\alpha,m}(\alpha)$.

下述定理 10.3.3 说明 χ^2 条件检验的有效性.

引理 10.3.3 (Hoeffding 不等式) 设 $Y_1,\cdots,Y_m$ 是均值为 0 的独立随机变量, $a_j\leqslant Y_j\leqslant b_j, j=1,\cdots,m$, 则对任意 $\zeta>0$

$$P\left(\sum_{j=1}^m Y_j\geqslant\zeta\right)\leqslant\exp\left[-2\zeta^2\Big/\sum_{j=1}^m(b_j-a_j)^2\right]. \tag{10.3.6}$$

定理 10.3.3 设 $\boldsymbol{X}_d^{[1]},\cdots,\boldsymbol{X}_d^{[n]}$ 是来自 $\boldsymbol{N}_d(\boldsymbol{\mu},\Sigma)$ 的样本, $\chi^2_{(j)}$, $j=1,\cdots,m$ 由步骤 (5) 得到, 则对任意 $0<\alpha<1$, $0<\delta<1$,

$$G_{n,m}(\alpha)=P(P_{\alpha,m}\geqslant\alpha+\delta)\leqslant\exp[-2m\delta^2]. \tag{10.3.7}$$

证明 记 $Y_j=I_{[\chi^2_{(j)}>\chi^2_{(1)}(\alpha)]}$, $Z_j=Y_j-\alpha$, $j=1,\cdots,m$, 则

$$E(Z_j)=0,\quad -\alpha\leqslant Z_j\leqslant 1-\alpha,\quad j=1,\cdots,m.$$

给定 $\boldsymbol{B}_n=\left\{\boldsymbol{X}_d^{[1]},\cdots,\boldsymbol{X}_d^{[n]}\right\}$, 从而给定 $\boldsymbol{Y}_d^{[d+3]},\cdots,\boldsymbol{Y}_d^{[n-1]}$, 由引理 10.3.3,

$$P(P_{\alpha,m}\geqslant\alpha+\delta|\boldsymbol{B}_n)=P\left(\sum_{j=1}^m Z_j\geqslant m\delta|\boldsymbol{B}_n\right)\leqslant\exp(-2m\delta^2). \tag{10.3.8}$$

对条件不等式 (10.3.8) 取期望, 可得结论成立.

Iris 数据包括 setosa, versicolor 和 virginica 三组数据, 每组包括 50 个 4 维向量值, Iris 数据的 4 项测量指标即花瓣的长 X_1、花瓣的宽 X_2、花萼的长 X_3、花萼的宽 X_4, $\boldsymbol{X}_4=(X_1,X_2,X_3,X_4)^{\mathrm{T}}$. se+ve 表示 setosa 与 versicolor 的组合数据,

se+vi 表示 setosa 与 virginica 的组合数据, ve+vi 表示 versicolor 与 virginica 的组合数据, $n=100$. 对 setosa, versicolor,virginica 三组数据, se+ve,se+vi,ve+vi 三组组合数据, 做多元正态性的拟合优度检验.

表 10.3.5 给出了利用 Shapiro-Wilks 的 W 统计量检验一维数据正态性的 P 值. 由表 10.3.5 知, setosa , versicolor, virginica 三组数据 X_4 变量的 P 值偏小, 故以下只分析 Iris 数据及其三组组合数据前三个变量 (X_1, X_2, X_3) 的三元正态性.

表 10.3.5　Shapiro-Wilks 检验的 Prob<W 值

Prob<W	setosa	versicolor	virginica
X_1	0.3988	0.3924	0.3429
X_2	0.6041	0.3528	0.2883
X_3	0.1072	0.1763	0.1127
X_4	0.0001	0.0194	0.0639

当 $n=50$, $d=3$ 时,$n-d-3=44$, 模拟结果为 $\sup\limits_{x\in\mathbf{R}}|P(\chi^2<x)-F_{\chi_4^2}(x)|<0.00358$, 近似地有 $\chi^2\sim\chi_4^2$. 对给定的 α, 以 $\chi_4^2(\alpha)$ 替换 VDR 条件检验步骤 (5) 中的 $\chi_{[1]}^2(\alpha)$. 给定 $\boldsymbol{B}_n$ 下, 步骤 (5) 的重复次数 $m=1000$, 步骤 (6) 的重复次数 $\ell=1000$.

表 10.3.6　Iris 数据三元正态性的拟合优度检验

	setosa	versicolor	virginica
$P_{0.05,m}^{[1]}$	0	0.001	0.415
$P_{0.05,m}^{[2]}$	0.001	0.008	0.001

原始数据转换为 Pearson Ⅱ型分布数据, 利用转换数据第 5 号后的转换样本计算 χ^2 值, 得到 $P_{0.05,m}^{[1]}$. 将原始数据的后 10 个向量数据放到原始数据的前 10 个向量数据的位置, 其余原始数据自动后移, 得到 $P_{0.05,m}^{[2]}$. 模拟得到 $P_{0.05,m}(0.05)$=0.255. 因此由表 10.3.6, 对显著水平 $\alpha=0.05$, 接受 setosa 数据, versicolor 数据 (X_1, X_2, X_3) 的三元正态性, 拒绝 virginica 数据 (X_1, X_2, X_3) 的三元正态性.

表 10.3.7　Iris 组合数据三元正态性的拟合优度检验

	set+ver	set+vir	vet+vir
$P_{0.1,m}$	1	1	1
$P_{0.05,m}$	1	1	1
$P_{0.01,m}$	1	1	1

由表 10.3.7, 当 $\alpha=0.1$, 0.05, 0.01 时, 拒绝 set+ver, set+vir, ver+vir 三组组合数据的多元正态性. 当随机化检验次数 $m=1000$ 时, 给定样本 $\boldsymbol{B}_n$, $P_{\alpha,m}$ 小数

点后一位数具有精确稳定值. 随机模拟得到 $P_{\alpha,m}$ 的上 α 分位点 $P_{\alpha,m}(\alpha)$, 依此进行多元正态性拟合优度检验.

理论分析表明多元正态性 χ^2 拟合优度检验具有相合性. 功效模拟显示, χ^2 检验统计量优于已有主要多元正态性检验统计量. 设 $\boldsymbol{X}_d = (X_1, \cdots, X_d)^{\mathrm{T}}$. 对 $d = 2, \cdots, 10$, 当 $n - d - 3 \geqslant 10$ 时, 利用 χ^2 检验统计量的渐近分布, 做 $\boldsymbol{X}_d$ 多元正态性的拟合优度检验. 对给定的显著水平 α 及 $m = 1$, 定理 10.3.2 渐近地保证了拒绝多元正态性而犯第一类错误的概率为 α.

第 11 章　椭球对称分布的拟合优度检验

本章我们讨论椭球对称分布的拟合优度检验, 主要介绍椭球对称分布的光滑检验和椭球对称分布的特征检验. 本章还介绍基于 Anderson-Darling 统计量的椭球分布族子类 (例如, 多元 t 分布) 的拟合优度检验以及基于广义逆的多元正态分布的拟合优度检验. 本章内容可应用于多元分析及多元时间序列分析.

11.1　椭球对称分布的光滑检验

椭球对称分布 (简称椭球分布) 是多元正态分布的自然推广, 它具有半参数概率分布结构. 椭球分布包含 Kotz 型多元对称分布、Pearson Ⅶ型及 II 型多元对称分布. 多元正态分布、多元 t 分布分别是 Kotz 型对称多元分布、Pearson Ⅶ型对称分布的特殊情形. 椭球分布与多元正态分布类似, 具有许多优良的分布性质, 椭球分布在广义多元分析中有着重要作用. 回归模型误差分布的椭球分布假设, 可用于稳健性回归分析.

基于球化数据及一些球调和函数的平均, Manzotti, Pérez 和 Quiroz(2002) 研究了椭球对称分布的拟合优度检验. Zhu 等 (2003) 提出了椭球对称分布的条件蒙特卡罗检验, 它类似于随机化检验. Huffer 等 (2007) 提出了 Pearson χ^2 型椭球对称分布检验统计量, 随机模拟显示, 其检验优于 Manzotti 等提出的椭球对称性检验.

为克服 Pearson χ^2 型检验分组的不确定性, Su(2012a) 提出了椭球对称分布的光滑检验. 基于样本协差阵的 Cholesky 分解及球调和函数, 构造椭球对称分布光滑检验统计量, 得到原假设下转换样本的渐近分布. 基于 Cholesky 分解的转换样本不依赖椭球对称分布参数, 故可通过 bootstrap 抽样估计检验统计量的临界值. Su 介绍了多元分布为何种椭球分布的检验方法, 并举例说明多元 t 分布的光滑检验. 基于球对称分布特性及 EDF 型检验, Su 等 (2012) 提出了椭球对称分布的特征检验, 得到了转换样本的渐近分布, 椭球对称分布的特征检验统计量易于计算. 当多元数据分布与椭球分布有较大偏离时, 特征检验统具有较高的检验功效.

11.1.1　定义及引理

定义 11.1.1　设 A 为 $d\times d$ 非奇异矩阵, $\Sigma=A^{\mathrm{T}}A$ 且 $\mathrm{rank}(\Sigma)=d$. 称 $d\times 1$ 随机向量 $\boldsymbol{X}$ 服从参数为 $\boldsymbol{\mu}(d\times 1)$, $\Sigma(d\times d)$ 的椭球对称分布, 若

$$\boldsymbol{X}\overset{d}{=}\boldsymbol{\mu}+\xi A^{\mathrm{T}}\boldsymbol{U}_d, \tag{11.1.1}$$

其中 $\boldsymbol{U}_d \sim U(\Omega_d)$, ξ 为非负随机变量, 且 $\boldsymbol{U}_d$ 与 ξ 相互独立. 记为 $\boldsymbol{X} \sim E_d(\boldsymbol{\mu}, \Sigma)$.

椭球对称分布由分布参数 $\theta = (\boldsymbol{\mu}, \Sigma)$ 和 ξ 的概率分布决定. 若 $\boldsymbol{\mu} = \mathbf{0}, \Sigma = I_d$, 则 $\boldsymbol{X}$ 服从球对称分布, 此时有 $\boldsymbol{X} \stackrel{d}{=} \xi \boldsymbol{U}_d$.

引理 11.1.1 设 $\boldsymbol{X} = (X_1, \cdots, X_d)^{\mathrm{T}}$. 下列陈述是等价的:

(1) $\boldsymbol{X}$ 具有随机表示 $\boldsymbol{X} \stackrel{d}{=} \xi \boldsymbol{U}_d$, 其中 $\xi, \boldsymbol{U}_d$ 由式 (11.1.1) 定义;

(2) $\boldsymbol{X} \stackrel{d}{=} \Gamma \boldsymbol{X}$ 对任意 $d \times d$ 正交阵 Γ 成立;

(3) $\psi(\boldsymbol{t}) = \phi(\boldsymbol{t}^{\mathrm{T}} \boldsymbol{t})$, 其中 $\psi(\boldsymbol{t})$ 为 $\boldsymbol{X}$ 的特征函数, $\boldsymbol{t} \in \mathbf{R}^d$;

(4) 对任意 $\boldsymbol{a} \in \mathbf{R}^d$, 有 $\boldsymbol{a}^{\mathrm{T}} \boldsymbol{X} \stackrel{d}{=} \|\boldsymbol{a}\| x_1$.

引理 11.1.2 若 $X \sim E_d(\mu, \Sigma)$ 且 $E(\xi^2) < \infty$, 则

$$E(X) = \mu, \quad \mathrm{Cov}(X) = \frac{E(\xi^2)}{d} \Sigma. \tag{11.1.2}$$

定义 11.1.2 称随机变量 Z 服从参数为 α, β 的 Beta II 型分布, 若 Z 概率密度为

$$\frac{1}{B(\alpha, \beta)} z^{\alpha-1} (1+z)^{-(\alpha+\beta)}, \quad z > 0, \tag{11.1.3}$$

记为 $Z \sim \mathrm{BeII}(\alpha, \beta)$, 此处 $\mathrm{B}(\alpha, \beta)$ 为 Beta 函数.

定义 11.1.3 (多元 t 分布) 设 $\boldsymbol{X} \sim E_d(\boldsymbol{\mu}, \Sigma)$, 其中 ξ 由式 (11.1.1) 定义. 若 ξ^2/r 服从参数为 $d/2$ 和 $r/2$ 的 Beta II 型分布, 即

$$\phi = \xi^2/r \sim \mathrm{BeII}(d/2, r/2), \tag{11.1.4}$$

其中 r 为正整数, 则称 $\boldsymbol{X}$ 服从参数为 $r, \boldsymbol{\mu}$ 及 Σ 的多元 t 分布, 记为 $\boldsymbol{X} \sim Mt_d(r, \boldsymbol{\mu}, \Sigma)$.

引理 11.1.3 若 $\boldsymbol{X} \sim Mt_d(r, \boldsymbol{\mu}, \Sigma)$, 则

$$E(\boldsymbol{X}) = \boldsymbol{\mu}, \quad \mathrm{Cov}(\boldsymbol{X}) = \frac{r}{r-2} \Sigma, \quad r > 2. \tag{11.1.5}$$

证明 易知 $E(\boldsymbol{X}) = \boldsymbol{\mu}$. 因为

$$\begin{aligned} E(\phi) &= E(\xi^2/r) \\ &= \frac{1}{B(d/2, r/2)} \int_0^{\infty} z^{d/2+1-1} (1+z)^{-(d/2+r/2)} \mathrm{d}z \\ &= \frac{B(d/2+1, r/2-1)}{B(d/2, r/2)} \\ &= \frac{d}{r-2}. \end{aligned} \tag{11.1.6}$$

由式 (11.1.2) 可知

$$\mathrm{Cov}(X) = \frac{E(\xi^2)}{d} \Sigma = \frac{r}{r-2} \Sigma. \tag{11.1.7}$$

引理 11.1.4 设 $\boldsymbol{X} \sim E_d(\boldsymbol{\mu}, \Sigma)$ 且 $\text{rank}(\Sigma) = d$, B 为 $d \times d$ 矩阵且 $\boldsymbol{\nu}$ 为 $d \times 1$ 常数向量, 则

$$\boldsymbol{\nu} + B\boldsymbol{X} \sim E_d(\boldsymbol{\nu} + B\boldsymbol{\mu}, B\Sigma B^{\mathrm{T}}). \tag{11.1.8}$$

设 $X_d^{[1]}, \cdots, X_d^{[n]}$ 为来自 $E_d(\boldsymbol{\mu}, \Sigma)$ 的 i.i.d. 样本. 样本均值和样本协差阵定义如下:

$$\overline{\boldsymbol{X}}_d = n^{-1} \sum_{i=1}^{n} \boldsymbol{X}_d^{[i]}, \quad S = n^{-1} \sum_{i=1}^{n} (\boldsymbol{X}_d^{[i]} - \overline{\boldsymbol{X}}_d)(\boldsymbol{X}_d^{[i]} - \overline{\boldsymbol{X}}_d)^{\mathrm{T}}. \tag{11.1.9}$$

$$\boldsymbol{Z}_d^{[i]} = G(\boldsymbol{X}_d^{[i]} - \overline{\boldsymbol{X}}_d), \quad i = 1, \cdots, n, \tag{11.1.10}$$

其中矩阵 $G = G(S)$, 满足

$$GSG^{\mathrm{T}} = I.$$

引理 11.1.5 设 $n \times d$ 矩阵 $Z = (\boldsymbol{Z}_d^{[1]}, \cdots, \boldsymbol{Z}_d^{[n]})^{\mathrm{T}}$, 其中 $\boldsymbol{Z}_d^{[i]}, i = 1, \cdots, n$ 由式 (11.1.10) 定义. 设样本协差阵 $S_{\boldsymbol{X}}$ 的 Cholesky 分解为 $S_{\boldsymbol{X}} = LL^{\mathrm{T}}$, 取 $G(S_{\boldsymbol{X}}) = L^{-1}$, 则 Z 的分布不依赖于 $\boldsymbol{\mu}, \Sigma = A^{\mathrm{T}}A$.

证明 易知 $\boldsymbol{X}_d^{[i]} - \overline{\boldsymbol{X}}_d$ 的分布不依赖于 $\boldsymbol{\mu}$. 因此, 可取式 (11.1.1) 中的 $\boldsymbol{\mu} = \boldsymbol{0}$. 设 $Z(A^{\mathrm{T}})$ 为基于 $\boldsymbol{X}_d^{[i]} = \xi_i A^{\mathrm{T}} \boldsymbol{U}_d^{[i]}, i = 1, \cdots, n$ 的球化样本矩阵, 其中 ξ_i 与 $\boldsymbol{U}_d^{[i]}$ 为来自式 (11.1.1) 中的 ξ 与 $\boldsymbol{U}_d$ 的 i.i.d. 样本. 设 $\mathscr{D}$ 为 $d \times d$ 可逆矩阵构成的集合, $\mathscr{O}$ 为 $d \times d$ 正交矩阵构成的集合, $\mathscr{L}$ 为 $d \times d$ 主对角元素为正的下三角矩阵构成的集合. 对于 $A_1^{\mathrm{T}}, A_2^{\mathrm{T}} \in \mathscr{D}$, 定义 $A_1^{\mathrm{T}} \equiv A_2^{\mathrm{T}}$ 表示 $Z(A_1^{\mathrm{T}}) \overset{d}{=} Z(A_2^{\mathrm{T}})$. 因为 $\boldsymbol{U}_d$ 为服从球对称分布随机变量, 故 $\boldsymbol{U}_d \overset{d}{=} \Gamma \boldsymbol{U}_d$, $\forall \Gamma \in \mathscr{O}$. 进而对 $\forall A^{\mathrm{T}} \in \mathscr{D}$与$\Gamma \in \mathscr{O}$, 有 $A^{\mathrm{T}} \equiv A^{\mathrm{T}}\Gamma$. 设 $C \in \mathscr{L}$, 则 $\boldsymbol{Y}_d = C\boldsymbol{X}_d$ 为线性变换. 设 $\boldsymbol{Y}_d^{[i]} = C\boldsymbol{X}_d^{[i]}, i = 1, \cdots, n$, 则

$$\overline{\boldsymbol{Y}}_d = C\overline{\boldsymbol{X}}_d, \quad S_{\boldsymbol{Y}} = CS_{\boldsymbol{X}}C^{\mathrm{T}}.$$

由 $G(S_{\boldsymbol{X}})S_{\boldsymbol{X}}G^{\mathrm{T}}(S_{\boldsymbol{X}}) = I$, 可知

$$G(S_{\boldsymbol{Y}}) = G(CS_{\boldsymbol{X}}C^{\mathrm{T}}) = G(S_{\boldsymbol{X}})C^{-1}.$$

故对 $C \in \mathscr{L}$ 与 $A^{\mathrm{T}} \in \mathscr{D}$, 有 $Z(CA^{\mathrm{T}}) = Z(A^{\mathrm{T}})$, 即 $CA^{\mathrm{T}} \equiv A^{\mathrm{T}}$. 对任意 $A^{\mathrm{T}} \in \mathscr{D}$, 存在 $C \in \mathscr{L}$ 与 $\Gamma \in \mathscr{O}$, 使得 $A^{\mathrm{T}} = C\Gamma$. 因此, $I \equiv I\Gamma = \Gamma \equiv C\Gamma = A^{\mathrm{T}}$. 结论得证.

一常用的变换是取 $G = S^{-1/2}$. 随机模拟显示, 当样本容量较小时, 球化转换样本 Z 的联合分布依赖于 Σ. 设 S 的 Cholesky 分解为 $S = LL^{\mathrm{T}}$, 且取 $G(S) = L^{-1}$. 记 $n \times d$ 矩阵 $Z = (\boldsymbol{Z}_d^{[1]}, \cdots, \boldsymbol{Z}_d^{[n]})^{\mathrm{T}}$, 则由引理 1.3.2 知, 球化转换样本 Z 的分布不依赖于参数 $\boldsymbol{\mu}, \Sigma$. 基于样本协差阵的 Cholesky 分解, 构造椭球分布检验统计量, 其分布不依赖未知参数 $(\boldsymbol{\mu}, \Sigma)$. 故在随机模拟中, 可取 $\boldsymbol{\mu} = \boldsymbol{0}$, $\Sigma = I$ 且 $G(S) = L^{-1}$, 由此得到临界值的估计.

11.1.2 椭球对称性的光滑检验

设 $\boldsymbol{X}_d^{[1]},\cdots,\boldsymbol{X}_d^{[n]}$ 为来自某连续型总体的样本, 其分布函数为 $F(\boldsymbol{x}),\boldsymbol{x}\in\mathbf{R}^d$. 欲做假设检验

$$H_0: F(x) \text{ 为} E_d(\mu,\Sigma) \text{ 的分布函数}, \tag{11.1.11}$$

其中 $\boldsymbol{\mu}$ 和 $\Sigma>0$ 为未知参数.

定理 11.1.1 设

$$\boldsymbol{U}_d^{[j]}=\frac{\boldsymbol{Z}_d^{[j]}}{\|\boldsymbol{Z}_d^{[j]}\|},\quad j=1,\cdots,n, \tag{11.1.12}$$

其中随机向量 $\boldsymbol{Z}_d^{[j]}(j\leqslant n)$ 由式 (11.1.10) 定义. 假设 $\boldsymbol{X}_d^{[1]},\cdots,\boldsymbol{X}_d^{[n]}$ 为来自 $E_d(\boldsymbol{\mu},\Sigma)$ 的样本, 则 $\boldsymbol{U}_d^{[j]}$ 的渐近分布为 $U(\Omega_d)$ 且 $\boldsymbol{U}_d^{[1]},\cdots,\boldsymbol{U}_d^{[n]}$ 是渐近独立的.

证明 设 $\sigma^2=E(\xi^2)/d$. 由式 (11.1.2) 及大数定律可知

$$\overline{\boldsymbol{X}}\xrightarrow{P}\boldsymbol{\mu},\quad S\xrightarrow{P}\sigma^2\Sigma,\quad n\to\infty, \tag{11.1.13}$$

其中 $\xrightarrow{P}$ 依概率收敛, $n\to\infty$. 设 $G(S)$ 满足

$$[G(S)]S[G(S)]^{\mathrm{T}}=I_d,$$

其中 I_d 为 $d\times d$ 单位阵. 设 Σ 及 S 的 Choleski 分解分别为

$$\Sigma=[L(\Sigma)][L(\Sigma)]^{\mathrm{T}},\quad S=[L(S)][L(S)]^{\mathrm{T}}. \tag{11.1.14}$$

故有

$$L(S)\xrightarrow{P}\sigma L(\Sigma),\quad n\to\infty. \tag{11.1.15}$$

因为

$$\boldsymbol{Z}_d^{[i]}=L^{-1}(S)(\boldsymbol{X}_d^{[i]}-\overline{\boldsymbol{X}}),\quad i=1,\cdots,n,$$

由式 (11.1.13) 及式 (11.1.15) 可知

$$\boldsymbol{Z}_d^{[i]}\xrightarrow{d}\boldsymbol{Z}_i^*=\sigma^{-1}L^{-1}(\Sigma)(\boldsymbol{X}_d^{[i]}-\boldsymbol{\mu}),\quad n\to\infty. \tag{11.1.16}$$

因为 $\boldsymbol{X}_d^{[1]},\cdots,\boldsymbol{X}_d^{[n]}$ 为来自 $E_d(\mu,\Sigma)$ 的样本, 故 $\boldsymbol{Z}_d^{[1]},\cdots,\boldsymbol{Z}_d^{[n]}$ 是渐近独立的. 由式 (11.1.14) 及式 (11.1.16) 可知

$$\sigma^{-1}L^{-1}(\Sigma)\Sigma[\sigma^{-1}L^{-1}(\Sigma)]^{\mathrm{T}}=\sigma^{-2}I_d.$$

由引理 11.1.4, $\boldsymbol{Z}_i^*\sim E(\boldsymbol{0},\sigma^{-2}I_d)$. 故 $\boldsymbol{Z}_i^*$ 服从球对称分布, 由此可得 $\boldsymbol{Z}_i^*/\|\boldsymbol{Z}_i^*\|\sim U(\Omega_d)$. 故

$$\boldsymbol{U}_d^{[i]}=\frac{\boldsymbol{Z}_d^{[i]}}{\|\boldsymbol{Z}_d^{[i]}\|}\xrightarrow{d}U(\Omega_d),\quad n\to\infty. \tag{11.1.17}$$

由式 (11.1.16) 及式 (11.1.17) 可知 $\boldsymbol{U}_d^{[1]}, \cdots, \boldsymbol{U}_d^{[n]}$ 是渐近独立的.

记

$$\lambda_N = \sum_{i=1}^{N} \psi_i^2, \quad \psi_i = \sum_{j=1}^{n} h_i(\boldsymbol{U}_d^{[j]}) \Big/ \sqrt{n}, \tag{11.1.18}$$

其中 $h_i(\cdot)(i \leqslant N)$ 为 Ω_d 上的球调和函数, 由式 (9.3.6) 定义, $\boldsymbol{U}_d^{[j]}(j \leqslant n)$ 由式 (11.1.12) 定义. 由于 $\boldsymbol{U}_d^{[j]}, j = 1, \cdots, n$ 渐近服从球面均匀分布 $U(\Omega_d)$, 故当检验统计量 λ_N 取值偏大时, 拒绝椭球对称分布原假设.

记

$$\gamma_N = \frac{\lambda_N - N}{\sqrt{2N}}, \tag{11.1.19}$$

其中 λ_N 由式 (11.1.18) 定义. 对于较大的 N, 渐近地有 $\lambda_N \sim N(0,1)$. 故对较大的 n 与 N, 当 γ_N 取值偏大时, 拒绝椭球对称分布原假设.

定理 11.1.2　若 $H_0(11.1.11)$ 成立, 则 $\sigma\|\boldsymbol{Z}_d^{[i]}\|$ 依分布收敛到 ξ, 其中 ξ 由式 (11.1.1) 定义, 且 $\sigma = \sqrt{d^{-1}E(\xi^2)}$.

证明　设 $\Gamma = A[L^{\mathrm{T}}(\Sigma)]^{-1}$. 由式 (11.1.14) 及 $\Sigma = A^{\mathrm{T}}A$, 可知 $\Gamma^{\mathrm{T}}\Gamma = I_d$, 故 Γ 为正交阵. 由式 (11.1.1) 及式 (11.1.16) , 可知

$$\begin{aligned}
\boldsymbol{Z}_i^* &= \sigma^{-1}L^{-1}(\Sigma)(X_i^{[d]} - \mu) \\
&\stackrel{d}{=} \sigma^{-1}L^{-1}(\Sigma)\xi A^{\mathrm{T}}U^{(d)} \\
&\stackrel{d}{=} \sigma^{-1}\xi[L^{-1}(\Sigma)A^{\mathrm{T}}]U^{(d)} \\
&\stackrel{d}{=} \sigma^{-1}\xi\Gamma^{\mathrm{T}}U^{(d)} \stackrel{d}{=} \sigma^{-1}\xi U^{(d)},
\end{aligned}$$

故

$$\|\boldsymbol{Z}_i^*\| \stackrel{d}{=} \sigma^{-1}\xi, \quad \sigma\|\boldsymbol{Z}_i^*\| \stackrel{d}{=} \xi. \tag{11.1.20}$$

由式 (11.1.16) 及式 (11.1.20), 可知

$$\sigma\|\boldsymbol{Z}_d^{[i]}\| \xrightarrow{d} \xi, \quad n \to \infty.$$

定理得证.

例 11.1.1 (多元 t 分布的拟合优度检验)　假设通过检验, 接受样本的椭球对称性. 由式 (11.1.4) 可知 $\phi = \xi^2/r \sim \mathrm{BeII}(d/2, r/2)$ 且 $\sigma = \sqrt{r/(r-2)}$. 设

$$\xi_{i\sigma} = \sigma\|Z_i^{[d]}\|, \quad \tau_i = \xi_{i\sigma}^2/r, \quad i, \cdots, n, \tag{11.1.21}$$

其中 $\boldsymbol{Z} = (\boldsymbol{Z}_d^{[1]}, \cdots, \boldsymbol{Z}_d^{[n]})^{\mathrm{T}}$ 由式 (11.1.16) 定义.

由定理 11.1.2 可知, $\xi_{i\sigma}$ 的渐近收敛到 ξ. 设 $\boldsymbol{X}_d^{[1]}, \cdots, \boldsymbol{X}_d^{[n]}$ 为来自 $Mt_d(r, \boldsymbol{\mu}, \Sigma)$ 的样本, 则 τ_i 的渐近分布为 $\mathrm{BeII}(d/2, r/2)$. 基于转换样本 $\tau_i, i = 1, \cdots, n$, 对多

元 t 分布的拟合优度检验可以转化为对 $\mathrm{BeII}(d/2, r/2)$ 的拟合优度检验. 修改的 Anderson-Darling 统计量 (AD), 可用于对 $\mathrm{BeII}(d/2, r/2)$ 的拟合优度检验.

对有限的样本容量, 可通过 Monte Carlo 模拟逼近检验的临界值. 因为 $\boldsymbol{\tau} = (\tau_1, \cdots, \tau_n)^{\mathrm{T}}$ 的分布不依赖 $Mt_d(r, \boldsymbol{\mu}, \Sigma)$ 中的参数 $\boldsymbol{\mu}$ 及 Σ, 故对给定的 r, 可生成 $Mt_d(r, 0, I_d)$ 随机数.

11.1.3 椭球对称性的光滑检验算法

1. 检验统计量的计算

检验统计量 λ_N 的计算步骤如下:

(1) 对给定的 $d > 2$ 及 $|\alpha| = 1, 2$, 计算 $D^{\alpha}\|\boldsymbol{x}\|^{2-d}$(见定理 5.5.5), 得到 $H_k(\Omega_d)$ 的一个基, $k = 1, 2$.

(2) 基于球调和函数, 对于 $k = 1, 2$, 利用 Gram-Schmidt 正交化法, 构造 $H_k(\Omega_d)$ 的完备正交函数基. 这里, $B = \{B_k : k = 0, 1, 2\}$ 为 $U(\Omega_d)$ 上的正交函数集.

(3) 计算 $\boldsymbol{Z}_d^{[i]}$, 其中 $\boldsymbol{Z}_d^{[i]}$ 由式 (11.1.16) 定义.

(4) 计算 $\boldsymbol{U}_d^{[i]}, i = 1, \cdots, n$, 其中 $\boldsymbol{U}_d^{[i]}$ 由式 (11.1.17) 定义.

(5) 计算 λ_N, 其中 λ_N 由式 (11.1.18) 定义.

(6) 当 λ_N 值偏大时, 拒绝椭球对称分布原假设.

2. 临界值的估计

对于较小或中等大小的样本容量, 可以利用 bootstrap 方法去估计检验统计量的临界值.

引理 11.1.6 设 $\boldsymbol{X}_d^{[i]} = \tau \boldsymbol{Y}_d^{[i]}, i = 1, \cdots, n$, 则

$$\lambda_N(\boldsymbol{X}_d^{[1]}, \cdots, \boldsymbol{X}_d^{[n]}) \stackrel{d}{=} \lambda_N(\boldsymbol{Y}_d^{[1]}, \cdots, \boldsymbol{Y}_d^{[n]}), \quad \text{对任意 } \tau > 0.$$

证明 因为 $\boldsymbol{X}_d^{[i]} = \tau \boldsymbol{Y}_d^{[i]}, i = 1, \cdots, n$, 故有

$$\overline{\boldsymbol{X}} = \tau \overline{\boldsymbol{Y}}, \quad S_{\boldsymbol{X}} = \frac{1}{n}\sum_{i=1}^{n}(\boldsymbol{X}_d^{[i]} - \overline{\boldsymbol{X}})(\boldsymbol{X}_d^{[i]} - \overline{\boldsymbol{X}})^{\mathrm{T}} = \tau^2 S_{\boldsymbol{Y}},$$

$$S_{\boldsymbol{X}} = L_{\boldsymbol{X}} L_{\boldsymbol{X}}^{\mathrm{T}} = \tau^2 S_{\boldsymbol{Y}} = \tau^2 L_{\boldsymbol{Y}} L_{\boldsymbol{Y}}^{\mathrm{T}},$$

$$L_{\boldsymbol{X}} = \tau L_{\boldsymbol{Y}}, \quad L_{\boldsymbol{X}}^{-1} = \tau^{-1} L_{\boldsymbol{Y}}^{-1},$$

$$\boldsymbol{Z}(\boldsymbol{X}_d^{[i]}) = L_{\boldsymbol{X}}^{-1}(\boldsymbol{X}_d^{[i]} - \overline{\boldsymbol{X}}) = L_{\boldsymbol{Y}}^{-1}(\boldsymbol{Y}_d^{[i]} - \overline{\boldsymbol{Y}}) = \boldsymbol{Z}(\boldsymbol{Y}_d^{[i]}), \quad i = 1, \cdots, n,$$

因此知结论成立.

设 $\xi_i = \|\boldsymbol{Z}_d^{[i]}\|$, $i = 1, \cdots, n$. 基于非负随机变量 ξ_i 及 $\boldsymbol{U}_i^* \sim U(\Omega_d), i = 1, \cdots, n$, 可以利用 bootstrap 方法去估计 λ_N 的分布. 计算步骤如下:

(1) 从 $\xi_1, \xi_2, \cdots, \xi_n$ 中等概抽取样本 $\xi_1^*, \xi_2^*, \cdots, \xi_n^*$;

(2) 生成来自 $U(\Omega)$ 的样本 $\boldsymbol{U}_1^*, \boldsymbol{U}_2^*, \cdots, \boldsymbol{U}_n^*$;

(3) 计算 $\boldsymbol{X}_i^* = \xi_i^* \boldsymbol{U}_i^*, i = 1, \cdots, n$;

(4) 视 $\{\boldsymbol{X}_i^*\}_{i=1}^n$ 为 "原始" 数据并用来计算相应 λ_N 值, 记为 λ_N^*;

(5) 重复上述步骤 M 次, 得到 $\lambda_{N,1}^*, \cdots, \lambda_{N,M}^*$;

(6) 对 $\lambda_{N,1}^*, \cdots, \lambda_{N,M}^*$ 排序, 得到 λ_N 的 Monte Carlo 分位点.

因为使用 Cholesky 分解, 故 λ_N 的分布不依赖于 $\boldsymbol{\mu}$ 和 Σ. 因此在步骤 (3) 中, 可取 $\boldsymbol{\mu} = \boldsymbol{0}$ 和 $\Sigma = I_d$(或 $A = I_d$).

当样本容量 n 充分大时, 方向向量 $\boldsymbol{U}_d^{[j]}$ 近似服从球面上的均匀分布. 基于球面均匀分布的光滑检验, 构造椭球对称分布的光滑检验统计量 λ_N. 若实际中需要更高阶的对立分布 $g_N(y, \eta)$, 可利用式 (11.1.19) 定义的检验统计量 γ_N, 进行椭球对称性检验. 椭球对称分布族包含多元正态分布、长尾及短尾多元分布 (相对于多元正态分布). 当多元正态分布的假设不成立时, 可考虑用椭球对称分布族描述多元数据.

椭球对称分布的光滑检验, 可应用于回归模型误差分布为椭球分布以及判别分析中总体分布为椭球分布的拟合优度检验. 经典的 Bayes 分类准则假定总体服从多元正态分布. 在应用中, 正态性假设有时是不成立的. 因此, 总体服从椭球分布下的 Bayesian 分类器将促进 Bayes 分类理论.

11.2　椭球对称分布的特征检验

基于球对称分布的分布特性及修改的经验分布函数 (EDF) 型检验, Su 等 (2012) 提出了一种新的 d 维椭球对称分布的检验步骤, 得到了椭球对称分布原假设下转换样本的渐近分布是自由度为 $d-1$ 的 t 分布. 基于 bootstrap 方法及 Cholesky 分解, 给出了估计检验临界点的一个算法. 该检验统计量具有好的检验性质且易于计算. 在本节中, 矩阵 $\Sigma = A^{\mathrm{T}} A$ 为一个正定矩阵, 其中 A 由式 (11.1.1) 定义.

引理 11.2.1　设 $\boldsymbol{X}_d$ 是一个 d 维随机向量. 假设

$$t(\alpha \boldsymbol{X}_d) \stackrel{d}{=} t(\boldsymbol{X}_d), \quad \text{对任意}\alpha > 0, \tag{11.2.1}$$

则当 $\boldsymbol{X}_d$ 服从球对称分布时, 统计量 $t(\boldsymbol{X}_d)$ 的概率分布保持不变. 此时

$$t(\boldsymbol{X}_d) \stackrel{d}{=} t(\boldsymbol{Y}_d), \tag{11.2.2}$$

其中 $\boldsymbol{Y}_d \sim N_d(\boldsymbol{0}, I_d)$.

例 11.2.1 (经典 t-统计量) 随机向量 $\boldsymbol{X}_d=(X_1,\cdots,X_d)^{\mathrm{T}}$ 对应的 t-统计量定义为

$$t(\boldsymbol{X}_d)=\frac{\sqrt{d}\cdot\widetilde{\boldsymbol{X}}}{\widetilde{S}},\tag{11.2.3}$$

其中

$$\widetilde{\boldsymbol{X}}=\frac{1}{d}\sum_{i=1}^{d}X_i,\quad \widetilde{S}^2=\frac{1}{d-1}\sum_{i=1}^{d}(X_i-\widetilde{\boldsymbol{X}})^2,\quad \widetilde{S}=\sqrt{\widetilde{S}^2}.\tag{11.2.4}$$

显然, $t(\alpha\boldsymbol{X}_d)\overset{d}{=}t(\boldsymbol{X}_d)$, 对任意$\alpha>0$. 因此, 由引理 11.2.1 可知, $t(\boldsymbol{X}_d)$ 的分布在球对称分布的假设下保持不变. 故有

$$t(\boldsymbol{X}_d)\sim t_{d-1},\tag{11.2.5}$$

其中 t_{d-1} 表示自由度为 $d-1$ 的 t 分布. 进一步, 若 $\boldsymbol{X}_d\overset{d}{=}\xi\boldsymbol{U}_d$, 随机变量 $\xi\geqslant 0$, 这里不要求 ξ 与 $\boldsymbol{U}_d$ 独立, 则 $t(\boldsymbol{X}_d)$ 与 ξ 独立且有

$$t(\boldsymbol{X}_d)\sim t_{d-1}.$$

11.2.1 基于球对称分布特征的椭球对称性检验

定理 11.2.1 设 $\boldsymbol{X}_d^{[1]},\cdots,\boldsymbol{X}_d^{[n]}$ 为来自椭球对称分布 $E_d(\mu,\Sigma)$ 的样本. 设

$$\boldsymbol{Y}_d^{[i]}=(Y_{i1},\cdots,Y_{id})^{\mathrm{T}}=L^{-1}(\boldsymbol{X}_d^{[i]}-\overline{\boldsymbol{X}}_d),\quad i=1,\cdots,n,\tag{11.2.6}$$

其中, 矩阵 $L=L(S)$ 满足 $S=LL^{\mathrm{T}}$(Cholesky 分解). 定义

$$\nu_i=t(\boldsymbol{Y}_d^{[i]})=\frac{\sqrt{d}\widetilde{\boldsymbol{Y}}_i}{\widetilde{S}(\boldsymbol{Y}_d^{[i]})},\quad \widetilde{S}(\boldsymbol{Y}_d^{[i]})=\sqrt{\widetilde{S}^2(\boldsymbol{Y}_d^{[i]})},\tag{11.2.7}$$

其中

$$\widetilde{\boldsymbol{Y}}_i=\frac{1}{d}\sum_{j=1}^{d}Y_{ij},\quad \widetilde{S}^2(\boldsymbol{Y}_d^{[i]})=\frac{1}{d-1}\sum_{j=1}^{d}(Y_{ij}-\widetilde{\boldsymbol{Y}}_i)^2.\tag{11.2.8}$$

则 ν_i 的渐近分布为 t_{d-1} 且 $\nu_1,\cdots,\nu_n$ 是渐近独立的.

证明 易知 $\boldsymbol{Y}_d^{[i]}$ 依分布收敛到球对称分布随机向量 $\boldsymbol{Y}_i^*$, 且有

$$t(\boldsymbol{Y}_i^*)\sim t_{d-1}.\tag{11.2.9}$$

由于 $\boldsymbol{Y}_d^{[i]}\xrightarrow{P}\boldsymbol{Y}_i^*$, $n\to\infty$, 故

$$\sqrt{d}\widetilde{\boldsymbol{Y}}_i\xrightarrow{P}\sqrt{d}\widetilde{\boldsymbol{Y}}_i^*,\quad \widetilde{S}(\boldsymbol{Y}_d^{[i]})\xrightarrow{P}\widetilde{S}(\boldsymbol{Y}_i^*).\tag{11.2.10}$$

由 $t(\cdot)$ 的连续性及式 (11.2.9) 可知

$$\nu_i = t(\boldsymbol{Y}_d^{[i]}) \xrightarrow{d} t(\boldsymbol{Y}_i^*) \sim t_{d-1}, \quad n \to \infty. \tag{11.2.11}$$

由于 $\boldsymbol{X}_d^{[1]}, \cdots, \boldsymbol{X}_d^{[n]}$ 是独立的, 故知 $\boldsymbol{Y}_d^{[1]}, \cdots, \boldsymbol{Y}_d^{[n]}$ 是渐近独立的. 因此, $\nu_1, \cdots, \nu_n$ 是渐近独立的.

由定理 11.2.1, 对 $E_d(\mu, \Sigma)$ 的拟合优度检验可转化为对 t_{d-1} 的拟合优度检验. 可利用一维分布 EDF 型检验进行 t 分布的拟合优度检验.

设 F_ζ 为随机变量 ζ 的分布函数, 设 $\zeta_1, \cdots, \zeta_n$ 为来自 ζ 的样本且设 $\zeta_{(1)} < \cdots < \zeta_{(n)}$ 为次序统计量. 考虑假设检验

$$H_0: F_\zeta = F_0; \quad H_1: F_\zeta \neq F_0. \tag{11.2.12}$$

常见的 EDF 型检验包括

$$Q = n\int_{\mathbf{R}} [\widehat{F}_\zeta(s) - F_0(s)]^2 \Psi(s) \mathrm{d}F_0(s),$$

其中, Ψ 为权函数且 $\widehat{F}_\zeta$ 为样本 $\zeta_1, \cdots, \zeta_n$ 的经验分布函数.

当 $\Psi(s) = 1$ 时, Q 为 Cramér-von Mises 统计量 (CV). 计算公式为

$$\mathrm{CV} = \sum_{i=1}^n \left[\tau_i - \frac{2i-1}{2n}\right]^2 + \frac{1}{12n}, \tag{11.2.13}$$

其中 $\tau_i = F_0(\zeta_{(i)})$.

当 $\Psi(s) = [F_0(s)(1-F_0(s))]^{-1}$ 时, Q 为 Anderson-Darling 统计量 (AD). 计算公式为

$$\mathrm{AD} = -n - \frac{1}{n}\sum_{i=1}^n (2i-1)[\ln\tau_i + \ln(1-\tau_{n+1-i})]. \tag{11.2.14}$$

随机模拟显示, AD 统计量较 CV 统计量具有较高的检验功效, 尤其是 F_ζ 与 F_0 的尾部相偏离的情形. 这是由于

$$\Psi(s) = \frac{1}{F_0(s)[1-F_0(s)]} \to \infty, \quad s \to \pm\infty.$$

我们可基于修改 AD 统计量, 构造椭球对称分布拟合优度检验统计量.

设 $\nu_i (i \leqslant n)$ 由式 (11.2.28) 定义且 $\nu_{(1)}, \cdots, \nu_{(n)}$ 为其次序统计量. 设 $F_t(\cdot)$ 为 t_{d-1} 的分布函数. 将式 (11.2.35) 定义的 AD 中的 τ_i 用 τ_i^* 替代, 得到 AD*, 即

$$AD^* = -n - \frac{1}{n}\sum_{i=1}^n (2i-1)[\ln\tau_i^* + \ln(1-\tau_{n+1-i}^*)], \tag{11.2.15}$$

其中

$$\tau_i^* = F_t(\nu_{(i)}), \quad i = 1, \cdots, n. \tag{11.2.16}$$

因为对任意 $\alpha > 0$, 有

$$\nu_i = t(\boldsymbol{Y}_d^{[i]}) = t(\alpha \boldsymbol{Y}_d^{[i]}),$$

故 $\tau_i^*(\boldsymbol{Y}_d^{[i]}) = \tau_i^*(\alpha \boldsymbol{Y}_d^{[i]})$. 因此

$$\mathrm{AD}^*(\boldsymbol{Y}_d^{[1]}, \cdots, \boldsymbol{Y}_d^{[n]}) = \mathrm{AD}^*(\alpha \boldsymbol{Y}_d^{[1]}, \cdots, \alpha \boldsymbol{Y}_d^{[n]}). \tag{11.2.17}$$

由于椭球对称分布中含有未知参数 $\boldsymbol{\mu}, \Sigma$, 故称 AD* 为修改的 AD 统计量. 可利用 Monte Carlo 和 Bootstrap 样本估计 AD* 的临界值.

11.2.2 椭球对称性的特征检验算法

1. 检验统计量的计算

检验统计量 AD* 的计算步骤如下:

(1) 计算式 (11.2.6) 定义的 $\boldsymbol{Y}_d^{[i]}$, $i = 1, \cdots, n$;

(2) 计算式 (11.2.11) 定义的 ν_i $i = 1, \cdots, n$;

(3) 计算式 (11.2.16) 定义的 τ_i^* $i = 1, \cdots, n$;

(4) 计算式 (11.2.17) 定义的 AD*.

当 AD* 值偏大时, 拒绝椭球对称分布原假设.

2. 临界值的估计

记

$$R_i = \|\boldsymbol{Y}_d^{[i]}\|, \quad i = 1, \cdots, n, \tag{11.2.18}$$

其中, $\|\cdot\|$ 表示欧氏模. 以 $R_i, i = 1, \cdots, n$ 的经验分布函数去估计式 (11.1.1) 中 ξ 的分布. 计算步骤如下:

(1) 从 $R_1, R_2, \cdots, R_n$ 中等概抽取样本 $R_1^*, R_2^*, \cdots, R_n^*$;

(2) 生成来自 $U(\Omega)$ 的样本 $\boldsymbol{U}_1^*, \boldsymbol{U}_2^*, \cdots, \boldsymbol{U}_n^*$;

(3) 计算 $\boldsymbol{X}_i^* = R_i^* \boldsymbol{U}_i^*, i = 1, \cdots, n$;

(4) 视 $\{\boldsymbol{X}_i^*\}_{i=1}^n$ 为 "原始" 数据并用来计算式 (11.2.38) 中的 AD*, 其值记为 AD_*.

(5) 重复上述步骤 M 次, 得到 $\mathrm{AD}_{*1}, \cdots, \mathrm{AD}_{*M}$.

(6) 对 $\mathrm{AD}_{*1}, \cdots, \mathrm{AD}_{*M}$ 排序, 得到 AD* 的 Monte Carlo 分位点.

因为 AD* 的分布不依赖于 $\boldsymbol{\mu}$ 和 Σ, 故在步骤 (3) 中, 取 $\boldsymbol{\mu} = \boldsymbol{0}$ 和 $\Sigma = I_d$.

依 t-统计量进行样本变换, 得到的转换样本渐近服从 t 分布. 故对多元椭球对称分布的拟合优度检验, 可以转化为对一元 t 分布的拟合优度检验. 当数据与椭球对称性特征有较大偏离时, 椭球分布的特征检验具有较大的检验功效.

由球面均匀分布光滑检验的特点可知, 椭球分布的光滑检验具有普适性. 当数据与椭球对称性略有偏离时, 椭球分布的光滑检验均有一定的检验功效. 特别是通过选取对立分布中的球调和函数, 可以探测数据与椭球分布的不同方式的偏离, 并获得更高的检验功效.

11.2.3　椭球分布拟合优度检验的功效模拟

下面进行椭球分布光滑检验与特征检验的功效模拟. 设 $d=3$, 临界值估计的重复步骤 $M=5000$. 对每个对立分布, 产生 2000 组样本容量为 n 的样本, 用以计算检验功效. 记 S_3 为基于 $H_1(\Omega_3)$ 的规范正交基 B_1 构成的球面均匀性光滑检验统计量, S_5 为基于 $H_2(\Omega_3)$ 的规范正交基 B_2 构成的球面均匀性光滑检验统计量, S_8 为基于 $B_1\cup B_2$ 构成的球面均匀性光滑检验统计量. S_{15} 为基于 $B_1\cup B_2\cup B_3$ 构成的球面均匀性光滑检验统计量, 其中 B_3 为 $H_3(\Omega_3)$ 的规范正交基. AD^* 为椭球分布特征检验统计量.

此处, 组合指数分布是指由 3 个独立的一维指数分布 (参数 $\lambda=10$) 构成的 3 维对立分布. 表 11.2.1 表明当对立分布为单峰分布时, S_3 有着最大的检验功效. 表 11.2.2 和表 11.2.3 表明当对立分布为双峰分布和环状分布时, S_8 有着最大的检验功效. 表 11.2.4 表明当对立分布为组合指数分布时, AD^* 有着最大的检验功效.

表 11.2.1　对立分布为单峰分布时椭球分布功效模拟 ($\lambda=10$)

	S_3	S_5	S_8	S_{15}	AD^*
n=10	0.4015	0.0755	0.1450	0.1335	0.1375
n=30	0.9970	0.6150	0.4900	0.2910	0.5350
n=50	1.0000	0.4450	0.9440	0.4625	0.8105

表 11.2.2　对立分布为双峰分布时椭球分布功效模拟 ($\lambda=20$)

	S_3	S_5	S_8	S_{15}	AD^*
n=10	0.1250	0.1595	0.1675	0.1370	0.0955
n=30	0.1660	0.8550	0.8710	0.3245	0.1600
n=50	0.1675	0.9865	0.9980	0.6360	0.2200

表 11.2.3　对立分布为环状分布时椭球分布功效模拟 ($\lambda=-20$)

	S_3	S_5	S_8	S_{15}	AD^*
n=10	0.0600	0.0675	0.0715	0.0740	0.0655
n=30	0.1015	0.5803	0.5425	0.1090	0.0690
n=50	0.1075	0.9590	0.9640	0.1960	0.0700

表 11.2.4 对立分布为组合指数分布时椭球分布功效模拟

	S_3	S_5	S_8	S_{15}	AD*
n=10	0.2830	0.1710	0.2260	0.2200	0.3420
n=30	0.8865	0.1995	0.4740	0.7330	0.9430
n=50	0.9900	0.1880	0.6665	0.9400	0.9995

随机模拟显示, 椭球分布的光滑检验与特征检验具有一定的互补性. 椭球分布的光滑检验具有普适性, 对于一般的对立分布均有较高的检验功效. 当对立分布与椭球分布特征有较大偏离时, 椭球分布的特征检验具有更大的检验功效.

11.3 多元正态分布的特征检验

基于球体均匀分布的充要条件表示, 我们构造了多元正态分布的 VDR 条件检验, 它类似于随机化检验. Su(2012b) 基于球面均匀分布的特征检验, 构造多元正态分布的特征检验. 设 $\boldsymbol{X}_d^{[1]},\cdots,\boldsymbol{X}_d^{[n]}$ 为来自某连续型总体的样本, 其分布函数为 $F(\boldsymbol{x}),\boldsymbol{x}\sim\mathbf{R}^d$. 欲做假设检验

$$H_0: F(x) \text{ 为} N_d(\boldsymbol{\mu},\Sigma) \text{ 的分布函数}, \tag{11.3.1}$$

其中 $\boldsymbol{\mu}$ 和 $\Sigma>0$ 为未知参数.

定理 11.3.1 设 $\boldsymbol{X}_d^{[1]},\cdots,\boldsymbol{X}_d^{[n]}$ 为来自 $N_d(\boldsymbol{\mu},\Sigma)$ 的样本,

$$\boldsymbol{Y}_d^{[i]}=\frac{\boldsymbol{X}_d^{[1]}+\cdots+\boldsymbol{X}_d^{[i]}-i\boldsymbol{X}_d^{[i+1]}}{\sqrt{i(i+1)}},\quad i=1,\cdots,n-1, \tag{11.3.2}$$

且设

$$S_k=\sum_{i=1}^{k}\boldsymbol{Y}_d^{[i]}\boldsymbol{Y}_d^{[i]\mathrm{T}},\quad \boldsymbol{Z}_d^{[k]}=S_k^{-1/2}\boldsymbol{Y}_d^{[k]},\quad k=d+1,\cdots,n-1. \tag{11.3.3}$$

设

$$\boldsymbol{U}_d^{[i]}=\frac{\boldsymbol{Z}_d^{[i]}}{\|\boldsymbol{Z}_d^{[i]}\|}=(U_{1i},\cdots,U_{di})^{\mathrm{T}},\quad i=d+1,\cdots,n-1, \tag{11.3.4}$$

且设

$$\overline{U}_j=\frac{1}{m}\sum_{i=d+1}^{n-1}U_{ji},\quad Q_{jn}=\frac{1}{m}\sum_{i=d+1}^{n-1}U_{ji}^2,\quad j=1,\cdots,d, \tag{11.3.5}$$

$$\boldsymbol{V}_d^{[n]}=(Q_{1n},\cdots,Q_{dn})^{\mathrm{T}}, \tag{11.3.6}$$

其中 $m=n-d-1$. 记

$$\boldsymbol{\mu}_d=(1/d,\cdots,1/d)^{\mathrm{T}};\quad \sigma^2=\frac{2}{d^2(d+2)},\quad M=(a_{ij}), \tag{11.3.7}$$

$$a_{ii}=d-1,\ i=1,\cdots,d;\quad a_{ij}=-1,\ i,j=1,\cdots,d,\ i\neq j.$$

设

$$\boldsymbol{W}_n=\sqrt{n}(\boldsymbol{V}_d^{[n]}-\boldsymbol{\mu}_d),\quad \gamma(\boldsymbol{W}_n)=\frac{1}{\sigma^2 d^2}\boldsymbol{W}_n^{\mathrm{T}}M\boldsymbol{W}_n, \tag{11.3.8}$$

其中 M 由式 (11.3.7) 定义. 设

$$\lambda_k=\|\boldsymbol{Z}_d^{[k]}\|^2,\quad t_k=F_k(\lambda_k),\quad k=d+1,\cdots,n-1,$$

$$\chi^2_{[0]}=12m\left(\frac{1}{m}\sum_{i=d+1}^{n-1}t_k-\frac{1}{2}\right)^2, \tag{11.3.9}$$

其中 $F_k(\cdot)$ 为 λ_k 的分布函数, 且 $m=n-d-1$. 设

$$\chi^2=\chi^2_{[0]}+\gamma(\boldsymbol{W}_n), \tag{11.3.10}$$

则

$$\chi^2\xrightarrow{d}\chi^2_d,\quad n\to\infty. \tag{11.3.11}$$

证明　由命题 10.3.1 知, $\boldsymbol{Y}_d^{[1]},\cdots,\boldsymbol{Y}_d^{[n-1]}$是i.i.d. $\sim\boldsymbol{N}_d(\boldsymbol{0},\Sigma)$, 由引理 10.3.1 知, $\boldsymbol{Z}_d^{[d+1]},\cdots,\boldsymbol{Z}_d^{[n-1]}$ 相互独立且 $\boldsymbol{Z}_d^{[k]}(k\geqslant d+1)$ 服从 Pearson II型分布. $\boldsymbol{Z}_d^{[k]}$ 的概率密度为

$$f_k(\boldsymbol{z}_d)=\frac{\Gamma(k/2)}{\pi^{d/2}\Gamma((k-d)/2)}(1-\boldsymbol{z}_d^{\mathrm{T}}\boldsymbol{z}_d)^{(k-d-2)/2},\quad \boldsymbol{z}_d\in\mathbf{R}^d,\quad \boldsymbol{z}_d^{\mathrm{T}}\boldsymbol{z}_d<1. \tag{11.3.12}$$

因此

$$\lambda_k\sim\mathrm{Be}(d/2,(k-d)/2),\quad t_k\sim U(0,1),\quad k=d+1,\cdots,n-1.$$

由于 $\boldsymbol{U}_d^{[d+1]},\cdots,\boldsymbol{U}_d^{[n-1]}$为i.i.d. $\sim U(\Omega_d)$, 且 $\{\boldsymbol{U}_d^{[k]}\}_{k=d+1}^{n-1}$ 与 $\{\lambda_k\}_{k=d+1}^{n-1}$ 相互独立, 故 $\chi^2_{[0]}$ 与 $\gamma(\boldsymbol{W}_n)$ 相互独立.

由中心极限定理可知

$$\sqrt{12m}\left(\frac{1}{m}\sum_{i=d+1}^{n-1}t_k-\frac{1}{2}\right)\xrightarrow{d}N(0,1),\quad n\to\infty,$$

故 $\chi^2_{[0]}\xrightarrow{d}\chi^2_1$, $n\to\infty$. 由推论 10.1.2 知

$$\gamma(\boldsymbol{W}_n)\xrightarrow{d}\chi^2_{d-1},\quad n\to\infty,$$

故有

$$\chi^2 \xrightarrow{d} \chi_d^2, \quad n \to \infty.$$

多元正态分布特征检验的计算步骤如下:

(1) 依式 (11.3.2), 计算 $\boldsymbol{Y}_d^{[i]}, i=1,\cdots,n-1$; 依式 (11.3.3) 及式 (11.3.4), 分别计算 $\boldsymbol{Z}_d^{[i]}$ 及 $\boldsymbol{U}_d^{[i]}$, $i=d+1,\cdots,n-1$.

(2) 依式 (11.3.6), 计算 $\boldsymbol{V}_d^{[n]}$.

(3) 依式 (11.3.8), 计算 $\gamma(\boldsymbol{W}_n)$, 依式 (11.3.9), 计算 $\chi_{[0]}^2$.

(4) 依式 (11.3.9), 计算 χ^2.

(5) 当 χ^2 值偏大时, 拒绝多元正态分布原假设. 对充分大的 n, 可利用极限分布 χ_d^2 进行假设检验. 对较小及适中的样本容量, 可利用随机模拟, 估计检验统计量 χ^2 的上 α 分位点.

由步骤 (1) 可知, 转换样本 $\boldsymbol{Z}_d^{[i]}$ 服从球对称分布,$\boldsymbol{U}_d^{[i]}$ 服从球面分布. 通过样本变换, 消去未知参数 $\boldsymbol{\mu}, \Sigma$, 由此可提高检验功效. $\boldsymbol{Z}_d^{[i]}$ 可表示为

$$\boldsymbol{Z}_d^{[i]} = \varsigma_i \boldsymbol{U}_d^{[i]}, \quad k=d+1,\cdots,n-1,$$

其中 $\varsigma_i = \|\boldsymbol{Z}_d^{[i]}\|$.

$\chi_{[0]}^2$ 与 $\gamma(\boldsymbol{W}_n)$ 分别对应着 ς_i 与 $\boldsymbol{U}_d^{[i]}$. 因此, $\chi^2 = \chi_{[0]}^2 + \gamma(\boldsymbol{W}_n)$ 可用于进行多元正态分布的拟合优度检验. $\gamma(\boldsymbol{W}_n)$ 对应着球面均匀分布的惯量矩 (二阶矩), λ^2(见式 (9.1.8)) 对应着球面均匀分布的质心 (一阶矩). 可基于 χ^2, λ^2 进行多元正态分布的联合检验. 因为 $\Sigma^+ = (1/d^2)\Sigma$, 故对任意维的数据, 可快速计算 χ^2 检验统计量. 对于长尾, 短尾分布以及非对称分布, χ^2 具有较高的检验功效.

11.4 多元正态分布的光滑检验

基于多元正态分布的概率特性和球面均匀分布的光滑检验, Su 等 (2015a) 构造多元正态分布的光滑检验. 设 $\boldsymbol{X}_d^{[1]},\cdots,\boldsymbol{X}_d^{[n]}$ 为来自某连续型总体的样本, 其分布函数为 $F(\boldsymbol{x}), \boldsymbol{x} \sim \mathbf{R}^d$. 欲做假设检验

$$H_0: F(x) \text{ 为} N_d(\boldsymbol{\mu}, \Sigma) \text{ 的分布函数}, \tag{11.4.1}$$

其中 $\boldsymbol{\mu}$ 和 $\Sigma > 0$ 为未知参数.

定理 11.4.1 设 d 维随机向量 $\boldsymbol{X}_d^{[1]},\cdots,\boldsymbol{X}_d^{[n]}$ 为来自 $N_d(\boldsymbol{\mu}, \Sigma)$ 的 i.i.d. 样本. $\boldsymbol{Y}_d^{[1]},\cdots,\boldsymbol{Y}_d^{[n-1]}$ 由式 (11.3.2) 定义, $\boldsymbol{Z}_d^{[k]}, k=d+1,\cdots,n-1$ 由式 (11.3.3) 定义, $\boldsymbol{U}_d^{[i]}, i=d+1,\cdots,n-1$ 由式 (11.3.4) 定义, $\chi_{[0]}^2$ 由式 (11.3.9) 定义, 齐次球调

和函数 $\{h_i\}$ 由式 (9.3.10) 定义. 设

$$\varsigma_N = \sum_{i=1}^{N} \Psi_i^2, \quad \Psi_i = \sum_{j=d+1}^{n-1} h_i(\boldsymbol{U}_d^{[j]})/\sqrt{n-d-1}, \tag{11.4.2}$$

其中 N 由式 (9.3.10) 定义. 设 $\phi = \chi_{[0]}^2 + \varsigma_N$, 则

$$\phi \xrightarrow{d} \chi_{N+1}^2, \quad n \to \infty, \tag{11.4.3}$$

其中 χ_{N+1}^2 表示自由度为 $N+1$ 的 χ^2 分布.

多元正态分布光滑检验的计算步骤如下:

(1) 依式 (11.3.2), 计算 $\boldsymbol{Y}_d^{[i]}, i = 1, \cdots, n-1$; 依式 (11.3.3) 及式 (11.3.4), 分别计算 $\boldsymbol{Z}_d^{[i]}$ 及 $\boldsymbol{U}_d^{[i]}, i = d+1, \cdots, n-1$.

(2) 依式 (11.4.2), 计算 ς_N.

(3) 依式 (11.4.3), 计算 ϕ.

(4) 当 ϕ 值偏大时, 拒绝多元正态分布原假设.

对充分大的 n, 可利用极限分布 χ_d^2 进行假设检验. 对较小及适中的样本容量, 可利用随机模拟, 估计检验统计量 ϕ 的上 α 分位点.

下面进行多元正态分布光滑检验的功效模拟. 设 $d = 4$, 临界值估计的重复步骤为生成 20000 组来自 $N_d(\mathbf{0}, I_d)$ 的样本容量为 n 的样本. 样本容量分别为 $n = 20, 50, 80, 100, 150$, 重复步骤为 5000, 用以计算检验功效. 设 $\exp(\beta)$ 表示指数分布, 概率密度为 $f(x) = \beta^{-1}\exp(-x/\beta), x > 0, \beta > 0$. 设 $R \sim \exp(\beta)$, 对立分布为

$$\boldsymbol{X}_d \overset{d}{=} \boldsymbol{\mu} + RA^{\mathrm{T}}\boldsymbol{\gamma}_d, \quad \boldsymbol{\mu} = (0.01, 1, 50, 1000)^{\mathrm{T}}, \quad A = \begin{pmatrix} 10 & 2 & 2 & 2 \\ 2 & 10 & 2 & 2 \\ 2 & 2 & 10 & 2 \\ 2 & 2 & 2 & 10 \end{pmatrix},$$

其中, $\boldsymbol{\gamma}_d$ 为球面 Ω_d 上服从旋转对称分布的随机向量.

其中, $\phi(B_1)$ 为基于 $H_1(\Omega_4)$ 的规范正交基 B_1 构成的球面均匀性光滑检验统计量, $\phi(B_2)$ 为基于 $H_2(\Omega_4)$ 的规范正交基 B_2 构成的球面均匀性光滑检验统计量, $\phi(B_1 \cup B_2)$ 为基于 $B_1 \cup B_2$ 构成的球面均匀性光滑检验统计量.

表 11.4.1—表 11.4.3 的功效模拟表明, 对于三种形式的对立分布, 当 $n \leqslant 100$ 时, $\phi(B_1 \cup B_2)$ 有着更高的检验功效. 当 $n = 150$ 时, $\phi(B_1)$, $\phi(B_2)$ 和 $\phi(B_1 \cup B_2)$ 的检验功效几乎为 1. 因此, 一般情形下可应用 $\phi(B_1 \cup B_2)$ 进行多元正态分布的拟合优度检验. 称 $\phi(B_1)$ 与 $\phi(B_2)$ 为 ϕ 的分量检验统计量, $\phi(B_1)$ 与 $\phi(B_2)$ 是渐近独立的, 可用以揭示多元数据服从何种对立分布.

表 11.4.1 ϕ 的功效模拟(单峰: $\gamma_d \sim f_L, \lambda = 2$)

	$n=20$	$n=50$	$n=80$	$n=100$	$n=150$
$\phi(B_1)$	0.2582	0.7924	0.9734	0.9948	1.0000
$\phi(B_2)$	0.3262	0.8506	0.9760	0.9972	0.9998
$\phi(B_1 \cup B_2)$	0.3730	0.8962	0.9914	0.9980	1.0000

表 11.4.2 ϕ 的功效模拟(双峰: $\gamma_d \sim f_{\rm SW}, \lambda = 4$)

	$n=20$	$n=50$	$n=80$	$n=100$	$n=150$
$\phi(B_1)$	0.2792	0.7826	0.9588	0.9968	0.9996
$\phi(B_2)$	0.3242	0.8014	0.9576	0.9878	0.9992
$\phi(B_1 \cup B_2)$	0.3992	0.8672	0.9750	0.9970	0.9992

表 11.4.3 ϕ 的功效模拟(环状: $\gamma_d \sim f_{\rm SW}, \lambda = -4$)

	$n=20$	$n=50$	$n=80$	$n=100$	$n=150$
$\phi(B_1)$	0.2794	0.7708	0.9502	0.9888	0.9998
$\phi(B_2)$	0.3198	0.7710	0.9438	0.9832	0.9992
$\phi(B_1 \cup B_2)$	0.3856	0.8508	0.9666	0.9902	0.9996

11.5 线性模型误差分布的拟合优度检验

本节主要探讨多元分布拟合优度检验在回归模型有效性检验中的应用. 拟合优度检验实质上就是模型检验. 拟合优度检验是研究所选定的统计模型与数据是否吻合, 是进行统计推断的第一步. 近年来回归模型误差分布的拟合优度检验及其模型诊断受到高度重视, 因为只有当建立的回归模型有效时, 所做的统计推断才有意义. 对于已提出的有意义的回归模型, 均存在着回归模型有效性检验问题.

模型诊断主要包含两方面的内容, 一是回归函数的假设检验, 一是回归模型误差分布的拟合优度检验. 本节将介绍多元线性模型误差分布正态性和椭球对称性的拟合优度检验.

11.5.1 多元多重线性模型的残差分布

考虑建立 d 个响应变量 $Y_1, \cdots, Y_d$ 与一组解释变量 $X_1, \cdots, X_p$ 之间关系的模型. 设 β 为未知的 $p\times d$ 参数矩阵. 设向量 $\boldsymbol{Y}_d = (Y_1, \cdots, Y_d)^{\rm T}$, $\boldsymbol{X}_p = (X_1, \cdots, X_p)^{\rm T}$ 及 $\boldsymbol{\varepsilon}_d = (\varepsilon_1, \cdots, \varepsilon_d)^{\rm T}$ 满足

$$\boldsymbol{Y}_d = \beta_{p\times d}^{\rm T} \boldsymbol{X}_p + \boldsymbol{\varepsilon}_d, \tag{11.5.1}$$

其中, $E(\boldsymbol{\varepsilon}_d) = \boldsymbol{0}, {\rm Cov}(\boldsymbol{\varepsilon}_d) = \varSigma$. 称式 (11.5.1) 为多元多重线性回归模型.

设 $(\boldsymbol{X}_d^{[1]},\boldsymbol{Y}_d^{[1]}),\cdots,(\boldsymbol{X}_d^{[n]},\boldsymbol{Y}_d^{[n]})$ 为来自模型式 (11.5.1) 的样本. 记

$$Y_{n\times d}=\begin{pmatrix}\boldsymbol{Y}_d^{[1]\mathrm{T}}\\ \vdots\\ \boldsymbol{Y}_d^{[n]\mathrm{T}}\end{pmatrix}=(\boldsymbol{Y}_{(1)},\cdots,\boldsymbol{Y}_{(d)}),\quad X_{n\times p}=\begin{pmatrix}\boldsymbol{X}_p^{[1]\mathrm{T}}\\ \vdots\\ \boldsymbol{X}_p^{[n]\mathrm{T}}\end{pmatrix}=(\boldsymbol{X}_{(1)},\cdots,\boldsymbol{X}_{(p)}),$$

$$\beta_{p\times d}=\begin{pmatrix}\boldsymbol{\beta}_d^{[1]\mathrm{T}}\\ \vdots\\ \boldsymbol{\beta}_d^{[p]\mathrm{T}}\end{pmatrix}=(\boldsymbol{\beta}_{(1)},\cdots,\boldsymbol{\beta}_{(d)}),\quad \varepsilon_{n\times d}=\begin{pmatrix}\boldsymbol{\varepsilon}_d^{[1]\mathrm{T}}\\ \vdots\\ \boldsymbol{\varepsilon}_d^{[n]\mathrm{T}}\end{pmatrix}=(\boldsymbol{\varepsilon}_{(1)},\cdots,\boldsymbol{\varepsilon}_{(d)}),$$

则有

$$Y_{n\times d}=X_{n\times p}\beta_{p\times d}+\varepsilon_{n\times d},\tag{11.5.2}$$

其中

$$E(\boldsymbol{\varepsilon}_{(i)})=\mathbf{0},\quad \mathrm{Cov}(\boldsymbol{\varepsilon}_{(i)},\boldsymbol{\varepsilon}_{(j)})=\sigma_{ij}I_n,\quad \Sigma=(\sigma_{ij}),\quad i,j=1,\cdots,d.$$

称式 (11.5.2) 为多元多重线性回归模型的样本矩阵形式.

由式 (11.5.2) 可知, 第 i 个响应 $\boldsymbol{Y}_{(i)}$ 服从以下线性回归模型

$$\boldsymbol{Y}_{(i)}=X_{n\times p}\boldsymbol{\beta}_{(i)}+\boldsymbol{\varepsilon}_{(i)},\quad i=1,\cdots,d,\tag{11.5.3}$$

且 $E(\boldsymbol{\varepsilon}_{(i)})=\mathbf{0}$, $\mathrm{Cov}(\boldsymbol{\varepsilon}_{(i)})=\sigma_{ii}I_n$. 而同一试验中的不同响应可以是相关的.

由式 (11.5.3) 可得 $\boldsymbol{\beta}_{(i)}$ 的最小二乘估计

$$\widehat{\boldsymbol{\beta}}_{(i)}=(X^{\mathrm{T}}X)^{-}X^{\mathrm{T}}\boldsymbol{Y}_{(i)},\tag{11.5.4}$$

进而可得 β 的最小二乘估计

$$\widehat{\beta}_{\mathrm{LS}}=(X^{\mathrm{T}}X)^{-}X^{\mathrm{T}}Y.\tag{11.5.5}$$

Díaz-García 等 (2006) 研究了多元多重线性模型中误差分布为椭球对称分布 (含多元正态分布) 条件下的残差分布. 对于线性模型 (11.5.2), 假设 $\mathrm{rank}(X)=\alpha\leqslant p$, $n\geqslant d+\alpha$. 假设 $\mathrm{vec}(\varepsilon^{\mathrm{T}})\sim N_{n\times d}(\mathbf{0},I_n\otimes\Sigma)$, 进而有 $Y\sim N_{n\times d}(X\beta,I_n\otimes\Sigma)$, 其中 Σ 为 $d\times d$ 正定阵, $\Sigma>0$. 故知 $X\beta$ 与 Σ 的极大似然估计为

$$\widetilde{X\beta}=X\widetilde{\beta}=X(X^{\mathrm{T}}X)^{-}X^{\mathrm{T}}Y=XX^{+}Y,$$

$$\widetilde{\Sigma}=\frac{1}{n}(Y-X\widetilde{\beta})^{\mathrm{T}}(Y-X\widetilde{\beta}),$$

且 $X\widetilde{\beta}$ 与 $\widetilde{\Sigma}$ 相互独立.

记 $H = X(X^{\mathrm{T}}X)^{-}X^{\mathrm{T}}, \eta = H\varepsilon$, 则 H 为对称幂等阵且

$$X\widetilde{\beta} = X\beta + \eta, \quad \eta^{\mathrm{T}} = \varepsilon^{\mathrm{T}}H.$$

故 $\mathrm{Cov}[\mathrm{vec}(\eta^{\mathrm{T}})] = H \otimes \Sigma$, 且

$$X\widetilde{\beta} \sim N_{n\times d}(X\beta, X(X^{\mathrm{T}}X)^{-}X^{\mathrm{T}} \otimes \Sigma), \quad n\widetilde{\Sigma} \sim W_d(n-\alpha, \Sigma).$$

因此, $X\beta$ 与 Σ 的无偏估计分别为

$$X\widehat{\beta} = X\widetilde{\beta}, \quad \widehat{\Sigma} = \frac{n}{n-\alpha}\widetilde{\Sigma}.$$

残差矩阵定义为

$$\widehat{\varepsilon} = Y - \widehat{Y} = Y - X\widehat{\beta} = (I_n - XX^{+})Y = (I_n - H)\varepsilon,$$

其中 $H = XX^{+}$. 易知 $I_n - H$ 为对称幂等阵, 故

$$\mathrm{rank}(I_n - H) = n - \alpha,$$

$$\mathrm{rank}([I_n - H] \otimes \Sigma) = \mathrm{rank}(I_n - H)\cdot \mathrm{rank}(\Sigma) = d(n-\alpha),$$

且有

$$\mathrm{Cov}(\mathrm{vec}(\widehat{\varepsilon}^{\mathrm{T}})) = (I_n - H) \otimes \Sigma, \quad \widehat{\varepsilon} \sim N_{n\times d}(0, (I_n - H) \otimes \Sigma).$$

进一步有

$$\widehat{\boldsymbol{\varepsilon}}_d^{[i]} \sim N_d(\mathbf{0}, (1-h_{ii})\Sigma), \quad H = (h_{ij}), \quad i = 1, \cdots, n.$$

假设 $\{\widehat{\boldsymbol{\varepsilon}}_d^{[i]}\}$ 是线性相关的, 定义指标集 $\Lambda = \{i_1, \cdots, i_k\}$, 其中 $i_s = 1, \cdots, n; s = 1, \cdots, k$ 且 $k \leqslant n - \alpha$, 使得 $\widehat{\boldsymbol{\varepsilon}}_d^{[i_1]}, \cdots, \widehat{\boldsymbol{\varepsilon}}_d^{[i_k]}$ 线性无关. 定义矩阵

$$\widehat{\varepsilon}_{\Lambda} = \begin{pmatrix} \widehat{\boldsymbol{\varepsilon}}_d^{[i_1]\mathrm{T}} \\ \vdots \\ \widehat{\boldsymbol{\varepsilon}}_d^{[i_k]\mathrm{T}} \end{pmatrix},$$

则 $\widehat{\varepsilon}_{\Lambda} \sim N_{k\times d}(0, (I_k - H_{\Lambda}) \otimes \Sigma)$, 其中 H_{Λ} 由 H 中与指标集 Λ 相应的行, 列构成. 学生化残差向量定义为

$$\boldsymbol{r}_i = \frac{1}{\sqrt{1-h_{ii}}}\widehat{\Sigma}^{-1/2}\widehat{\boldsymbol{\varepsilon}}_d^{[i]}. \tag{11.5.6}$$

11.5.2 线性模型误差分布的多元正态性特征检验

多元概率分布的拟合优度检验可应用于回归模型的有效性检验. Jiménez Gamero 等 (2005) 研究了多元线性模型中误差分布的拟合优度检验, 利用经验特征函数建立检验统计量, 得到原假设下检验统计量的渐近分布. 残差提供了关于误差分布的假设及回归模型适合度的信息. 基于残差与球面均匀分布的特征检验, Su 等 (2015b) 提出了线性模型误差分布的多元正态性特征检验.

设 $\boldsymbol{Y}_1,\cdots,\boldsymbol{Y}_n$ 为取值于 $\mathbf{R}^d$ 中的列随机变量, 满足模型

$$\boldsymbol{Y}_j^{\mathrm{T}}=\boldsymbol{X}_j^{\mathrm{T}}\beta+\boldsymbol{\varepsilon}_j^{\mathrm{T}},\quad j=1,\cdots,n, \tag{11.5.7}$$

$$E(\boldsymbol{\varepsilon}_j)=\mathbf{0},\quad \mathrm{Cov}(\boldsymbol{\varepsilon}_j)=\Sigma, \tag{11.5.8}$$

其中, 设计变量 $\boldsymbol{X}_j\in\mathbf{R}^p$ 不具随机性, β 为未知的 $p\times m$ 矩阵, Σ 为未知的 $d\times d$ 矩阵, $\boldsymbol{\varepsilon}_j$ 为未知的独立 d 维误差随机变量, $1\leqslant j\leqslant n$. 设 F 为 $\boldsymbol{\varepsilon}_j$ 的分布函数, 欲检验是否 $\boldsymbol{\varepsilon}_j\sim N(\mathbf{0},\Sigma)$, 即原假设为

$$H_0:\ F=F_0, \tag{11.5.9}$$

其中, F_0 为 $N(\mathbf{0},\Sigma)$ 的分布函数. 设

$$Y=(\boldsymbol{Y}_1,\cdots,\boldsymbol{Y}_n)^{\mathrm{T}},\quad X=(\boldsymbol{X}_1,\cdots,\boldsymbol{X}_n)^{\mathrm{T}},\quad \varepsilon=(\boldsymbol{\varepsilon}_1,\cdots,\boldsymbol{\varepsilon}_n)^{\mathrm{T}}, \tag{11.5.10}$$

则模型 (11.5.7) 和 (11.5.8) 的矩阵表达式为

$$Y=X\beta+\varepsilon, \tag{11.5.11}$$

$$E[\mathrm{vec}(\varepsilon^{\mathrm{T}})]=\mathbf{0},\quad \mathrm{Cov}[\mathrm{vec}(\varepsilon^{\mathrm{T}})]=I_n\otimes\Sigma. \tag{11.5.12}$$

记陈述 $\varepsilon\sim N_{n\times d}(\mathbf{0},I_n\otimes\Sigma)$ 与 $\mathrm{vec}(\varepsilon^{\mathrm{T}})\sim N_{n\times d}(\mathbf{0},I_n\otimes\Sigma)$ 等价.

引理 11.5.1　设模型 $Y=X\beta+\varepsilon$ 由式 (11.5.11) 定义. 设 $\mathrm{rank}(X)=p$ 且设

$$\varepsilon\sim N_{n\times d}(\mathbf{0},I_n\otimes\Sigma),\quad P_X=X(X^{\mathrm{T}}X)^{-1}X^{\mathrm{T}}. \tag{11.5.13}$$

设 $\hat\beta$ 为 β 的极大似然估计, 即 $\hat\beta=(X^{\mathrm{T}}X)^{-1}X^{\mathrm{T}}Y$. 设

$$\hat\varepsilon=(\hat{\boldsymbol{\varepsilon}}_1,\cdots,\hat{\boldsymbol{\varepsilon}}_n)^{\mathrm{T}}=Y-X\hat\beta,\quad \hat\Sigma=\frac{1}{n-p}\hat\varepsilon^{\mathrm{T}}\hat\varepsilon,\quad \lim_{n\to\infty}\frac{1}{n}X^{\mathrm{T}}X=D, \tag{11.5.14}$$

其中 D 为正定矩阵, 则

(1) $\hat\beta$ 与 $\hat\Sigma$ 是独立的, 且

$$\hat\beta\xrightarrow{P}\beta,\quad \hat\Sigma\xrightarrow{P}\Sigma. \tag{11.5.15}$$

(2) 残差矩阵

$$\hat{\varepsilon} = (I_n - P_X)\varepsilon, \quad \hat{\varepsilon} \sim N(\mathbf{0}, (I_n - P_X) \otimes \Sigma). \tag{11.5.16}$$

(3) 记 h_{ii} 为 P_X 主对角线第 i 个元素, 有

$$\hat{\boldsymbol{\varepsilon}}_i \sim N(\mathbf{0}, (1 - h_{ii})\Sigma), \quad i = 1, \cdots, n. \tag{11.5.17}$$

设 Σ 与 $\hat{\Sigma}$ 的 Cholesky 分解为

$$\Sigma = L(\Sigma)[L(\Sigma)]^{\mathrm{T}}, \quad \hat{\Sigma} = L(\hat{\Sigma})[L(\hat{\Sigma})]^{\mathrm{T}}. \tag{11.5.18}$$

设 L^{-1} 为 L 的逆, 且

$$\boldsymbol{z}_i = [L(\hat{\Sigma})]^{-1}\hat{\boldsymbol{\varepsilon}}_i, \quad i = 1, \cdots, n, \quad Z = (\boldsymbol{z}_1, \cdots, \boldsymbol{z}_n)^{\mathrm{T}}, \tag{11.5.19}$$

$$\boldsymbol{\xi}_i = \boldsymbol{z}_i / \|\boldsymbol{z}_i\| = (\xi_{1i}, \cdots, \xi_{di})^{\mathrm{T}}, \quad \Psi = (\boldsymbol{\xi}_1, \cdots, \boldsymbol{\xi}_n)^{\mathrm{T}}. \tag{11.5.20}$$

称 $\boldsymbol{z}_i$ 为球化数据, $\boldsymbol{\xi}_i$ 为 $\boldsymbol{z}_i$ 在单位球面上的投影.

定理 11.5.1 设引理 11.5.1 的条件成立. 设 $n \times d$ 矩阵 Z 和 d 维随机向量 $\boldsymbol{\xi}_i$, $i \leqslant n$ 分别由式 (11.5.19), 式 (11.5.20) 定义，则

(1) $\boldsymbol{z}_i$ 的渐近分布为 $N_d(\mathbf{0}, I_d)$, 且 $\boldsymbol{z}_1, \cdots, \boldsymbol{z}_n$ 是渐近相互独立的.

(2) Z 的分布渐近独立于 Σ.

(3) $\boldsymbol{\xi}_i$ 的渐近分布为 $U(\Omega_d)$, 且 $\boldsymbol{\xi}_1, \cdots, \boldsymbol{\xi}_n$ 是渐近相互独立的.

证明 因为 $\hat{\beta} \xrightarrow{P} \beta$, $n \to \infty$, 故

$$\hat{\boldsymbol{\varepsilon}}_j^{\mathrm{T}} = \boldsymbol{Y}_j^{\mathrm{T}} - \boldsymbol{X}_j^{\mathrm{T}}\hat{\beta} \xrightarrow{P} \boldsymbol{\varepsilon}_j^{\mathrm{T}}, \quad n \to \infty.$$

因此, $\hat{\varepsilon}_j$ 的渐近分布为 $N_d(\mathbf{0}, \Sigma)$, 记为 $\hat{\boldsymbol{\varepsilon}}_j \overset{a}{\sim} N(\mathbf{0}, \Sigma)$, $j \leqslant n$. 又 $\hat{\Sigma} \xrightarrow{P} \Sigma$, $n \to \infty$, 故

$$\boldsymbol{z}_j = [L(\hat{\Sigma})]^{-1}\hat{\varepsilon}_j \xrightarrow{P} \tilde{\boldsymbol{z}}_j = [L(\Sigma)]^{-1}\boldsymbol{\varepsilon}_j \sim N(\mathbf{0}, I_d), \quad n \to \infty. \tag{11.5.21}$$

可知结论成立.

设 $\sigma_0^2 = 2/[d^2(d+2)]$ 且 M 为主对角线元素为 $d-1$, 其余元素为 -1 的 d 阶对称阵. 设 $\boldsymbol{\xi}_i, i \leqslant n$ 由式 (11.5.20) 定义, $\boldsymbol{\mu} = (1/d, \cdots, 1/d)^{\mathrm{T}}$, 且

$$\widetilde{Q}_{jn} = n^{-1}\sum_{i=1}^{n} \xi_{ji}^2, \quad j = 1, \cdots, d, \quad \widetilde{\boldsymbol{V}}_n = (\widetilde{Q}_{1n}, \cdots, \widetilde{Q}_{dn})^{\mathrm{T}}, \tag{11.5.22}$$

$$\widetilde{\boldsymbol{R}}_n = \sqrt{n}(\widetilde{\boldsymbol{V}}_n - \boldsymbol{\mu}), \quad \lambda = \lambda(\hat{\varepsilon}) = \widetilde{\boldsymbol{R}}_n^{\mathrm{T}}(\sigma_0 d)^{-2} M \widetilde{\boldsymbol{R}}_n. \tag{11.5.23}$$

考虑零假设 (11.5.9). 由定理 11.5.1, 对 F_0 为 $N(\mathbf{0}, \Sigma)$ 的拟合优度检验可转化为 $\boldsymbol{\xi}_i \overset{a}{\sim} U(\Omega_d), i \leqslant n$. 依据推论 10.1.2, 当 $\lambda(\hat{\varepsilon})$ 取值偏大时, 拒绝原假设, 即否定误差分布的多元正态性.

$\lambda(\hat{\varepsilon})$ 临界值估计算法如下:

(1) 生成随机数 $\varepsilon^* = (\boldsymbol{\varepsilon}_1^*, \cdots, \boldsymbol{\varepsilon}_n^*)^{\mathrm{T}} \sim N(\mathbf{0}, I_n \otimes I_d)$;

(2) 计算 $\hat{\varepsilon}^* = (I_n - P_X)\varepsilon^*$;

(3) 计算 $\hat{\Sigma}^* = (n-p)^{-1}[\hat{\varepsilon}^*]^{\mathrm{T}}\hat{\varepsilon}^*,\ \boldsymbol{z}_i^* = [L(\hat{\Sigma}^*)]^{-1}\hat{\boldsymbol{\varepsilon}}_i^*,\ i = 1, \cdots, n$;

(4) 计算 $\boldsymbol{\xi}_i^* = \boldsymbol{z}_i^*/\|\boldsymbol{z}_i^*\| = (\xi_{1i}^*, \cdots, \xi_{di}^*)^{\mathrm{T}},\ i = 1, \cdots, n$;

(5) 计算 $\widetilde{Q}_{jn}^* = n^{-1}\sum_{i=1}^n [\xi_{ji}]^2,\ j = 1, \cdots, d,\ \widetilde{\boldsymbol{V}}_n^* = (\widetilde{Q}_{1n}^*, \cdots, \widetilde{Q}_{dn}^*)^{\mathrm{T}}$;

(6) 计算 $\widetilde{\boldsymbol{R}}_n^* = \sqrt{n}(\widetilde{\boldsymbol{V}}_n^* - \boldsymbol{\mu})$, 其中 $\boldsymbol{\mu} = (1/d, \cdots, 1/d)^{\mathrm{T}}$;

(7) 计算 $\lambda^* = \lambda(\hat{\varepsilon}^*) = [\widetilde{\boldsymbol{R}}_n^*]^{\mathrm{T}}(\sigma_0 d)^{-2} M \widetilde{\boldsymbol{R}}_n^*$.

重复上述步骤 N 次, 得到 $\lambda_1^*, \cdots, \lambda_N^*$. 由次序统计量 $\lambda_{(1)}^*, \cdots, \lambda_{(N)}^*$, 可得检验统计量 λ 的临界值估计.

类似地, 对由式 (11.5.20) 定义的 $\boldsymbol{\xi}_i, i = 1, \cdots, n$, 进行球面均匀分布的光滑检验, 可以构造线性模型误差分布的多元正态性光滑检验.

11.5.3 线性模型误差分布的椭球对称性特征检验

基于球面均匀分布的特征检验, Su 等 (2015c) 提出了线性模型误差分布的椭球对称性特征检验.

设 $\boldsymbol{Y}_1, \cdots, \boldsymbol{Y}_n$ 为取值于 $\mathbf{R}^d$ 中的列随机变量, 满足模型 (11.5.7) 和 (11.5.8). 设 F 为 $\boldsymbol{\varepsilon}_j$ 的分布函数, 欲检验是否 $\boldsymbol{\varepsilon}_j \sim E_d(\mathbf{0}, \Sigma)$, 即原假设为

$$H_0:\ F = F_0, \tag{11.5.24}$$

其中, F_0 为 $E_d(\mathbf{0}, \Sigma)$ 的分布函数.

引理 11.5.2 设模型 $Y = X\beta + \varepsilon$ 由式 (11.5.11) 定义. 设 $\varepsilon = (\boldsymbol{\varepsilon}_1, \cdots, \boldsymbol{\varepsilon}_n)^{\mathrm{T}}$ 且 $\boldsymbol{\varepsilon}_1, \cdots, \boldsymbol{\varepsilon}_n$ 为 i.i.d.$\sim E_d(\mathbf{0}, \Sigma)$, 记 $\mathrm{Cov}(\boldsymbol{\varepsilon}_1) = \Sigma_d = \kappa^2 \cdot \Sigma$, 其中 $\kappa > 0$ 为常数. 设 $\mathrm{rank}(X) = p$ 且设

$$P_X = X(X^{\mathrm{T}}X)^{-1}X^{\mathrm{T}}. \tag{11.5.25}$$

设 $\hat{\beta}$ 为 β 的最小二乘估计, 即 $\hat{\beta} = (X^{\mathrm{T}}X)^{-1}X^{\mathrm{T}}Y$. 设

$$\hat{\varepsilon} = (\hat{\boldsymbol{\varepsilon}}_1, \cdots, \hat{\boldsymbol{\varepsilon}}_n)^{\mathrm{T}} = Y - X\hat{\beta}, \quad \hat{\Sigma}_d = \frac{1}{n-p}\hat{\varepsilon}'\hat{\varepsilon}, \quad \lim_{n\to\infty}\frac{1}{n}X^{\mathrm{T}}X = D, \tag{11.5.26}$$

其中 D 为正定矩阵, 则

$$\hat{\beta} \xrightarrow{P} \beta, \quad \hat{\Sigma}_d \xrightarrow{P} \Sigma_d, \quad n \to \infty. \tag{11.5.27}$$

证明 $\hat{\beta} \xrightarrow{P} \beta$ 的证明, 参见 Greene(2000). 因为

$$\begin{aligned}\hat{\Sigma} &= \frac{1}{n-p}\varepsilon^{\mathrm{T}}(I_n - X(X^{\mathrm{T}}X)^{-1}X^{\mathrm{T}})\varepsilon \\ &= \frac{n}{n-p}\left[\frac{1}{n}\varepsilon^{\mathrm{T}}\varepsilon - \left(\frac{1}{n}\varepsilon^{\mathrm{T}}X\right)\left(\frac{1}{n}X^{\mathrm{T}}X\right)^{-1}\left(\frac{1}{n}X^{\mathrm{T}}\varepsilon\right)\right],\end{aligned}$$

由大数定律

$$\frac{1}{n}\varepsilon^{\mathrm{T}}\varepsilon \xrightarrow{P} \mathrm{Cov}(\boldsymbol{\varepsilon}_1) = (\sigma_{ij}), \quad n \to \infty. \tag{11.5.28}$$

记 $X = (\boldsymbol{X}_{(1)}, \cdots, \boldsymbol{X}_{(p)})$, $\varepsilon = (\boldsymbol{\varepsilon}_{(1)}, \cdots, \boldsymbol{\varepsilon}_{(d)})$, $X^{\mathrm{T}}\varepsilon = (\lambda_{ij})_{p\times d}$, 则

$$\lambda_{ij} = \boldsymbol{X}_{(i)}^{\mathrm{T}}\boldsymbol{\varepsilon}_{(j)}, \quad i = 1, \cdots, p, \quad j = 1, \cdots, d.$$

由切比雪夫不等式, 对任意 $\Delta > 0$,

$$\begin{aligned}P\left(\left|\frac{1}{n}\lambda_{ij}\right| > \Delta\right) &\leqslant \frac{1}{n^2\Delta^2}\mathrm{Cov}(\boldsymbol{X}_{(i)}^{\mathrm{T}}\boldsymbol{\varepsilon}_{(j)}) \\ &= \frac{\boldsymbol{X}_{(i)}^{\mathrm{T}}\boldsymbol{X}_{(i)}}{n\Delta^2}\cdot\frac{\sigma_{jj}}{n} \to 0, \quad n \to \infty.\end{aligned}$$

故知, $\hat{\Sigma}_d \xrightarrow{P} \mathrm{Cov}(\boldsymbol{\varepsilon}_1) = \Sigma_d$.

定理 11.5.2 设引理 11.5.2 的条件成立. 设 $n\times d$ 矩阵 Z 和 d 维随机向量 $\boldsymbol{\xi}_i$, $i \leqslant n$ 分别由式 (11.5.19), 式 (11.5.20) 定义, 则

(1) $\boldsymbol{z}_i$ 的渐近分布为 $E_d(\mathbf{0}, \kappa^{-2}I_d)$, 记为 $\boldsymbol{z}_i \overset{a}{\sim} E_d(\mathbf{0}, \kappa^{-2}I_d)$.

(2) $\boldsymbol{z}_1, \cdots, \boldsymbol{z}_n$ 是渐近相互独立的, 且 Z 的分布渐近独立于 Σ.

(3) $\boldsymbol{\xi}_i$ 的渐近分布为 $U(\Omega_d)$, 且 $\boldsymbol{\xi}_1, \cdots, \boldsymbol{\xi}_n$ 是渐近相互独立的.

证明 因为 $\hat{\beta} \xrightarrow{P} \beta$, $n \to \infty$. 故

$$\hat{\boldsymbol{\varepsilon}}_j^{\mathrm{T}} = \boldsymbol{Y}_j^{\mathrm{T}} - \boldsymbol{X}_j^{\mathrm{T}}\hat{\beta} \xrightarrow{P} \boldsymbol{\varepsilon}_j^{\mathrm{T}}, \quad n \to \infty.$$

因此, $\hat{\varepsilon}_j$ 的渐近分布为 $E_d(\mathbf{0}, \Sigma)$, 记为 $\hat{\boldsymbol{\varepsilon}}_j \overset{a}{\sim} E(\mathbf{0}, \Sigma), j \leqslant n$. 又 $\hat{\Sigma}_d \xrightarrow{P} \Sigma_d$, $n \to \infty$, 故

$$L(\hat{\Sigma}_d) \xrightarrow{P} L(\Sigma_d) = \kappa L(\Sigma), \quad n \to \infty. \tag{11.5.29}$$

因此

$$\boldsymbol{z}_j = [L(\hat{\Sigma}_d)]^{-1}\hat{\boldsymbol{\varepsilon}}_j \xrightarrow{P} \tilde{\boldsymbol{z}}_j = [\kappa L(\Sigma)]^{-1}\boldsymbol{\varepsilon}_j, \quad n \to \infty. \tag{11.5.30}$$

由引理 11.1.4 知

$$\tilde{\boldsymbol{z}}_j \sim E(\mathbf{0}, \kappa^{-2}I_d), \quad \boldsymbol{z}_j \overset{a}{\sim} E(\mathbf{0}, \kappa^{-2}I_d). \tag{11.5.31}$$

故结论 (1),(2) 成立. 又因为 $E(\mathbf{0}, \kappa^{-2}I_d)$ 为球对称分布, 故知结论 (3) 成立.

考虑零假设式 (11.5.24). 设检验统计量 λ 由式 (11.5.23) 定义. 由定理 11.5.2, 对 F_0 为 $E_d(\mathbf{0},\Sigma)$ 的拟合优度检验可转化为 $\boldsymbol{\xi}_i \overset{a}{\sim} U(\Omega_d), i \leqslant n$. 依据推论 10.1.2, 当 $\lambda(\hat{\varepsilon})$ 取值偏大时, 拒绝原假设, 即否定误差分布的椭球对称性. 设 $\boldsymbol{z}_i$ 由式 (11.5.30) 定义. 记

$$\tau_i = \|\boldsymbol{z}_i\|, \quad i = 1, \cdots, n. \tag{11.5.32}$$

基于 Boostrap 方法的 $\lambda(\hat{\varepsilon})$ 临界值估计算法如下:

(1) 从 $\tau_1, \tau_2, \cdots, \tau_n$ 中等概抽取样本 $\tau_1^*, \tau_2^*, \cdots, \tau_n^*$.

(2) 生成来自 $U(\Omega)$ 的样本 $\boldsymbol{U}_1^*, \boldsymbol{U}_2^*, \cdots, \boldsymbol{U}_n^*$, 计算 $\boldsymbol{\varepsilon}_i^* = \tau_i^* \boldsymbol{U}_i^*,\ i = 1, \cdots, n$.

(3) 记 $\varepsilon^* = (\boldsymbol{\varepsilon}_1^*, \cdots, \boldsymbol{\varepsilon}_n^*)^{\mathrm{T}}$. 计算

$$\hat{\varepsilon}^* = (\hat{\boldsymbol{\varepsilon}}_1^*, \cdots, \hat{\boldsymbol{\varepsilon}}_n^*)^{\mathrm{T}} = (I_n - P_X)\varepsilon^*.$$

(4) 计算 $\hat{\Sigma}^* = (n-p)^{-1}[\hat{\varepsilon}^*]^{\mathrm{T}}\hat{\varepsilon}^*,\ \boldsymbol{z}_i^* = [L(\hat{\Sigma}^*)]^{-1}\hat{\boldsymbol{\varepsilon}}_i^*,\ i = 1, \cdots, n$.

(5) 计算 $\boldsymbol{\xi}_i^* = \boldsymbol{z}_i^*/\|\boldsymbol{z}_i^*\| = (\xi_{1i}^*, \cdots, \xi_{di}^*)^{\mathrm{T}},\ i = 1, \cdots, n$.

(6) 计算 $\widetilde{Q}_{jn}^* = n^{-1}\sum_{i=1}^n [\xi_{ji}]^2,\ j = 1, \cdots, d,\ \widetilde{\boldsymbol{V}}_n^* = (\widetilde{Q}_{1n}^*, \cdots, \widetilde{Q}_{dn}^*)^{\mathrm{T}}$.

(7) 计算 $\widetilde{\boldsymbol{R}}_n^* = \sqrt{n}(\widetilde{\boldsymbol{V}}_n^* - \boldsymbol{\mu})$, 其中 $\boldsymbol{\mu} = (1/d, \cdots, 1/d)^{\mathrm{T}}$.

(8) 计算 $\lambda^* = \lambda(\hat{\varepsilon}^*) = [\widetilde{\boldsymbol{R}}_n^*]^{\mathrm{T}}(\sigma_0 d)^{-2} M \widetilde{\boldsymbol{R}}_n^*$, 其中 σ_0 与 M 由式 (11.5.23) 定义.

重复上述步骤 N 次, 得到 $\lambda_1^*, \cdots, \lambda_N^*$. 由次序统计量 $\lambda_{(1)}^*, \cdots, \lambda_{(N)}^*$, 可得检验统计量 $\lambda(\hat{\varepsilon})$ 的临界值估计.

同样地, 当原假设 (11.5.24) 成立时, 对由式 (11.5.20) 定义的 $\boldsymbol{\xi}_i, i = 1, \cdots, n$, 进行球面均匀分布的光滑检验, 可以构造线性模型误差分布的椭球对称性光滑检验.

11.5.4　向量自回归模型误差分布的拟合优度检验

称 d 维时间序列 $\boldsymbol{X}_t$ 服从 p 阶向量自回归模型 (VAR(p)), 若

$$\boldsymbol{X}_t = \boldsymbol{c} + \Phi_1 \boldsymbol{X}_{t-1} + \Phi_2 \boldsymbol{X}_{t-2} + \cdots + \Phi_p \boldsymbol{X}_{t-p} + \boldsymbol{a}_t, \tag{11.5.33}$$

其中, $\boldsymbol{c}$ 为 d 维向量, Φ_i 为 d 阶方阵, $i = 1, \cdots, p$, $\{\boldsymbol{a}_t\}$ 为 d 维随机向量序列, 满足

$$E(\boldsymbol{a}_t) = 0, \quad E(\boldsymbol{a}_t \boldsymbol{a}_s^{\mathrm{T}}) = \begin{cases} \Sigma, & t = s, \\ 0, & t \neq s. \end{cases} \tag{11.5.34}$$

通常假定 $\boldsymbol{a}_t$ 服从多元正态分布或椭球对称分布.

设式 (11.5.33) 中 $\boldsymbol{X}_t$ 是协方差平稳的, 且 $E(\boldsymbol{X}_t) = \boldsymbol{\mu}$, 则有

$$\boldsymbol{\mu} = (I - \Phi_1 - \Phi_2 - \cdots - \Phi_p)^{-1}\boldsymbol{c}. \tag{11.5.35}$$

记

$$\eta_t = \begin{pmatrix} \boldsymbol{X}_t - \boldsymbol{\mu} \\ \vdots \\ \boldsymbol{X}_{t-p+1} - \boldsymbol{\mu} \end{pmatrix}, \quad F = \begin{pmatrix} \Phi_1 & \Phi_2 & \cdots & \Phi_{p-1} & \Phi_p \\ I & 0 & \cdots & 0 & 0 \\ 0 & I & \cdots & 0 & 0 \\ \vdots & \vdots & & \vdots & \vdots \\ 0 & 0 & \cdots & I & 0 \end{pmatrix}, \quad \boldsymbol{w}_t = \begin{pmatrix} \boldsymbol{a}_t \\ \boldsymbol{0} \\ \vdots \\ \boldsymbol{0} \end{pmatrix}.$$

则 VAR(p) 成为 VAR(1) 形式

$$\boldsymbol{\eta}_t = F\boldsymbol{\eta}_{t-1} + \boldsymbol{w}_t, \tag{11.5.36}$$

其中

$$E(\boldsymbol{w}_t\boldsymbol{w}_s^{\mathrm{T}}) = \delta_{ts}\Omega, \quad \Omega = \begin{pmatrix} \Sigma & 0 & \cdots & 0 \\ 0 & 0 & \cdots & 0 \\ \vdots & \vdots & & \vdots \\ 0 & 0 & \cdots & 0 \end{pmatrix}.$$

例 11.5.1 设平稳序列 $\boldsymbol{X}_t$ 服从一阶向量自回归模型

$$\boldsymbol{X}_t = \boldsymbol{c} + \Phi\boldsymbol{X}_{t-1} + \boldsymbol{a}_t, \tag{11.5.37}$$

且 $I - \Phi$ 可逆, 则

$$E(\boldsymbol{X}_t) = \boldsymbol{c} + \Phi E(\boldsymbol{X}_{t-1}), \quad \boldsymbol{\mu} \equiv E(\boldsymbol{X}_t) = (I - \Phi)^{-1}\boldsymbol{c}.$$

设 $\widetilde{\boldsymbol{X}}_t = \boldsymbol{X}_t - \boldsymbol{\mu}$, 则

$$\widetilde{\boldsymbol{X}}_t = \Phi\widetilde{\boldsymbol{X}}_{t-1} + \boldsymbol{a}_t.$$

由此可得

$$\widetilde{\boldsymbol{X}}_t = \boldsymbol{a}_t + \Phi\boldsymbol{a}_{t-1} + \Phi^2\boldsymbol{a}_{t-2} + \Phi^3\boldsymbol{a}_{t-3} + \cdots. \tag{11.5.38}$$

$\boldsymbol{X}_t$ 是协方差平稳的, 若 $|I - \Phi B| = 0$ 的 B 值都落在单位圆外.

基于球面均匀分布的拟合优度检验, 可进一步研究椭球分布下 VAR 模型的有效性问题.

参 考 文 献

戴家佳, 苏岩, 杨爱军, 杨振海. 2008. 中心相似分布的参数估计. 应用数学学报, 31(3): 480–491.

方开泰, 范剑青, 金辉, 项静恬. 1990. 方向数据的统计分析. 数理统计与管理, 2: 59–65.

方开泰, 许建伦. 1987. 统计分布. 北京：科学出版社.

茆诗松, 王静龙, 濮晓龙. 1998. 高等数理统计. 北京: 高等教育出版社.

苏岩, 谷根代. 2003. 冷贮备系统可靠性指标的 Bayes 估计. 华北电力大学学报, 30(2): 96–99.

苏岩, 苏夏莹, 郭丽红. 2015. 基于球极投影变换核估计 Bayes 判别方法的上市公司 ST 预测. 统计与决策, 7: 80–82.

苏岩，杨振海. 2007a. GARCH(1，1) 模型及其在汇率条件波动预测中的应用. 数理统计与管理, 26(4): 615–620.

苏岩, 杨振海, 李双杰. 2007b. 增长型经济变量的趋势时间序列预测模型. 数学的实践与认识, 37(3): 4–8.

苏岩, 杨振海. 2009. 球面均匀分布的拟合优度检验. 应用数学学报, 32(1): 93–105.

苏岩, 杨振海. 2010. 多元正态分布的 VDR 条件拟合优度检验. 应用概率统计, 26: 234–244.

王松桂, 史建红, 尹素菊, 等. 2004. 线性模型引论. 北京：科学出版社.

杨振海, 程维虎, 张军舰. 2011. 拟合优度检验. 北京：科学出版社.

杨振海, 苏岩. 2007. 单位球均匀分布的拟合优度检验. 北京工业大学学报，33(7)：771–777.

赵颖, 杨振海. 2005. 球极投影变换核估计及其逐点收敛速度. 数学年刊, 26A(1): 19–30.

Anderson T W. 2003. An Introduction to Multivariate Statistical Analysis. 3rd Ed. Hoboken, New Jersey: John Wiley and Sons, Inc.

Arellano-Valle R, Bolfarine H. 1995. On some charaterizations of the t-distribution. Statistics and Probability Letters, 25: 79–85.

Arevalillo J M, Navarro H. 2012. A study of the effect of kurtosis on discriminant analysis under elliptical populations. Journal of Multivariate Analysis, 107: 53–63.

Ash R B.1972. Measure and Probability theory. New York: Academic Press.

Axler S, Bourdon P, Ramey W. 2001. Harmonic Function Theory. New York, Berlin, Heidelberg: Springer-Verlag.

Bai Z D, Rao C R, Zhao L C. 1988. Kernel estimators of density of directional ata. Journal of Multivariate Analysis, 27: 24–39.

Beran R J. 1979. Exponential models for directional data. Ann. Statist. 7, 1162–1178.

Billingsley P. 1968. Covergence of Probability Measures. New York: John Wiley and Sons, Inc.

Boulerice B, Ducharme G R. 1997. Smooth tests of goodness -of -fit for directional and axial data. Journal of Multivariate Analysis, 60: 154–175.

Cao R, González-Manteiga. 2008. Goodness-of-fit tests for conditional models under censoring and truncation. Journal of Econometrics, 143: 166–190.

Chikuse Y, Jupp P E. 2004. A test of uniformity on shape spaces. Journal of Multivariate Analysis, 88: 163–176.

Crainiceanu C M, Ruppert D. 2004. Likelihood ratio tests for goodness-of-fit of a nonlinear regression model. Journal of Multivariate Analysis, 91: 35–52.

Díaz-García J A, Gutiérrez-Jáimez R. 2006. The distribution of the residual from a general elliptical multivariate linear model. Journal of Multivariate Analysis, 97: 1829–1841.

De la Cruz R. 2008. Bayesian non-linear regression models with skew-elliptical errors: Applications to the classification of longitudinal profiles. Computational Statistics and Data Analysis, 53: 436–449.

Devroye L P, Wanger T J. 1980. Distribution-free consistency results in nonparametric discrimination and regression function estimation. The Annals of Statistics, 8(2): 231–239.

Devroye L P. 1983. The equivalence of weak, strong and complete convergence in L_1 for kernel density estimates. The Annals of Statistics,11(3): 896–904.

Durbin J, Knott M. 1972. Components of Cramér-Von Mises statistics, I. J. Roy. Statist. Soc., B 34: 290–307.

Engle RF. 1982. Autoregressive conditional heteroscedasticity with estimates of the variance of United. Kingdom inflations. Econometrica. 50: 987–1007.

Fang K T, Li R Z, Liang J J. 1998. A multivariate version of Ghosh's T3-Plot to detect non-multinormality. Computational Statistics and Data Analysis, 28: 371–386.

Fang K T, Kotz S, Ng K W. 1990a. Symmetric Multivariate and Related Distributions. London: Chapman and Hall.

Fang K T, Zhang Y T. 1990b. Generalized Multivariate Analysis. Beijing: Science Press, Berlin: Springer.

Fang H B, Fang K T. 2002. The meta-elliptical distributions with given marginals. Journal of Multivariate Analysis, 82: 1–16.

Fang K T, Yang Z H, Kotz S. 2001. Generation of multivariate distribution by vertical density representation. Statistics, 35: 281–293.

Gentle J E. 2002. Elements of Computational Statistics. New York: Springer Science+Business Media, Inc.

Ghosh S. 1996. A new graphical tool to detect non-normality. J R Statist. Soc B, 58: 691–702.

Greene W H. 2000. Econometric Analysis 4th Ed. New Jersey: Prentice Hall, Inc.

Greenwood M. 1946. The statistical study of infectious disease. J. Roy. Statist. Soc. A 109: 85–110.

Gunes H, Dietz D C, Auclair P F, Moore A H. 1997. Modified goodness-of-fit tests for the inverse Gaussian distribution. Computational Statistics and Data Analysis, 24: 63–77.

Hall P, Watson G S, Cabrea J. 1987. Kernel density estimation with spherical data.

Biometrika, 74: 751–762.

Hamilton J D. 1994. Time Series Analysis. Princeton, New Jersey: Princeton University Press.

Howlader H A, Hossain A M. 2002. Bayesian survival estimation of Pareto distribution of the second kind based on failure-censored data. Computational Statistics and Data Analysis, 38: 301–314.

Huber-Carol C, Balakrishnan N, Nikulin M S, Mesbah M. 2002. Goodness-of-Fit Tests and Model Validity. Boston, Basel, Berlin: Birkhäuser.

Huffer F W, Park C. 2002. The limiting distribution of a test for multivariate structure. Journal of Statistical Planning and Inference, 105: 417–431.

Huffer F W, Park C. 2007. A test for elliptical symmetry. Journal of Multivariate Analysis, 98: 256–281.

Jammalamadaka S R, Goria M N. 2004. A test of goodness-of-fit based on Gini's index of spacings. Statistics and Probability Letters, 68: 177–187.

Janssen P, Swanepoel J, Veraverbeke N. 2005. Bootstrapping modified goodness-of-fit statistics with estimated parameters. Statistics and Probability Letters, 71: 111–121.

Jiménez Gamero M D, Muñoz García J, Pino Mejías R. 2005. Testing goodness of fit for the distribution of errors in multivariate linear models. Journal of Multivariate Analysis, 95: 301–322.

Jones M C. 2002. Marginal replacement in multivariate densities, with application to skewing spherically symmetric distributions. Journal of Multivariate Analysis, 81: 85–99.

Jupp P E. 2001. Modifications of the rayleigh and bingham tests for uniformity of directions. Journal of Multivariate Analysis, 77: 1–20.

Justel A, Peña D, Zamar R. 1997. A multivariate Kolmogorov-Smirnov test of goodness of fit. Statistics and Probability Letters, 35: 251–259.

Kallenberg W C M, Ledwina T. 1995. Consistency and monte carlo simulation of a data driven version of smooth goodness-of-fit tests. The Annals of Statistics, 23(5): 1594–1608.

Kemp A W. 1990. Patchwork rejection algorithms. J. Comput. Appl. Math.31(1): 127–131.

Kibria B M G, Haq M S. Predictive inference for the elliptical linear model. 1999. Journal of Multivariate Analysis, 68:235–249.

Kotz S, Nadarajah S. 2004. Multivariate t Distributions and Their Applications. Cambridge: Cambridge university press.

Kotz S, Troutt M D.1996. On vertical density repre sentation and ordering of distributions. Statistics. 28: 241–247

Kraus D. 2009. Adaptive Neyman's smooth tests of homogeneity of two samples of survival data. Journal of Statistical Planning and Inference, 139: 3559–3569.

Lehmann E L. 1983. Theory of Point Estimation. John Wiley and Sons, Inc.

Lehmann E L. 1999. Elements of Large-Sample Theory. New York: Springer Science+ Business Media, Inc.

Liang J J, Bentler P M. 1999. A t-distribution plot to detect non-multinormality. Computational Statistics and Data Analysis, 30: 31–44.

Liang J J, Pan W S Y, Yang Z H. 2004. Characterization-based Q-Q plots for testing multinormality. Statistics and Probability Letters, 70: 183–190.

Luceño A. 2006. Fitting the generalized Pareto distribution to data using maximum oogness-of-fit estimators. Computational Statistics and Data Analysis, 51: 904–917.

Manzotti A, Pérez F J, Quiroz A J. 2002. A statistic for testing the null hypothesis of elliptical symmetry. Journal of Multivariate Analysis, 81: 274–285.

Mardia K V.1970. Measures of multivariate skewness and kurtosis with applications. Biometrika. 57: 519–530.

Mills T C. 1999. The Econometric Modelling of Financial Time Series. 2nd ed. Cambridge: Cambridge University Press.

Muirhead R J. 1982. Aspects of Multivariate Statistical Theory. New York: John Wiley and Sons, Inc.

Neyman J. 1937. "Smooth test" for goodness of fit. Skandinaviske Aktuarietidskrift, 20: 150–199.

Ng V M. 2002. Robust bayesian inference for seemingly unrelated regressions with elliptical errors. Journal of Multivariate Analysis, 83: 409–414.

Pang W K, Yang Z H, Hou S H, Troutt M D. 2001. Further results on multivariate vertical density representation and an application to vector generation. Statistics, 35: 467–477.

Paula G A, Medeiros M, Vilca-Labra F E. 2009. Influence diagnostics for linear models with first-order autoregressive elliptical errors. Statistics and Probability Letters, 79: 339–346.

Pearson K.1900. On the criterion that a given system of deviations from the probable in the case of a correlated system of variables is such that it can be reasonably supposed to have arisen from random sampling. Philosophical Magazine. 50: 157–172.

Pettitt A N, Stephens M A. 1976. Modified Cramér-von Mises statistics for censored data. Biometrika, 63: 291–298.

Pollard D. 1984. Convergence of Stochastic Processes. New York: Springer-Verlag.

Prakasa Rao B L S. 1983. Nonparametric Functional Estimation. London: Academic Press, Inc.

Prentice M J. 1978. On invariant tests of uniformity for directions and orientations. The Annals of Statistics, 6(1): 169–176.

Rayner J C W, Best D J. 1989. Smooth Tests of Goodness of Fit. New York: Oxford university press.

Rayner J C W, Best D J. 1990. Smooth tests of goodness of fit: an overview. Internat. Statist. Rew., 58: 9–17.

Romano J P. 1989. Bootstrap and randomization tests of some nonparametric hypotheses. The Annals of Statistics, 17: 141–159.

Romeu J L, Ozturk A. 1993. A comparative study of goodness-of-fit tests for multivariate normality. Journal of Multivariate Analysis , 46: 309–334.

Sabbatini M. 1998. A GARCH model of the implied volatility of the Swiss market index from option prices. International journal of forecasting, 14: 199–213.

Shao J. 2003. Mathematical Statistics. 2nd ed. New York: Springer Science+Business Media, LLC.

Stephens M A. 1974. EDF statistics for goodness-of-fit and some comparisons. J Amer Statist Assoc, 69: 730–737.

Su Y. 2012a. Smooth test for elliptical symmetry. Proceedings of the 2012 International Conference on Machine Learning and Cybernetics, Xi'an, IEEE: 1279–1284.

Su Y. 2012b. Testing multinormality based on generalized inverse. 2012 IEEE Symposium on Electrical and Electronics Engineering, Kuala Lumpur, IEEE: 63–66.

Su Y, Guo L H. 2012. A characterization-based test for the elliptically symmetric distribution. 2012 IEEE 5th International Conference on Management Engineering and Technology of Statistics, Qingdao, IEEE: 783–786.

Su Y, Huang Y P 2015a. Smooth test for multivariate normality. Advances in intelligent systems research, 124: 1690–1696.

Su Y, Kang S Y. 2015b. Testing for multivariate normality of disturbances in the multivariate linear regression model. Advances in intelligent systems research, 121: 420–425.

Su Y, Kang S Y. 2015c. Testing for elliptical symmetry of errors in the multivariate linear regression model. Advances in Computer Science Research, 24: 1014–1019.

Su Y, Huang Y P, Su X Y. 2014a. Goodness-of-fit test for normally distributed AR(1) disturbances of the multiple linear regression model. 2014 International Conference on Computer Science and Electronic Technology, Shenzhen, Atlantis press: 325–330.

Su Y, Su X Y. 2014b. A comparative study of EDF tests for normality and exponentiality. Applied mechanics and materials, 602–605: 2004–2010.

Su Y, Su X Y. 2014c. Testing the goodness-of-fit for the normal distribution of disturbances in the multiple linear regression model. Wit Transactions on Information and Communication Technologies, 65: 509–517.

Su Y, Ji M. 2013. Comparisons of smooth tests and Gini test for uniformity on the unit interval. Proceedings of the 2013. International Conference on Machine Learning and Cybernetics, Tianjin, IEEE: 1005–1010.

Su Y, Shi H F. 2010a. Goodness-of-fit analysis for uniformity in a bounded solid region.

Proceedings of the Ninth International Conference on Machine Learning and Cybernetics, Qingdao, IEEE: 231–235.

Su Y, Yang Z H. 2010b. The strong consistency of the conditional probability of error in discrimination based on kernel stereographic projection density estimator. Conference Proceedings of the 3rd International Institute of Statistics & Management Engineering Symposium, Weihai, Aussino academic publishing house: 508–511.

Su Y, Wu X K. 2011a. Smooth test for uniformity on the surface of a unit sphere. Proceedings of the 2011 International Conference on Machine Learning and Cybernetics, Guilin, IEEE: 867–872.

Su Y, Yang Z H. 2011b. Goodness-of-fit test for uniformity on the surface of a unit sphere based on generalized inverse. Conference Proceedings of the 4th International Institute of Statistics and Management Engineering Symposium, Dailian, Aussino academic publishing house: 1323–1327.

Swanepoel C J, Doku W O. 2003. New goodness-of-fit tests for the error distribution of autoregressive time-series models. Computational Statistics and Data Analysis, 43: 333–340.

Székely G J, Rizzo M L. 2005. A new test for multivariate normality. Journal of Multivariate Analysis, 93: 58–80.

Szablowski P J. 1998. Uniform distributions on spheres in finite dimensional and their generalizations. Journal of Multivariate Analysis, 64: 103–117.

Troutt M D. 1991. A theorem on the density of the density ordinate and alternative interpretation of Box-Muller method. Statistics, 22: 463–466.

Troutt M D, Pang W K, Hou S H. 2004. Vertical Density Representation and Its Application. Singapore: World Scientific.

Velilla S, Hernández A. 2005. On the consistency properties of linear and quadratic discriminant analyses. Journal of Multivariate Analysis, 96: 219–236.

Watson G S. 1983. Statistics on Spheres. New York: John Wiley and Sons, Inc.

White H. 1982. Maximum likelihood estimation of misspecified models. Econometrica, 50: 1–25.

Yang Z H, Fang K T, Liang J J. 1996. A Charaterization of multivariate normal distribution and its application. Statistics and Probability Letters, 30: 347–352.

Yang Z H, Kotz S. 2003. Center-similar distributions with applications in multivariate analysis. Statistics and Probability Letters, 64: 335–345.

Yang Z H, Pang W K, Hou S H, Leung P K. 2005. On a combination method of VDR and patchwork for generating uniform random points on a unint sphere. Journal of Multivariate Analysis, 95: 23–36.

Zhu L X, Neuhaus G. 2003. Conditional tests for elliptical symmetry. Journal of Multivariate Analysis, 84: 284–298.

Zhu L X, Zhu R Q, Song S. 2008. Diagnostic checking for multivariate regression models. Journal of Multivariate Analysis, 99: 1841–1859.

索　引